电力工人技术等级暨职业技能鉴定培训教材

（初、中、高级工及技师、高级技师适用）

总主编　丁毓山　徐义斌

抄表核算收费工

主　编　吴　强　裴陆国

副主编　李　伟　程云峰

U0347618

中国水利水电出版社

www.waterpub.com.cn

内 容 提 要

本书根据《电力工人技术等级标准》、《中华人民共和国职业技能鉴定规范》、职业技能鉴定指导书及相关专业国家标准、行业标准和岗位规范编写，为《电力工人技术等级暨职业技能鉴定培训教材》之一。

本书共十一章，内容包括：电力营业管理概述，电力市场营销基础知识，电力市场及其营销与管理，报装与变更用电，抄表与客户呼叫系统，电价与电费管理，营业发行与常用营业计算，感应式电能计量仪表，电子式电能表，营业工作质量管理与提高，用电检查等。为了便于学习和培训，每章后附有大量复习思考题与习题，并附有答案。

本书为岗位及职业技能鉴定培训教材，也可供相关技术人员及管理人员参考。

图书在版编目 (CIP) 数据

抄表核算收费工/丁毓山，徐义斌主编；吴强，裴陆国分册主编. —北京：中国水利水电出版社，2009 (2014.5 重印)
电力工人技术等级暨职业技能鉴定培训教材：初、中、高级工及技师、高级技师适用
ISBN 978 - 7 - 5084 - 5737 - 6

Ⅰ. 抄… Ⅱ. ①丁…②徐…③吴…④裴… Ⅲ. 电能-电量测量-职业技能鉴定-教材 Ⅳ. TM933.4

中国版本图书馆 CIP 数据核字 (2008) 第 100414 号

书　　名	电力工人技术等级暨职业技能鉴定培训教材 （初、中、高级工及技师、高级技师适用） **抄表核算收费工**	
总 主 编	丁毓山　徐义斌	
作　　者	主　编　吴　强　裴陆国 副主编　李　伟　程云峰	
出版发行	中国水利水电出版社 （北京市海淀区玉渊潭南路 1 号 D 座　100038） 网址：www. waterpub. com. cn E - mail：sales@ waterpub. com. cn 电话：(010) 68367658（发行部）	
经　　售	北京科水图书销售中心（零售） 电话：(010) 88383994、63202643、68545874 全国各地新华书店和相关出版物销售网点	
排　　版	中国水利水电出版社微机排版中心	
印　　刷	北京市北中印刷厂	
规　　格	184mm×260mm　16 开本　16.25 印张　385 千字	
版　　次	2009 年 1 月第 1 版　2014 年 5 月第 3 次印刷	
印　　数	10001—13000 册	
定　　价	**38.00 元**	

前言

有关电力工人技术等级及电力行业职业技能鉴定的培训教材已出版了很多，例如，由中国电力企业联合会名誉理事长张绍贤作序，原电力工业部副部长张凤祥和赵庆夫题词的《电力工人技术等级培训教材（初、中、高级工适用）》自 1996 年由中国水利水电出版社出版以来，已修订两次，共印刷了15 次，总印数达 100 万册以上，深受电力系统广大读者的好评。但是，随着电力体制改革的深入，我国电力网正在向大电网、大电厂、超高压和特高压、核电站、高度自动化的方向前进，输电网和配电网正在经历着一次重大的变革，而变革最深、门类最多、面积最广的领域，还在配电网。110kV 以下的配电网络，在网络设备、接线方案、保护元件、运行方式、管理方法、操作工艺等方面，皆有不同程度的更新。可见，我国电力事业的发展速度是惊人的。面对电力系统这种发展的新形势，以往教材的内容已略显陈旧，特别是有些内容与当代的现实相差较远。为了配合新形势下电力系统人员培训的需要，中国水利水电出版社决定，组织有关专家和培训一线的教师编写这套教材。其编写宗旨是：保证编写质量，反映电力新技术、新设备、新方法，以满足当前电力企业的培训要求。全书包含三方面内容：知识、技能、题库。

为此，总主编聘请了辽宁省电力公司、铁岭电力公司、抚顺电力公司、海城供电公司、沈阳电力公司所属法库农电公司和于洪供电公司、沈阳农业大学信息电气工程学院、华北电力大学、中国农业大学信息电气工程学院及沈阳大学有关专家和教授参与编写。编写的原则是：不要求面面俱到，力求少而精，抓住重点，深入浅出。《抄表核算收费工》共分十一章，其内容包括：电力营业管理的一般问题，电力营销基础知识，电力市场营销，报装与变更用电，抄表与客户呼叫系统，电价与电费管理，营业发行与营业计算，感应式电能计量仪表，电子式电能表，营业工作质量管理与提高，用电检查。每章后面皆附有复习思考题与习题，并附有答案。为了配合教学中使用，在书中标有＊者，适于中级工使用；标有＊＊者，适于高级工、技师、高级技师使用；没有标注者适于初级工使用。

本书编写人员有：吴强、裴陆国、李伟、程云峰、周丽、刘宁、冯勃、李奎生、刘延森、张大勇、龙云、赵博、张斌、刘挺、董洪阳、董崇、宗凉、周鑫、黄书红、叶常容。

参加本书部分编写工作的还有：张强、王卫东、石戚杰、贺和平、潘利杰、张娜、石宝香、李新歌、尹建华、苏跃华、刘海龙、李小方、李爱丽、王志玲、李自雄、陈海龙、韩国民、刘力侨、任翠兰、张洋、李翔翔、孙雅欣、李景、赵振国、任芳、吴爽、李勇高、杜涛涛、李启明、郭会霞、霍胜木、李青丽、谢成康、马荣花、张贺丽、薛金梅、李荣芳、孙洋洋、余小冬、丁爱荣、王文举、徐文华、李键、孙运生、王敏州、杨国伟、刘红军、白春东、魏健良、周凤春、董小玫、吕会勤、孙金力、孙建华、孙志红、孙东生、王惊、李丽丽等。

由于编者水平和时间所限，书中疏漏和不足之处在所难免，恳请广大读者多加批评指正。

作 者

2009 年 1 月于沈阳

目录

第一章 电力营业管理概述

在改革开放时期，全国各地供电局、农电局都在强化科学管理，拓宽电力销售市场，按照市场经济的要求和经济发展的客观规律来寻求企业发展之路。电能以商品形式投放市场，营业管理则是供电部门面对市场的窗口。电力生产的经济成果是要通过营业管理工作，以货币形式反映出来的。因此，营业管理不但可以建立正常的供用电营业秩序，保证供用双方的合法权益，而且是妥善经营、多供少损、有效开展电力需求侧管理、促进电力资金快速回收的重要途径。

第一节 营业管理工作的作用

电力生产最显著的特点是产、供、销同时完成。其销售环节在供电部门称为营业管理。营业管理工作既是电力企业的销售环节，又是电力企业经营成果的体现。因此，营业管理工作是电力企业管理中非常重要的组成部分。

供电部门向用户提供合格的电能的同时，需要营业管理部门及时办理报装接电手续，准确地将用户耗用的电量抄回，迅速、全部地将电费回收上缴。否则，不仅生产得不到维持，就连发供电安全运行必要的维修和人工费也得不到保证，更谈不上扩大再生产了。此外，电力企业为国家提供的利润绝大部分是依靠营业管理人员的辛勤劳动所完成的。总之，只有经过营业管理人员的努力工作，才能将整个电力生产的经济成果以货币形式反映出来。因此，对营业管理工作的地位和作用应予以充分肯定，并提到应有的地位。

一、营业管理工作是电力企业的销售环节

电能与其他工业产品一样是商品。商品的销售一般包括两个方面，一方面向消费者供应质量合格的产品，另一方面从用户取得相应的货币收入。

顺利完成销售电能和取得资金补偿的全部过程，就是电力企业营业管理部门的基本职责。电力生产在整个国民经济发展中起着重要作用，为满足工农业生产的发展和人民生活的需要，电力企业必须不断发展业务，接受用户的用电申请，及时供给用户以符合质量标准的电力；同时，用户每月消耗的电量必须准确计量，应付的电费必须及时核算、回收和上缴。这样，电力企业的再生产才能不断进行，企业的经营成果才能以货币形式体现出来。

二、营业管理是电力企业经营成果的综合体现

根据电力的产、供、销同时完成的特点，企业产品的经营成果则通过销售环节体现出来。

（1）用户申请用电及营业管理部门受理用户的申请和办理手续，都必须根据《供电营

业规则》及有关规定处理。业务扩充和用电变更工作中有关供电方案是否经济、合理，供电是否及时，计量方式和表计安装是否正确无误，用户安全、合理、节约用电的各项技术措施是否落实，以及电业部门内部传递手续是否迅速畅通等，都是关系到电力企业经济成果的重要内容，稍有不慎，就可能造成漏洞，给国家、用户和电力部门带来损失。

(2) 企业的资金流动是按照投入、产出、销售三个不同阶段顺序而行，周而复始，最终构成资金循环。只有顺利地完成销售阶段，把资金及时全部收回，这一循环才告结束，并为下一个循环提供必要条件。电力企业的销售收入主要是电费收入，只有加强销售收入的管理，及时、准确、全部地收回和上缴电费，才能加速资金周转，及时为国家积累资金，为企业再生产提供经费。

(3) 为了加强社会主义企业的经济核算，国家针对企业的不同特点制定不同的经济指标，以利于考核企业的经营成果。国家对电力企业的供电部门以售电量、电费收入、线损率和供电单位成本作为主要经济指标进行考核。例如，售电量完成多少，除了电能计量装置是否符合规程标准以及内部手续是否健全外，绝大部分取决于抄表及核算是否及时准确，即是否按时把用户所耗用的电量如数全部抄回，是否正确无误地进行核算和分类统计，并全部回收电费，其中抄表尤为重要。因为准确地抄回结算销售电量，不仅能如实地反映用户当月的用电水平，使售电量的完成数据真实可靠，而且与此相关的线损率和单位供电成本也能得到正确的计算数值。电费及时全部收回，不仅关系到用户产品成本的计算，也关系到电价水平、电业部门的资金周转和国家的财政收入。

(4) 编制电力工业生产计划所依据的各项统计数据，诸如各行各业历年用电量的增长情况、用电结构变化、用电特点以及平均电价的变化等，都来自营业管理部门的统计报表以及经常性的社会调查。计划部门只有根据营业管理部门提供的资料，结合发展规划，才能编制远景规划，年、季的售电计划和负荷预计，经过综合平衡制定出电力工业的年、季发电计划和电力平衡计划以及财务收入计划和其他经济指标，以便有效地利用发供电设施，挖掘设备潜力，降低电能成本，为国民经济和人民生活服务，也为电力系统的发展提供可靠的基础。

三、营业管理工作为电力工业企业增加合理收入

电力部门面对各行各业、千家万户，用电情况复杂、变动频繁，因此，要求从事营业工作的全体人员必须精通国家制定的有关政策，以便在复杂的用电情况下，正确执行政策，增加合理的收入。

(1) 认真正确执行电价政策，合理增加收入。在认真执行电价政策的前提下，正确分析判断复杂的用电问题，制定出统一的补充规定合理地增加收入，这是营业管理部门的重要职责和应起的作用。同时，由于电价是根据电压等级、用电分类、用电设备容量大小以及无功电力、高峰低谷负荷等不同用电条件制定的，加上用户用电类型繁杂，如何确定电价是一个关系到供用电双方经济效益的问题，必须慎重处理。例如大工业用户暂停用电时间控制，利率调整电费标准控制，峰谷平电价的执行等都会影响电力部门的收入。

(2) 加强用电监察工作，及时办理用电变更手续。营业工作涉及千家万户，由于用户的某种原因，各种违章用电现象时有发生，因此要求用电检察人员，经常不断地开展营业普查工作，随时发现、解决和处理各种违章用电行为。如临时用电期限控制，用电类别变更控制，无功补偿设备运行管理等。坚决、及时地查处各种窃电行为。

（3）各岗位把住关口，杜绝错、漏收现象的发生。在日常的大量营业工作中，设有各项专业管理人员，对抄、核、收工作进行逐笔逐项的细致审核和分析，在质量上进行把关；同时各项专业工作人员在各项工作的衔接上也进行质量审核。通过这么多道"关口"检查，不仅提高了营业工作的质量，还堵塞了漏洞。

（4）加强负荷控制和管理。电业系统的负荷控制和管理，对于电力系统的广大客户和电业局起着越来越大的作用，负荷控制中的削峰填谷、远程抄表、负荷预测以及反窃电监视，将会给供用电双方带来巨大的经济效益。

增加合理收入是营业管理工作在电力系统中发挥的重要作用之一。增加合理收入的措施和方法很多，作为营业管理部门，要不断认真贯彻执行上级的各项政策，采取必要的管理办法，根据本地区、本单位的实际情况制定出切实可行的增加合理收入的措施，不断提高营业工作管理水平，真正发挥营业工作的作用，多为国家增加积累。

第二节　营业管理工作的特点

由于电力企业生产特点是产、供、销同时完成的，所以营业管理工作既是电力企业的销售环节，又是电力工业经营成果的综合体现，电力工业没有半成品，电能不能储存。生产者与消费者通过电力网连接在一起，这就使电力企业在经营管理上与其他工业不同，有其自身的特点。所以，营业管理工作人员必须充分认识到营业管理工作的重要意义，并掌握和运用这些特点做好工作。总体来说，电力工业营业工作的特点是。

一、先行性

电力工业是资金密集、生产高度自动化、建设周期较长的企业，而且又具有生产与需要一致性的特点。因此，电力工业的发展应走在各行各业之前，这是由经济建设的客观规律所决定的。

电力工业的基本建设如何布局，容量规模如何规定主要取决于广大客户用电发展的需要，与各行各业的发展规划密切相关。由千千万万个用户组成的电力网络，其用电情况千变万化，因此新建、扩建单位在开工或投产前，必须向电力部门提供用电负荷资料和发展规划。同时，营业管理工作人员应主动了解和掌握用户当前和近期的用电负荷情况以及远景发展规划，使当前的供电与今后发展结合起来，为电力工业的发展提供可靠依据。只有这样，电力工业才能取得主动，做好先行。

二、政策性

电能的生产和使用，决定了供电部门与电力用户之间必然产生相互依存的密切关系。为协调双方关系，使电能的生产和使用得以正常进行，国家有关部门颁发了一系列技术规程和规章制度，如《供电营业规则》、《电热价格》、《功率因数调整电费办法》等都是电力销售者和使用者所必须遵循的方针、政策。

国家在电力供应上实行计划供电，在电能生产上采取按计划发电、按发电水平供电、按分配指标用电的政策，在供应上贯彻农、轻、重的方针，先中央后地方，先计划内后计划外，先重点后一般，统筹兼顾，全面安排的政策。在管理上执行电力的统一分配、统一调度，不准超分超用，以及在计划用电工作中采取行政、技术、经济三个手段等。

国家制定《功率因数调整电费办法》，通过收取功率因数调整电费的政策鼓励和督促用户装设无功补偿设备，节约电能，改善电压质量，提高社会经济效益。

在商品经济社会中，价格是最重要的经济杠杆，国家在不同时期制定相应的电价政策，由营业管理人员根据用户的用电性质确定供电方案和电价，正确执行电价，并进行必要的监督检查。

总之，在营业管理工作中要认真执行和宣传有关的方针政策，做到不仅营业工作者自己明白和掌握，而且应使用户了解，注意买卖公平，把用户和国家连接在一起，使用户心悦诚服地用好电。

三、服务性

电力工业是服务性的行业，特别是供电部门，与各行各业密不可分，营业管理工作人员每天接触千家万户，是电力部门与客户之间的桥梁。日常大量的用电业务工作要经过营业管理人员之手得到处理；国家对电力工业的方针政策，要通过营业管理人员进行广泛的宣传；用户对电力部门的要求，要由营业管理人员解决和反映；客户之间的用电纠纷，要由营业管理人员进行调节；客户咨询供用电事宜，要由营业管理人员进行解答，如此等等。

使用电能的对象是整个社会。它不仅为提高全社会的生活和生产水平服务，也为其创造良好条件，呈现出社会公益性。所以说营业管理人员的工作态度和工作质量直接关系到电力部门的声誉。

四、技术与经营的统一性

供电部门能否安全可靠地提供质量合格的电能，关系着每个客户能否进行正常的、有秩序的生产和生活，而每个客户用电设备的健康水平和用电是否经济合理，也关系到电力部门和其他客户的安全经济运行。因此，电力部门与客户的关系绝不是单纯的买卖关系，而是供电与用电相互配合、相互监督的关系。供电部门本身要贯彻"安全第一"的基本方针；加强技术管理，加强发、供电设备的检修和运行管理，建立安全、稳定的电网，同时还必须对客户提出严格的技术要求，这是电网取得经济、安全运行的外部条件。

（1）为了保证不间断地供电，营业工作人员必须在接电前要求客户安装的电气设施满足国家规定的技术规范，安装工艺和质量必须达到国家颁布的规程标准。客户电气运行人员应具有一定的基础知识和技术水平并经考试合格才能上岗。要有健全的规章和交接班制度，并安装必要的保护装置，防止事故的发生和扩大。

（2）为向客户提供质量合格的电能，营业工作人员应协助或指导客户做好无功补偿和电压管理工作，使功率因数达到规定的标准，帮助客户严格执行用电计划，按计划指标用电和开展节电工作，督促客户配合供电部门共同保持与提高电能质量。

（3）为维护电力企业正当、合法的利益，公平合理地对待用户，营业工作人员在协助客户做好安全、合理、节约用电工作的同时，必须正确执行电价，准确计量用电量，及时、合理、全部地回收电费。

（4）生产与经营的整体性。电能销售不能通过一般的商品渠道进入市场，任消费者选购。电能销售只能由电力部门与消费者之间，以及各个消费者之间，组成一个庞大的电力网络，作为销售电能和购买电能的流通渠道，将电力部门和客户联系在一起，成为一个不可分割的整体，这既是电力生产的销售渠道，又是电力部门完成电力生产过程的基本组成部分。基于这个特点，营业管理工作人员在开展业务时，既要贯彻为用户服务的精神，简化手续，方便客户，及时供电，满足工农业生产和人民生活日益增长的需要，又要注意电力工业安全生产所必需的技术要求；既要考虑用户当前的用电需求，又要注意网络今后发展的需要；既要配合城市建设，又要注意电力网的技术改造；既满足客户需要，又要根据电网的可能。总之，营业管理工作人员必须具备全局观点，使电力工业的生产和经营管理有机地结合起来。这样，广大客户才能获得安全可靠的电能，电力工业才能建成安全、稳定的电网，做到安全、经济、优质、高效地供、用电。

第三节　营业管理工作的内容

营业管理工作的主要工作内容是业务扩充、电费管理和日常营业处理。

一、办理业扩报装

业务扩充又称报装接电（简称业扩），其主要任务是受理新装用电及增容用电。

任何单位和个人因用电需要，初次向供电部门申请报装即为新装用电。用电单位和个人因增加用电设备而向供电部门申请增加用电容量即为增容用电。业扩报装的相关管理工作又分为低压供电和高压供电两种基本类型。低压供电系指供电部门以 380/220V 的交流电压向用户供电，高压供电系指供电部门以 10kV 及以上电压向用户供电。

新建受电工程项目在立项阶段，用户应与供电企业联系，就工程供电可行性、用电容量、供电条件等达成意向性协议，方可定址、确定项目。

对供电有特殊要求、申报双电源等用户，应与供电公司有关部门协商，达成意向性协议，或经有关咨询机构就供电方式等问题进行论证后，再申请报装。

对接入电网影响电能质量的各种干扰源用电设备，在接入电网运行之前，必须进行对电能质量影响的技术评估，并采取措施。

用户新装、增容用电，必须到供电业扩报装部门办理，由业扩报装部门"一口对外"，其他任何部门不得受理此项业务。

新装、增容用电包括以下内容：

（1）新装、增装变压器容量用电。

（2）新装、增装低压电力容量用电。

（3）新装、增装照明容量用电。

（4）申请多电源用电。

业扩报装工作流程大致如下：

（1）受理用户报装申请。

（2）方案勘察人员到现场勘察后，拟定供电方案。

（3）审核设计（用户内部工程设计）及工程管理（外部工程）。

（4）签订供用电合同，收取有关费用。

（5）装表、接电。

（6）资料管理人员汇集整理有关资料，按时逐级报送有关部门。

业扩报装的管理主要包括业扩报装流程管理、新装及增容用电管理、变更用电及临时用电管理、业扩工程管理、装表工作票管理、用电营业厅管理、供用电合同管理、报装资料管理等。

业扩报装的管理应充分利用先进科学技术，逐步做到流程各个环节的办理状况逐级输入联网的计算机内，在计算机屏幕上能随时调出该流程各环节的运行状况，并便于用户查询。

二、电费抄、核、收管理

电费抄、核、收管理包括以下内容：

（1）及时、准确地到户实抄电能表，抄表人员应对其所抄回用户电能表的指示数的真实性、准确性、实时性负责，计算用户的实用电力、实用电量、功率因数、变压器损失等，填写个人抄表日志，检查用电设备是否正常。

（2）按照国家规定的电价和用户实用各类电量准确计算应收电费，逐户开计算机票，核查用户电价及用电设备容量有无变化，最后将计算机票交复核员，复核员根据抄表卡片和计算机票进行电费复核，登录电费台账并做应收账。

（3）及时、全部、准确地回收和上交电费。

（4）对各行各业的用电量、应收及实收电费、平均电价及其构成等，进行综合统计和分析。

电费抄核收业务中的抄表手段主要有抄表器、集中载波无线、远程传输、电卡表、电话、现场人工及其他等。

电费核算人员负责用户的电费核算，做好用户新装、变更用电，换表、拆表等工作票的户务管理，对用户的电费参数异常信息进行及时处理，汇总电费应收的有关报表，进行账务审核整理，发行应收电费分类统计，做应收电费汇总报表。

电费抄核收中的收费方法主要有定点座收、付费购电、电费储蓄、银行代收、银行联网划拨及现场走收等。

电费管理是用电营业管理的核心工作，是电力企业在电能销售环节和资金回笼、流通及周转中极为重要的一个程序，是电力企业维持简单再生产和发展扩大再生产，实现电力企业经济效益的重要保证。

三、日常营业工作

日常营业工作是指报装接电工作之外的其他用电业务工作，亦称为乙种业务、杂项业务或用电登记，主要是供电部门对于正式用户在用电过程中办理的业务变更事项和服务以及管理工作。

日常营业工作通常包括以下内容：

（1）处理用户因自身原因造成的用电数量、性质、条件变更而需变更的用电事宜，如暂停、减容、过户、变更用电性质、改变用电类别、改变用电方式，以及故障修表、核表、换表、移表、拆表、装表等。

（2）迁移用电地址，对临时用电、用电事故进行处理。

（3）接待用户来信来访，排除用户的用电纠纷，解答用户的咨询，向用户宣传、解释供电部门的有关方针政策。

（4）因供电部门本身管理需要而开展的业务，如生产、建卡、翻卡、换卡、定期核查、用电检查、营业普查、修改资料和协议等事宜。

（5）供电部门应用户要求提供劳务及费用计收。

日常营业受理的主要业务包括过户、更名、分（并）户、减容、暂停、改类、迁址、改压、临时用电、移表、转供电、验表、空换、暂换、暂拆销户及停电等。

第四节 营业管理工作的基本职责

电力工业企业的经营成果通过营业管理人员的工作体现出来。营业管理工作的工作水平直接影响着电力工业企业的经济效益和社会效益。因此，要求营业管理工作人员应敬业爱岗，牢固树立起人民电业为人民的思想，要全心全意为客户分忧解难，且应不断提高技术、业务水平，掌握并认真履行本职工作的岗位责任、工作标准，以及有关的方针、政策，了解服务对象状况，提高服务质量。总之，要通过营业管理工作各岗位的密切配合、相互制约、统一协调去完成各项工作任务。

一、敬业爱岗、全心全意为客户服务

（1）营业工作人员要热爱本职工作，具备全心全意为客户服务的高度责任心和事业心。本着对国家负责和对客户负责的一致性为准则做好本职工作，更好地为客户服务。

（2）严格执行供电职工服务守则，发扬人民电业为人民的光荣传统，树立客户至上、服务光荣的观念，遵守职业道德，虚心接受客户监督，听取群众意见，不断提高服务质量。

（3）积极、认真、主动地向客户宣传电业部门的方针、政策，帮助客户分忧解难，提高客户按章用电的自觉性。保证电网正常的供、用电秩序，促进电力事业的健康发展。

（4）接触客户工作时必须保持衣帽整齐，佩戴电业部门证章，对客户的态度和蔼、有礼貌并尊重客户的风俗习惯。

（5）帮助客户安全、合理、节约地使用电能，解决客户用电过程中的各种疑难问题，想客户之所想，急客户之所急，做客户的贴心人，把电力企业全体职工的爱心送到千家万户。

总之在一切工作中用热情的态度、文明的语言、关怀的心情、朴实的作风、周到的方法、优等的质量为客户服务。

二、掌握必要的专业知识和技能

电力工业企业的营业管理工作是服务性较强的工作，要想做好服务工作既要有较高的服务热情更要有过硬的服务本领。因此，要求营业管理人员按照《电力工人技术等级标准》有关岗位的标准要求掌握必备的知识和技能，并在实际中不断提高，胜任本职工作。

（1）营业人员要不断加强电业方针政策与技术业务学习，努力提高工作能力，正确掌握与执行各项供电、用电规章制度。熟悉《供电营业规则》及实施细则，熟悉岗位责任制，熟悉电价；能计算变损、线损；能计算电费；能解答客户的询问。

（2）了解电能计量装置的特性，正确抄算电量，判断电能表的故障及错误接线，能检查、发现和处理各种窃电行为，坚决维护电力企业和国家利益。

（3）了解一般的财务、会计制度，正确处理电费及各类杂项费用收取的财务账目，加强管理，合理增收，避免电费及其他费用的拖欠。

（4）掌握统计基本知识，正确统计电量、电费等数据并通过综合统计和分析，提出问题制定措施，改进工作。

（5）掌握营业工作质量管理知识和营业标准化管理知识，开展班组管理、生产技术管理和营业标准化工作，全面提高营业管理工作水平。

（6）学习掌握电子计算机的基础知识，发挥电子计算机在营业管理工作中的作用，并不断开拓电子计算机在营业管理工作中的应用范围。

三、认真履行岗位责任

营业管理工作中，各项任务的完成是由各岗位互相配合、协作而实现的，相互之间既有制约也有联系。要做到密切配合，各负其责，杜绝各种差错、事故的发生。

1. 营业工作的主要岗位

从营业工作任务要求，由客户报装接电与电业部门建立供用电关系开始到使用电能，上缴电资完成第一次循环，其中的大量工作由营业工作的各岗位实现。这些岗位主要有：用电登记、用电调查、抄表、电费核算、收费、抄表整理、核算整理、收费整理、应收款整理、营业统计、内线、营业管理等工种。另外还要有用电检察、负荷控制、装表接电、电能表修校等工种的密切配合。

2. 认真履行岗位责任

营业工作的岗位分工是明确的，各岗位均有各自的责任，国家电力公司及各地电力公司都颁发过营业管理工作制度、管理办法、岗位责任等，这些都是做好营业管理工作的依据和保障。只有分工协作，明确各自的责任，才能使营业工作管理水平不断提高。

具体的岗位责任、工作标准将在以后各有关章节中分别介绍。

四、营业管理方面的责任事故

各供电局、农电局、县电力公司，为保证用电营业工作的质量，对用电营业人员进行有效的内部监督，特别制定了一系列关于用电营业人员的工作标准。有关营业管理方面的标准之一就是责任事故。有了责任事故的标准，有利于提高服务质量和管理水平，严明工作纪律，明确工作中出现错误后应负的经济责任。下面给出某供电局所列责任事故的条款，供参考。

（一）属于下列情况之一者属于责任事故

1. 登记方面

（1）未按规定审核用电申请者提供的有关资料。

（2）未按规定日期输入用电登记信息。

(3) 各种登记信息输入错误，内容不全造成电量电费收取错误。

(4) 用电申请等原始凭证未按期转出或损坏丢失。

(5) 各项营业费用收取错误。

(6) 杂项收据、款项额丢失。

(7) 未及时上缴当日收取的款额。

2. 抄表方面

(1) 不按例日领取抄表器，未按例日抄表。

(2) 违反制度估算或错误抄表造成电量电费收取错误。

(3) 抄表时发现计量装置及其他异常情况不做记录。

(4) 未按期返回抄表器，损坏、丢失抄表器。

(5) 长期漏户或非正常划零。

(6) 发现违约用电、窃电行为未按规定处理。

(7) 未按规定及时催缴电费。

3. 发行方面

(1) 错、漏发行。

(2) 未按例日上装、下装抄表器。

(3) 丢失、损坏抄表器。

(4) 抄表器下装前未按规定进行浏览，至使出现大电量的错误，影响电费收缴工作。

(5) 发行减额单据冲销应收电费者。

4. 收费方面

(1) 当日收取的款项未按规定日清日结。

(2) 电费收据或款项丢失，影响电费收入。

(3) 托收电费核对有误或未按规定送银行托收，影响电费及时回笼。

(4) 发现违约、窃电未按规定处理。

(5) 接到银行退票通知单后未及时处理。

(6) 发行减额单据冲销应收电费。

5. 营业出纳方面

(1) 挪用电费款项。

(2) 丢失支票或现金。

(3) 未按规定核对各收费窗口当天发生的款项。

(4) 未按规定上缴电费收入、杂项收入。

(5) 未按规定制作凭证并转出。

6. 营业会计、电费整理方面

(1) 收费章管理不严造成损失或收费章丢失。

(2) 未按规定核对账目，造成错账，影响电费收入。

(3) 未按规定发放电费收据。

(4) 未按规定核对收费工余额或核对有误。

(5) 未按规定将临时补交电费冲转正式发行。

（6）未按规定核对当日发行的电量电费，影响月末结账或统计报表工作。

（7）各项收入未按规定全额上缴。

（8）余项专用收据及电费收据管理混乱造成直接或间接经济损失。

（9）交回的杂项收据存根（或杂项明细单）及电费收据存根未按规定核对或未按规定签封保管。

7. 微机专责、信息审核方面

（1）信息审核有误，造成电量电费错误。

（2）原始资料保管不当造成损失或丢失。

（3）硬件设备、系统软件、应用软件故障不及时处理，影响正常生产。

（4）网络重要信息、指令控制不利，造成数据丢失或营业事故。

（5）正常工作所需物品无计划，影响工作正常进行。

8. 用电检查、报装接电方面

（1）私自改变运行方式和擅自批报用户用电造成错、漏收电量电费。

（2）未认真审核高低压电气工程施工图纸，使工程造成损失。

（3）未按规定进行定检，给客户带来违约、窃电机会，影响本企业的经济效益。

（4）低压封印钳子及封印管理混乱，造成封印及封印钳子丢失。

（5）装表接电错接线，错、漏乘倍率，造成电量电费损失。

（6）未按工作标准验收，使本企业经济效益受到损失。

（7）事故换表不及时或装出、撤回表的表示数记载有误，造成电量电费计算错误。

（8）未按规定履行报装手续，造成漏户或影响规范化服务。

（9）未按规定制定计划或未按计划实施，影响了本企业的效益。

（10）发现违约窃电未按规定处理。

9. 窃电和收费方面

（1）发现违约、窃电不按规定处理。

（2）已查处的违约、窃电用户用电现场未按标准进行改造，使用户有继续窃电的机会。

（3）收取的款项未及时上缴。

（4）未按规定处理调查申请。

（5）未按规定处理抄表员反馈的客户现场用电的异常的信息情况。

（6）未按计划对现场工作质量进行调查、检查。

10. 营业统计方面

（1）统计报表不及时、准确，影响全局统计汇总。

（2）虚报违约、窃电罚款，弄虚作假者。

（3）虚报、瞒报售电平均单价，采取降低售电平均单价增加售电量，弄虚作假者。

（4）营业有关政策及各项标准、规章制度执行有误，造成报表错误。

（5）丢失损坏用户设备原簿、申请单等长期保管的重要资料。

11. 计量方面

（1）装表接电错接线，错、漏乘倍率，造成电量电费损失。

（2）电能计量装置未经试验即投入运行，造成电量电费损失。

（3）未按周期修校或更换电能计量表，以及事故换表不及时，造成电量电费损失。

（4）丢失损坏精密仪表或其他设备。

12．其他方面

（1）隐瞒责任事故不报，情节严重者。

（2）私自减免贴费造成损失者。

（3）对农户违、窃用电采取"私了"或者"养私户"谋取个人私利者。

（二）事故分类

上述责任事故按影响电量、电费额度划分为非考核性事故、考核性事故。

考核性责任事故划分为：

（1）一般责任事故（电费千元、万元）。

（2）严重责任事故（电费万元、10万元）。

（3）重大责任事故（电费10万元）。

不能按电量电费额度来认定的责任事故定为严重责任事故。

（三）责任事故的处理

（1）各单位在考核事故中凡是发生一般责任事故，在工作中未造成严重影响的，对事故责任者扣发3～6个月综合奖。

（2）凡是发生严重责任事故的单位，应立即组织有关人员对发生的事故进行认真调查，并按要求填报营业工作责任事故报表，及时报用电营业部。对责任事故者扣发6个月至1年所有奖金。全年发生两次以上严重责任事故者给予下岗处理。

（3）凡是发生重大责任事故的单位，按要求填报营业责任事故报表，电业局经调查核实后给予全局通报批评，并取消先进单位评选资格。对事故责任者扣发一年以上所有奖金并给予行政记大过处分，全年累计发生两次重大责任事故者，给予开除局籍，留局察看1年的处分，情节严重的，造成重大经济损失的应追究刑事责任。

（4）凡是有意造成经济损失千元以上者调离工作岗位，并赔偿损失；造成经济损失万元以上者开除局籍，赔偿损失并根据情节追究其刑事责任。

（5）对于所发生的营业工作严重责任事故和重大责任事故，必须严肃认真对待，要做到三不放过，即事故查不清不放过；事故责任查不出来不放过；责任者不受到教育和不制定防范措施不放过。对屡犯不改和隐瞒事故不报者，情节严重的、造成经济损失的应追究刑事责任。

（6）对于发现本岗位以外的经济责任事故避免经济损失有贡献者，应给予表扬和奖励。

（7）发生严重以上责任事故需按报表的要求逐级上报。

五、用电营业人员内部监督机制

为了加强营业基础工作，提高营业管理标准化水平，使营业管理工作再上新台阶，必须清理营业管理中的死角，堵塞营业管理中的漏洞。在工作中要实行岗位责任制，规定营业管理人员的职权范围、工作内容与要求，并进行定期检查和考核。为完善用电营业人员内部监督机制，应特别制定一系列工作标准，这些标准是：

（1）用电登记工工作标准。

（2）用电稽查工工作标准。

（3）抄表工工作标准。

（4）收费工工作标准。

（5）营业发行员工作标准。

（6）营业会计工作标准。

（7）营业出纳工作标准。

（8）信息审核员岗位工作标准。

（9）系统管理员岗位工作标准。

（10）用电检查员工作标准。

（11）用电检查专责工作标准。

（12）营业专责工作标准。

（13）营业主任工作标准。

复习思考题与习题

一、填空题

1. 电力生产最显著的特点是（**产、供、销**）同时完成。

2. 营业管理工作既是电力企业的（**销售**）环节，又是电力企业（**经营成果**）的体现。

3. 顺利完成（**销售电能**）和取得（**资金补偿**）的全部过程，就是电力企业营业管理部门的基本职责。

4. 企业的资金流动是按照（**投入、产出、销售**）三个不同阶段顺序而行，（**周而复始**），最终构成资金循环。

5. 业务扩充又称报装接电，其主要任务是受理（**新装**）用电及（**增容**）用电。

6. 高压供电系指供电部门以（**10**）kV 及以上电压向用户供电。

7. 新装、增容用电包括：新装、增装（**变压器**）容量用电；新装、增装（**低压电力**）容量用电；新装、增装（**照明**）容量用电；申请（**多电源**）用电。

8. 业扩报装工作流程大致如下：（1）受理用户（**报装申请**）。（2）方案勘察、拟定供电方案。（3）审核设计及工程管理。（4）签订供用电合同，收取有关费用。（5）装表、接电。（6）资料入档。

9. 电费抄核收业务中的抄表手段主要有（**抄表器、集中载波无线、远程传输、电卡表、电话、现场人工抄表**）及其他等。

10. 电费核算人员负责用户的电费核算，做好用户（**新装、变更用电，换表、拆表**）等工作票的户务管理。进行（**账务**）审核整理。

11. 电费抄核收中的收费方法主要有（**定点座收、付费购电、电费储蓄、银行代收、银行联网划拨**）及现场走收等。

12. 营业工作人员要热爱本职工作，具备全心全意为客户服务的高度（**责任心和事业**

心）。本着对（**国家**）负责和对（**客户**）负责的一致性为准则做好本职工作，更好地为客户服务。

13. 严格执行供电职工服务守则，发扬人民电业为人民的光荣传统，树立（**客户**）至上、服务光荣的观念，遵守（**职业道德**），虚心接受客户监督，听取群众意见，不断提高服务质量。

二、判断题

1. 用户新装、增容用电，必须到供电业扩报装部门办理，由业扩报装部门"一口对外"，其他任何部门不得受理此项业务。（√）

2. 日常营业工作通常包括外理用户因自身原因造成的用电数量、性质、条件变更而需变更的用电事宜。（√）

3. 电力工业的发展应当与各行各业建设齐头并进。（×）

4. 营业管理工作人员是电力部门与客户之间的桥梁。（√）

5. 为维护电力企业正当、合法的利益，必须正确执行电价，准确计量用电量，及时、合理、全部地回收电费。（√）

6. 变更用电及临时用电管理不属于业扩报装的管理。（×）

7. 供用电合同管理不属于业扩报装的管理。（×）

8. 及时、全部、准确地回收和上交电费是抄、核、收的管理的内容。（√）

三、选择题

1. 用电申请等原始凭证未按期转出或损坏丢失，属于（**B**）方面的责任事故。
   A. 发行   B. 登记   C. 计量   D. 收费

2. 违反制度估算或错误抄表造成电量电费收取错误，属于（**D**）方面的责任事故。
   A. 发行   B. 登记   C. 计量   D. 抄表

3. 电费收据或款项丢失，影响电费收入，属于（**A**）方面的责任事故。
   A. 收费   B. 登记   C. 计量   D. 抄表

4. 装表接电错接线，错、漏乘倍率，造成电量电费损失，属于（**C**）方面的责任事故。
   A. 收费   B. 登记   C. 计量   D. 抄表

四、问答题

1. 叙述营业管理是电力企业经营陈国的综合体现。（答：见本章第一节、二）

2. 简述营业管理工作技术和经营的统一性。（答：见本章第二节、四）

3. 如何办理营业工作内容中的业扩报装？（答：见本章第三、一）

4. 营业管理方面的责任事故有哪些？（答：见本章第四节、四）

第二章　电力市场营销基础知识

市场营销学是一门研究企业在市场上的营销活动及其规律性的科学。过去也称为市场学、营销学、市场营销学、销售学、市场经营学等。

第一节　市场营销学的概念、研究对象与方法

一、市场营销学的概念

什么是市场营销？提到市场营销一词，许多人只会想到推销和广告，但它们只是市场营销许多功能之中的两个，而且通常不是最重要的功能。今天市场营销已被赋予新的含义——满足顾客需求。关于市场营销的定义，美国西北大学教授菲利普·科特勒认为："市场营销是致力于通过交换过程满足需要和欲望的人类活动。交换过程包含下列业务：卖者要寻找买者并识别其需要，设计适当的产品和服务，进行产品的定价、促销、储存和运送等。基本的营销活动是产品开发、调研、信息沟通、分销、定价和服务活动"。

二、市场营销学的新进展

现代市场营销学的最新内容主要包括以下几方面。

1. 研究领域的扩展

现代市场营销学把市场营销定义为："通过交换过程来满足需要的人类活动"，即凡是形成相互约束的关系，建立在互利互惠基础上的，形成交换关系的所有活动，这样就开阔了市场营销的视野。现代市场营销活动，除了有形商品继续受到重视外，无形商品的市场营销提到了重要议事日程。无形商品又称为广义的服务商品，其领域很宽，既有生产型的无形商品，如电力、通信、技术商品、劳动力服务；也有消费性的无形商品，如医疗、家务、旅游、文化娱乐、社会保险事业等。将无形商品包括到市场营销的领域中，可以更好地为消费者提供服务，以此来应用商品经济和商品交换的一般原理，提高企业经营管理效率与水平，以此来不断提高企业的经济效益。

2. 研究内容的深化

研究内容的深化集中体现在关系营销和顾客满意学说的完备上面。关系营销和顾客满意是一个事物的两个方面，从营销角度来看，称为关系营销；从顾客角度来看，称为顾客满意。满足顾客需要是企业一切经营活动的最高准则，因为，在全面买方市场的环境里，不满足顾客需要，不占有市场，就不可能达到获利的目的。关于顾客满意学说的主要内容包括：

（1）顾客对产品或服务的理性选择是在对产品质量、服务和价值期望基础上作出的决策。公司应依靠质量、服务和价值来令顾客满意。

（2）顾客所得价值等于顾客总价值减去顾客总成本。

（3）要实现顾客满意，公司必须采用"以顾客为中心"的方法管理其价值链和整个价值递送网络。竞争不再是单个公司间的竞争，而是战略网络间的竞争。

（4）营销者的任务是吸引顾客和留住顾客。

（5）将全面质量管理引入营销管理，就构成了全面质量营销。实施全面质量营销包括对员工的内部营销和对顾客的外部营销。

3. 大市场营销的兴起

《哈佛商业评论》1986 年第 2 期刊登《大市场营销》一文，较系统地介绍了大市场营销观念。大市场营销的定义是：为了成功地进入特定市场，并在那里从事业务经营，在策略上协调地使用经济的、心理的、政治的和公共关系的手段，以博得外国或地方有关方面的合作和支持。大市场营销在传统的策略之外，又增加了政治权力和公共关系。政治权力与公共关系相比，前者是推的策略，后者是拉的策略，即用社会舆论的力量把产品拉向市场。前者收效迅速、明显，后者收效缓慢、不明显。前者效果可能是短暂的、不稳固的，而后者效果是持久的、坚实的，必须双管齐下，不断协调配合。

大市场营销开阔了营销人员的视野，具体表现在：第一，扩大了处理好多方面关系的市场营销观念；第二，打破了环境因素与可控因素的界限，使某些环境因素可以通过企业的各种活动加以改变，如政治、法律方面的活动、游说、谈判、广告宣传、公共关系和战略性合营等；第三，加深了对市场营销的理解。

三、市场营销管理的指导思想

企业的营销活动，同人类的其他活动一样，总是受一定的思想支配，才会产生一定的行为。在不同的思想支配下，其活动的重点、方式、范围、目标、效果等则大相径庭。企业经营思想和观念不是固定不变的东西，它在一定的经济基础上产生和形成，并随着社会经济的发展和市场形势的变化而发生变化。了解市场营销管理指导思想的演变过程，对于企业更新观念，加强市场营销管理，具有十分重要的意义。企业市场营销管理的指导思想可以归纳为五种：即生产观念、产品观念、推销观念、市场营销观念和社会营销观念。

1. 生产观念

生产观念或生产导向是一种传统的、古老的经营思想。20 世纪 20 年代以前，在西方发达国家一直是占统治地位。过去我国生产企业"以产定销"，商业企业"以进定销"，不讲产品质量与品种，都属于这种导向。

生产导向思维方式是生产—技术—销售。这种观念认为，根据企业的生产技术定产品生产，只要有质量良好、价格低廉的产品，消费者总是需要的，生产愈多，销售愈多，企业利润就愈大。因此，企业的中心任务是：组织所有资源，集中一切力量增加产量，降低成本，扩大分销范围，很少考虑或者说没有必要去考虑消费者是否有不同的需求，因而也不必做营销努力、市场调研。生产导向典型的语言是"我能生产什么就卖什么"。

生产观念是在卖方市场条件下形成的。在资本主义工业化初期以及第二次世界大战末和战后一段时期内，由于物资短缺，市场产品供不应求，生产观念在企业经营管理中颇为流行。我国在计划经济的体制下，由于市场产品短缺，买方争购，企业不愁产品没有销路，工商企业在其经营管理中也奉行生产观念。随着科学技术和社会生产力的发展，以及市场供求形势的变化，生产观念适用的范围必然愈来愈小。

2. 产品观念

产品观念是一种与生产观念类似的经营思想。它认为，企业的主要任务就是提高产品质量，只要产品好，不怕卖不了；只要有特色产品，自然会顾客盈门。中国商谚"酒香不怕巷子深"、"一招鲜，吃遍天"等，都是产品观念的反映。又如，有些小生产者以为，只要死守"祖传秘方"就可以永远立于不败之地，实质上也是产品观念的体现。产品观念在商品经济不甚发达的时代也许有一定道理，但在现代则肯定是不正确的。在现代商品经济中，卖方竞争激烈，买方选择余地较大，再好的产品，没有适当的营销手段，通向市场的道路也不会是平坦的。产品观念是一种"营销近视症"，它过于重视产品本身，而忽视市场的真正需要。

3. 推销观念

这种观念是生产观念的发展和延伸。从本质上看，推销观念仍然是一种"以产定销"的经营指导思想。推销观念认为大多数消费者一般都不会购买非必需的东西，但是，如果企业采取适当的措施，消费者有可能购买更多的东西。奉行这种观念的企业强调它们的产品是"卖出去的"，而不是被"买去的"。因此，企业必须重视和加强促销工作，千方百计使广大消费者对企业的产品发生兴趣，以扩大销售，提高市场占有率，取得更多的利润。推销观念产生于从卖方市场向买方市场的过渡时期，要在日益激烈的市场竞争中求得生存和发展，就必须重视市场营销，加强推销工作。

4. 市场营销观念

市场营销观念是一种以顾客的需要和欲望为导向的经营哲学，它是以整体营销为手段来取得顾客的满意，从而实现企业长远利益。简言之，市场营销观念是"发现需要并设法满足它们"，而不是"制造产品并设法推销已经生产出来的产品"。因此，"顾客至上"、"顾客是上帝"、"顾客永远是正确的"、"顾客才是企业的真正主人"等口号成为现代企业家的座右铭。市场营销观念产生的条件是买方市场的形成。20世纪50年代以后，发达资本主义国家的市场已经变成名副其实的供过于求，卖主的竞争激烈，买主处于市场主动地位的"买方市场"。市场营销观念是企业经营思想史上的一次革命。传统的经营思想都是以生产为中心，以卖方为中心，着眼于把已经生产出来的商品变成货币。而市场营销观念则是以需求为中心，即以市场、顾客、消费者为中心，市场需要什么，企业生产销售什么。"按需定产、以销定产"，据此改进营销活动。同时还要向顾客提供各种服务和保证，力求比竞争者更有效、更充分地满足顾客的一切需要，通过这些措施来获取顾客信任和企业自身的长远利益。按照这种观念，市场不是处于生产过程的终点，而是起点；不是供给决定需求，而是需求引起供给。图 2-1 表明了推销观念与市场营销观念二者的区别。

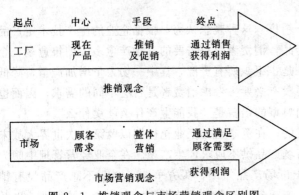

图 2-1 推销观念与市场营销观念区别图

5. 社会营销观念

社会营销观念就是不仅要满足消费者眼前的需要和欲望并由此获得企业的利润,而且要符合消费者自身和整个社会的长远利益,要正确处理消费者欲望、消费者利益和社会长远利益之间的矛盾。社会营销的任务在于把上述几面的利益协调起来,做到统筹兼顾。近年来对市场导向观念进行了修正,提出了社会营销观念。

四、市场营销管理的任务

1. 市场营销管理的含义与过程

市场营销管理过程包括以下步骤:①发现和评价市场机会;②细分市场和选择目标市场;③确定市场营销组合和决定市场营销预算;④执行和控制市场营销计划。市场营销管理是为了达到企业的营销目标,针对目标市场而实行的分析、计划、实施、协调、控制等一系列的组织管理机能。任何一个企业都不能永远靠其现有的产品过日子,而必须经常寻找、发现新的市场机会,在市场细分的基础上依据本企业的任务、目标、资源条件,选择那些比其潜在竞争者有更大的优势、能享有更大的差别利益的目标市场。市场营销组合是企业的市场营销战略的一个重要组成部分,是实施市场营销战略的必要措施,市场营销组合包含的可控制的变量很多,基本的变量有四个,即产品、价格、地点和促销。

2. 市场营销管理的任务

人们通常认为,企业市场营销管理的主要任务是刺激消费者对企业产品的需求,其实市场营销管理的任务不仅局限于刺激市场需求。由于满足市场需求具有动态性,企业的营销计划与市场实际需求随时都可能出现差距,这就要求企业经营者必须针对不同的需求情况,调整原定计划,确定相应的营销管理任务。

不同的需求状况有不同的营销任务。据此,可分为八种不同的营销管理,它们是:

(1) 扭转性营销。扭转性营销是针对负需求实施的,负需求是指绝大多数人对某个产品感到厌恶,甚至愿意出钱回避它的一种需求状况。

(2) 刺激性营销。刺激性营销是在无需求的情况下进行的。所谓无需求是指市场对某种产品或劳务既无负需求也无正需求,只是漠不关心,毫无兴趣。有以下三种情况导致市场无需求:第一种,有某些熟悉的事物被认为是无价值的;第二种,某些熟悉的事物被认为有价值,但在特殊的市场则无价值;第三种,对某些事物缺乏认识而导致无需求。

(3) 开发性营销。开发性营销是与潜在需求相联系的一种市场营销。潜在需求是指多数消费者对市场上现实不存在的某种产品或劳务的强烈需求。

(4) 恢复性营销。恢复性营销是针对衰退性需求实施的。所谓衰退性需求是指人们对某种产品或劳务的市场需求有下降的趋势。恢复性营销要寻求与潜在市场相联系的新的营销组合手段,能动地取代退却产品,赋予企业再生的活力。

(5) 同步性营销。同步性营销是针对不规则需求提出来的。所谓不规则需求是指有些产品或劳务的市场需求在一年的不同季节,在一周的不同日子,甚至一天中的不同时间上下波动很大,有时市场需求多,有时市场需求少。针对这种情况的营销任务是,设法调节需求与供给的矛盾,使二者达到协调同步。

(6) 维护性营销。在充分需求的条件下,应实行维护性营销。充分需求是指某种物品或服务的目前需求水平和时间等于预期的需求水平和时间的一种需求状况。这是企业最理想的一种需求状况。但是在动态市场上，消费者偏好会不断变化，竞争也会日益激烈。因此，在充分需求情况下，企业营销管理的任务是设法维护现有的销售水平，防止出现下降趋势。其主要策略是保持合理售价，稳定推销人员和代理商，严格控制成本费用等。

（7）限制性营销。当某种产品或劳务出现过量需求时，应实行限制性营销。市场需求超过了营销者所能或所愿供给的能力时，也就是供不应求时，称为过量需求。这可能是由于暂时性的缺货，也可能是由于产品长期过分受欢迎所致。

（8）抵制性营销。抵制性营销是针对有害需求实行的。有些产品或劳务对消费者、社会公众有害无益，对这种产品或劳务的需求，为有害需求。

五、市场营销环境

企业的营销活动就是在外界环境相互联系和作用的基础上进行的，如图2-2所示。

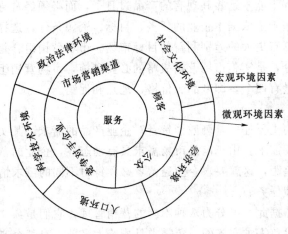

图2-2　市场营销环境

为了实现营销目标，企业必须认真分析和研究市场营销环境，并努力谋求企业外部市场环境与企业内部条件和营销策略之间的动态平衡。研究市场营销环境，是企业制定营销策略的前提。

市场营销环境，是指影响企业生存和发展的各种外部条件，这里所说的外部条件，不是指整个的外界事物，而是指那些与企业营销活动有关联因素的部分集合。市场营销环境包括宏观环境和微观环境。

（1）宏观环境是指一个国家或地区的政治、法律、人口、经济、社会文化、科学技术等影响企业营销活动的宏观因素。

（2）微观环境是指企业的顾客、竞争者、营销渠道和有关公众等对企业营销活动有直接影响的诸因素。

（3）宏观环境与微观环境是市场环境系统中的不同层次，所有的微观环境因素都受宏观环境因素制约，而微观环境因素对宏观环境也有影响。市场营销环境是一个不断完善和发展的概念。

1．企业的微观环境

（1）市场营销渠道企业。任何企业都不可能自己承担有关产品和服务的全部生产和营销活动。它必须与营销渠道中的其他企业合作，才能完成生产和营销的任务。一个企业的市场营销渠道企业包括：

1）供应商。它们向企业供应原料、部件、能源、资金等生产资源。

2）中间商。他们是转售商品的企业，如批发商和零售商，对其经营的产品有所有权。

3）代理商。也称为经纪人，他们替生产企业寻找买主，推销产品，对其经营的商品没有所有权。

4）服务商。他们是便利交换或商品的实体分销者，如运输公司、仓库、金融机构等。

5）市场营销机构。如广告代理商、市场营销咨询企业等，他们协助生产企业开拓产品的市场与推广销售。

（2）竞争者。企业在经营过程中会面对众多的竞争者。它要想成功，就必须充分了解自己的对手，努力做到更好地满足市场的需要。从购买者的角度来观察，每个企业在其营销活动中，都面临四种类型的竞争者：愿望竞争者，指满足购买者各种愿望的竞争者；平行竞争者，指能满足同一需要的各种产品之间的竞争者；产品形式竞争者，指满足同一需要的同类产品不同形式间的竞争；品牌竞争者，指满足同一需要的同种形式产品的各种品牌之间的竞争。

（3）顾客。企业必须与供应商和中间商相结合，以便有效供应目标市场，给消费者提供恰当的产品和服务，其目标市场可能是下面消费者市场：

1）消费者市场。即购买商品和服务以供个人消费的个人和家庭。

2）产业市场。为赚取利润而购买产品和服务来生产其他产品和服务的组织。

3）中间商市场。为了利润而购买产品和服务以转售的组织。

4）政府和非盈利市场。为了提供公共服务或将商品与服务转给需要的人而购买产品和服务的政府和非盈利机构。

5）国际市场。指国外买主，包括外因消费者、生产者、中间商和政府。

2. 企业的宏观环境

宏观市场环境，通常指一个国家的经济、社会及其发展变化的状况。它是不可控制的因素。但企业可以通过调整其内部人、财、物及产品、定价、渠道、促销等可以控制的营销手段，来适应宏观环境的发展变化。宏观环境包括以下几个方面：

（1）人口环境。市场营销的人口环境，是由人口总数、人口增长率、人口构成等因素组成的。

（2）自然环境。自然环境指能够影响社会生产过程的自然因素，包括自然资源、企业所处的地理位置、生态环境等因素。自然资源对市场营销的影响非常重要，它可给企业带来营销机会，又可对企业造成威胁。合理开发和利用矿产资源和生物资源，能使企业在资源运用中进入良性循环。

（3）经济环境。市场容量主要是由三个因素构成，这就是人口、购买力、购买欲望。而市场就是由那些买东西和有购买能力的人构成的。这就是说购买力是构成影响市场规模的重要因素，而整个购买力即社会购买力又直接或间接受消费者收入、价格水平、储蓄、信贷等经济因素的影响。社会购买力是这些经济因素的函数。正因为这样，企业的市场营销不仅受人口环境影响，而且还受经济环境影响。进行经济环境分析，着重分析三个主要经济因素：消费者收入的变化、消费者支出模式的变化、消费者储蓄和信贷的变化。

（4）技术环境。技术对人类最具有影响力，每一种新科技既是推动人类社会向前发展的动力，同时又是一种"创造性的破坏"力量。如半导体代替了真空管工业，计算机保护代替了经典继电保护。目前，对于营销人员应注意下列的技术发展趋势：技术变革的步子加快；研究开发预算提高；着重小的改良而非重大发明；技术革新的法规增多。

（5）政治法律环境。其主要是指国家的方针、政策、法令、法规及其调整变化对企业营销活动的影响。企业的营销活动，作为社会生活的组成部分，总要受到政治法律环境的影响和制约。党和国家的各政策，不仅规定了国民经济的发展方向和速度，也直接关系到社会购买力的提高和市场消费需求的增长。国家的法令法规，特别是有关经济的立法，不仅规范企业的行为，而且会使消费需求数量、质量和结构发生变化，并能鼓励或限制某些产品的生产和消费。

（6）社会文化环境。文化主要是指一个国家、地区或民族的传统文化、风俗习惯、伦理道德观念、价值观念等，人们在不同的社会文化背景下成长和生活，各有其不同的基本观念和信仰。这是在不知不觉中形成的一种行为规范。一个社会的核心文化和价值观具有高度的持续性，它是人们世代沿袭下来的，并且不断得到丰富和发展，影响和制约着人们的行为，包括消费行为。企业的营销人员在产品和商标的设计、广告和服务的形式等方面，要充分考虑当地的传统文化，充分了解和尊重它，在创新的时候也不能同核心文化和价值观念相抵触，否则，将受到不必要的损失。

六、环境分析与企业对策

每一个企业都和总体环境的某个部分相互影响、相互作用，将这部分环境称为相关环境。企业的相关环境总是处于不断变化的状态之中。经营最为成功的企业，一般是能够适应其相关环境的，并且当环境变化需要新的经营行为时拥有自我调节能力。适应性强的企业总是随时注视环境的发展变化，通过事先制定的计划来控制调整，以保证经营管理和市场营销目标的实现。

第二节 我国的电力市场概述

这里简述电力市场的基本内容，说明近年来一些国家电力工业由公有、垄断走向私有、竞争，逐步形成商业化运营和电力市场的过程。根据电力市场基本理论并借鉴国外的一些经验和具体做法，探讨我国建立电力市场的一些问题。

一、电力市场概述

市场是商品买卖的场所，是一定地区内商品劳务等的供给和有支付能力的需求之间的关系。电力是一种特殊的商品，其买卖之间的基本交易活动形成电力市场。电力商品不同于一般商品之处在于要求供需实时动态平衡。另外，电力行业是有一定的天然垄断性行业，因此电力市场属于受政府管制的，具有部分垄断性的市场。

（一）电力市场的基本要素

为使电力市场正常运行，必须具备以下基本要素：市场主体、市场客体、市场载体、市场价格、市场运行规划和市场监管。

1. 电力市场主体

按在社会再生产中的作用不同，市场主体可分为商品生产者、商品消费者、商品经营者和市场管理者。对于电力市场而言，商品生产者即为各类电力企业，它是电力商品的生产者和供应者，为市场提供不同等级的电力和相应的服务。商品消费者则是电力用户，它们是电力商品的购买者，属于市场需求一方。商品经营者是电力商品交换的中介者，起到联系电力商品生产者与电力商品消费者的媒介作用；电力市场管理者是市场从事电力商品交换活动的一种特殊的当事人，以国家和各级政府的有关管理机构的面目出现，起着组织协调、管理监督等方面的作用。

作为市场主体之一的电力企业应具有如下 4 方面的特征。

（1）合法性。即必须是国家认可或经政府有关部门批准，在工商行政管理局依法登记注册，有一定的组织机构和独立的财产，能以自己的名义享有一定权利和承担一定义务的电力商品生产者和电力商品经营者。

（2）独立性。电力企业必须是依法自主经营、自负盈亏、独立核算的经济组织。

（3）盈利性。电力企业必须讲究成本核算，以求用最少的人力、物力和财力投入获得最多的产出，取得盈利。

（4）平等性。电力企业无论在性质、规模、生产和经营能力上有何差异，在参与市场经济活动中其身份一律平等，不存在任何特权。都有权在市场上获得公平竞争的条件。

作为市场主体之一的电力用户参与市场交易活动的目的是希望以尽可能低的价格买到自己所需要的商品或服务以满足自身的需要，对于消费者，要给予引导，要保护消费者的合法利益。

在电力市场交易活动中，经纪人既是电力商品的购买者，又是电力商品的出卖者，以买者和卖者的双重身份交替出现。处于电力商品生产者和电力商品消费者之间的中介地位，充当着生产与消费之间纽带和桥梁，经纪人购买电力商品的目的不是为了自己消费，而是通过对电力商品的先买后卖取得进销差价，用以补自流通费用并有一定的盈余。

2. 电力市场客体

市场客体是指市场上买卖双方交易的对象。就电力市场而言，电力市场的客体是电力商品。电力商品具有多种自然属性，因而就有多种使用价值，如电力可以根据人们不同的需要，转化为热能、光能、机械能等，商品的价值是指凝聚在商品中的一般人类劳动。一切商品，作为使用价值，它们在质上是不相同的；但作为价值，它们在质上却是相同的。电力商品也不例外。

3. 电力市场载体

市场载体是市场交易活动得以顺利进行的物质基础，是供市场主体对市场客体进行交易的一切物质设施，一般意义的市场载体包括网点设施、仓储设施、运输设施、通信设施和商品交易的场所设施等，它是形成市场的先决条件，对于电力市场来说，它有别于其他商品市场的最重要的标志就在于它独具特征。由于电力生产、输送、消费是同时完成的，决定了其载体和市场的特性。

4. 电力市场价格

价格机制是市场机制的核心，要增加市场机制在经济调节中的作用，就要充分发挥价格的各种功能；同时，市场价格又是市场协调机制中传递供求变化最敏感的信号。要建立一个完善的电力市场，就要确定合理的电力商品的价格形成机制、价格结构和价格管理体制。

　　价格形成机制，是指商品在生产和流通中价格确定的机制。它是价格形成的基础，价格形成的方式和影响价格形成的其他因素相互制约、相互作用的综合表现。虽然价值是价格形成的基础，是价格运动的核心或重心，但是，作为市场价格形成的直接基础并不是原始价值，而是市场价值。

　　价格结构是指市场价格的各个组成部分以及不同价格的构成及其相互关系。它主要包括价格构成和价格体系结构两个方面。

　　市场价格构成是指形成价格的各个要素及其在价格中的组成状态，一般包括电力生产成本、过程费用、利润和税金四个部分。

　　市场价格体系结构是指不同商品之间的比价关系和同种价格在不同流转环节上的差价关系以及它们之间的有机联系。商品的比价关系是指同一市场、同一时间、不同商品价格之间的比例关系，它反映了国民经济各部门之间以及每个部门内部不同商品价格的合理程度，如电力与煤炭、钢材等产品的比价。商品的差价是指同一种商品由于购销环节、购销地区、购销时间或购销质量不同而形成的价格差额，如电力市场中的上网电价、销售价、峰谷电价等，市场价格体系结构并不是一成不变的，而是经常运动的。

　　在市场经济中，虽然价格具有传递信息、配置资源、促进技术进步等多种功能，但它也有自发性、盲目性的一面。为了抑制价格的自发性，克服价格的盲目性，就要求政府对价格进行适度调控。价格管理调控的目的主要有两个：一是保持价格总水平的基本稳定；二是维护公平竞争。

　　总之，电力市场的价格必须在服从国家宏观调控的基础上，使其形成遵循国际通行的成本、合理回报和用户公平的准则，充分利用电力市场的功能，使其定价方式能起到促进形成竞争机制的作用，使设计出的电价结构能保证主体各自的选择性。

　　5. 电力市场运行规则

　　市场运行规则是使市场机制正常运行，规范市场主体经济行为的基本准则，确定市场运行规则，是培育和发展电力市场的重要内容，运行规则可分为两大类：体制性规则和运行性规则。前者包含在确认和维护财产所有权的有关法律之中，它主要保证市场运行主体的财产所有权及其利益不受侵犯，后者则包含在政府制定的有关市场运行的法规和条例之中，它包括进入市场的各种主体的行为规范以及处理各主体之间相互关系的准则。具体地说，规则包括：①市场运营规则；②市场交易规则；③市场竞争规则。

　　为了保证各电力市场的有序运营，必须制定严密的电力市场运营规则，其核心是引入竞争机制，保证电力市场开展公平和有序的竞争。

　　6. 电力市场监管

　　市场监督通常是指依靠经济组织、行政组织和司法组织按照市场管理原则和市场运行规则，对从事交易活动市场主体行为和市场运行过程进行监督的活动。对于电力市场而言，各级电力市场都必须有专门的监管机构。其主要职能是监管电力市场的交易行为和竞争行为，处理不公平竞争和违反法律、法规的行为，并对电力市场运行中发生的纠纷、争议和投诉进行调节和仲裁。

　　（二）电力市场的功能

　　电力市场应具有以下基本功能。

1. 市场优化资源配置功能

市场优化资源配置功能，是指市场作为社会资源的配置者，按照市场的内在规律，以市场为导向来调节生产要素在国民经济各部门之间的分配，并力求达到合理有效的职能；市场对资源的优化配置不同于计划方式，它是通过供求，竞争和价格机制来引导生产要素在各个生产部门之间的流动。从而使有限的资源在部门之间达到合理配置，形成合理的生产力布局，减少社会劳动的无益损耗。电力工业作为基础工业之一，与国民经济各部门之间关系极为密切，电力工业配置多少社会资源，需要利用市场具有的广泛、巨大的调节功能。例如当前高峰电力不足而低谷电卖不出去的状况，通过电力市场广泛采用的峰谷差价可对这些问题得到有效的解决。再比如随着全国电力市场的建立，电力系统的互联，可保证经济合理地开发一次能源，实现水电、火电资源的优势互补，解决能源与负荷分布的不平衡性。

2. 技术进步功能

激烈的市场竞争，给企业的技术进步创造了一个内部动力和外部压力的环境，使得企业以及整个社会不仅要对现有技术条件充分利用，而且还要千方百计寻找新的技术领域，使得新的技术层出不穷，从而推动社会技术水平的不断提高，使社会生产快速发展，电力市场的技术进步功能主要表现在：通过电力市场在电力企业之间引入竞争机制。激励电力企业不断采用新技术降低生产成本，电力用户主动采用新技术节能降耗，以提高电力工业整体的经济效益和工业产品在国际市场上的竞争力。

3. 利益分配功能

在现代市场经济中，市场经济杠杆信号为适应市场的变化自动地、不断地进行调整，各市场主体根据信号强弱的变化。其经济利益空间的地位不断发生变化，如价格的变化，使得经济利益在生产经营者和消费者之间进行分配或再分配；利率的变化使得经济利益在资金所有者和资金借贷者之间进行分配或再分配；利税的变化起着调节国家、企业和个人之间经济利益再分配的功能。市场利益分配功能的最佳效果是既体现分配的公平性，又体现分配的效率性。

4. 微观均微功能

市场机制是微观经济均衡的自动调节器。各个微观经济主体通过价格信息和其他市场参数来调整自己的行为，作出市场选择的决策，并按照这种决策来组织自己的生产经营活动，市场机制正是通过微观经济主体的这种直接调节，促进企业在趋利避害选择中，使其生产经济活动符合市场需要，促进市场商品供求关系的逐渐平衡。

二、建立电力市场的若干问题

(一) 建立电力市场的必要性和可能性

首先，建立电力市场是建立市场经济的一个组成部分。其次，建立我国电力市场是实现电力资源优化配置，引入竞争机制以提高效率和效益，促进电力工业尽快实现"两个转变"的需要。再次，我国电力工业发展到今天，已为我国电力市场的初步建立和逐步完善提供了可能。十一届三中全会以来，我国电力工业进行了一系列的改革，并取得显著成就。随着国家电力公司的组建，电力集团公司和省电力公司改制改组，母子公司体制的建立，国有资产权所属关系、经营利润关系逐步清晰。电力现代企业制度的逐步建立，电力基本交易活动的商业化倾向的日益显著，这一切都迫切要求用规范的电力市场来体现各种关系，以保障市场主体各方利益和规范各方行为。此外，随着我国电力调度自动化技术的发展，电力市场具备了实施手段。

（二）我国建立电力市场存在的障碍

（1）全国性的缺高峰电力的局面依然存在，因而目前的电力市场还是一个"卖方市场"，电力交易的双方还无选择权，难以引入市场竞争的机制。

（2）电力企业的法人实体地位不到位，产权关系模糊。企业法人实体不到位，企业就不具有完全的独立性，也就不完全具备市场主体地位。

（3）长期以来，政府职能和电力企业行为的严重混淆导致了政企不分的状况，严重阻碍了电力企业作为市场主体的独立性，是电力企业走向市场的最大障碍。

（4）电价与电力商品价值严重背离，同网、同质、同价的目标短期内很难实现；能够反映合理电价水平与结构的电价形成机制和调整机制还远未建立起来，而电价是电力市场的核心问题。

（5）电网建设投资管理体制改革滞后，造成电网建设资金严重不足，严重影响了电网建设的发展，而电网建设滞后将阻碍电力市场的形成。

（6）我国电力行业经营管理的观念和水平还相对落后，不能满足参与市场竞争和建立电力市场主体功能的要求。

（7）技术手段落后，电力市场中的电力商品交易需要完善的电网信息传输系统和调度自动化系统等技术手段，如发电控制、潮流控制等技术。

（三）我国建立电力市场应做的几件事情

上述的我国建立电力市场的各种障碍不是短期内都可以克服的，有些障碍的克服主要还是依靠外部大环境。根据我国近年电网商业化运营试点的情况，逐步形成我国电力市场，应做好以下几件事情。

1. 开发和完善电网商业化运营所需的硬件技术

电网商业化运营首先要求电网调度的商业化运营，而电网调度的商业化运营的硬件支撑就是高效率的能量管理综合自动化系统，尤其是电能量自动计费系统。因此，应该将其作为建立电力市场的突破口来抓。支持电网商业化运营的硬件技术应满足以下几方面的功能和要求：

（1）为保证电网安全、经济地运行提供快速自动的监视控制手段和分析决策功能。

（2）根据自己电网的边际成本、互联电网的购电电价和售电电价，安排和调整自己电网的发电、购电和售电，以达到综合最低供电成本或最大效益。

（3）按需要时段（如分、小时、日等）采集、统计电网各结算点关口电能量，根据分时供电及其电价合同（或协议）即时结算。

（4）实现电费即时转结（例如通过银行或财务部门划拨），以增加电力部门的动态经济效益。

（5）对由于电网非正常运行所造成的丢失按合同对用户进行补偿。

（6）储存电网生产运行及商业化运行历史数据，提供按时间（如分、时、日、月、季、年等）和按负荷（峰、谷、腰、事故、支援、调剂、协调等）的统计分析，为有关部门提供决策依据。因而需开发和完善的硬件技术包括：能量管理系统（EMS），自动发电控制系统（AGC），配电管理系统（DMS），电能量自动计费结算系统（EASS），商业化运营管理信息系统（CMIS），电网计算机综合服务数字网（ISDN）等内容。

对于我国几大电力（电网）集团公司直属或直调的发电厂，还要逐步配置效率管理系统，以便电网调度中心（未来电力交易中心）能随时掌握机组经济特性、设备情况和煤价等因素，做到报价的实时性、经济性，这不仅满足发电厂经营管理要求，而且有助于对电力市场的监督。在我国目前技术水平下，电能量自动计费系统中的基本设备可由国外引进，配套设备可国内解决。例如，华中电网就是这样做的。华中电网的这套电能量自动计费系统包括安装在 22 个电厂变电站各计费关口点的脉冲电能表、电表处理器、电力系统专用程控电话交换机以及安装在网调的主站计算机系统和其他配套专用设备及其应用软件。该套设备已于 1996 年 3 月投入运行。

2. 逐步引入竞争机制，构筑电网商业化运营的软件环境

（1）要抓紧峰谷电价方案出台和组织实施工作，尽快扩大峰谷电价的覆盖面。

（2）要抓紧拟定支援电价、事故电价、集资电厂电量跨省调出上网和超计划用电加价等方案，并努力创造条件，尽快出台。

（3）制定电力期货交易与现货交易的价格方案。根据我国电力市场的实际情况，各集团公司、省公司的年度送受电计划由期货合同确定，其互供电价应随期货长短确定，实行预购电价。对于年度期其货电价应适当低些，月度期货其电价可适中，周期货的电价应偏高些。日调节电量、超计划电量、事故支援电量等应作为现货进行交易。日调节电量应实施峰谷分时电价，超计划电量和事故电量应实行计划外加价和事故电价。

（4）研究制定各种电力交易合同。集团公司和省公司在安排年度送受电计划时要签订经济合同或协议。这些合同或协议应包括：①计划用电协议，由集团公司与省公司及国家重点企业签订；②电量销售合同，由集团公司和有关用户签订；③买卖用电容量协议，即"买用电权"的协议，由集团公司和有关用户签订；④购电协议，由集团公司与直属发电厂，独立发电厂签订。

（5）为在电力市场中逐步引入竞争机制，近期还可采取如下一些措施。

1）先在电力供大于求的时段上开展竞争。全国总的电力供求态势是，高峰时段严重缺电，局部时段供大于求。在一年中，丰水期通常供大于求，法定节假日供大于求；在一周中双休日供大于求；在一天中低谷时段供大于求。因此，可在这些时间内在发电厂间开展竞争上网。在用户之间开展竞争购电；为此，要在上网电价和销售电价上实施峰谷电价、丰枯电价等。

2）先在发电环节上开展竞争。让上网电价低的发电厂多发电，多赢利。

3）在省、市电力公司之间的电量买卖上开展竞争。

3. 按照分层次管理原则，着手建立各级电力市场

随着各大电网多元产权主体和市场主体的出现，各大电网基本上都将形成三级电力市场：由集团公司经营管理的电力市场；由省、市公司经营管理的省、市网电力市场；以及由地区（县）供电公司经营管理的用户电力市场。随着各大区域电网的逐步互联，将形成由国家电力公司行使股东权，由国家电网公司经营管理的国家级电力市场。

根据目前电网电压等级的层次和区域覆盖范围的层次，集团公司应主要负责 500kV
主网架和 220kV 联络线之间以及重要大型骨干电厂的电力电量交易。省、市公司应主要
负责 500kV 网架支线和 220kV 省、市网架以及直属电厂、供电公司之间的电力电量交
易，各级电力公司之间根据其连接的紧密程度和资产所有关系，构成母子公司关系，形成
资产纽带。

当前，为使得集团公司能够经营管理 500kV 主网架以及 220kV 联络线，一些地区必
须进行资产划转工作。华中电网在这方面已做了大量工作。到 1996 年 4 月，已有 6 条
500kV 线路和 4 条 220kV 省间联络线的资产已由省公司划转给集团公司。网内其他的
500kV 输变电设备资产，根据出台的电力体改方案，通过授权来完成其资产划转工作。
在完成了资产划转工作，界定了各级电力市场经营管理范围之后，为促进电力市场最重要
的载体——电网的发展，应着手研究确定接网费和过网费。接网费应按设备折旧和净资产
回报来确定，而过网费应按电力电量交易量来确定。

4. 确定电力市场监管职能和措施

根据我国实际，各级电力市场的监管机构应是中央政府和各级地方政府的电力主管部
门。其监管职能应包括以下几方面：

(1) 制定电力市场运营规则。

(2) 制定电力市场发展规划，调控供求关系。

(3) 管制电力市场价格，保护各方合法权益。

(4) 监督、检查、分析、纠正电力市场运营偏差，促进良性运营。

(5) 对电力交易中的争议进行仲裁，对违法行为进行制裁。

(6) 培育电力市场，促进电力市场不断完善。

复习思考题与习题

一、填空题

1. 市场营销是致力于通过交换过程满足（**需要和欲望**）的人类活动。

2. 市场营销观念是一种以顾客的（**需要和欲望**）为导向的经营哲学，它是以（**整体**）
营销为手段来取得顾客的满意，从而实现企业（**长远**）利益。

3. （**"顾客至上"、"顾客是上帝"、"顾客永远是正确的"**）"顾客才是企业的真正主人"
等口号成为现代企业家的座右铭。

4. 传统的经营思想都是以（**生产**）为中心，以（**卖方**）为中心，着眼于把已经生产
出来的商品变成货币。

5. 市场营销观念则是以（**需求**）为中心，即以（**市场、顾客、消费者**）为中心，市
场需要什么，企业生产销售什么，（**"按需定产、以销定产"**），据此改进营销活动。

6. 基本的变量有四个，即（**产品、价格、地点和促销**）。

7. 宏观环境包括以下几个方面：（**人口**）环境；（**自然**）环境；（**经济**）环境；（**技术**）
环境；（**政治法律**）环境和社会文化环境。

8. 市场容量主要是由三个因素构成，这就是（**人口、购买力、购买欲望**）。

9. （**购买力**）是构成影响市场规模的重要因素。

10. 社会文化环境：文化主要是指一个国家、地区或民族的（**传统文化，风俗习惯、伦理道德**）观念、（**价值**）观念等。

11. 电力市场的基本要素是：（**市场主体**）、（**市场客体**）、（**市场载体**）、（**市场价格**）、（**市场运行规则**）和市场监管。

12. 市场载体是市场交易活动得以顺利进行的（**物质基础**），是供市场主体对市场客体进行交易的一切（**物质设施**）。

13. 对于电力市场来说，其独具特征是：产品生产、输送、消费是同时完成的。

14. 所谓价格结构是指市场价格的（**各个组成部分**）以及（**不同价格**）的构成及其相互关系。

二、判断题

1. 市场营销环境包括宏观环境和微观环境。（√）

2. 宏观市场环境，通常指一个国家的经济、社会及其发展变化的状况。（√）

3. 宏观市场环境是可控制的因素。（×）

4. 电力企业必须是依法自主经营、自负盈亏、独立核算的经济组织。（√）

5. 电力用户是电力市场唯一的主体。（×）

6. 电力市场的客体是电力客户。（×）

7. 电力市场的客体是电力商品。（√）

8. 一切商品，作为使用价值，它们在质上是不相同的。（√）

9. 一切商品，作为价值，它们在质上却是相同的。（√）

10. 对于电力市场来说，其独具特征是：产品生产、输送、消费是同时完成的。（√）

三、问答题

1. 什么是市场营销学的概念？（答：见本章第一节、一）

2. 何谓市场营销学的指导思想？（答：见本章第一节、三）

3. 市场营销管理的任务是什么？（答：见本章第一节、四）

4. 什么是电力市场的基本要素？（答：见本章第二节、二）

5. 为什么我国建立电力市场还存在一定障碍？〔答：见本章第二节、二（二）〕

第三章　电力市场及其营销与管理

自 1996 年以来，电力市场悄然地由卖方市场转向买方市场，全国电力增长趋缓，个别地方甚至出现负增长，电力已不再是"不愁嫁的皇帝女儿"。造成这一现象的原因有：

(1) 近年来我国电力工业增长较快，每年都有大量机组并网运行。

(2) 我国经济由高速发展变为适速增长。

(3) 电力企业的经营还是在计划经济模式下，缺乏市场意识，对电力市场开拓不力。

经过几年来的发展、变化，目前电力市场运营已日趋规范，不但对于电力系统中的发电、输电、配电、用电，就是对于电力企业的多种经营，应如何适应更加激烈的市场竞争局面，如何创造良好的市场生存环境，都是值得考虑的重要问题。本章简述电力市场的营销和管理方面的内容。

第一节　电力市场的定义、分类和特点

一、电力市场的定义

电力市场既然是市场，它便具有市场的特性。一般市场具有下述特点：①市场是商品交换的场所；②市场是商品所有现实和潜在买主的总和；③市场是买主和卖主力量的总和；④市场是商品流通的领域。而电力市场则是电力商品交换关系的总和，它是社会主义市场经济的重要组成部分。电力市场是采用法律、经济等手段，本着公平竞争、自愿互利的原则，对电力系统中发电、输电、配电、用电、客户等主体协调运行的管理机制和执行系统的总和。电力市场首先是一种机制，这种机制与传统行政命令机制不同，主要是采用法律和经济的手段进行管理。

二、电力市场分类

电力市场具有主体与客体之分，电力市场的主体有独立发电公司、供电公司、电网公司、用电客户。而客体是市场交易对象，即电力和电量。按照电力市场主体可分为：

(1) 一级电力市场，即独立发电公司与电网公司之间形成的电力市场。

(2) 二级电力市场，即电网公司与供电公司之间形成的电力市场。

(3) 三级电力市场，即供电公司与各用电客户之间形成的电力市场。

目前北方地区的电力市场主要由两级电力市场构成，即各独立发电公司与电网公司之间形成的一级电力市场以及地区电力公司与各用电客户之间形成的二级电力市场。

电力市场也可按照市场范围来划分，具体可分为：国家级电力市场；网级电力市场；省级电力市场；地区级电力市场；县级电力市场。

三、电力市场的特点

目前电力市场的现状，供电企业的经营观念和经营作风多半保持在计划经济体制下，其管理模式已不能适应市场经济的需要，双方确定的买卖关系手续烦琐，诸如报装、业扩、增容等。此外，兴资办电的一次性投资太大，致使电力企业失去了广大的城乡电力市场。因此，电力企业面临的主要问题是应收复"失地"，培育市场。电力企业要积极努力寻找新的电力消费增长点，克服各种不利因素，在开拓电力市场的经济大海中要勇立潮头。针对市场需求的变化，从客观和主观上进行分析，电力行业面临的问题有以下几方面。

（1）由于产业结构调整，致使高新技术产业在国民经济中的比重相对增加，随之而来的是农业和工业用电负荷增长速度减慢。

（2）其他可用能源与电力市场竞争激烈。一方面，天然气、煤气、液化气、燃油等可用能源对电力市场的竞争越来越激烈。由于电价结构不合理，致使原来用电的客户，转而用其他的能源来驱动生产机械。例如，河北省临西县的5000多眼机井，有90%是机电配套的，但由于电价太高，这些机井转而由柴油机拖动，使电力企业丧失了大量"领地"。另一方面，小火电与大电网之间的无序竞争加剧，使部分地区大电网的优势不能充分发挥，地方电厂和企业自备电厂迅猛增加，自备电厂供电范围的扩大，也挤占了大电网的市场空间。

（3）由于城乡电网网架结构薄弱，设备陈旧、线路长、导线细、电压质量差、线路损耗高，有电供不出、用不上。

（4）电网运营困难。电网运营困难主要表现在三方面：①购售电成本增加，1998年国家电力公司系统内电力产品销售收入增长4.2%，但电力销售成本增长了5.84%，购电成本增长了15亿；②电费回收形势严峻，巨额欠费已经影响了电力企业的正常生产和电网的安全运行；③电网最高负荷继续上升，峰谷差加大，负荷率下降，电网调峰更加困难。

（5）电力营销管理水平低，电价结构不合理，杂项费用多。诸如，"施工费"、"安装费"、"检验费"、"变压器集资费"等，加之"关系电"、"人情电"、"权利电"始终不能从根本上加以解决，致使部分地区的销售电价过高，造成一些客户特别是广大农村客户的电费负担过重，出现了有电不能用、不敢用的现象。虽然1998年国家已经取消了560项乱加价及限制用电的政策，原国家计委严令禁止农村电网乱收费，但如何刺激和扩大电力消费仍然缺少好的解决办法。

（6）部分电力企业的领导、干部、职工对电力市场所发生的变化缺乏清醒的认识，分析研究不够，市场观念薄弱，总以"电老大"自居。对于优质服务、文明服务、"三为"服务、窗口标准只流于形式，致使电力营销体系不能适应市场变化的要求。

电力公司已经确立了"两型两化一流"的战略目标，即要把电力公司建设成控股型、经营型、现代化、集团化管理的国际一流的企业。为实现这一战略目标，摆在各级电力公司面前的任务是艰巨的。如何面对市场、成功的开拓市场，是电力企业当前和今后一个时期的工作重点。工作在电力战线上的领导干部、广大职工应该认清形势，统一思想，统一认识，转变工作作风，在电力系统的体制改革中，在城乡电网改造中，加倍努力、奋勇争先，在开拓和扩大电力市场中乘风破浪，勇往直前。

第二节　电力工业的体制改革

电力工业的体制改革是市场经济的需要，当前电力工业的改革与发展面临着新形势。如何把握形势，统一认识，理顺电力工业与社会环境的关系，积极稳妥地开拓电力市场，保证电力工业持续、稳定、健康的发展，是一个非常值得关心的问题。关于电力工业的体制改革问题，原国家经贸委电力司有关领导曾有过下面的论述。

一、对当前电力工业改革与发展的几点认识

目前，我国电力工业面临新的形势，客观准确地把握宏观形势，统一认识，有利于我们正确把握电力改革与发展的方向；有利于我们从体制和机制等方面，理顺电力部门与政府部门之间的关系，理顺电力系统各利益主体之间的关系，理顺电力工业与社会、客户的关系，促进电力企业开拓电力市场，提高工作效率，实现电力工业的持续、稳定、健康发展。

1. 关于电力改革问题

从当前改革的进程和面临的形势来看，电力改革进入了一个关键时期，面临着一些新的宏观形势。这些形势是：

（1）建立社会主义市场经济体制的目标，确定了电力工业改革与发展的方向。党的十五届四中全会提出：要对国有企业进行战略性重组，对国有经济进行战略性调整，在2010年建成比较完善的社会主义市场经济体制。长期以来，电力工业一直实行高度集权垄断的管理方式，受计划经济的影响很深，电力工业的整体运作如何按照市场经济的要求，完成战略重组和机制创新，是摆在电力工业面前重大而又紧迫的课题。

（2）世界经济一体化对我国电力工业形成新的压力和动力。我国已经加入世界贸易组织，外国资本和外国企业参与我国经济的规模会逐渐扩大，我国企业参与国际竞争的机会将大大增加，中国经济将日益融入世界经济发展的洪流中，中国经济市场化的进程将大大加快。加入WTO对电力工业而言，既有有利的一面，也有不利的一面。虽然直接影响较小，但由于市场化的进程加快，要求电力工业加快市场化改革。同时，由于竞争程度的增加，企业要求降低电价、提高服务水平的呼声会越来越强烈。

（3）经济发展、西部大开发对电力工业实现更大范围的资源优化配置提出了客观的要求。由于我国资源分布和经济发展不平衡，客观上要求我们必须将电力资源不仅要放在一个省、一个大区，而且要在全国范围内统一考虑，要求消除省间壁垒，促进电力资源在省间和地区间的有序流动。

（4）政企分开和发电领域投资主体多元化的体制格局，为电力市场建设奠定了体制基础，也对深化电力改革提出了迫切要求。电力政企分开的改革在中央和省两个层面初步实现，电网经营企业以外的投资主体建设的电厂已占全国的1/2强，发电企业要求开展公平竞争的呼声日益强烈。

（5）从世界范围来看，电力改革已成为一个热点问题。据世界银行统计，目前世界上近1/2的国家都在对传统的电力体制进行改革。起步较早的国家已取得了明显的成效，电价水平降低，服务质量改善，受到社会的欢迎。从世界各国电力体制来看，大体

可以归纳出 4 种类型：①国有垂直一体化模式，如法国、韩国等，政府授权一家国有公司经营全国电力业务；②区域一体化模式，如日本，全国有 9 大电力公司，分别负责各自所在区域的电力业务，统一经营；③竞争模式，如英国、澳大利亚、阿根廷等，政府调整电力工业的组织结构和所有制结构，在发电和售电环节引入竞争机制，输、配电网继续垄断经营；④混合式，主要是美国，各个州都不同，兼有各种模式。

从世界电力工业发展的趋势来看，出现了三种发展趋势：①引入竞争，建设竞争性的电力市场；②电力可持续发展受到各国的高度重视，水电、风电、洁净煤发电等在电源中的比例不断提高；③电力资本的跨国、跨行业流动迅速增加，国家对电力公司进行了大规模的出售、上市和重组，支持电力企业在其他国家收购和经营发电和配、售电业务。电力公司为了提高效率，开始经营其他业务相近的产业，如煤气、供水、有线电视、网络通信等。

国外电力改革的做法与经验，我们总结了四句话：充分酝酿，立法先行；政府主导，社会目标；总体设计，分步实施；业务分解，政府管制。

我国电力工业改革虽然取得了很大进展，但与建立社会主义市场经济的要求仍有很大差距。国际和国内的形势发展，对电力改革提出了明确而迫切的要求，必须加快改革步伐。从目前的改革进展情况看，电力工业已由改革的酝酿探索阶段向整体推进阶段转变。

我们总结了电力改革的 9 个要素：①要体现政府主导；②改革决策要与立法决策相结合；③要进行行业重组；④要建立管制机构；⑤要调整产权结构，实现产权多元化，建立现代企业制度；⑥要实现更大范围内的资源优化配置；⑦改革目标为提高效率，降低或规范电价，改进服务，保证供给，使企业和全社会受益，实现社会目标最大化；⑧要统筹安排，突出重点，因地制宜，分步实施；⑨要保证电网安全稳定运行。

2. 关于电力发展问题

我国电力发展取得了举世瞩目的成就，但发展的任务很重。"十五"计划将是一个结构调整的计划，一个保持持续发展的计划。为适应国民经济发展，电力工业必须要保持相应的发展速度，必须抓好电力工业的战略性结构调整。在这方面，要把握好以下几个原则：

（1）以国民经济和社会发展为基础，将电力发展规划纳入国民经济和社会发展规划中，坚持统一规划，搞好综合平衡、地区平衡，保证电力供应满足国民经济和社会发展的需要。

（2）要贯彻国家能源政策、产业政策和环境政策等各项方针政策。

（3）坚持以市场为导向，以经济效益为中心，充分发挥市场对资源配置的基础性作用，实现资源优化配置。

（4）要突出以结构调整为重点，优化电力资源布局，注重电源结构和地区布局的统筹合理安排。

（5）要注重科技进步，以科技进步促进生产力的发展，以科技进步促进增长方式的转变，实现电力工业的持续、稳定、健康发展。

二、适应新形势，做好电力行政管理工作

1. 以改革的精神推动各项工作

电力体制改革十分复杂，涉及方方面面的利益调整，有些问题的出现是必然的，也是我们预料之中的。我们不仅要看到问题，同时也要看到当前改革有利的条件，认真研究改革，用改革的精神来分析问题，解决问题。

2. 以市场经济原则协调好各方利益关系

当前电力行业的市场化改革，就是要最大限度地发挥市场在资源配置中的基础作用。两年来我们注意研究电力市场的变化，适时提出一些方针、政策。为规范调度秩序，印发了《关于优化电力资源配置促进公开、公平调度的若干意见》。在规划工作中，我们坚持以市场为导向，经济效益为中心，充分发挥市场对资源配置的基础性作用；同时加强宏观调控，努力使电力工业与国民经济和社会发展相适应。

两年来的实践表明，只要吃透中国的基本国情和电力工业的实际情况，研究好市场，分析好市场，坚持用市场原则处理协调好各方面的利益关系，就能够引导好改革，并且使之不断走向深入。

3. 以依法行政的要求履行工作职责

国务院赋予了我们履行电力行政管理职能的责任，是十分光荣但又十分艰巨的。我们在履行各项工作职责时，要转变观念，要始终坚持依法执政，要将过去对企业以行政管理，转变为以法律的、经济的和行政的多种手段的管理，变过去的直接管理为间接管理。坚持通过法律手段、经济手段和必要的行政手段，为电力企业创造一个良好的能够生存和发展的环境。

4. 突出重点、注重实效，做好工作

新形势下，电力工业面临的改革与发展任务十分繁重，而处在全国工业结构大调整环境中的电力运营，总是不可避免地出现这样或那样的问题与矛盾，包括电力企业与外部企业、电力企业与电力企业之间等，都需要我们逐一的认真加以解决。在人员少、任务重的情况下，我们一定要突出重点、注重实效。

5. 充分发挥有关方面的作用，确保工作顺利进行

加强团结，讲究配合，是我们工作取得进展的保证。作为电力行政管理部门，我们要清醒地认识到：电力工业的改革与发展，需要各有关方面的支持与配合，包括政府部门、中介组织、电网经营企业和各独立发电企业的共同努力，在政企分开迈出实质性步伐的今天，我们各级经贸委的同志们要保持谦虚谨慎的态度，主动听取意见和建议，调动和保护各方面的积极性，充分发挥各部门的作用。

三、狠抓落实，做好当前几项工作

1. 继续推进三项改革（即政企分开、厂网分开、竞价上网试点）和农电体制改革

政企分开改革，强调 5 点：

(1) 各省要根据改革情况，尽快实现机构到位。

(2) 抓紧做好职能移交工作。

(3) 在做好职能移交基础上，做好撤销省电力局的工作。

(4) 在职能移交中，原各省经贸委、电力局和有关单位要相互配合，特别要保证电网安全运行，保证工作有序。

(5) 时间要求。要求限期完成职能移交工作和撤销电力局工作。

厂网分开、竞价上网试点工作，强调以下 3 点：

（1）当前要继续抓好省市试点工作。坚定信心，通过试点发现问题，特别是探索深层次问题的解决途径，包括厂网分开中产权有效分离的问题等。

（2）厂网分开、竞价上网还只是一个阶段性目标，它并不是电力市场的最终状态。与电力市场建设的最终目标，还有很大距离，因为很多外部条件还不具备，但通过试点，基本思路要确定下来，要找出解决问题的有效办法。

（3）在抓好试点、实现重点突破的同时，我们希望各省对本省厂网分开改革进行一些工作。具备条件的地区，要推动厂网分开工作和重组，按照《中华人民共和国公司法》和建立现代企业制度的要求，组建规范的发电公司，培育电力市场竞争主体，为下一步深化改革创造条件。

农电体制改革方案，强调四句话：

（1）完成方案审批。

（2）已经批复方案的省要抓好落实，做好两方面工作：一是县供电企业改革要在抓好试点的基础上全面推进；二是乡（镇）电管站要作为改革重点，我们要求在年内基本完成。

（3）要及时进行检查和搞好调查研究工作，及时发现问题，及时解决问题。

（4）条件具备的要考虑做好验收。农电体制改革一定要验收，要完成有关文件确定的各项目标。

2. 认真抓好结构调整

主要是三件事：

（1）抓好行业发展规划。原各省经贸委一定要高度重视行业规划工作，通过制定行业规划发现一些发展中的问题，提出一些有效措施，要根据对各地区规划评审的意见，对本地区行业规划进行修改。

（2）做好关停小火电的工作。一定要解决一个认识问题，那就是，认为电力在一些地区开始紧张了，小火电不用关了。这是不对的，这项工作不能放松，2003年基本完成任务，这是结构调整很重要的一个方面，把小的关下来，大的促上去，整个电力工业素质就有一个提高。

（3）抓好技术改造。通过技术改造，也可以推动关停小火电工作。通过以大代小、锅炉改造，使它符合产业政策，靠近城市的电厂可以改造成供热机组等。

3. 进一步规范市场秩序，实现资源优化配置，促进电力"三公"调度

（1）资源优化配置工作。现行体制和政策下，地区封锁和市场壁垒不会自行退出历史舞台，必须通过改革来实现资源优化配置。各省机构改革完成后，五大电管局也要相应撤销，原国家经贸委将进一步加强对跨区电力资源优化配置的协调工作。

（2）要进一步开拓电力市场。

（3）调度"三公"问题。政府在电力调度"三公"上一定要履行好监督职能，监督一定要到位，但我们履行监督不是去直接指挥调度机构，而是通过制定规章、制度和办法去规范调度行为，监督规章和制度的执行情况，达到"公平、公正、公开"的目的，让有关各方满意。这里强调两件事：

1）要抓紧制定规范的办法，使调度机构执行有依据。

2）抓好调度信息披露制度的建立。

（4）供电营业区划分工作。这是《中华人民共和国电力法》赋予电力行政管理部门的职责，我们要把这一工作做好，实行有效监管。

4.重视电力法规建设、加快《中华人民共和国电力法》修订

《中华人民共和国电力法》的修订是今后电力行政管理的一项重要工作，要力争有新的突破。各省要按我们通知的要求做好调研工作。大体提出了三个思路：一是通过立法，界定好政府、企业职责，不成立专门机构；二是成立专门执法机构，属政府序列；三是根据国家综合执法情况，纳入综合执法序列。

上述工作，可总结为"三三四一"，即推进三项改革（政企分开改革，厂网分开、竞价上网试点改革，农电体制改革）；在结构调整中做好三件事（规划、关停小火电、技术改造）；在规范和培育市场中抓好四项工作（资源优化配置、开拓市场、促进"三公"搞好供电营业区划分）；最后是依法行政，以法律法规作保障。

第三节　电力市场营销机会分析

一、电力市场营销

1.电力市场营销定义

电力市场营销是指为了满足用电客户的需求和欲望而实现潜在交换的各项活动。电力市场营销应注意下述几点：①电力市场营销的立足点是市场；②应以提高电能的终端能源占有率为目标；③引入能够适应市场经济需要、增强市场应变能力，改善服务质量，有助于经营效益化，有利于市场开拓和发展的新机制，不断拓展电力市场营销活动。

2.电力市场营销基本构想

我们必须清醒地认识到，由于世界经济一体化对我国电力工业的促进，我国电力工业必将融入世界经济的洪流中。为了适应这一历史潮流，必须对电力企业进行战略性重组，从目前来看，电力工业的体制改革可分为三个阶段：第一阶段是实施多渠道集资办电，发展独立的发电厂，放开发电厂建设市场；第二阶段是实施"厂网分开、竞价上网"，建立有序竞争的发电市场；第三阶段是建立独立的供电公司，进一步完善市场。在农电管理体制上，原则上实现一县一公司，县级供电公司要成为独立的经济核算实体，行使企业经营职能。体制改革的目的旨在推进电力营销工作的改革与发展，缩短电力营销工作市场化、法制化、现代化的历史进程，预定在2010年以前，应建立适应社会主义市场经济发展需要的，具有开拓、竞争、创新机制的现代化电力营销管理体系，以合理的成本和高质量的服务满足全社会对电力日益增长的需求，促进电力工业稳定、持续、健康的发展。

3.电力市场营销的指导原则

未来的电力市场是一个具有强烈竞争机制的市场，其竞争的焦点充分表现在电能的价格、电能的质量、损耗的大小、服务水平的高低上，因此在制定电力市场营销的指导原则时必须：

（1）坚持以市场为导向，制定正确的经营战略，要以高质量、高效率、高效益、创一流的精神，积极地开拓电力市场，超前地占领电力市场，不断提高竞争能力，大胆地参与市场竞争，在全社会用能结构中，努力增加电力消费比重。

（2）坚持"人民电业为人民"的服务宗旨，大力提倡"客户至上、以客为尊"，"优质服务"，"三为"服务的新风尚。

（3）坚持人才资源开发。人才资源开发要着眼于长远发展，以建设高素质的领导班子和职工队伍，建设强有力的领导集体，以高素质的职工队伍为重点，仅仅围绕高水平的领导集体，以优秀的企业文化、先进的企业精神，来发展和完善电力营销管理体系，全面提高经营管理者素质，实现电力营销管理现代化。

（4）坚持科技创新，建立科学的管理体系。电力市场是一个活跃着多学科技术的市场，质量竞争就是科学技术的竞争，因此，坚持科技创新是占领电力市场的必要条件。建立科学的管理体系，就是要按照市场规律确定经营原则、确定组织、计划、制度，同时要重视"三个中心"，即质量中心、财务中心、效益中心，以使企业在电力市场竞争中立于不败之地。

（5）坚持环境保护和可持续发展战略，积极开展需求侧管理，引导消费，刺激需求，促进电力资源合理利用，努力提高终端用能效率。

4. 电力市场营销的主要目标

对于电力市场营销的主要目标提出以下几点：

（1）2002 年，初步建立起市场化运营、法制化管理的市场营销机制。

（2）2002 年，建立起"客户至上、以客为尊"的优质服务体系，客户满意率达到 95％以上。

（3）2004 年，实现城乡市场营销一体化管理，建立统一有序的市场营销管理秩序。

（4）到 2010 年，全面建立起适应社会主义市场经济发展的现代化营销管理体系。

二、电力市场营销机会分析

在电力企业的经营中总是把注意力集中在资金管理、电力生产、设备、人员管理方面，却往往忽视了市场环境的变化，忽视了企业的第五项资源——市场信息的重要作用。现在市场信息是十分活跃的，掌握和培育信息是有效占领市场的重中之重。在电力市场由卖方市场向买方市场过渡的进程中，电力企业应该充分了解对电力市场的信息，掌握电力市场的现状，对电力市场营销机会应有深入的分析，以使电力企业能够制定正确的经营战略和策略，激活用电增长点，培育电力市场的预留空间，以电力营销为中心，以营销服务为龙头，使有限的资金合理投放，迅速回收，扩大积累，不断促进电力企业的发展。

1. 电力市场现状分析

（1）通过市场调查，掌握电力市场的规模和发展现状。

（2）近几年电力市场的负荷变化情况，电力市场的负荷结构变化情况。

（3）客户用电趋势、售电量、销售额、经营利润情况，电力商品的市场占有率情况等。

2. 电力市场营销机会分析

（1）在电力市场营销环境中分析电力企业有利因素和不利因素，所谓环境机会分析可以从两方面进行：一是看其吸引力，即潜在的活力能力；二是看其成功的可能性。

（2）通过对电力市场营销机会的分析，可以初步把握未来市场，为制定市场营销战略打下基础。

（3）电力市场现状分析与营销机会分析最重要的工作就是进行电力市场调查与相关信息的收集，并根据收集的信息进行分析。主要包括以下步骤：①电力市场调查与相关信息收集；②电力市场现状分析与营销机会分析。

三、市场调查特征问题

市场调查具有下述特征：

（1）科学性。市场调查要使用科学的方法，使调查结果准确。主要内容有：以电力消费及用电结构的现状为重点，调查内容应满足规划和营业工作的要求。

（2）方法多样性。市场调查应不过分依赖一种方法，多种方法收集来的信息具有更大的可信度。调查可以采用大范围抽样调查和典型调查相结合的方式。

（3）创造性。市场调查最好能提出解决问题的建设性方案，作为领导决策的依据。

（4）模型和数据相互依赖性。应该看到事实是问题的模型，而模型指导要收集信息的类型，因此，在调查中要十分注意模型和数据相互依赖性，以此来确定我们收集信息的方向和重点。

（5）信息的价值和成本的可比性。信息的价值——成本分析能帮助调查部门确定应该进行的调查项目，采用怎样的调查方法可以收集更多的信息。信息的价值依赖于调查结果的可靠性和有效性，也决定管理者是否承认调查结果和利用调查结果。如果调查成本要比增加的利润大得多，则调查就不值得了。

（6）市场营销与职业道德的相关性。大多数市场调查皆会给电力企业带来好处，但是，电力市场调查必须考虑用电客户的利益，通过市场调查使电力企业更加了解用电客户的要求，为用电客户提供更加满意的产品和服务，协调好电力企业和用电客户的关系。

四、电力市场信息收集过程

电力市场信息收集过程共有 4 个步骤。

1．确定问题和信息收集目标

一般说来信息收集目标有：

（1）全面了解各类用电客户的电力消费现状，寻求电力消费变化的规律。

（2）探求国民经济增长与用电增长的关系，即弹性系数的变化规律，发现电力负荷的增长点。

（3）采用相应的方法，预测未来电力需求，分析未来用电增长趋势，为电力企业经营和规划工作提供依据。

（4）了解客户需求，广泛征求各类用电客户对公司的意见和建议。

2．相关信息收集

准确收集与电力营销有关的内部和外部信息，对于电力企业的决策有着至关重要的作用，相关信息包括：

（1）各类用电客户大范围抽样调查。所谓大范围抽样调查是指在调查区域内，对第一、第二、第三产业以及城镇和农村居民生活等用电客户进行调查。

1) 对农业生产调查。可以按照行政区划数量，按比例选择一定数量的农村进行调查，调查内容包括各村的主业、经济发展水平、人均收入水平、电气化水平、乡镇工业发展情况。

2) 对工业用电调查。主要调查其所属装接容量在 315kVA 以上的用电客户，其余用电客户由各供电公司接管辖区进行调查，调查中优先考虑大用电客户。对乡镇工业用电客户进行调查时，可根据各行政区县乡镇工业数量，按比例选择一定用电客户，由各乡电管站调查。

3) 对第三产业调查。由各主管局向所属用电客户进行调查，其余由电力局所属各供电局调查。

4) 对城镇居民用电客户调查，根据行政区划，可由各供电局通过居委会或抄表人员调查，在选择时考虑工业区、商业区、高教区、机关区、物业管理个区、拆迁户、新搬迁户等类型。

对农村居民用电客户调查，根据行政区划选择一定量的村，每个村选择一定数量的居民户，选择时考虑以农业、畜牧业、渔业、农副产品加工、乡镇工企为主等不同情况。

(2) 各类用电客户的典型调查。

1) 农村。可走访农电局、乡电管站、农村供电所、农委等部门。主要调查内容类同。应该注意的是：农村第三产业发展情况对农村经济的影响；农村各类生产设备的拥有数量及分类用电情况以及在抽样调查中没有覆盖的情况。

2) 工业。可走访冶金局、机械局、纺织局、化工局、建设局、轻工局、建工局等单位，调查各工业行业的用电情况。主要内容包括：各行业未来增长速度、产业结构、地域分布、未来几年主要在建和计划建设项目名称、类型、主要产品及规模。

3) 第三产业的典型调查。可走访工商局、商委、旅游局等相关单位，并对大中小型商业、高中档宾馆饭店、高等院校、医院等客户进行调查，主要调查内容为第三产业发展的总体状况、特点、发展趋势及发展规划；第三产业的经济增长点和用电增长点。

4) 居民生活。在调查中选择一户一表户、高层住户、普通楼房户、拆迁户、新搬迁户、企事业转供户等各种不同类型的用电客户进行调查，主要调查内容有城乡居民生活和收入水平、消费水平及其发展趋势；影响城乡居民用电的主要因素。

3. 典型地区调查

典型地区调查包括对于特殊地区要进行典型调查，例如开发区、保税区、科学技术新区等。调查的内容主要包括：产业结构、行业结构、产品结构、从业结构，以及今后的发展规划。

4. 调查结果及信息分析

(1) 经济增长与电力需求增长分析。

1) 自然环境分析。自然环境对电力营销起着重要的作用：①原材料短缺直接造成价格上涨，致使电力销售价格也将上升，必然影响销售；②自然环境的变化会影响售电量，例如，持续高温，将使空调电量增加；旱灾将使灌溉用电量上涨。

2) 技术环境分析。技术环境对于电力的销售将产生显著的影响。这是因为经济增长率取决于出现了多少重大技术发明；新技术创造了低能耗的用电产品；新技术创造了科学的管理手段。

3) 政治环境分析。市场营销决策很大程度上受政治环境的影响。这种政治环境便是法律、政府机构、社会上各种集团的集合。由于约束电力销售的各种立法的存在，对电力企业的影响不断增加。尤其是电力法以及与其相配套的法规出台，使电力企业的生产、销售走向规范化、法制化。

(2) 电力市场现状及需求的分析。包括不同行业用户的用电状况；分类能源消费状况的调查；居民生活用电现状的调查与分析；电力消费相关因素调查，诸如电价、用电制约因素等；用电客户对电力部门的意见调查。

(3) 电力需求分析与预测。主要包括电量供需现状及特点；影响电力需求的主要因素；长期、短期负荷预测；电力需求综合分析。

(4) 未来电力供需平衡状况趋势分析。其中包括：①电力供需平衡状况分析；②电力供需缓和状况分析；③用电水平和电力市场开发程度分析（我国与世界发达、中等发达国家的用电指标相比还是很低的，见表 3-1）；④未来发展分析，在今后，电力需求仍会很旺盛。按照我国发展纲要，2010 年要实现国民生产总值比 2000 年翻一番，与之相适应，2000 年和 2010 年我国发电量将达到 14000 亿 kW·h 和 25000 亿 kW·h，需要装机容量约 2.9 亿 kW 和 5.5 亿 kW。

表 3-1　　　　　我国与世界发达、中等发达国家的用电指标对照表　　　　单位：kW·h

项目	人均装机容量	人均用电量	项目	人均装机容量	人均用电量
发达国家	1.5~2.0	7500~10000	中国	0.21	900
中等发达国家	1	500			

由此我们可以看出，近年来电力供需形式异常变化是在我国经济快速增长并随着各类结构调整的情况下出现的，电力供需矛盾缓和是暂时的。

第四节　电力市场营销策略分析

一、市场研究的重要性

随着科学技术的高速发展，技术的生命周期显著缩短，产品更新加速；行情瞬息万变，市场竞争加剧。因而，开展市场研究，及时掌握市场的变化情况，就成为电力企业制定近期和长远规划和营销策略的重要基础。早在 20 世纪 50 年代中期，市场研究已经成为美国工业公司管理中的一个重要的和独立的组成部分。公司用于市场研究的费用一般为销售额的 2%~3%，大体与科研投资相当。目前，很多大型工业公司，市场研究已经不仅仅是公司规划的一部分，而是制定公司营销策略和规划的起点。因而除销售部门以外，公司的所有其他职能部门也应从事市场研究，特别是新产品开发部门，不仅负责开发新产品；同时也应为新产品探索销售市场，制定营销策略。在大多数公司中，市场研究专家直接参与新产品试验，并提出是否投产的建议。

市场研究在狭义上可以说，就是市场调查，而在广义上市场研究应包括一切有关市场营销活动的分析和研究。广义的市场研究大体包括如下几个方面：

（1）市场与营销需求的估计。行业市场、公司市场、各地区市场的销售额及长远需求分析。

（2）营销趋势研究。其主要研究电力企业的营销政策对销售情况的影响，以及竞争者的营销政策和销售趋势。

（3）产品研究。对新产品进行评价和研究新产品的生命；研究能够引起客户满意的产品特性；精确地确定电力产品应当完成的功能；研究前一种型号的同类产品的市场饱和程度，以及探索老产品的新用途。

（4）销售渠道研究。其主要研究电力以及电力产品的分销渠道，客户对各个渠道的经营意见，以及对于各个营业区用电情况的分析和研究。

（5）价格研究。用电客户对电力价格变动的反应，新电价格的决定，价格的调整，电费的征收，欠费的追缴，欠费的管理等。

（6）广告研究。包括广告预算的决定和广告效果的检查。

（7）竞争分析。主要研究竞争者的优缺点，竞争者营销路线，营销政策、营销价格、营销政策、广告政策等。

（8）客户行为的研究。主要研究客户的欲望和要求。

开展市场研究信息是十分重要的。为此应当积极积累行情和技术情报；在公司总的信息系统中应建立经济行情信息子系统，对行情进行分析处理。

二、市场营销组合战略及其模型

市场营销策略是电力企业在目标市场实现营销目标的一整套工具，营销组合手段可归纳为四大因素，常称为4Ps，这4大因素是：产品、价格、地点和促销。市场营销的战略组合如图3-1所示。

而市场营销组合4Ps的简单模型如图3-2所示，从图3-2可见：

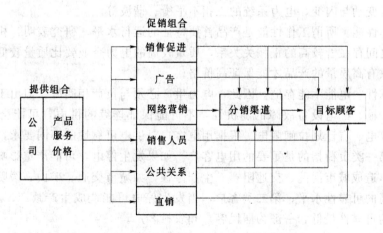

图3-1 市场营销的战略组合图

（1）营销组合最基本的工具是产品。

（2）营销组合的关键是价格。

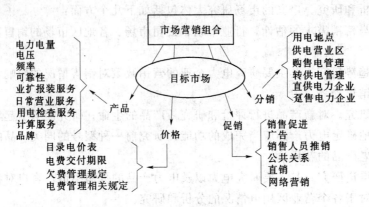

图 3-2 市场营销组合简单模型

（3）分销代表是产品接近客户的各种活动，它也是极为关键的因素。

（4）促销是产品达到目标市场的各种活动。

三、市场竞争的途径

电力企业要突出自己产品和竞争对手之间的差异性，主要有 4 种基本的途径：产品、服务、人事、形象。

1. 产品差别化

主要的产品差别化因素有：特征、工作性能、一致性、耐用性、可靠性等。

（1）特征。产品特征是指产品的基本功能，即产品的标准化特征。对于电力产品来说分时电力、峰谷电力、不同功率因数电力、随时可间断的电力、持续性的电力等皆属于特征。电力生产商要能确定哪些是标准化的特征，每一种特征可吸引一部分客户。电力部门不仅要满足用电客户对电力数量不断增长的要求，而且也要满足对电能质量上的要求。评价电能质量的指标包括：电压损耗、电压偏差、无功功率平衡、标称频率、频率偏差、频率波动、电压变动与闪变、电力系统的三相不平衡、谐波等。

（2）工作性能。所谓工作性能是产品首要特征的运行水平。研究表明：相关产品质量与投资收益之间存在着较高的正相关关系，质量较高的电力企业要比质量较低的电力企业盈利较多，只有高质量的产品才能保证高价格。

（3）可靠性。电能不能存储，因此，电力生产必须与负荷相匹配。但由于负荷变化的随机性和发、输、配电设备故障的随机性，不可能保证连续的供电，可能会出现事故停电、预安排停电、有计划拉闸限电。根据用电客户对供电可靠性的不同要求，将用电负荷分为三类。第一类负荷指的是重要的用电客户，如果发生停电，可能严重影响到人民的生命财产安全，造成城市混乱、交通阻塞、生产停顿，如城市交通、矿山、医院、政府机关等，享有最高的可靠性水平；第二类客户，当发生停电可能造成生产减产、废品率增高；第三类客户的可靠性最低，一般为居民客户和农村客户。

但是在电价上，这三类负荷却没有区别，这是不公平的。在电力市场中，要体现对用电客户的公平性，就必须对不同供电可靠性的用电客户，制定不同的电价。

对于供电可靠性要求是系指在故障状态下或设备停运时，对用户连续供电的可靠程度。为了保证供电的可靠性要求，对于电网曾给出了一系列计算指标，这些指标是：①系统平均停电频率指标（SAIF1）；②用户平均停电频率指标（CAIF1）；③系统平均停电持续时间（SAID1）；④用户平均停电持续时间（CSID1）；⑤平均供电可用度指标（ASA1）；⑥平均不可用度指标（ASU1）。在城市电网规划导则中，对于供电可靠性曾提出了 $N-1$ 准则，也称为供电安全准则，具体含义是：

（1）高压变电所中失去任何一回进线或一组降压变压器时，必须保证向下一级配电网供电。

（2）高压配电网中一条架空线路或一条电缆线路，或变电所中一组降压变压器发生故障停运时：在正常情况下，除故障段外不停电，并不应发生电压过低和设备过负荷；在计划停运情况下，又发生故障停运，允许部分停电，但应在规定的时间内恢复供电。

（3）在低压电网中，当一台变压器或电网发生故障时，允许部分停电，但应尽快将线路的完好区段切换至相邻电网。

2. 服务差别化

在产品没有明显的差别时，电力企业竞争成功的关键常取决于服务水平和服务质量。区别服务水平高低的主要因素有安装、培训、咨询服务等，具体应用到电力企业则是业扩报装服务、日常营业服务、计量服务、用电检查服务以及咨询服务等项业务。业扩部门是电力销售的龙头，是电力企业面向社会的"窗口"。所有电费业务、电能计量、用电检查、负荷控制各部门的基础资料都来源于业扩。抓住了业扩就等于抓住了用电管理的主要矛盾。

计量服务是计量工作的重要组成部分，它关系到电能的生产和消费之间的直接利益，关系到国家能源的合理开发利用。各级电能计量监督管理机构的任务，主要是负责贯彻国家计量法及其部门的有关规定，保证电能计量装置的可靠性和准确性。用电检查服务是指为了维护正常的供电秩序，维护社会的公共安全而对用电客户实施的检查。顾客培训和咨询服务是指对用电客户，如单位电工以及电气负责人等进行培训。修理服务是指电力企业向客户提供的修理服务项目。供电公司的报修中心是为进行修理服务而设立的机构，对报修中心承诺的各项服务应定期或不定期地进行检查和监督，从而扩大电力企业的影响和知名度，以此来增加对于电力市场的占有率。

3. 人事差别化

人事差别化是电力企业为获得竞争优势采取的主要手段，其关键是建立强有力的领导集体和高素质的职工队伍。训练有素的职工队伍应能体现优秀的企业文化和先进的企业精神。其特征是：

（1）胜任。即职工具备必须的相应的业务技能和知识。

（2）礼貌。其是为客户进行优质服务的基本条件。

（3）可信。职工值得电力企业信任。

（4）可靠。职工工作忠于职守，能忠实地为客户服务。

（5）反应敏捷。职工能对客户的需要和有关问题迅速作出反应。

（6）善于交流。职工能尽量理解顾客，并能准确地与客户沟通。

4. 形象差别化

当其他竞争因素都相同时，则电力企业的形象将会影响电力企业对市场的占有率。在市场化背景下，电力企业多种经营的发展，必须具有品牌意识，有了品名相接的战略，才能突出自己产品的科技含量，电力企业才能获得良好的经济效益。首先是个性和形象，一个成功的品牌个性不会自然地出现，它将是电力企业有意识的创造个性的结果。创造个性的工具有名称、标识、标语、标志、环境、赞助的各种活动项目。品牌，即产品的牌子。它是企业给自己的产品确定的商业名称，通常由文字、标记、符号、图案和颜色等要素组合而成，品牌作为企业的标识，以便同竞争的产品相区别。品牌名称是指品牌中可以用文字表述的部分。品牌标志是指品牌中可以认出，但不能用文字表述的部分。品牌的含义如下：

(1) 属性。品牌应具有某种属性。属性体现产品的特点，这种特点包括内在的和外在的。例如，奔驰意味着昂贵、马力强大、高速度等。

(2) 利益。品牌不止意味着一整套属性。客户不是在购买属性，他们购买的是利益。属性需要转化为功能性的利益。

(3) 价值。品牌说明了一些生产者价值。电力企业一般代表着高度严格的管理、高度的技术和资金的密集性、高壁垒及其他东西。品牌的营销人员必须分辨出对这些价值感兴趣的购买者群体。

(4) 文化。品牌可能代表着一种文化。奔驰汽车代表着德国文化。

(5) 个性。品牌反映一定的个性。

(6) 客户。品牌暗示了购买或使用产品的消费者类型。

第五节 价格政策及电力企业的电价管理

价格是决定市场占有率和盈利率的最重要因素之一，价格也是营销组合中唯一能创造收入的因素，而其他因素只能增加成本。价格也是市场营销组合中最灵活的因素之一，为了充分发挥价格杠杆作用、开拓电力市场、促进电力消费，原国家计委、经贸委对于电价问题曾发出下列通知。

一、原国家计委、经贸委关于电价问题的通知

1. 降低发电企业上网电价

根据近两年发电用燃料价格降低和贷款利率下调的情况，适当降低各独立发电企业的上网电价。并根据上网电价降低和非独立核算电厂燃料价格、利率降低的情况，降低对用户的销售电价。降低销售电价腾出的空间，主要用于减轻部分大工业企业特别是高耗电企业的电费负担，同时适当疏导新投产机组上网电价提高的矛盾和解决电网建设改造还本付息的需要。具体方案由各省、自治区、直辖市物价局提出意见报原国家计委审批，由原国家计委在疏导各电网矛盾时统筹安排。

2. 适当降低工业用电价格

为减轻工业企业电费负担，为国有企业三年解困创造条件，要改革现行销售电价结构，适当降低对高电压等级工业用户的销售电价。

(1) 合理分摊供电成本，拉开各电压等级之间的价差，降低高电压等级用电的电价；提高两部制电价中基本电价的比重，相应降低电度电价。具体标准由原国家计委在疏导各

电网矛盾时统筹安排。

（2）降低部分符合国家产业政策、达到经济规模的高耗电企业用电价格。各地要按照《国家计委、财政部关于降低电解铝等有色金属企业电费及免征有关政府性基金的通知》（计价格〔1997〕977号）的要求，降低年生产能力在5万t及以上的13家电解铝企业和4家铜生产企业的电价，免收电力建设基金和城市公用事业附加费。在疏导电价矛盾的过程中，适当降低年生产能力在4万t及以上的铁合金企业、3万t及以上的氯碱企业的生产用电价格。为促进经济结构调整，对达不到上述经济规模的电解铝、铜、铁合金、氯碱企业，各地不得自行降低电价，不得随意减免电力建设基金和城市公用事业附加费。

（3）为了鼓励工业企业增加用电量，在电力供大于求地区，对工业用户在生产规模不扩大的前提下新增的用电量，可以在不超过现行价格10%的幅度内实行价格优惠。具体价格由各省（自治区、直辖市）电力公司与用户协商确定，报国家电力公司和本省（自治区、直辖市）物价、经贸部门备案。

（4）有条件的地区，可试行用电量大的工业用户与独立发电厂直接签订购售电合同，由双方协商供电价格，加上电网输电费用结算。电网输电费用标准由省级电力公司提出方案，经省级物价部门审报国家计委审批。

3. 整顿供电中间环节收费及经营性收费

整顿供电中间环节收费，规范物业小区及各类转供电的用电价格，有计划、有步骤地对各类供配电设施进行改造，逐步实行"一户一表"由电力部门直接供电、直接管理、直接收费；认真落实《国务院批转国家经贸委、国家计委关于停止执行买用电权等有关规定的意见》（国发〔1998〕32号）的精神，坚决停止执行控制非生产用电、超计划用电加价和买用电权等政策；取消省及省以下各级人民政府和电力企业自行征收的电力增容费；取消电力企业向用户收取的电费保证金和电度表保证金。

4. 居民生活电价实行超基数优惠，鼓励城镇居民多用电

在电价水平较高、电力市场供大于求的地区，为鼓励电力与天然气、燃气、液化气等替代能源之间的竞争，对实行"一户一表、抄表到户"的城镇居民超过一定数量的用电量可以实行超基数优惠电价。具体办法由各省级物价部门会同原经贸委、电力公司制定。

5. 降低农村电价，扩大农村电力市场

各地要改革农电管理体制、改造农村电网的进展情况，降低农村低压电网维护费，把降低线损、加强管理腾出的空间用于降低农村到户电价。已完成农网改造和农电体制改革的地区，要结合农网改造的还本付息政策的实施，分期分批地实现农村与城市用电同价。

6. 继续整顿农村电价，减轻农民电费负担

各级物价部门要把整顿农村电价作为一项经常性工作抓紧抓好。要继续贯彻原国家计委等六部委《关于整顿电价秩序坚决制止乱加价乱收费行为的通知》（计价格〔1998〕2212号）精神，彻底取消各种乱加价、乱收费，严禁一切形式的平摊电费、承包电费等行为；要认真落实"五统一"、"三公开"的农电管理制度，提高政策透明度，发动群众监督举报各种违纪行为；要加强对农村到户电价的监督检查，及时查处违纪加价、平摊电费等违法行为，切实减轻农民电费负担。

7. 大力推行峰谷和丰枯分时电价制度

各地物价、经贸和电力部门要积极配合，大力推行峰谷电价和丰枯电价，拉大峰谷、丰枯价差，适当降低谷时段、丰水期的电价水平，鼓励用户在低谷时段和丰水期多用电，降低用电成本，促使用户合理安排用电，削峰填谷，优化电力资源配置。尚未推行峰谷和丰枯分时电价制度的电网，要完善有关技术手段，尽快研究制订实施方案，按价格管理权限报批后实施。

二、关于开拓电力市场促进电力消费有关电价问题的通知

根据原《国家计委、国家经贸委关于利用价格杠杆促进电力消费有关问题的通知》（计价格［1999］2189 号文），结合公司系统的实际情况，就利用价格杠杆，开拓电力市场，促进电力消费有关的电价问题，国电财字曾发［2000］114 号文件通知，该通知的具体内容如下：

（1）加强电力市场分析，重视价格杠杆作用。随着电力市场供求形势发生变化，利用价格杠杆，开拓电力市场，适当降低电价，促进电力消费，成为促进经济增长，提高电力企业经济效益的一项有效措施。各单位要深入调查研究，分析市场需求，从实际出发，提出适合本电网开拓电力市场，促进电力消费，实行电价优惠的具体措施。

（2）结合国家产业结构调整政策，降低部分符合国家产业政策、达到经济规模的高耗电企业用电电价。

1）严格执行原《国家计委、财政部关于降低电解铝等有色金属企业电费及免征有关政府性基金的通知》（计价格［1999］977 号），对年生产能力在 5 万 t 及以上的 13 家电解铝企业和 4 家铜生产企业的生产用电降低电价。

2）按原国家计委规定，对年生产能力在 4 万 t 及以上的铁合金企业、3 万 t 及以上的氯碱企业的生产用电降低电价。已出台疏导电价矛盾方案的地区，要严格按文件规定执行，及时降低上述企业的生产用电电价；未出台疏导电价矛盾方案的地区，应按规定提出具体建议，待方案出台后及时降低上述企业的生产用电电价。

3）为促进经济结构调整，对达不到上述经济规模的电解铝、铜、铁合金、氯碱企业，各电力公司不得自行降低电价。但对上述企业的新增用电量可采取适当的电价优惠措施。

（3）开拓电力市场促进电力消费，制定电价优惠的具体措施，应遵循以下原则：

1）对符合国家产业政策、有利于经济结构调整的用户实行优惠电价。

2）对用户在生产规模不扩大的前提下新增的用电实行优惠电价。

3）实行优惠电价的用户必须按时缴纳电费，用户应做到"电费不新欠，陈欠逐步缴纳"。

4）优惠电价执行时间应随市场变化及时调整，可按月、季或年进行协商，一般不得超过一年。

5）优惠电价的优惠幅度不得超过 10%。

6）通过促进电力消费，电力公司应获得合理利润。

7）电力公司应与用户签订执行优惠电价合同，以明确优惠电价的优惠幅度、执行时间和执行条件。

（4）大力推行峰谷、丰枯电价制度，扩大低谷、丰水期用电市场。各电力公司要高度

重视低谷电量、丰水期电量的利用，研究制定相关的促销措施，进一步完善峰谷、丰枯电价制度，充分挖掘市场潜力。

1）对大工业用户和普通工业用户继续推行峰谷电价和丰枯电价，已经执行的要加大力度，尚未推行的要尽快报批方案，尽早实行。

2）对有利于环保和节能技术应用的用电，可制定相应的低谷优惠电价。

3）对有条件的商业和居民用户，可实行峰谷电价，制定较为优惠的低谷电价，鼓励低谷蓄热用电。

4）对实行"一户一表、抄表到户"的城镇居民超过一定数量的生活用电可实行超基数优惠电价。

（5）试行大用户向独立发电企业直接购电。应本着"合理补偿成本，合理确定收益，依法计入税金"的原则，积极开展输配电价研究，为大用户向独立发电企业直接购电创造必要的条件，探索改革措施，提出改革建议。经国家电力公司同意，在有条件的个别电网，可对个别特大工业用户先行试点。

（6）继续清理整顿电价，切实减轻用户负担。各电力公司要配合物价部门，继续清理、整顿电价，腾出电价空间，减轻用户负担。

1）按国家规定停止向用户收取电费保证金和电能表保证金。

2）取消省及省以下各级人民政府和电力企业自行征收的电力增容费；不再收取农村电网建设与改造过程中新增的电力容量贴费。

（7）规范电价促销管理。各单位要严格按照原《国家计委、国家经贸委关于利用价格杠杆促进电力消费有关问题的通知》（计价格〔1999〕2189号文）的规定以及本通知的要求，对1999年及以前的电价促销作法认真进行清理和规范，并将清理与规范情况报国家电力公司。

三、电价结构

（一）现行电价结构

1. 电价的内容

电价水平、电价结构和电价监管是构成电价的三大内容。电价结构一般是指销售电价结构，即按客户负荷特征、地理位置、用电时间、供电方式等因素，以及对电力生产经营成本造成的影响，将电价进行分类；有分时电价、分类电价、分电压等级电价、两部制电价、单一制电价等类型。合理的电价结构对于正确引导客户合理用电和节约用电，促进各行业合理布局和发展，增大电能使用的社会效益，具有异常重要的作用。合理的电价结构，也可促进电价监管行为的规范化，有利于电价水平的有效形成。按照生产和流通环节电价也可划分为上网电价、互供电价、销售电价；按照用电时间可分为峰谷电价、丰枯电价、时段电价；按照用电类别可分为照明电价、农用电价、商用电价、非工业和普通工业电价等。电力商品与其他商品一样，存在着批发、零售、代销与特殊管理等经营方式，按照销售方式电价又可分为趸售、直供、转供、开发区供电电价。按照使用条件，电价的分类方法是综合行业、电压等级、设备容量、负荷率分类、电能用途等几个方面进行的，具体内容如下：①居民照明用电电价；②非居民照明用电电价；③普通工业、大工业生产照明电价；④普通工业用电电价；⑤大工业电价；⑥农业生产用电电价；⑦趸售用电电价；

⑧商业用电电价。

按电力固定成本的分摊情况制定电价。政策规定容量成本对不同用电类别客户的分摊比例不同，从而形成了单一制电价和两部制电价。

根据特殊需要来制定电价。此种方法制定的电价有以下几种：①峰谷电价；②丰枯季节差别电价，简称丰枯电价，也称为季节性电价；③功率因数调整电价。

2. 我国电价体系中存在的问题

（1）没能体现优质优价这一市场经济重要定价原则。对供电可靠性要求较高的用电客户供电与一般客户没有区别。

（2）考虑政策因素多，考虑效率因素偏少。按照用电客户、用电行业和用途来分类，便于国家制定政策。但许多用电客户，如非工业、普通工业、农业等客户有多种用途用电，由于价格不同，尽管用电量不多，需分线分表计量，造成人、财、物的极大浪费。

（3）各种用电比价关系不尽合理，急需调整。用电比价包括两个方面：①不同类客户之间比价；②同类客户不同收费体系（标准）之间比价。用电比价不合理突出表现在：两部制电价中基本电价比重太小，且实施范围偏窄。电能电价由原先的 0.08 元/（kW·h）提高到 0.30 元/（kW·h）左右，基本电价仅由原先的 6 元/（kW·月）提高到 18 元/（kW·月），相比较而言，后者的增幅低于前者的提价幅度。据华中电网的测算：1980 年基本电费在销售收入中的比重为 12.7%，1990 年下降到 7.8%。此外，两部制电价的实施范围在 315kVA 以上的大工业，100～315kVA 之间的工业及 100kVA 以上的商业实行两部制电价也具有较明显的削峰填谷作用，宜实行两部制电价。

电压等级价差幅度偏小，基本上只考虑线损，没有反映不同电压等级投资成本差额。

居民生活、非普工业、大工业等分类，电价间比价也不尽合理，没有按各类用电负荷特性和真实占用电力成本来制定，也不符合国家产业政策。

（4）繁简不当。对用电量少，客户数多的中小客户电价结构较繁；对用电量多，客户数较少的大客户电价结构相对较简。但总的来看，电价结构偏简，没能充分反映用电客户用电负荷特性差异性。

3. 电价结构改革的原则

电价结构改革是在维持电价总水平不变的前提下，调整各类用电客户分类电价以及每类客户电压等级、时间等比价关系。电价结构改革应遵循 4 个原则：

（1）有利于反映电能商品成本即价值和供求关系。

（2）有利于客户公平合理负担电能商品成本。

（3）有利于执行国家产业政策和节约能源原则，有利于电网商业化运营。

（4）有利于简便易行。

我国电价结构改革的思路是：确定中、长期目标模式，制定分步实施步骤，突出近期方案。中长期目标模式应达到：

（1）用电客户分类以客户用电负荷特性为主来划分。

（2）客户用电可选择不同电价形式和标准。

（3）分时电价、可中断电价、高可靠性电价、分段递增电价等电价制度要广泛使用。

（4）电价分类的不同类之间、同类之间的比价要科学合理。

（5）繁简适当，尤其是对用电大户电价结构宜繁，以最大限度地反映其用电负荷特性。

近期方案以调整各类比价（差价）为重点，主要有：

（1）调整一户多价。将非工业普通工业照明电价和动力电价合并；调整农业电价，实行城乡用电同网同价。

（2）调整两部制电价实施范围和基本电价与电能电价比价关系。

（3）调整电压等级差价。

（二）原国家计委关于实现城乡用电同价的指导意见

改造农村电网、改革农村电力管理体制、实现城乡用电同网同价，是党中央、国务院为扩大内需、拉动经济增长采取的一项重大举措。为了进一步做好此项工作，根据各地"两改一同价"。工作进展情况，原国家计委下发了《关于实现城乡用电同价的指导意见》，意见如下：

（1）坚定不移地贯彻城乡用电同网同价政策。由于历史原因，城乡用电不能实行同网同价，农村用电价格普遍高于城市，加重了农民负担，不利于农村经济发展。各地政府应充分认识到城乡用电不同价是一种不合理现象。党中央、国务院把农网"两改一同价"称之为农民的福音工程，各地物价部门要克服困难，坚定不移地贯彻城乡用电同价政策。

（2）充分认识实现城乡用电同价的艰巨性。城乡用电同网同价工作，是在我国经济增长趋缓、用电需求增幅下降的情况下进行的，因此实现城乡用电同价工作面临着许多困难。一是电力市场供大于求。近几年，由于经济增长速度放慢，电力需求不足，部分地区电力市场供大于求，发电机组利用小时数下降，电力行业生产、经营面临着前所未有的压力。二是电价中积累的矛盾较多，推动电价上涨的压力较大。三是社会各方面承受能力减弱。由于市场需求不旺，工业企业开工不足，农民收入增加不多，居民、企业特别是高耗电企业对电价上涨的承受能力相当脆弱，提高电价的阻力很大。在这种情况下，要解决好农村电网改造还贷和城乡用电同价的问题，难度相当大。各地要充分认识实现城乡用电同价的困难，把城乡用电同价工作作为"两改一同价"的重中之重，妥善处理好电厂与电网、电网改造与电网建设、电价提高与企业承受能力等各方面的矛盾，统筹兼顾，确保城乡用电同价目标的实现。

（3）坚持在改造电网、改革农电管理体制的基础上实行城乡用电同价。改造电网、改革农电体制是实现城乡用电同价的前提。实现城乡用电同价、降低农村电价是改造电网和改革农电体制的根本目标。城乡用电同价必须在农网改造和农村电力体制改革的基础上实现。各地在全面实现城乡用电同价前，要以县为单位，认真组织对改造电网和改革农电体制工作进行验收。

农网改造必须达到规定的质量标准和要求，农电体制改革必须真正实现城乡统一管理、统一抄表、统一核算，必须达到有关部门提出的各项要求。经验收合格后，由省级物价部门会同有关部门提出实现城乡用电同价的具体方案，报原国家计委审批。"两改"和城市用电同价工作应同步进行，"两改"验收是实行城乡用电同价的基础。

（4）力争在销售电价总水平基本不提高或少提高的前提下实现城乡用电同价。实现城乡同价，会产生推动销售电价水平上升的因素，特别是推动城市销售电价水平上升。但在目前的宏观经济环境下，在实现国有企业三年脱困目标的时期，大幅度提高销售电价困难很大。要力争在销售电价总水平不提高或少提高的前提下，解决农村电网改造贷款的还本付息问题，实现城乡同价的目标。第一，认真落实整顿电价的各项措施，取消各种违纪加价项目，坚决制止在电价上的各种乱加价、乱收费。第二，要根据煤炭市场价格降低和贷款利率下调的情况，降低电厂的上网电价；及时降低已经过了还贷期的电力机组的上网电价；对仍在还贷期的机组，原则上要改为在剩余的经营期内核定平均的上网电价，降低还贷期上网电价；对地方违纪加收的各种基金附加，作为贷款用于电力建设的，要在剩余的经营期内，根据有关具体规定降低上网电价。第三，2000年底，把2分钱电力建设基金并入电价，用于农村电网改造贷款的还本付息。要通过采取上述措施，切实降低现行的上网电价和销售电价水平，减轻用户的电费负担，腾出的空间用于农网改造的还贷。

（5）从严核定进入电价的成本。要通过"两改"，尽量降低供电成本，为"同价"创造条件。各地要以县为单位，从严核定改造电网、改革体制后的电网成本。①改造后的农村线变损，必须达到国家批复的"两改一同价"方案中规定的指标，超过规定的部分，不能计入成本；虽然低于规定的指标，但超过全国平均低压线损率（12％）的，要从严审核。②改革农电体制后，要堵塞开支上的各种漏洞。要精简电工队伍，严格控制农村供电所的工资总额。农村供电所的工资总额要低于现行农村低压电网维护费中规定的额度。不得以提高工资待遇为由，增加农村供电所工资成本。增加的工资，只能从精简电工人数减少的工资费用和增加销售电量的效益中解决。电力行业也要学邯钢，努力降低电力成本，消化电价上涨因素。③农网改造形成资产的折旧按国家规定计提，不得加速折旧。④电网企业要加强管理。严禁将其他方面的投资摊入农网改造工程，杜绝农村改造工程中的各种损失和浪费；禁止把"两改"降低成本的空间留下来增加供电企业的盈利。

（6）从严审核农网贷款的还本付息加价标准。为了减轻销售电价上涨的压力，必须从严控制农网改造投资。农网改造贷款的还本付息，要充分考虑加强管理、节能降耗和由于降低电价而增加供电量及其他市场开拓因素。对计入销售电价的农网还贷还本付息加价标准，要从严审核。①各地农网贷款的还本付息加价标准，不得超过原国家计委批复的"两改一同价"方案中规定的加价标准。②要通过优化农网项目，减少损失浪费，努力节约农网改造投资。③超过概算增加农网改造投资的，超过部分的贷款一律由改造电网的承贷法人单位自行负责还贷，不得计入销售电价。④农网改造投资偏大、批复的方案中还本付息加价标准偏高的地区，在审核还贷加价方案时，要从严掌握。

（7）实现城乡同价的具体途径。城乡用电同价要统一部署，分步实施。各省（自治区、直辖市）要根据已批准的"两改一同价"方案的要求，提出还本付息和城乡用电同价的具体方案和实施步骤。已完成农网改造和农电体制改革的县，实现城乡同价有两种方式：①省电力公司直供直管县、代管县、省电力公司参股入股改制为有限责任公司或股份公司的县，在以县为单位、从严审核贷款还本付息加价标准和供电成本的基础上，如符合规定要求，可直供直管；代管和改制的范围内实现城乡同价。其他县以县为单位实现城乡用电同价。②为了加强县级政府的责任，严格控制农村改造的投资，减轻销售电价上涨的压力，也可考虑先在完成"两改"的县，以县为单位实现城乡用电同价，待全省"两改"完成后，再实现全省城乡同价。实行"一县一价"的县，不负担全网的城乡价差均摊加价；最终实行全网均摊的县，在全网均摊时要冲抵以前在一县范围的城乡价差均摊加价。上述两种方式，由各省（自治区、直辖市）自行选择。无论采取哪种方式，都必须以县为单位测算还本付息加价标准和"两改"后的电网维护费用。要以县为单位，对改造农村电网、改革农村电力体制是否达到规定的要求进行验收。验收合格后才能进入省网同价。③验收不合格的，不能进入省网同价。一省有两个或多个承贷法人的省份，还贷加价和城乡同价方式由省政府提出建议方案，报原国家计委商有关部门审批。

（8）实现城乡用电同价的时间要求。国务院办公厅《转发国家计委关于改造农村电网改革农电管理体制实现城乡同网同价请示的通知》（国办发［1998］134号）中要求用三年左右的时间实现城乡用电同价。根据"两改"工作进展情况，可适当延长实现同价的时间，但原则上各地在2002年底前要实现预定的同价目标。第一批农网改造竣工县，原则上应与"两改"完成同步实现城乡用电同价，发挥示范效应；确有困难的，可在"两改"完成后一个季度内实现同价。

（9）城乡用电同价的实施步骤：①各县要随着农网"两改"的进展，逐步降低农村电价。对改造完成的配电台区，要竣工一个，验收一个，执行改造后新的农村到户电价，为城乡用电同价创造条件。②农网改造重点县（市）竣工验收后，要尽快实现城乡用电同价。实现城乡各类用电同价确有困难的，可先实行居民生活用电城乡同价，然后逐步实现其他类用电城乡同价。③在以县为单位实现城乡统一销售电价的基础上，逐步实现全省（自治区、直辖市）城乡各类用电同价。

（10）加强农网改造中的设备材料价格和收费管理：①农网改造所需设备材料要按采购价格计入投资改造成本，不准加价。采购过程中发生的管理费、仓储费、损耗等，计入现行电网运行成本，不得在农网改造资金中开支。已经规定了采购加价标准并计入电网改造投资的地区，要相应进行调整。②工程及设备招投标过程中，不得单独对中标企业收取任何费用。③要严格控制农网改造中对农民的收费标准和范围。对电能表及以下资产归农民所有的各种用电器材，需由电力部门统一购置的，对农民的收费标准由省级物价部门从严、从低核定。④对农村电网改造过程中新增的电力容量，包括县级电力公司新增的对农村供电的容量，不得收取供、配电贴费（增容费）。⑤严禁借农村电网改造之机，以购买或强迫服务方式向农民乱收费、乱摊派和乱加价。

（11）抓好第一批改造竣工县城乡同价工作和其他农网改造县的降低农村电价工作。各省（自治区、直辖市）要抓紧做好第一批改造竣工县城乡用电同价方案的测算编制工作，以省为单位，统一提出分县城乡同价的具体方案，于2000年4月底前报国家计委审批。对其他农网改造县，要随着"两改"的进程，及时降低农村低压电网维护费，降低农村到户电价，使"两改"的成果在农民用电的电价上体现出来，使农民真正享受到"两改"的实惠。

（12）加强对城乡用电同价工作的领导。实现城乡用电同价，是农村电价形成机制的重大变革，是党中央国务院为发展农村经济、减轻农民负担采取的一项重大措施。目前全国第一批农网改造县的"两改"工作即将完成，城乡同价已迫在眉睫，各级物价部门一定要从讲政治、讲大局的高度认识"同价"工作，增强责任感、使命感和紧迫感，把"同价"工作切实抓紧抓好。一是要积极主动参与"两改"工作，促进"两改"达到规定的要求，为"同价"创造条件；二是把好城乡同价政策关，严格审核还贷加价标准和同价水平，认真负责地编制同价实施方案，积极稳妥地推进城乡用电同价工作；三是在城乡"同价"工作中当好政府的参谋和助手，确保城乡用电同价目标顺利实现。

四、电价管理

现在的电力市场与计划经济时期最大不同之处在于现在的电力需求是有价格弹性的，其原因是今天的企业可以自主地调整内部生产成本构成，以期获得最大利润或市场份额。我国的电价管理为国家控制及核定，电价由政府组织核定、依照国家关于电价的有关法律，先由电力企业提出申请，交国家有关部门认定。

虽然电价确定有一定的局限性，但市场经济允许企业适时地结合供求状况变化对本企业的价格进行适当的调整。

（一）优惠电价的相关政策

1. 价格折扣与折让

价格折扣与折让包括：①现金折扣；②数量折扣；③职能折扣又称为贸易折扣；④季节折扣，即淡季时提供的减价；⑤折让，即对价目表价格的减价。

2. 制定优惠电价的原则

根据原国家计委的有关规定，制定优惠电价的原则是：

（1）对符合国家产业政策、有利于经济结构调整的用电客户实行优惠电价。

（2）对用电客户在生产规模不扩大的前提下新增的用电实行优惠电价。

（3）实行优惠电价的用电客户必须按时缴纳电费，用电客户应做到"电费不新欠，陈欠逐步收回"。

（4）优惠电价执行时间应随市场变化及时调整，可按月、季或年进行协商，一般不得超过1年。

（5）优惠电价的优惠幅度不得超过10%。

（6）通过促进电力消费，电力公司应获得合理利润。

（7）电力公司应与用电客户签订执行优惠电价合同，以明确优惠电价的优惠幅度、执行时间和执行条件。

（二）电力企业预防拖欠电费的对策

近年来，随着经济体制改革的不断深入，各类用户拖欠电费的现象也不断增多，为供电企业回收电费增加了难度，有的用户为了达到不交电费的目的，甚至采取破产变卖这一法定程序，逃避交纳电费，这不能不引起我们供电企业的重视。

1. 用户欠电费的主要原因和手段

（1）行政干预。有的用电企业或农村，由于经营管理不善，负债过多或亏损，当供电部门催收电费时，他们依托当地政府做靠山，少交甚至不交，造成电费拖欠。政府则以维护社会稳定为由限制供电企业收费，致使追缴电费增加难度。

（2）政府本身。即有的当地政府借口经费紧张，供电部门又是他的部下，长期少交或不交电费，政府的行为又带动了政府其他部门少交或不交，供电企业对政府的欠费无能为力。例如某县政府及所属单位长达20年不交电费，拖欠供电部门的电费高达200多万元，致使供电企业本身无能支付职工的工资和上缴上级电力部门的电费。

（3）更名经营。有的用电企业，由于经营管理不善，负债过多，向法院申请破产的同时，将原企业改换名称，以新成立的企业名称重新申请用电，逃避已欠下的大笔电费，甚至以减轻政府负担为名吸收安置一部分下岗职工就业，企业还可享受国家许多优惠政策，一举多得。

（4）金蝉脱壳。有的用电企业由于欠交电费数额巨大，为了逃避交纳电费，让部分车间带着有效资产，在不承担本企业任何债务的情况下与原企业脱钩，成立新的法人实体，重新申请用电，办理用电手续，留下徒有虚名的老企业应付债权人，对付供电企业，继续欠交电费。

（5）债务悬空。有的乡镇企业用电大户，由于资不抵债，特别是欠交电费过多，在破产前，把企业的债务挂到乡镇企业办公室或乡镇企业局等无企业法人资格或无清偿债务能力的政府部门，造成供电企业追缴电费难度加大。

（6）政府划拨。有的用电企业经营不善，积压产品过多，无钱偿还电费，当地政府部门为了使其自管的企业不受损失，逃避电费，而将一部分财产在该企业申请破产前，无偿划拨给自己管理的其他企业，或者划拨给新组建的企业。

（7）私自转移。有的用电企业准备申请破产前，私自将财产抵押给其他债权人，不交纳欠交电费，或在债务清偿时侵害供电企业或其他债权人的利益，这种行为虽为《中华人民共和国破产法》所不允许，但实际此类情况还很多。

（8）出售财产。有的用电企业已经预感到破产的厄运不可避免，为了逃避电费，往往不择手段地以非常低的价格将企业财产变卖，换成现金，进行私分或隐藏，从而减少可分配的财产，危害债权人的利益。

（9）放弃债务。有的用电企业虽然欠交电费巨大，债务较多，但其债权也大，为此，在破产前便与其债务人恶意串通，虚假放弃债权，待企业破产，由法院办理终结后，再以其他名义收回部分债务，让利部分财产给债务人。这种恶意串通，故意放弃债权的行为，其目的就是逃避债务，不交电费。

（10）提供财产担保。有的用电企业由于欠交电费过多，当意识到自己将要破产之时，在提出破产申请前，与个别债权人串通，为其他关系要好的债务人提供财产担保，以设定特别优先权，一旦企业破产，供电企业的电费无法得到清偿。

（11）资金分流。有的用电企业不是无钱交纳电费，而是为了逃避电费，故意将人员分流、资金分流，故意使本企业破产。

（12）以物代费。有的用电企业长期欠交电费，生产不适合市场需求的产品，产品积压，资金回收困难，债务越来越多，自愿申请破产，以积压物品或产品代偿电费，实际上使供电企业成为该企业的购销商或代理商。

2. 预防逃避交纳电费的方法及对策

用电企业逃避交纳电费的现象越来越多，严重侵害了国家利益，影响了电力企业的正常生产运营，所以，必须采取相应对策预防损失，不少供电企业采取了许多行政的、技术的、经济的对策。这里，仅从法律的观点来阐述应当怎样预防逃避交纳电费的方法和对策。

（1）严格依法维护供电企业合法权益。《中华人民共和国破产法》第 35 条明文规定：

法院受理破产条件前 6 个月至宣告破产之日，下列行为无效。隐匿、私分、或者无偿转让财产的；非正常压价出售财产的；对原没有财产担保的债务提供财产担保的；对未到期的债务提前清偿的；放弃自己的债权的。

供电企业要按照上述法律规定，严格掌握界限，对破产企业追偿电费，防止非法逃避电费行为发生，维护供电企业合法权益。

（2）采取必要的保全措施，依法申请查封扣押破产企业财产，冻结账户，防止转移财产和资金，逃避电费追偿。

（3）供电企业应建立健全电费回收制度，认真贯彻电力法律、法规，采取多种形式的电费收缴措施。改变仅依靠走收、座收电费的方法。

（4）签订供用电合同要注重电费收缴条款的约定，事先通过双方协商在合同中提前约定电费担保条款，保证电费缴收的制约条件。

（5）加强电力执法力度，利用《中华人民共和国电力法》和电力法规授予电力企业的正当自卫权、执法权制裁长期拖欠电费行为，必要时可采取法律手段，依法向人民法院申请协助追缴。

（6）加强追缴电费人员素质培养，使收缴电费人员学会使用各种商业催款方式催缴电费。

第六节　开拓农电市场的策略

一、转变观念确立发展思路

农电企业在确立发展思路时，必须努力实现 4 个转变：①由过去计划经济条件下形成的垄断思维向市场竞争意识转变；②由过去限制用电向增供促销转变；③由过去被动的优质服务向现在主动的优质服务转变；④由过去用户上门求我们向我们上门求用户转变。

在转变观念的基础上，应根据农电企业的特点确立市场开拓思路，即坚持开发农村用电市场与开发城镇工业用电市场并重；坚持开发本地用电市场与开发境外用电市场并重；坚持开发大用户用电市场与开发中小用户用电市场并重。

二、主动出击争取境外市场

对于境外需要供电的客户，应主动与其联系。以陕西省商洛局开拓境外市场为例，1997年 9 月，由对方投资 2400 万元建设的 110kV 输变电专线工程建成投运。从而使陕西电网西电东送的战略目标在商洛地区有了突破，商洛局的电力销售也找到了新的增长点。1997 年境外用电在商洛电网保持着 5000～6000kV 用电负荷，日用电量 10 万～13 万 kW·h，约占该局售电量的 10％左右。

1999 年初，商洛局经过调查研究和积极论证，提出了保护周边市场的方案。3 月 11日，在平等互利、共图发展的基础上同主要用户签订了年供电量 5000 万 kW·h 的供电协议。1999 年上半年，新增电量 1541 万 kW·h，占商洛局新增电量的 29.6％。

三、大胆探索适时开拓市场

仍以商洛供电局适时开拓市场为例，1995 年，铜矿资源丰富的洛南县黄龙地区，成为商洛新的经济开发热点，吸引了不少商家来此投资办厂。但因该地区结构薄弱、供电能力差，难以满足大规模开采用电。商洛局急用户之所急，想用户之所想，决定建设110kV黄龙输变电工程来解决矿区用电问题。在多方调查论证的基础上，该局大胆决策，决定由职工集资200余万元，为矿区架设10kV工业专线，并对向矿区供电的石门变电站进行了增容改造，使主变容量由原来的3150kVA增加到6300kVA。经过一个多月的精心组织和日夜奋战，一条长26km，10kV工业专线如期建成投运。翘首以待的矿区用户终于用上了网电。工业专线的建成投运，使一些尚在观望徘徊的企业看到了希望，他们迅速做出选择，纷纷争取供电。在工业专线已无容量可增的情况下，为了彻底解决矿区用电，商洛局又一次筹资100余万元，改造了另一条35kV线路，解决了多户企业的用电问题，接入容量1000kVA。几年间，商洛局在黄龙地区共计投资400多万元，新建和改造10kV线路66km，接入用户13户，装机容量6000kVA，使电力市场得到了适时的发展。

复习思考题与习题

一、填空题

1. 电力市场是电力（**商品交换**）关系的总和。

2. 电力市场是采用（**法律、经济**）等手段，本着（**公平竞争、自愿互利**）的原则，对电力系统中发电、输电、配电、用电、客户等主体协调运行的管理机制和执行系统的总和。

3. 电力市场竞争的焦点充分表现在电能的（**价格**）、电能的（**质量**）、（**损耗**）的大小、（**服务水平**）的高低。

4. 市场营销组合手段可归纳为四大因素，常称为4Ps，这四大因素是：（**产品**）、（**价格**）、（**地点**）和（**促销**）。

5. 主要的产品差别化因素有：（**特征**）、（**工作性能**）、（**一致性**）、（**耐用性**）、（**可靠性**）等。

6. 对于电力产品来说，（**分时**）电力、（**峰谷**）电力、（**不同功率因数**）电力、（**随时可间断**）的电力、（**持续性**）的电力等皆属于特征。

7. （**电价水平**）、（**电价结构**）和（**电价监管**）是构成电价的三大内容。

8. 电价结构一般是指销售电价结构，即按客户（**负荷特征**）、（**地理位置**）、（**用电时间**）、（**供电方式**）等因素，以及对电力生产经营成本造成的影响，将电价进行分类。

9. 电价进行分类有（**分时**）电价、（**分类**）电价、（**分电压等级**）电价、（**两部制**）电价、（**单一**）制电价等类型。

10. 电力企业面临的主要问题是应（**收复"失地"**），培育市场。电力企业要积极努力寻找新的（**电力消费**）增长点，克服各种不利因素，在开拓电力市场的经济大海中要勇立潮头。

11. 电力公司已经确立了"两型两化一流"的战略目标，即要把电力公司建设成（**控股**）型、（**经营**）型、（**现代**）化、集团化管理的（**国际一流**）的企业。

12. 坚持"人民电业为人民"的服务宗旨，大力提倡（**"客户至上、以客为尊"，"优质服务"**），"三为"服务的新风尚。

二、问答题

1. 电力市场有哪些分类？（答：见本章第一节、二）

2. 我们怎样适应新形势，做好电力行政管理工作。（答：见本章第二节、二）

3. 什么叫电力市场营销？（答：见本章第三节、一）

4. 电力市场调查有哪些特征？（答：见本章第三节、三）

5. 电力市场竞争的途径是什么？（答：见本章第四节、三）

6. 原国家计委关于实现城乡用电同价的指导意见是什么？〔答：见本章第五节、三、（二）〕

7. 电力企业预防拖欠电费的对策是什么？〔答：见本章第五节、四、（二）〕

8. 如何主动出击争取市场？（答：见本章第六节、二）

三、判断题

1. 一级电力市场，即独立发电公司与供电公司之间形成的电力市场。（×）

2. 二级电力市场，即供电公司与供电公司之间形成的电力市场。（×）

3. 三级电力市场，即供电公司与各用电客户之间形成的电力市场。（√）

4. 引入竞争、建设竞争性的电力市场是世界电力工业发展的趋势之一。（√）

第四章 报装与变更用电

第一节 报装流程及管理方法

一、客户的用电申请及用电变更

报装流程如图 4-1 所示。

(一) 受理单位

客户用电申请的受理单位为用电营业部的报装接电处与各供电局的登记室。

1. 用电营业部报装接电处负责受理的用电申请范围

(1) 市内凡有工程性质的（居民客户除外）新装、增装或增容等用电申请。

(2) 郊区和县区报装容量为 100kW 及以上或需要变压器容量在 50kVA 及以上的用电申请。

(3) 同一工程的正式用电和基本建设临时用电及其他临时用电。

(4) 客户投资的新建线路和原有 10kV 及以上线路移设。

(5) 客户变电所改造。

(6) 其他特殊报装接电业务，即企业转制而改变用电类别或用电性质的用电申请，以及需要临时转供电客户，临时基建用电全部或部分转为正式用电的业务。

2. 供电局登记室负责受理的用电申请范围

(1) 郊区和县区供电局，报装容量在 100kW 以下或需用变压器容量在 50kVA 以下的用电申请。

(2) 无需电力工程的基建临时用电。

(3) 用电变更。

(4) 居民用电。

(二) 客户应提供的资料

(1) 凡受理的新装、增装、增容客户应提交用电申请，填报"用电申请单"。

(2) 对新建、扩建、改建用电涉及外部供电工程的客户，应提供外线图纸两份，其他由设计部门提供。

(3) 客户申请后设备总容量大于 10kW 的，应提供内线平面图两份。

(4) 基建临时用电，提供区域位置图、系统图，转入永久性用电的，应提供电气平面图两份。

(5) 申请设备总容量大于 100kVA（kW）的客户，应提供计量图纸两份。

(6) 申请增加设备容量大于 200kVA 的客户，应提供下列资料各一份：

1) 基建计划和技改措施的批复文件。

2) 负荷组成、负荷性质和保安电力。

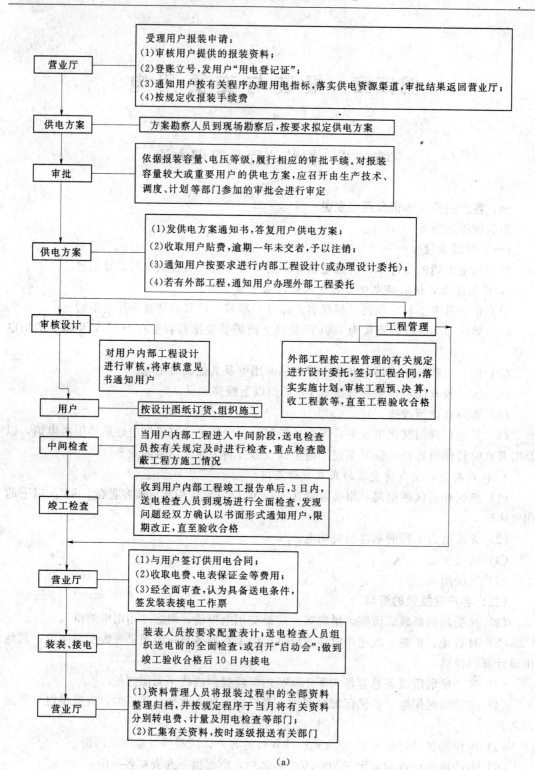

受理用户报装申请:
(1)审核用户提供的报装资料;
(2)登账立号,发用户"用电登记证";
(3)通知用户按有关程序办理用电指标,落实供电资源渠道,审批结果返回营业厅;
(4)按规定收报装手续费

营业厅

供电方案 ← 方案勘察人员到现场勘察后,按要求拟定供电方案

审批 ← 依据报装容量、电压等级,履行相应的审批手续。对报装容量较大或重要用户的供电方案,应召开由生产技术、调度、计划等部门参加的审批会进行审定

供电方案 ← (1)发供电方案通知书,答复用户供电方案;
(2)收取用户贴费,逾期一年未交者,予以注销;
(3)通知用户按要求进行内部工程设计(或办理设计委托);
(4)若有外部工程,通知用户办理外部工程委托

审核设计 ← 对用户内部工程设计进行审核,将审核意见书通知用户

工程管理 ← 外部工程按工程管理的有关规定进行设计委托,签订工程合同,落实施计划,审核工程预、决算,收工程款等,直至工程验收合格

用户 ← 按设计图纸订货、组织施工

中间检查 ← 当用户内部工程进入中间阶段,送电检查员按有关规定及时进行检查,重点检查隐蔽工程施工情况

竣工检查 ← 收到用户内部工程竣工报告单后,3日内,送电检查人员到现场进行全面检查,发现问题经双方确认以书面形式通知用户,限期改正,直至验收合格

营业厅 ← (1)与用户签订供用电合同;
(2)收取电费、电表保证金等费用;
(3)经全面审查,认为具备送电条件,签发装表接电工作票

装表、接电 ← 装表人员按要求配置表计;送电检查人员组织送电前的全面检查,或召开"启动会";做到竣工验收合格后10日内接电

营业厅 ← (1)资料管理人员将报装过程中的全部资料整理归档,并按规定程序于当月将有关资料分别转电费、计量及用电检查等部门;
(2)汇集有关资料,按时逐级报送有关部门

(a)

图 4-1(一) 报装流程
(a) 高压用户

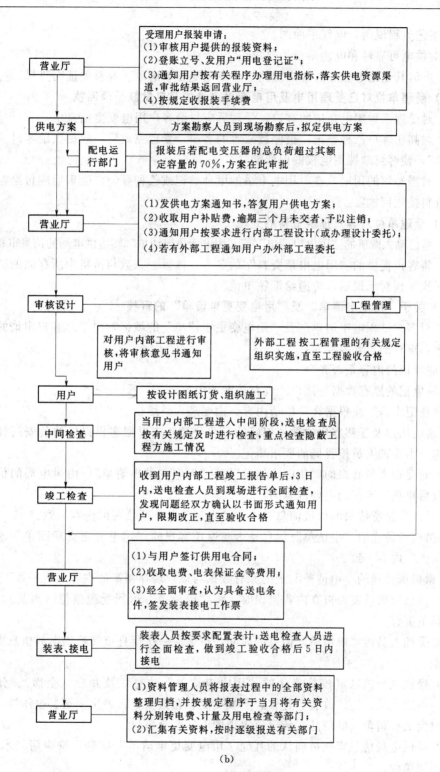

（b）

图 4-1（二） 报装流程

（b）低压用户

3）工艺流程说明，电气平面图。

4）对供电可靠性和电能质量的要求。

（7）申请其他用电变更的客户应提供"用电变更申请单"及有关证明资料。

（三）受理单位对已受理用电及用电变更申请的客户发放受理回执

（1）对受理乙种用电登记的客户，受理后应付给客户用电变更信息单。

（2）对高压客户乙种登记：报停或减容的客户，受理完成后，应提供给客户"用电变更信息单"，使客户掌握用电权的保留期。

（3）对需经签的用电及变更用电申请的甲种登记或乙种登记，受理后应付给客户"用电申请资料接收回执"。

（四）受理单位对客户提供资料的处理

（1）将已输入微机的"用电申请单"或"用电变更申请单"转给供电局的信息审核员。

（2）将客户提供的"用电申请资料"的名称、件数、张数与微机中所存储的"用电申请资料回执"核对无误后，传递给汇签单位。

（五）关于"用电申请单"及"用电变更申请单"的审核

（1）对客户"用电申请单"及"用电变更申请单"的填记，由受理客户申请的人员在受理时审，审核的主要内容为：

1）应填记的内容是否齐全。

2）所填记的原有数据与该户产现存档案的内容是否一致。

3）"登记术语"应根据客户申请内容，由受理人员填记。

4）新装用户及迁移客户的地址编码的行业分类，应根据客户提供的公安门牌号码和电力用途，由受理人员按我局的要求填记。

（2）对受理人员转来的"用电申请单"及"用电变更申请单"，由供电局的信息审核员在接收后审核。审核的主要内容为：

1）受理单位所传来的微机信息是否与"申请单"上所填写的内容一致。

2）微机所传递的"申请单"信息是否与返还客户的"用电变更受理回单"或"设备容量保留证"内容一致。

3）微机所传递的"申请单"上的原有数据与该户现存档案的内容是否一致。

（3）信息审核员发现被查内容错误时，将"申请单"返回受理单位（人员），由受理单位人员负责订正。

（4）受理人员传"申请单"信息的时间，按最后一次信息单转给供电局信息审核员的时间为准。

（5）经供电局信息审核员确认的"用电申请单"信息，及并户（全撤）、分户新装（余容）、内线改装、巡线改装、迁移、产权变更、台数变更、表位变更、改压换表、装表等"用电变更申请单"的信息，传至该申请的汇签牵头单位。

（6）经供电局信息审核员确认的其他"用电变更申请单"信息，按申请"术语"，分别传至不同单位。

1）用电申请，若属10kV及以上电压等级的客户，则传至用电营业部的用电检查室；若属10kV以下电压等级的客户，则传至供电局用电检查的岗位。包括：全撤、一撤、一复、全复、一再复、全再复、全暂停、一暂停、暂减容、暂一撤、暂减容复用、暂一撤复用、过户、台数变更、用电类别变更、用电行业变更、调查订正等用电变更的申请。

2) 用电申请，若协议容量在 100kVA（kW）及以上的客户，则传计量所；若协议容量在 100kVA（kW）以下的客户，则传至供电局用电检查岗位。包括：定期换表、事故换表、验表、换表、撤表、封表、换电流互感器、换电压互感器、订正计量器具等用电变更的申请。

3) 用电申请，直接传至原始档案记录，并开始启用新档案资料。包括：变名、开户行变更、账号变更、税号变更、联系电话变更等无需竣检（施工）的用电变更。

(7) 经供电局信息审核后的申请单，自动形成编号，编号原则为：

1) 编号在审核确认之后和信息传出之前自动形成。

2) "用电申请单"和"用电变更申请单"统一编号。

(六) 关于"用电申请"及"用电变更申请发"的汇签

(1) 汇签的牵头单位。对客户的用电及用电变更的申请，甲种工程登记由用电营业部报装接电处受理，乙种登记在供电局受理：

1) 用电营业部报装接电处：负责由报装接电处受理申请的客户工程汇签工作。

2) 供电局用电检查岗：负责供电局登记室受理申请的客户工程汇签工作。

(2) 汇签参与单位。

1) 线路新建（包括进户线）、护建及自维线路改挖工程的汇签：10kV 以上受电电压等级客户、多路电源的客户，由局生技部负责汇签。其他客户由供电局配电专责汇签。

2) 设备容量<100kVA 的客户由报装接电处工程管理员、方案员与供电局负责汇签。

3) 设备容量>100kVA 的客户，由用电营业部报装接电处、用电检查处、计量所、生技部、调度所负责汇签。

4) 申请容量>400kVA 的客户由局计划部负责汇签。

5) 领导意见。凡是有局生技部参与汇签的工程，由局副总工程师或以上级别的领导签署意见。其他由用电营业部报装接电处牵头汇签的工程，由营业部主任或副主任签署意见。

(3) "汇签单"的形式。汇签单按客户工程的不同共分为两种不同形式：

1) 第一种汇签单：确定以低压方式供电的客户由报装接电处工程管理员、方案员直接与供电局主管局长汇签。

2) 第二种汇签单：确定以高压方式供电的客户，由报装接电处工程管理员、方案员组织有关职能部门参与汇签。

(4) 关于"用户工程汇签单"内容填记的要求：

1) 填记对客户提交的"申请单"或各种图纸等资料中没有注明的事项和要求，及与用户所注明的方案、标准、要求等事项不一致时，不必填记汇签单。

2) 填记客户工程施工单位。

3) 填记对该客户工程的特殊要求。

4) 汇签单的填记内容应言简意赅。常用术语应编号后存入微机中，以便使用。

5) 各参与汇签的单位，汇签后自动形成该项内容的汇签负责人及汇签的日期。

(5) 关于"用户工程汇签"的处理程序

1) 汇签牵头单位,由方案员将汇签信息传到各汇签参与单位,并将图纸及有关资料分发给各自分管的参与单位。

2) 各参与单位在本职责范围内进行图纸审核及资料查阅工作,并提出本部门要求,将汇签意见输入汇签单。

3) 牵头单位根据各单位汇签结果及领导意见,输入汇签结论。若同意客户的申请,则收回各参与单位领取的并经审批的图纸一份,另一份图纸及其他资料由参与单位保留备用。填记"电气工程施工认可证";若不同意客户的申请,则收回各参与单位领取的全部资料,填记"谢绝受理用电申请的通知。"

4) 牵头单位将从各汇签参与单位收回的资料清点后,返给用电申请的受理单位。

(七) 客户工程汇签结果的回复

(1) 用电工程汇签结果由该户用电或用电变更申请时受理单位负责通知客户。对逾期没有返还的汇签单,由受理单位向汇签牵头单位催办。

(2) 对谢绝受理的用电或用电变更申请的客户,打印"谢绝受理用电申请的通知",并将客户所提交的申请的客户。

(3) 对同意受理申请的户,要打印"电气施工认可证"和退还审批后的施工图纸,同时通知客户签订或补签供用电合同。"电气施工认可证"和"谢绝受理用电申请的通知"在打印时,按打印顺序分别编号(按该用户所属辖区,其编号周期由各经营单位自定)。

二、用电及用电变更的竣检与施工

(一) 竣检的牵头单位及配合单位

1. 对需进行的客户工程汇签的用电及用电变更申请的客户

(1) 凡由营业部报装接电处受理申请的客户,仍由报装接电处牵头对该客户竣检。

(2) 对上述客户的其他竣检参与单位,为该客户参与汇签的所有单位。

2. 对无客户工程的用电变更申请的客户

(1) 对申请一撤、一暂停、全暂停、暂一撤、暂减容及申请移复、全复、一再复、全再复、暂减容复用,暂一撤复用的用电变更:

1) 凡 10kV 及以上受电电压等级、设备容量在 100kVA 及以上的客户,由营业部检查(岗)负责牵头、计量所配合竣检。

2) 凡 10kV 及以下等级的客户,由供电局检查(岗)负责牵头竣检,如该客户受电总容量为 100kVA (kW) 时,则由计量所配合竣检,否则没有其他单位参与竣检。

(2) 对申请全撤的客户,在竣检时,10kV 及以上的客户,需营业部参与竣检,其他客户需供电局配电专责参与竣检。

(3) 对申请过户、用电类别变更、台数变更、订正用电地址的用电变更,如该客户属 10kV 及以上受电压等级的用户,则由营业部检查负责竣检,10kV 以下由供电局竣检负责竣检。

(4) 对申请定期换表、事故换表、验表、换表、封表、换电流互感器、换电压互感器、订正计量器具参数的用电变更:如该客户受电总容量为 100kVA (kW) 时,则由计量所负责竣检此类申请没有其他单位参与竣检。

（二）客户工程的中间检查

（1）客户工程的中间检查工作由报装接电处工程管理员会同有关施工单位、运行单位共同进行，按着《安装检修工艺规程》标准实地检查，并及时填写中间检查记录，一式三份，交于施工、运行单位，报装接电处留存一份，三方参检人员要签字，并提出限期处理日期。

（2）施工单位处理完首次提出的全部缺陷后，要及时与报装接电处工程管理员联系，并进行二次复检，经复检发现首次所提出缺陷未有处理时，要做好详细记录，作业工程考核的依据，按其程度进行评比。

（3）对复检合格的工程要及时转给营业手续，确定终检送电日期。

（4）低压验收由运行单位、施工单位、工程管理单位参加验收。

（5）中压及低压验收前要将开工报告、中间检查记录、缺陷处理记录、图纸、供用电合同、固定资产无偿调拨单，由工程管理员整理齐全完备，待验收时现场交付给运行单位及有关部门，并做好验收记录。

（三）客户工程的竣工

（1）含义。所谓客户工程的竣工，指的是该客户申请用电或用电变更时，在一张申请单上所申请的内容全部竣工。

（2）客户工程电气竣工报告。客户工程全部竣工后，应向用电申请时受理单位提交"客户工程电气竣工报告"。

（3）受理单位将已受理的"客户电气工程竣工报告单"输入微机，并将信息传至供电局信息审核员。同时将"客户电气工程竣工报告单"给信息审核员审核。

（4）受理单位将客户提交的施工后图纸资料传递给该户竣检的其他牵头单位。

（5）供电局信息审核员将审核无误的"竣工报告单"信息传递给对该户竣检的牵头单位。如审核员发现信息错误量，将"竣工报告单"返还受理单位，重新输入。

（四）客户电气工程的竣检

（1）竣检牵头单位收到供电局信息审核员发来的"竣工报告单"信息和收到客户竣工后的图纸后，确定竣检时间，再将信息传给各竣检参与单位。

（2）竣检参与单位收到参检信息后，到牵头单位领取施工后图纸，做好准备工作。

（3）竣检之前，牵头单位打印"内线工作任务书"，与所有参检单位共同按时到客户处进行竣检工作。

（4）内线工作任务书以供电局为单位，按顺序自动生成序号。

（5）参检单位对客户电气工程经检查认为可以送电时，分别在"内线工作任务书"上填记与本单位有关内容，并签章。

（6）竣检后的整理工作。

三、新装和增容的工作内容

新装和增容包括下述 3 方面业务：

（1）新装。这是受理原来没有用电设备的客户，现需办理用电申请。

（2）增容。这是受理将现行小容量设备改换为大容量设备，但不增加设备的台数，电力客户增容流程，如图 4-2 所示。

（3）增装。这是受理增容又增设备台数的客户。按着 1996 年 10 月 8 日，原电力工业部

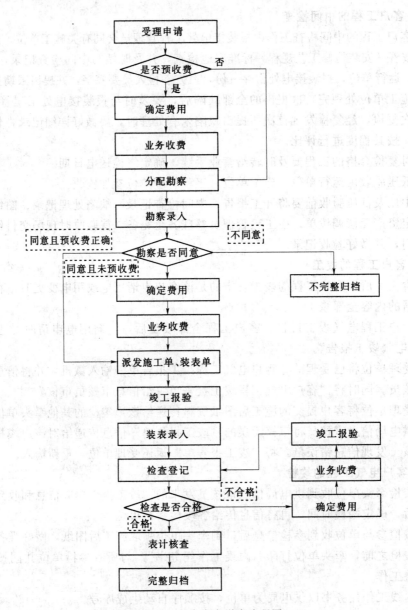

图 4-2 电力客户增容流程图

发布的《供电营业规则》，对此项业务曾作出下述规定：任何单位和个人，需新装用电或增加用电容量，事先应到供电企业用电营业场所提出用电申请，办理手续。供电企业的用电营业机构，统一归口受理用电申请和报装接电工作，其中包括用电申请书的发放及审核、供电条件勘察、供电方案确定及批复、有关费用的收取、受电工程设计的审核、施工中间检查、竣工检验、供用电合同签约、装表接电等项业务。下面分别的来介绍这些工作的细目。

1. 用电申请

凡需要新装和增容的客户，必须提出用电申请。不办理有关手续者，严禁私自接电。低压客户可到所在地乡、镇供电所（电管站）提出用电申请。

2．用电申请的文件与资料

（1）文件和图纸。提出用电申请时，客户应向供电企业提供用电工程项目的批准文件及图纸。这些文件和图纸包括上级批准的基建和工程计划文件；城建部门批准的建厂用地文件；环保部门批准的建厂文件；安全部门批准的建厂文件；厂区的平面布置图和用电负荷分布图等。

这些文件对保证农业用地，保持良好的生态环境和安全用电有直接关系，它从根本上决定该用电项目是否能够成为现实。

（2）有关资料。申请新装和增容的客户必须向供电企业提供下述资料：用电地点、电力用途、用电性质、用电设备清单、用电负荷、保安电力、用电规划等。上述资料已由供电企业形成标准格式的用电申请报告书，用电单位应按要求如实填写用电申请报告书。

3．用电登记

营业登记人员，收到用户的用电申请、有关文件和图纸后，应对其进行初审。初审要详细、认真，根据客户的用电性质、用电容量，特别是对城建、环保、安全各方的批准文件是否健全，是否同意该用电项目上马，且当用电单位提供的资料可以满足审定供电方案的要求时，则可填写"用电汇签单"，并编号、登记、建账，连同客户提供的资料一并转交有关部门进行汇签。

4．供电的审查

（1）供电必要性的审查。申请用电是客户的权力，至于该用电项目是否必要，供电企业则应根据客户申请用电的原因、提出的负荷计算、原供电容量的使用情况等进行了解。确实必须，则可批准。如果可通过内部挖潜解决，应据理说服客户撤销用电申请。对重要客户申请双电源供电时，应审查客户是否满足双电源供电的条件，满足双电源供电的负荷多为一类负荷。

（2）供电可能性的审查。供电可能性的审查是对客户是否具备供电条件的审查。供电条件分两方面：

1）容量条件是否能得到满足。

2）地址条件，即电力网络是否可延伸到用电地址。审查上述条件，供电企业需根据用户提供的用电地址、设备容量、负荷性质，并根据电网的布局和供电能力进行综合的研究后加以确定。

（3）供电合理性的审查。供电合理性的审查，则是要根据国家的节约用电的政策，对那些产品质量低劣、能耗高的项目，实行严格审批，防止其盲目发展。审查中要十分注意其加工工艺、用电单耗和无功补偿手段。

5．确定供电方案

确定供电方案是电力营业工作中十分重要的环节，供电方案是在审查客户的用电申请后确定的，其内容包括：

（1）确定电价。根据客户的用电性质、类别确定电价。

（2）确定损失的分摊办法。根据用户的设备容量、用电时间，确定变压器、线路损失的分摊办法。

（3）确定表计位置。供电方案中要明确产权分界点，确定电能表的安装位置和电流互感器的安装位置，以及确定其校验周期。

（4）确定无功补偿方法。对容量在 100kW 以上的客户，应确定无功补偿方法和功率因数调整电费、峰谷电价等问题。

（5）批准用电权。在征得客户对供电方的认可后，则可将"用电权批准证"发给客户，客户可凭证持有用电权力。100kW 以下的低压客户，用电权可由乡、镇供电企业审批。

按照《供电营业规则》的规定，供电企业对已受理的用电申请，应尽快确定供电方案；居民客户最长不超过 5 天；低压客户最长不超过 10 天；高压单电源客户最长不超过一个月；高压双电源客户最长不超过两个月。不能如期确定供电方案时，应向客户说明原因。客户对供电方案有不同意见时，应在一个月内提出，双方可再行协商。

6．工程设计与施工

（1）设计资料及图纸的要求。380/220V 低压方式供电的客户应提供负荷组成和用电设备清单，用电设备容量 100kVA 及以上低压客户还应提供用电功率因数的计算和无功补偿资料。

设计图纸及资料一式两份，基建工程应按国家设计标准要求提供全套蓝图，其他工程提供一般图纸；技术比较简单，经供电部门同意，照明客户在 10 盏灯及以下，动力在 5kW 及以下的零星工程也可不提供图纸。

（2）设计资料及图纸的审批。电管部门的营业登记人员接到客户送审的图纸、文件资料后，要与客户提交的资料清单进行核对，资料齐全后，按用电权审批的分工送审，仍以汇签簿传递，并要求审批单位一次提出书面修改意见。图纸审批合格，返回登记后，连同签发的"用电施工认可证"，一并发给客户。

（3）工程施工。低压配电线路，由于杆型及器材规范都已定型化，供电营业部门接受客户报装后。可在供电方案上标明线路的路径、杆型、材料规范与数量，代替工程设计。线路及内线施工可由电力部门组织安排。

7．签订供用电合同

为了确立供用电关系，明确电力部门与客户之间的责任，保证安全、经济、合理地供、用电。对于批准供电的低压客户，可按供电类别按户发给"电灯用电证"、"电力用电证"供用电合同内容包括：

（1）用电地址、用电容量、用电性质。

（2）供电方式。

（3）供电质量。

（4）用电计量。

（5）电价、电费及结算。

（6）供电设施维护管理。

（7）无功补偿。

（8）安全用电。

（9）联系制度。

（10）违约责任。

（11）其他条款。

（12）合同时效。

8. 装表接电

在完成上述一整套手续后，电管部门的营业登记人员，根据电压等级、电价分类及安装就位的用电设备容量配备合格的电能表及互感器，建立"用电登记簿"及"用电登记书整理簿"传递给内线人员，内线工作人员在现场装表接电，经试运行无问题后，将有关项目填入"用电登记书"，尽快返回登记员，经检查无误，由登记人员建立"用电登记簿"，然后再传递给抄表员、核算员。至此，业务扩充的全部工作完成。

第二节 变更用电业务

变更用电业务在电力营销工作中是一个承前启后的环节，成为"业务扩充"与"电费管理"等各道工序之间的纽带。它与"业务扩充、电费管理"三位一体，组成了电力营销工作的全过程，包括：减容、暂停、暂换、迁址、移表、暂拆、更名或过户、分户、并户、销户、改压、改类。

一、供电营业规则对变更用电业务内容的规定

供电营业规则中规定，有下列情况之一者，为变更用电。客户需变更用电时，应事先提出申请，并携带有关证明文件，到供电企业用电营业场所办理手续，变更供用电合同。

（1）减少合同约定的用电容量（简称减容）。

（2）暂时停止全部或部分受电设备的用电（简称暂停）。

（3）临时更换大容量变压器（简称暂换）。

（4）迁移受电装置用电地址（简称迁址）。

（5）移动用电计量装置安装位置（简称移表）。

（6）暂时停止用电并拆表（简称暂拆）。

（7）改变客户的名称（简称更名或过户）。

（8）一户分列为两户及以上的客户（简称分户）。

（9）两户及以上客户合并为一户（简称并户）。

（10）合同到期终止用电（简称销户）。

（11）改变供电电压等级（简称改压）。

（12）改变用电类别（简称改类）。

二、有关解释

1. 客户减容

客户减容，须在5天前向供电企业提出申请。供电企业应按下列规定办理：

（1）减容必须是整台或整组变压器的停止或更换小容量变压器用电。供电企业在受理之日后，根据客户申请减容的日期对设备进行加封。从加封之日起，按原计费方式减收其相应容量的基本电费。但客户申明为永久性减容的或从加封之日起期满2年又不办理恢复用电手续的，其减容后的容量已达不到实施两部制电价规定容量标准时，应改为单一制电价计费。

（2）减少用电容量的期限，应根据客户所提出的申请确定，但最短期限不得少于 6 个月，最长期限不得超过 2 年。

（3）在减容期限内，供电企业应保留用户减少容量的使用权。超过减容期限要求恢复用电时，应按新装或增容手续办理。

（4）在减容期限内要求恢复用电时，应在 5 天前向供电企业办理恢复用电手续，基本电费从启封之日起计收。

（5）减容期满后的用户以及新装、增容客户，2 年内不得申办减容或暂停。如确需继续办减容或暂停的，减少或暂停部分容量的基本电费应按 50％计算收取。

（6）减容流程如图 4 - 3 所示。

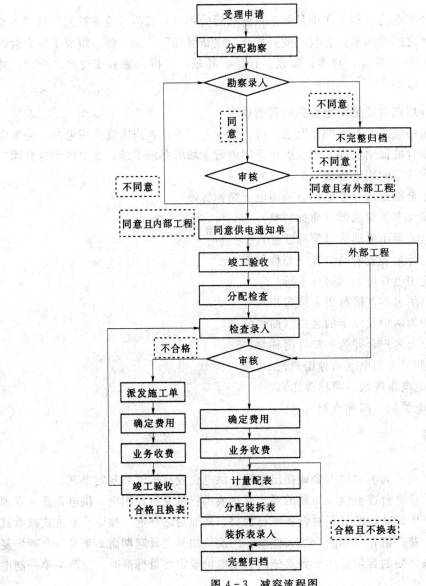

图 4 - 3 减容流程图

2. 客户暂停

客户暂停，须在 5 天前向供电企业提出申请。供电企业应按下列规定办理：

（1）客户在每一日历年内，可申请全部（含不通过受电变压器的高压电动机）或部分用电容量的暂时停止用电 2 次，每次不得少于 15 天，一年累计暂停时间不得超过 6 个月。季节性用电或国家另有规定的客户，累计暂停时间可以另议。

（2）按变压器容量计收基本电费的客户，暂停用电必须是整台或整组变压器停止运行。供电企业在受理暂停申请后，根据客户申请暂停的日期对暂停设备加封。从加封之日起，按原计费方式减收其相应容量的基本电费。

（3）暂停期满或每一日历年内累计暂停用电时间超过 6 个月者，不论客户是否申请恢复用电，供电企业须从期满之日起，按合同约定的容量计收其基本电费。

（4）在暂停期限内，客户申请恢复暂停用电容量用电时，须在预定恢复日前 5 天向供电企业提出申请。暂停时间少于 15 天者，暂停期间基本电费照收。

（5）按最大需量计收基本电费的客户，申请暂停用电必须是全部容量（含不通过受电变压器的高压电动机）的暂停，并遵守以上（1）～（4）项的有关规定。

（6）客户暂停流程如图 4-4 所示。

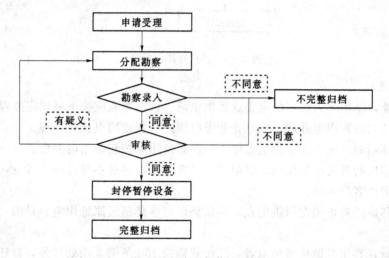

图 4-4 客户暂停流程图

3. 客户暂换

客户暂换（因受电变压器故障而无相同容量变压器替代，需要临时更换大容量变压器），须在更换前向供电企业提出申请。供电企业应按下列规定办理：

（1）必须在原受电地点内整台地暂换受电变压器。

（2）暂换变压器的使用时间，10kV 及以下的不得超过 2 个月，35kV 及以上的不得超过 3 个月。逾期不办理手续的，供电企业可中止供电。

（3）暂换的变压器经检验合格后才能投入运行。

（4）对两部制电价客户须在暂换之日起，按替换后的变压器容量计收基本电费。

（5）客户暂换流程图如图 4-5 所示。

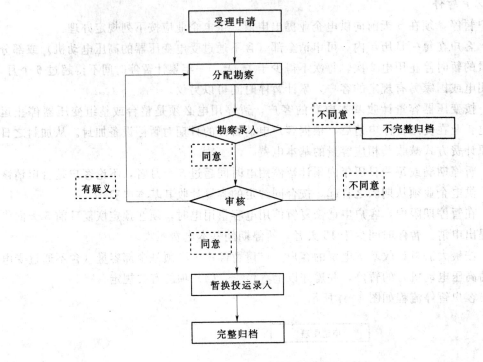

图 4-5 客户暂换流程图

4. 客户迁址

客户迁址,须在5天前向供电企业提出申请。供电企业应按下列规定办理。

(1) 原址按终止用电办理,供电企业予以销户。新址用电优先受理。

(2) 迁移后的新址不在原供电点供电的,新址用电按新装用电办理。

(3) 迁移后的新址在原供电点供电的,且新址用电容量不超过原址容量,新址用电引起的工程费用由客户负担。

(4) 迁移后的新址仍在原供电点,但新址用电容量超过原址用电容量的,超过部分按增容办理。

(5) 私自迁移用电地址而用电者,除按规则第100条第5项处理外,自迁新址不论是否引起供电点变动,一律按新装用电办理。

(6) 客户暂换流程如图4-6所示。

5. 客户移表

客户移表(因修缮房屋或其他原因需要移动用电计量装置安装位置),须向供电企业提出申请。供电企业应按下列规定办理:

(1) 在用电地址、用电容量、用电类别、供电点等不变情况下,可办理移表手续。

(2) 移表所需的费用由客户负担。

(3) 客户不论何种原因,不得自行移动表位,否则,可按规则第100条第5项处理。

(4) 客户移表流程如图4-7所示。

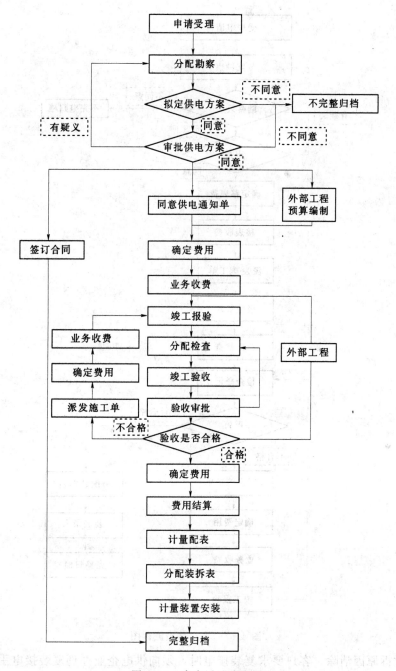

图 4 - 6 客户迁址流程图

6. 客户暂拆

因修缮房屋等原因需要暂时停止用电并拆表时,应持有关证明向供电企业提出申请。供电企业应按下列规定办理:

(1) 客户办理暂拆手续后,供电企业应在5天内执行暂拆。

(2) 暂拆时间最长不得超过6个月。暂拆期间,供电企业保留该客户原容量的使用权。

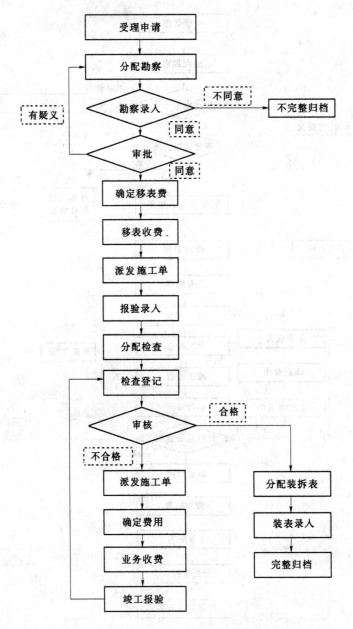

图 4-7 客户移表流程图

(3) 暂拆原因消除，客户要求复装接电时，须向供电企业办理复装接电手续并按规定交付费用。上述手续完成后，供电企业应在 5 天内为该客户复装接电。

(4) 超过暂拆规定时间要求复装接电者，按新装手续办理。

(5) 客户暂拆流程如图 4-8 所示。

7. 客户更名或过户

客户更名或过户（依法变更客户名称或居民客户房屋变更户主），应持有关证明向供电企业提出申请。供电企业应按下列规定办理：

（1）在用电地址、用户容量、用电类别不变条件下，允许办理更名或过户。

（2）原客户应与供电企业结清债务，才能解除原供用电关系。

（3）不申请办理过户手续而私自过户者，新用户应承担原客户所负债务。经供电企业检查发现客户私自过户时，供电企业应通知该户补办手续，必要时可中止供电。

（4）客户更名或过户流程如图4-9所示。

8. 客户分户

客户分户，应持有关证明向供电企业提出申请。供电企业应按下列规定办理：

（1）在用电地址、供电点、用电容量不变，且其受电装置具备分装条件时，允许办理分户。

（2）在原客户与供电企业结清债务的情况下，再办理分户手续。

（3）分户后的新客户应与供电企业重新建立供用电关系。

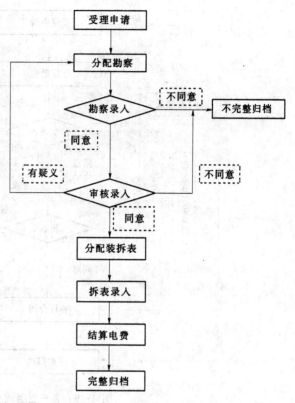

图 4-8 客户暂拆流程图

9. 客户并户

客户并户，应持有关证明向供电企业提出申请。供电企业应按下列规定办理：

（1）在同一供电点，同一用电地址的相邻两个及以上客户允许办理并户。

（2）原客户应在并户前向供电企业结清债务。

（3）新客户用电容量不得超过并户前各户容量之总和。

（4）并户引起的工程费用由并户者负担。

（5）并户的受电装置应经检验合格，由供电企业重新装表计费。

（6）客户分户或并户流程如图4-10所示。

10. 客户销户

客户销户，须向供电企业提出申请。供电企业应按下列规定办理：

（1）销户必须停止全部用电容量的使用。

（2）客户已向供电企业结清电费。

（3）查验用电计量装置完好性后，拆除接户线和用电计量装置。

（4）客户持供电企业出具的凭证，领还电能表保证金与电费保证金。

办完上述事宜，即解除供用电关系。客户连续6个月不用电，也不申请办理暂停用电手续者，供电企业须以销户终止其用电。客户需再用电时，按新装用电办理。

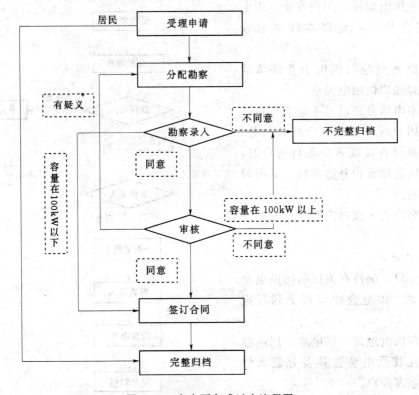

图 4-9 客户更名或过户流程图

11. 改变供电电压等级（简称改压）

客户改压（因客户原因需要在原址改变供电电压等级），应向供电企业提出申请。供电企业应按下列规定办理：

（1）改为高一等级电压供电，超过原容量者，超过部分按增容手续办理。

（2）改为低一等级电压供电时，超过原容量者，超过部分按增容手续办理。

（3）改压引起的工程费用由客户负担。

由于供电企业的原因引起客户供电电压等级变化的，改压引起的客户外部工程费用由供电企业负担。

12. 改变用电类别（简称改类）

客户改类，须向供电企业提出申请。供电企业应按下列规定办理：

（1）在同一受电装置内，电力用途发生变化而引起用电电价类别改变时，允许办理改类手续。

（2）擅自改变用电类别，应按规则第 100 条第 1 项办理。

客户依法破产时，供电企业应按下列规定办理：

（1）供电企业应予销户，终止供电。

（2）在破产客户原址上用电的，按新装用电办理。

（3）从破产客户分离出去的新客户，必须在偿清原破产客户电费和其他债务后，方可办理变更用电手续，否则，供电企业可按违约用电处理，需办理增容手续。

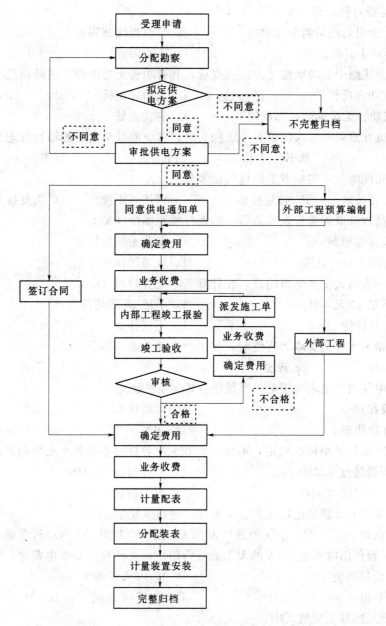

图 4-10 客户分户或并户流程图

复习思考题与习题

一、选择题（下列每题都有四个答案，其中只有一个正确答案，将正确答案的题号填入括号内）

1. 测量三相四线电路的有功电量时，应采用三相三元件接线方式，其特点是无论三相电压电流是否对称，都（**A**）。

    A. 不会引起线路附加误差   B. 会引起线路附加误差

    C. 不产生其他误差   D. 不会潜动

2. 当电力线路中的功率输送方式改变后，其有功和无功电能表的转向是（**C**）。

    A. 有功表反转   B. 无功表正转

    C. 有功、无功电能表都反转   D. 有功正转

3. 若电流互感器的二次绕组有多级抽头时，其中间抽头的首端极性标志为（**D**）。

    A. K_1 B. K_2 C. K_3 D. K_0

4. 安装在配电盘，控制盘上的电气仪表外壳（**A**）。

    A. 无须接地   B. 必须接地   C. 可接可不接   D. 重复接地

5. 抄表员抄录最大需量表读数后，将表针拨到零位（**A**）。

    A. 表盖加铝封   B. 表盖无须加铝封

    C. 由用户自行处理   D. 表盖用螺丝上紧

6. 对于拆表的大工业电力用户，在计算基本电费时均（**C**）。

    A. 不足 10 天不计   B. 不足 15 天均按月计

    C. 按日计价   D. 不需计算

7. 当电路为正序而负载为容性时，常用的无功电能表都会（**C**）。

    A. 转快   B. 转慢   C. 反转   D. 不转

8. 电网电压的质量取决于电力系统中（**B**）的平衡。

    A. 视在功率   B. 无功功率

    C. 有功功率   D. 频率

9. 电力系统的频率标准规定，不足 300 万 kW 容量的系统频率允许偏差是（**C**）。

    A. 不得超过 0.2Hz   B. 不得超过 0.3Hz

    C. 不得超过 0.5Hz   D. 不得超过 1Hz

10. 0.2 级和 0.5 级的电流互感器主要用来进行（**B**）。

    A. 保护   B. 电气测量仪表   C. 控制设备用   D. 科学研究

11. 对于暂停用电不足 15 天的大工业电力用户，在计算其基本电费时，原则是（**C**）。

    A. 全部减免   B. 按 10 天计收

    C. 不扣减   D. 按 15 天计收

12. 电流互感器二次侧（**B**）。

    A. 装设熔丝   B. 不装设熔丝

    C. 允许短时间开路   D. 允许开路

13. 电气设备的外壳接地，属于（**A**）。

    A. 保护接地类型   B. 防雷接地类型

    C. 工作接地类型   D. 安全类型

14. 客户迁址，须在（**D**）天前向供电企业提出申请。

    A. 15   B. 20   C. 30   D. 5

二、**判断题**（判断下列描述是否正确，对的在括号内打"√"，错的打"×"）。

1. 电能表产生潜动的主要原因是由于轻负载补偿力矩过大或电压的变化引起的。（√）

2. 按最大需量计算基本电费，可以鼓励用户提高负荷率，在用电相同情况下，负荷率越高，则基本电费越多。（×）

3. 大用户既未申请报停，也未用电，只按变压器的容量中有功的空载损失计费。（×）

4. 功率因数标准 0.85 适用于 100kVA（kW）及以上的其他工业用户和 100kVA（kW）及以上的非工业用户以及 100kVA（kW）及以上的电力排灌站等用电。（×）

5. 基本电费的计算可按变压器容量计算，也可以按最大需量计算。（√）

6. 当大型电动机超速运行变为发电机，向供电网送电能时，这时电能表会静止。（×）

7. 装设在 10kV 及其以上计量点的计费电能表，要使用互感器的专用二次回路。（×）

8. 当三相电动势的相序是 A—C—B 时，这种相序称为零。（×）

9. 对于查处的窃电违约金，可作为电费收入入账。（×）

10. 当电流互感器一、二次绕组的电流 I_1、I_2 的方向相同时，这种极性关系称为加极性。（√）

11. 电流互感器二次侧应装设熔丝。（×）

12. 电力用户私自迁移、更动损坏供电企业用电计量装置是窃电行为。（×）

13. 100kVA 以上高压供电的工业用户和大型电力排灌站功率因数应为 0.9 以上。（×）

14. 用户拖欠电费经通知催缴仍不交者，经批准可中止供电。（√）

15. 用户应按国家规定向供电企业存储电费保证金。（√）

16. 用户在每一日历年内，可申请全部或部分用电容量的暂时停止用电两次，两次不得少于 15 天，一年累计暂停时间不得超过 6 个月。（√）

17. 低压三相四线有功电能表第一相电流反极性接线时损失电量是 2/3。（√）

18. 最大需量表是用来计算基本电费的。（√）

19. 高压三相三线有功电能表电流相序接反时，电能表应反转。（×）

20. 当三相三线有功电能表第一相和第三相电流极性接反时，电能表应停转。（×）

21. 减少合同约定的用电容量，称减容。（√）

22. 暂时停止全部或部分受电设备的用电，称暂停。（√）

23. 临时更换小容量变压器，称暂换。（×）

24. 移动用电设备安装位置，称移表。（×）

25. 暂时停止用电设备，简称暂拆。（×）

26. 改变客户设备名称，称更名或过户。（×）

三、**填空题**

1. 用电营业部报装接电处负责受理客户（**用电**）申请。

2. 凡受理的新装、增装、增容客户应提交用电申请，要填报（**用电申请单**）。

3. 客户工程的中间检查工作由报装接电处工程管理员会同有关（**施工**）单位、（**运行**）单位共同进行。

4. 在用电（**地址**）、用户（**容量**）、用电（**类别**）不变条件下，允许办理更名或过户。

5. 客户减容，须在（**5**）天前向供电企业提出申请。

6. 减容必须是（**整台或整组变压器**）的停止或（**更换小容量变压器**）用电。供电企业在受理之日后，根据客户申请减容的日期对设备进行加封。

7. 减少用电容量的期限，应根据客户所提出的申请确定，但最短期限不得少于（**6**）个月，最长期限不得超过（**2**）年。

8. 客户在每一日历年内，可申请全部或部分用电容量的暂时停止用电两次，每次不得少于（**15**）天，一年累计暂停时间不得超过（**6**）个月。

9. 暂停期满或每一日历年内累计暂停用电时间超过（**6**）个月者，不论客户是否申请恢复用电，供电企业须从期满之日起，按（**合同约定的容量**）计收其基本电费。

10. 暂换变压器的使用时间，10kV 及以下的不得超过（**2**）个月，35kV 及以上的不得超过（**3**）个月。逾期不办理手续的，供电企业可中止供电。

四、问答题

1. 怎样进行用电及用电变更的竣检与施工？（答：见本章第一节、二）

2. 新装和增容的工作内容有哪些？（答：见本章第一节、三）

3. 供电营业规则对变更用电业务内容的规定是什么？（答：见本章第二节、一）

第五章 抄表与客户呼叫系统

第一节 抄 表 流 程

一、抄表工作

1. 抄表工作的内涵

抄表工作是抄表员对所有计费电能表利用各种方式进行电量的抄录，抄录的电量是考核供电部门经济指标（如线损率、供电成本）、各行业用电量统计分析以及计算客户的单位产品电号和市场分析预测的依据。抄表质量的好坏，直接关系到电力企业的电费能否准确及时地核算与回收上缴，关系到企业的经济收益和社会效益。

2. 抄表工作的内容与要求

（1）按规定日期抄表到位，不得估抄。居民实抄率 95%，现国电公司一流要求 98%，其他 100%，一般客户每月 25 日抄完，特大电力客户，于月末 24 时抄表。

（2）第一次抄表时，应仔细核对户号、户名、电能表厂家、标号、电能表容量、表示数、倍率等。抄表时发现客户电量有较大幅度变化（如±3% 及以上），应及时了解原因。

（3）填写交费及催费通知单。

（4）抄表结束填记抄表日志。

二、抄表方式

抄表是对于客户电量统计的电能表信息的采集，下面主要介绍 3 种方式。

（1）传统人工手抄表方式。抄表人员上门挨家挨户到各客户装表处，抄写记录电能表显示的数据。

（2）半自动化抄表方式。抄表人员手持便携式抄表器上门挨家挨户到各客户装表处，人工键入经连接至电能表的光耦合器来收集电能表数据。抄表器分红外线抄表器、按键式抄表器和掌上电脑抄表器等几种类型。抄表器为抄表提供了一个可靠的软、硬件环境，具有强大的通信功能，能完成与各种网络系统进行信息交流，其中掌上电脑抄表器提供的是一个 32 位、多任务、多线程的嵌入式操作系统，在功能上、应用拓展上都有很大的可靠性、稳定性和灵活性。

（3）全自动化抄表方式。抄表人员在远离客户表计的办公地点处采集电能表数据，电能表与远处抄表人员办公地点之间的通信，可以采用电缆、光纤、电话、无线电、手机或电力线路载波等实现。（负控、集抄）其他预付费电能表（投币、磁卡、IC 卡）；预付费原理上是可不抄表的，但由于电价及线损考核等原因，还是定期去现场抄表。

三、抄表时应了解和检查的事项

（1）了解客户生产经营状况、产品销路以及近期或远期的发展趋势。了解客户对电能商品的理解程度及其对供电企业的要求，为电费回收和市场开发提供可靠信息。

（2）检查客户是否具有违章、窃电行为，一经发现，填写"用电异常报告单"，报用电管理部门。

（3）检查客户电能表及互感器情况，发现异常（电能表停走、时走时停、表内发黄或烧坏、互感器二次开路等），应填写"用电异常报告单"。

四、关于抄表工作

（一）关于抄表区段

（1）新装客户按其地址编码及户号，经信息审核员竣检审核确认后，能自动插入本户应在的区段位置区，以便按序抄表。如已设区段没有包括该户位置，则能予以提示，以便扩大原区段范围，或设定新区段。

（2）调整变更区段后，按原区段已经发行的电量、电费、户数及各户明细等信息，应仍保留在原区段内。

（3）由于客户的户号或用电地址编号变化等原因，引起该户所在区段变化时，该户的原有已发生的信息应保留在原区段内。

（二）现场抄表

1. 现场抄表的要求

（1）输入现场表示数并经确认后，即可完成抄表任务。

（2）对有转供的客户：①当被转供户抄表在前，则转供电能表的本期表示数以已抄到的被转供用户的电能表示数为准；②当被转供户抄表在后，则按现场抄到表数为准，但被转供客户的本期表示数要以此次抄表示数为准；③如被转供户不发行，则正常抄表。

（3）输入现场表示数后，在确认之前，抄表器用户突增突减电量有提示，要求抄表员重新核对计量参数后再确认，确认之前抄表输入数据可以更改。用户表计电量大于前3个月平均电量的2倍或小于1/2时，为突增突减电量。

（4）抄表确认后，方能查阅到下装时的表示数，客户使用电量。

（5）当抄表员输入对该户估抄标记时，可显示该户前3个月表计电量平均数，供抄表员估抄电量时使用。

（6）当抄表员输入事故表的标记时，也可显示该户前3个月的表计电量平均数，供抄表员追补电量时使用。

（7）对第一类及第二类客户在抄表确认后可查本月客户受电量、电费额及本月止购电余额。

（8）可允许抄表员将现场各种特殊情况以标记形式输入抄表器，以备抄表后处理。

（9）自动记录抄表时间。

2. 抄表标记

抄表员遇下列情况，可输入标记代号等信息。

（1）换表信息。当抄表员发现客户计费电能表已经更换时，可输入此标记，并输入现表的表型、表号、容量、现示数、现倍率等参数。

（2）事故表。当抄表员发现客户计费电能表处于事故状态，可输入此标记。此时可查阅下装时表示数，输入现表示数及追加电量。在将输入抄表示数确认后，发现电量突减的原因是由于事故表所造成的，也可输入此标记及追补电量。

（3）有卡无表。当抄表员在本区段内找不到已下装的客户时，要对该户做此标记。

（4）有表无卡。当在抄表器中查阅不到现场客户时，将该户的用电地址（编码）、表型、表号及现表示数输入抄表器，并输入此标记。

（5）窃电户。当抄表员发现原有客户窃电时，可输入此标记。当发现非原有客户窃电时，可将该户用电地址（编码）等信息输入抄表器，并输入此标记。

（6）违章户。当抄表员发现原有客户有违章现象时，可输入此标记。

（7）订正信息。当抄表员发现现场参数与抄表器不符时（指与计量计费及其他费用无关的参数），可输入此标记，并将正确参数输入抄表器。

（8）销户信息。当发现客户在本次抄表前已将用电设备全部拆除，可输入此标记。

（9）长期无人。输入此标记是说明对该户估算"0"电量及没有发生电量的原因。长期无人指在用电器具完备的情况下，没有用电的客户，例如无人居住、歇业、长期停工等情况。

（10）估抄。①当抄表员在现场无法抄到该客户的表示数时，可输入此标记，并输入估抄电量；②修改经确认的抄表示数（准许），则自动形成估抄标记。

（11）谎抄。抄表员在上次抄表时是估抄，而没有输入"估抄标记"，使本月抄表示数小于基期表示数时，则要输入谎抄标记，否则按电表绕周计算。

（12）各种标记在上装之前可以更改、取消、当改标记时，数据信息要在抄表器中重新走一下，按新标志处理。

3. 抄表标记的作用与处理办法

（1）换表标记。说明现场所抄到的表示数并非与抄表器中的下装表示数发生计算关系。记入此标记后，抄表员应查阅"内线工作任务书"，如任务书已经信息审核员经过竣检确认，则可照常上装，如未确认，则再输入"暂不上装标记"，待确认后，取消此标记就可上装。"月末之前"完成。如没有关于涉及该户换表的"内线工作任务书"，则将换表标记改为窃电（动表）的标记，可照常上装。

（2）事故表标记。说明现场表发生故障，对此类客户要有追补电量发生（由抄表员决定追收额度），该追补电量截止时间为对该户的本次抄表之时止。有此标记的客户可正常上装。

（3）估抄标记。说明在现场对该户没有抄到表，所记电量为抄表员的估抄电量，所记表示数为根据估抄的电量而推算的表示数。表示数推算方法为

$$推算表示数 = （原表示数 + 估抄电量）/实用乘率$$

当估抄电量/实用乘率的值出现小数时，取整数位，此时所估抄电量按所推示数修正。有此标志的客户可正常上装。

（4）有卡无表标记。说明抄表器中的用户在本区段内没有找到。

1）该户原属本区段内，但抄表时已销户，或正在办理销户，此时，可正常上装。

2）由于地址编码错误等原因，误进入此区段内，此时，可正常上装。

3）由于客户没有办理销户手续而拆迁用电处所，此时将标记改为"销户"标记，可正常上装。

（5）有表无卡标记。说明现场有此户，在抄表器中没有找到。

1）属本区段客户，但由于地址编码错误而未在本区段下装，此时调阅"用电检查岗"的待处理信息资料，如有此户则可正常下装。

2）调阅"待处理资料"和"内线工作任务单"都没有该户信息，则输入"暂不上装标记"，待查到后，取消暂不上装标记，就可上装。如在"月末"时还未查到，则将标记改为窃电标记，可正常上装。

（6）窃电户标记。有此类标记的客户不影响上装。窃电标记分为私设、越表、卡盘、动表及技术窃电 5 个标记。

（7）违约标记。有此类标记的客户不影响上装。违约用电分为高价低计、私增容、其他 3 个标记。

（8）谎抄标记。说明上次抄表时是估抄而未做标记。本月视上月为估抄，按上次表示数做为本次表示数计算，可正常上装。

（9）有订正信息参数、销户、长期无人的标记的客户，不影响上装。

五、抄表方式

1. 抄表前准备工作

（1）明确自己负责的抄表区域和客户情况，如用户地址、街道、门牌号码、表位、行走路线等。

（2）明确抄表例日排列的顺序，做到心中计数，并严格按理日抄表。

（3）准备好抄表用具：抄表卡片、抄表器、钢笔、表箱钥匙、手电筒、电费通知单等。

2. 现场抄表

（1）对大客户必须在时间和抄表质量上严格把关。

（2）对按最大需量收取基本电费的客户，应与客户共同抄录，以免事后争执。

（3）对实行峰谷分时的客户，注意峰、谷、平三段时段是否准确，峰、谷、平三段电量之和是否与总电量相符。

（4）根据有功电能表和无功电能表的指示数概算电量，如发现有功电量不正常，应了解客户生产和产品产量是否正常，也可根据客户配电是值班记录进行核对。如发现无功不正常时，要了解客户补偿电容器的运行情况。

（5）对有备用电源的客户，不管是否启用，每月都要抄表，以免遗漏。

（6）对高供低计收费的客户，抄表收费员应加计变损和线损。

3. 抄表异常处理

（1）现场找不到表。因某种原因现场找不到表，抄表员要多找有关人员询问，以了解真实情况。检查抄表卡是否排错序号，如是抄表卡牌错序号，要重新排列抄表卡片；如已销户，要补办销户手续。

（2）客户锁门抄不到表。抄表时会碰到客户锁门抄不到表的情况，可通过一定的方式与客户定时间。

（3）户号表号不相符。如不是户名相重，则可能是电能表换表工将票未转过来。如果户名对，表号不全对，要核对电能表型号、制造厂。指示数等数据。若其他数据都对，电量也正常，可以确认此卡片就是此表时，可以抄表，但将现场的表号记下来，作登记书及时订正。

（4）表卡不相符。发现有卡无表或有表无卡，应调查清楚，明确责任后，在行处理。

（5）指示数比上月少。如果上月不是估抄或错抄，要注意用户是否窃电。

（6）计量故障处理。发现电能表时走时停，小负荷不走、电能表烧毁以及潜动、漏电等，应查明原因并及时填写"计量缺陷单"交有关部门处理。由于计量故障影响电量的，应与用户协商追补电量，并经有关部门批准确认。对电能表快慢有疑问或怀疑客户窃电，告知有关部门进行检查。客户减小容量，电流互感器变比过大，影响计量时，应办理更换电流互感器手续。

（7）违章窃电处理。发现客户有违约用电或窃电行为，及时通知用电检查人员或稽查部门前来处理。

（8）居民客户反映表不准的处理。可告知客户简易的测量方法，或协助客户进行测试。测试方法是将客户负荷全部暂时停止使用，用一个已知标准瓦数的白炽灯（100W）作负荷，察看 1min 电能表的转数，如：一电能表常数为 1800r/（kW·h），负荷为 100W 时，电能表 1min 应转 3r，如简易测试为 3.3r/min，误差为：$\gamma = (n - n_0)/n_0 \times 100\% = (3.3-3)/3 = 10\%$。

六、工作流程

抄表工作流程如图 5-1 所示。

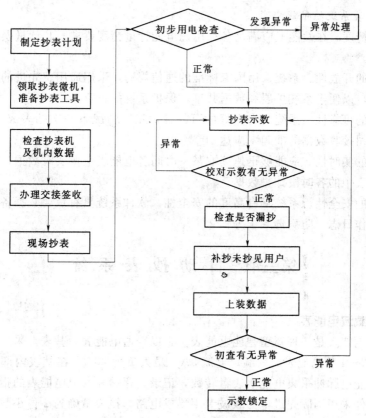

图 5-1　抄表工作流程图

第二节　自动抄表系统的意义和技术要求

一、自动抄表系统

DL/T 698—1998《低压电力用户集中抄表系统技术条件》把自动抄表系统作如下叙述：

（1）指由主站通过传输媒体将多个电能表电能量的记录信息自动抄读的系数。传输媒体包括无线、有线、电力线载波等信道或 IC 卡等介质。

（2）该系统主要组成包括采集用户电量信息的采集终端、集中器、信道和主站设备。集中器数据可通过信道远距离传送到主站或 IC 卡等介质，集中抄收后输入到主站计算机。

二、自动抄表系统技术要求

1. 远程自动抄表系统的要求

（1）远程抄表系统，由实时采集、定时巡测读取各时段用电量数据。然后，利用计算机系统，进行综合分析，绘制用电曲线、负荷曲线、电流曲线，分析线损、用电状况等。

（2）利用 GPS 对各个终端进行对时，保证在同一刻抄表。并可用指令设定电能表分时计费的各个时段。各个终端能自动进行故障诊断，系统及时进行故障定位，以此，来进行系统管理。

2. 远程抄表系统的性能要求

（1）系统精度。在性能上应满足各种用户电能计量精度要求，其计量误差应在国家标准的要求之内。

（2）系统的开放性。系统采用国家标准的通信规约，采用通用、先进的操作系统和商用数据库系统，以便于系统扩展和数据共享，保护系统的投资。

（3）系统的可靠性。系统具有良好的可靠性，正常情况下一次抄表成功率在 95％以上，而供电公司接收数据的准确率应达 100％。

（4）系统的实时性。应能够迅速读取某一时间各电能表电量实时数据，并可定时读取保存在各电能表中的各时段计量数据。

（5）系统的安全性。系统具有高度的安全性，软件系统具有重要数据备份、操作人员权限设置、操作日志、防病毒系统等。

第三节　自动抄表系统

一、低压载波电能表

低压载波电能表是一种新型智能电能表。它以普通电能表为基表，采用质量好、高过载率的 DD 862—4 型电能表。其额定电流 5A，最大负荷 20A。在基表内部加装一数据采集元件。通过光电脉冲采集电能表表盘转数，记录、存储并发射电能表的指示数和其他相关参数，该元件采用国际先进电力载波专用集成电路，抄表精确到 2 位小数。完全能满足电费核算要求。

二、自动抄表系统

1. 自动抄表系统构成

自动抄表系统是由置于低压载波电能表内的数据采集模块、电能数据集中器、抄表信道（电话通道或红外线集中抄表）、调制解调器（载波调制解调器或电话调制解调器）和用电管理计算机系统组成。系统原理如图5-2所示。

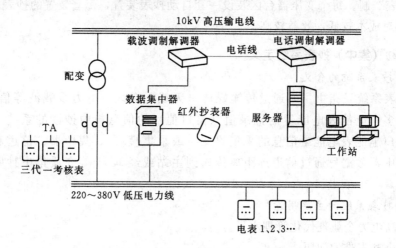

图5-2 自动抄表系统工作原理图

2. 自动抄表系统功能

自动抄表系统首先通过数据采集模块把电能表指示数进行实时记录和存储。再通过电力线载波将各表指示数传送到抄表集中器内，集中器每15min进行一次自动抄表，并自动更新数据。当用电管理部门的计算机通过调制解调器对集中器发出抄表指令时，各电能表的指示数和表号等相关参数就通过电话线路传输到计算机内部，从而就达到了自动抄表的目的。

3. 自动抄表系统的特点

（1）自动化、集中抄表。电力低压载波电能表具有在电力线路上双向数据通信功能，可实现自动、远程抄表。

（2）易于控制。低压配电线路低压载波电能表可通过载波抄表系统的指令，实现表内数据定时秒表、定时冻结，很容易实现峰、谷、平时段分别累计用电量。从而为执行峰谷电价提供了技术手段。

（3）实时性。该抄表系统可随时将网内所有的电能表底冻结于某一时刻。从而可精确抄报系统内全部电能表某一时间段的电量，更为精确地计算出配电线路的线损率。

（4）可扩展性。该系统可以将客户的电能表表号、电能表指示数生成一数据库，通过编程很容易实现与电费核算、银电联网电费划拨系统的接轨，从而使抄表、核算、收费全部自动化。以提高用电管理的现代化水平，加快无笔化作业的进程。

（5）高质量、高效率。该系统不仅能够准确无误地进行抄表，而且抄表速度可达300块/min。大大地减轻了供电部门的秒表负担，为供电部门减人增效提供了技术手段。

（6）投资省。利用已有的电力线路和电话线路传输数据。不必另设通信信道，使电能表网络化成为可能。

　　4. 自动抄表系统的应用范围

　　低压载波电能表目前只具有单相产品，三相载波表一方面由于受电力负荷影响很大，技术上还有待于进一步改进。另一方面装在动力客户成本相对较高，所以三相载波表目前尚未推广。而单相低压载波电能表最适合于城镇和农村居民台区。特别是"两网改造"后的"一户一表"制。每个变压器台区装设一套自动抄表装置，每套装置的抄表容量不少于1000户，相对成本较低，效益较高。

三、自动（集中）抄表系统定义

　　1. 自动抄表系统的含义

　　集中抄表系统是指由主站通过传输媒体（无线、有线、电力线载波等信道或 IC 卡等介质）将多个电能表电能量的记录值（窗口值）的信息集中抄读的系统。该系统主要由采集用户电能表电能量信息的采集终端（或采集模块）、集中器、信道和主站等设备组成。集中器数据可通过信道远距离传送到主站或经 IC 卡等介质集中抄收后输入到主站计算机。

　　2. 自动抄表系统的主要用途

　　（1）提高电力企业现代化管理水平。

　　（2）解决抄表难的问题。

　　（3）提高电力系统防窃电能力。

　　3. 自动抄表系统技术要求

　　（1）对远程自动抄表系统的功能要求。

　　1）远程抄表功能。通过实时采集、定时巡测等方式，读取各时段客户用电量等数据。

　　2）综合分析功能。利用计算机系统，显示用电曲线、负荷曲线、电流曲线等，分析线损、用电状况等。

　　3）系统管理功能。利用 GPS 对所有终端进行时间校对，保证在同一刻抄表。通过下达指令，设定电能表分时计费的各个时段。各终端能自动进行故障诊断，系统及时进行故障定位。

　　（2）远程自动抄表系统阶性能要求。

　　1）系统精度。满足各类客户电能计量精度要求。

　　2）系统的实时性。迅速读取某一时间各电能表电量等实时计量数据，并可定时读取保存在各电能表中的各时段计量数据。

　　3）系统的可靠性。系统具有较高的可靠性，正常情况下一次抄表成功率在 95％以上，供电公司接收数据的准确率达 100％。

　　4）系统的开放性。系统采用国家标准的通信规约，采用通用的操作系统和商用数据库系统，便于系统以后的扩展和数据共享，保护系统的投资。

　　5）系统的安全性。系统具有高度的安全性。软件系统具有重要数据备份、操作人员权限设置、操作日志、防病毒系统等；硬件系统具有抗瞬态浪涌、电磁干扰、频率波动、波形畸变等功能。

四、远红外手持抄表系统

1. 红外通信方式及干扰源

红外通信是指以红外线作为载体来传送数据信息的一种通信方式。红外线的波长介于红光与微波之间，波长 $0.77\sim3\mu m$ 为近红外区，$3\sim30\mu m$ 为中红外区，$30\sim1000\mu m$ 为远红外区。红外线在通过云雾等充满悬浮粒子的物质时不易发生散射，有较强的穿透能力，还有易于产生等特点，因而被人们广泛地应用。目前，大量的红外发光二极管其波长约为 $1\mu m$ 左右，处于近红外区。红外通信实际是利用数据信息经调制（为降低发射功耗而采取的措施）驱动红外发光二极管发出红外光，再经红外光电二极管将其接收，实现数据的通信。

2. 红外发射、接收器件介绍

红外通信是一种双向半双工的通信，在红外通信的电路中，红外收发器件的性能是至关重要的。

（1）红外发光器件。

当前所采用的发射器件一般为红外发光二极管。它与普通二极管的伏安特性相似，一般小功率管的正向压降 $U_F=1\sim1.3V$，中功率管 $U_F=1.6\sim1.8V$，大功率管 $U_F\leqslant2V$。在驱动电路设计中应注意驱动电压大于红外发光管的正向压降 U_F，以克服死区电压产生正向电流 I_F。

（2）红外接收器件。

红外接收器件是红外数据通信中至关重要的因素。目前市场的一些带远距离红外数据通信的产品，在强光源附近或野外阳光较强的环境中工作不可靠，其重要原因在于接收器件的选择上不合理。红外接收器一般由光敏二极管、三极管、滤光聚焦透镜、前置放大器、带通滤波器、峰值检波器和波形整形电路等组成。

3. 抄表器

北京振中信达电子技术公司生产的 ThinPad 600、ThinPad 700 系列汉字掌上电脑，是一种常用的多功能电能表配套的抄表设备。下面以 TP—600 型汉字掌上电脑为例，简单介绍其组成（图 5-3）。

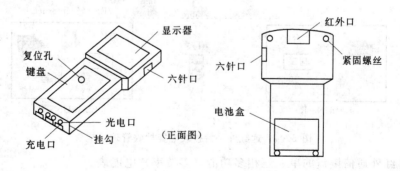

图 5-3 TP—600 型汉字掌上电脑结构图

（1）液晶显示器。主显示区可显示 128×64 的图形或 21×8 个字母数字，或 10×4 个汉字。在主显示区的右上角还有两个图形，当主电池或锂电池电压过低时，这两个图形就会显示出来，电压正常时不显示。

（2）键盘 22 个键。

（3）复位孔。正常情况下禁止使用，否则可能破坏数据。只在无法通过"关机"键关机时，才需用笔尖按一下复位孔内的小键。

（4）红外口。用于红外通信，要求通信的另一方设备的红外接口符合中华人民共和国电力行业标准《多功能电能表通信规约》，在无太阳光或其他光源干扰的情况下，通信距离可达 10m。太阳光或干扰光越强，通信距离越短。

（5）6 针口。用于连接光笔、CCDA 设备，但只能使用专门提供的电缆。

（6）光电口。用于和座机免插拔连接，进行通信。

（7）充电口。用于和座机以及充电器免插拔连接，供电和充电。

（8）电池盒。内装 4 节 7 号电池，镍铜或镍氢可充电电池、普通碱性电池都适用。但要免插拔充电时通信，必须使用厂家经过挑选配对的电池，否则效果会很差，碱性电池甚至会爆炸。

（9）上下盖紧固螺丝。

4. 电能抄收管理系统的组成

图 5-4 是某一远红外手持抄表电能抄收管理系统，由以下 3 个部分组成：

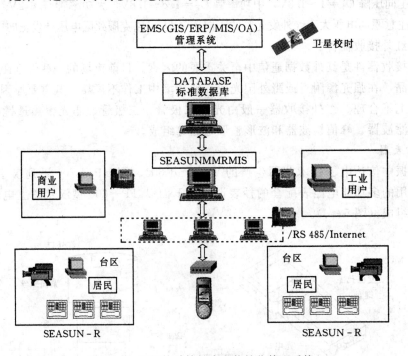

图 5-4　远红外手持抄表电能抄收管理系统

（1）有红外通信接口的单、三相多功能（多费率）电能表。

（2）外手持抄表设备（手持掌上电脑和条形码扫描仪）。

（3）外自动抄表管理信息系统（用电管理信息系统的前端部分）。

五、电力线载波抄表

1. 系统组成

图 5-5 是电力线载波远程集中自动抄表系统示意图。

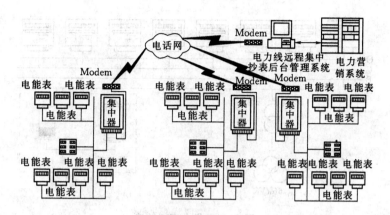

图 5-5 电力线载波远程集中自动抄表系统示意图

（1）基本系统。

基本系统也是最小抄表系统。其硬件配置有电子式载波电能表、掌上电脑、抄控器等三种设备，软件为掌上电脑管理程序。掌上电脑可以通过抄控器经电力线与载波电能表进行数据交换。载波电能表相互之间又可通过电力线进行双向通信，从而在抄读电表过程中实现相互中继，延长通信距离。

（2）智能集中控制器。

智能集中控制器简称集器。每个配电台区固定位置安装一台或几台集中器。集中器与载波电能表之间通过电力线进行载波通信，集中器与后台系统之间通过电话线经调制解调器（MODEM）进行双向通信。集中器按后台系统设置的时间抄读本台区各载波电能表数据，它应具有自学习、自适应电网结构的智能和沿电力线搜索、抄读控制载波电能表的能力。

（3）后台管理系统。

由各供电部门所用的计算机、调制解调器和安装在计算机上的远程自动抄控软件组成。软件系统包括数据库管理模块、连接网络模块、远程设置模块、远程集抄模块、漫游处理模块、远程预付费模块、实时监控模块、系统管理模块、无人值守模块等。后台管理员可以通过后台操作的交互命令，远程抄读集中器；也可以启动无人值守抄读方式，定时自动抄读集中器。还可以根据客户预付电费的有无，控制载波电能表内的继电器，实现对客户的供电和停电控制。

2. 抄表方式

载波远程集中抄表系统依据客户的需要进行不同的设备配置，可实现三个不同级别的抄表方式，即集中直接抄表、集中间接抄表和远程自动抄表。

（1）集中直接抄表。

此方式是最基本的应用，如图 5-6 所示。

这是一种最小抄表系统，所用设备最少，简单实用，不用安装电话，实时性好。但是需要抄表员携带抄控器和掌上电脑去客户现场，逐表地将每户载波电能表内的用电数据通过抄控器抄入掌上电脑。

（2）集中间接抄表。

系统为中等配置，属中级应用，如图 5-7 所示。抄表员携带掌上电脑，通过集中器

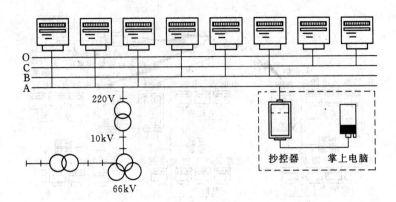

图 5-6　集中直接抄读

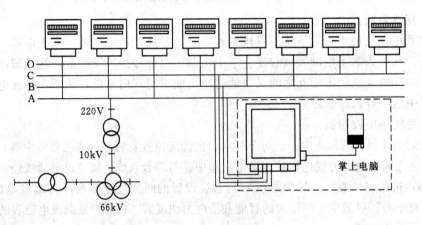

图 5-7　集中间接抄表

将整个台区内的所有载波电能表数据一次性抄入掌上电脑。操作方便、该种抄表方式抄表速度快，且不必安装电话。

（3）远程自动抄表。

系统配置最全，不再需要专门的抄表员，属全系统应用，如图 5-8 所示。可实时监控、漫游抄表，分时计费、预付费控制，是最完整的电力线载波远程抄表系统，真正实现

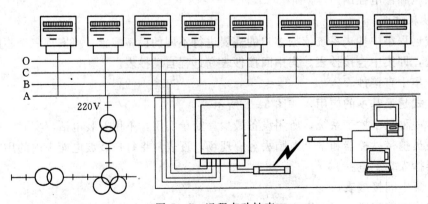

图 5-8　远程自动抄表

了远程全自动抄表与控制。

六、无线电抄表

1．概述

短消息服务（SMS，Short Message Service）业务作为全球移动（GSM）通信网络的一种基本业务，其功能是在手机上进行中文留言。

利用全球移动通信网络的短消息服务业务，出现了一种新的抄表模式——基于 GSM 网络 SMS 的抄表模式。其是通过 GSM 网络所提供的短消息和数据业务等传输功能，来完成对所采集的数据快速、准确地传输。并且这些服务都是基于 GSM 网络中的短消息业务的功能进行的，不占用话音通信的信道，费用低。另外利用 SMS 技术实现的抄表系统，客户不需要昂贵的设备，抄表不受距离和空间的限制，凡是 GSM 网络覆盖的区域，都可以进行电表数据的抄收及设置工作。

2．GSM 网络 SMS 的抄表系统

GSM 网络 SMS 的抄表系统是一个基于 GSM 移动电话网，利用短消息进行抄表的无线平台系统。它的组成包括：抄表及设置系统、电网实时监测系统、无线移动终端及相应的设备等部分。其采用了短消息接收技术、终端接口技术、无线接入技术和数据库管理技术。

3．系统运行过程

首先将 PC 机 TC35 抄表终端及天线与主台抄表系统相连并接通电源。确信装有 GSM 抄表功能的电能表已经正常运行，如图 5-9 所示。

在后台抄表系统输入被抄电表的 SIM 卡号及电表号码，确定输入正确以后，通过后台抄表系统将数据以短消息的形式发送出去。

发送的数据经短消息服务中心后，通过GSM 网发送至目的电表内的 GSM 抄表模块（电表只有判断 SIM 卡号正确后才接收数据）。GSM

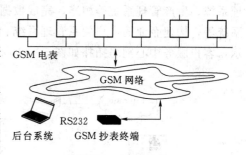

图 5-9 基于 GSM 网络 SMS 业务的抄表系统

抄表模块再将接收到的数据发送至电表，此时电表经判断数据正确后，将抄表数据经 GSM 抄表模块以短消息的形式发送至后台抄表系统的 TC35 抄表终端。

PC 机通过 RS232 循环读取 TC35 抄表终端内的数据，最后将读取的数据解析至后台数据库中（由于短消息的传输与 GSM 网络有关，不一定很及时，所以后台系统需以循环读取数据的方式读取 TC35 终端收到的短消息，直到所有的电表数据全部读回）。

第四节 电力企业客户服务中心系统

随着电力事业的蓬勃发展，供不应求的现象逐渐扭转，如何扩供促销成为电力企业的一项重要任务，同时随着其他能源与电力竞争的加剧，传统的客户服务方式已经不能满足客户需求和供电现代化的需要。为此许多电力公司纷纷构建于 CTI、DCOM 等新技术之上的客户服务中心系统，以充分提高工作效率、提高客户服务质量、提高客

户忠诚度。

客户服务中心作为企业与客户沟通渠道的重要补充，将完成绝大部分的客户服务请求（投诉、电费查询、电费清单传真，新装及变更用电等），行业内统计，运营良好的客户服务中心将处理 65％以上的客户业务，只有那些特殊用户或特殊情况下，才通过其他渠道处理。

电力企业建设客户服务中心将具有以下意义：

（1）规范业务流程，提高工作效率

（2）调用企业资源，实现信息共享。

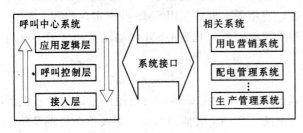

图 5-10　系统构成图

（3）完善客户服务，提升企业形象。

（4）收集客户信息，提供决策基础。

一、整体构成

客户服务中心系统整体上有 3 层构成：接入层、呼叫控制层、应用逻辑层。同时与用电营销系统、配电管理系统、生产管理系统等相连，完成数据共享。以此为基础，整合财务系统，办公自动化系统等，构建企业的客户关系管理系统、企业资源规划系统。有关系统构成如图 5-10 所示，客户服务中心网络拓扑如图 5-11 所示。

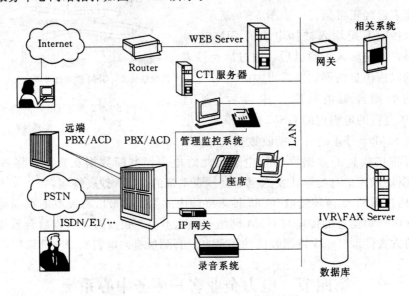

图 5-11　客户服务中心网络拓扑图

1. 接入层

完成呼叫（电话、传真、Email、VoIP 等）的接入和拨出，电话、传真的接入可以采用交换机（PBX）方式或语音通信服务器方式。

交换机方式采用业界标准的开放接口（CSTA），支持 Nortel、Alcatel、Siemens、

Avaya 等主流的交换设备。

通信服务器支持 Dialogic、NMS 等主流的语音卡。

Intrnet 接入包括 Web、Email 等。

图 5 - 12 为系统接入系统兼容硬件设备图。

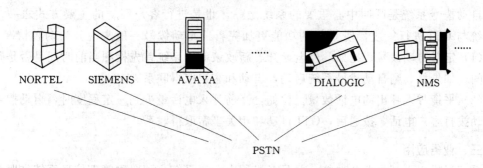

图 5 - 12　接入系统兼容硬件设备

2. 呼叫控制层

完成所有呼叫的智能路由和排队，同时把通信系统和计算机系统有机地集成在一起，实现软电话（SoftPhone）、屏幕弹出（Popup Screen）等功能，只是通过操作计算机就可以完成呼叫的应答、转移、磋商等功能。图 5 - 13 为呼叫控制层的结构图。

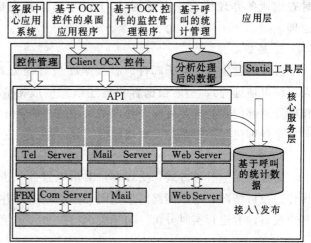

图 5 - 13　呼叫控制层的结构图

二、系统功能

1. 接入控制

接入/ACD 系统主要负责客户服务需求的接入及接入系统后的统一排队，接入/ACD 系统支持智能的排队、话务自动分配。客户和坐席有独立的队列，排队及路由策略保证客户以最短的时间接到最合适的坐席。

2. CTI 系统

CTI 系统负责整个系统运行过程中资源的管理、监控。

支持屏幕弹出。可按客户主叫号码信息弹出客户信息，包括档案信息（客户号、户名、地址、客户性质等）、与客户服务系统接触信息记录（上次询问什么问题、关心什么等）。

CTI 支持网络 ACD，支持多点呼叫中心的资源共享和统一管理。

3. IVR/IFR 系统

IVR 提供（7×24）h 的自动语音服务，可完成信息咨询、信息发布等业务功能，并作为自动语音报工号、人工服务的辅助和引导；IFR 实现传真的接收和发送。

IVR/IFR 流程定制器以图形化的方式制定流程，客户几乎可以不书写代码，只是通过添加一些相应的节点模板就可以生成比较复杂的流程，完成数据库的访问和较复杂的流程逻辑。

4．外拨系统

自动拨号系统是呼叫中心重要的系统之一，也是进行客户回访的主要方式之一。这种系统与 CTI 进行集成，使 CTI 的功能更加完善。自动拨号一般来说分为两种情况：

（1）定时自动拨号。比如，停电通知、新政策等，系统首先检测当前时间是否是预设的时间，如果是，则自动拨号系统启动，自动和客户取得联系。

（2）平衡呼入呼出的电话数量。比如，当前呼入电话量少到一定程度时，自动拨号系统自动拨打客户电话，拨通后，CTI 自动和相关坐席取得联系。

三、业务应用

系统提供以下基本业务功能，并具备与用电营销系统、配电网管理信息系统和服务支持系统的接口。

1．业扩受理

通过供电特服号电话人工应答，受理各类客户的新装、增容等用电业务及日常营业业务，并将业务需求以电子工作单形式通过业务流程传递给用电营销系统，系统可随时查询业务办理情况，必要时进行催办，业务完成后进行客户回访，形成闭环流程处理。

2．违窃举报

客户通过留言、电子邮件、直接坐席应答等方式，描述窃电情况（窃电单位、窃电人、窃电地址等），坐席根据客户描述信息生成相应工作单，传递到相应部门进行处理，相应处理部门在处理之后反馈处理结果到客户服务中心，坐席根据情况回复客户。系统可对整个处理过程进行跟踪，发现超时等异常情况，进行相应补救处理。

3．建议投诉

通过人工应答等方式，受理客户对供电服务、违法用电等的各类投诉，通过计算机流程传递投诉情况，与职能部门形成闭环处理控制，并将处理结果反馈给投诉客户。系统对客户投诉内容进行实时分析，向相关部门提出警示信息和改进建议。

4．故障申告

通过供电特服号人工坐席应答，受理客户停电、电力设备故障等服务请求，系统根据客户对故障的描述和从"生产管理"、"配电管理"等系统获得的故障信息综合判断，如果故障已经在处理当中，告知客户故障处理情况和恢复供电时间，否则系统能根据故障地点、性质以计算机网络、电话等方式通知相关抢修部门进行抢修，并对完成情况进行跟踪、催办及回复。

5．信息咨询

信息咨询提供自动和人工两种方式，对于简单信息（电量电费、电力法规、优惠政策、电价标准等）可以由 IVR 系统和人工坐席完成，对于复杂信息（表计状况等）只能由人工坐席完成。

6. 信息发布

人工坐席根据业务处理情况制定相应的任务发布相关信息，包括电费催缴、停电通知、优惠政策、电力法规等。

7. 客户调查

通过电话、传真、Internet 或 IVR 等方式，进行服务质量、行业风气、客户需求等调查，并结合营销数据进行统计分析，形成调查报告，为营销决策提供数据基础。

四、运营管理

1. 监控系统

实时系统监控台收集前置交换排队设备的状态信息报告，以图形化界面实时提供各种报告。

提供的实时数据有：

（1）各服务队列的呼叫等待数。

（2）各服务队列中正在被处理的呼叫数。

（3）各服务队列中最长呼叫等待时间。

（4）各服务队列中处于各种工作状态的坐席数。

（5）登录坐席当前的工作状态。

（6）每一分机设备当前的工作状态。

（7）中继线占用状况（当前忙和闲的中继线数）。

2. 评估统计

统计分析模块可为特服号系统及管理部门提供各种不同统计周期（日、月、年）、不同统计分项、不同统计指标的统计报表，可根据需要灵活定制不同格式、不同内容的报表。

（1）坐席服务统计：呼叫受理、呼叫回应、呼叫时限、呼叫结案、呼叫接听。

（2）业务统计：业扩报装、用电变更、故障申告、客户投诉、信息发布。

（3）工作报表：工作情况汇总、总情况月报等。

3. 录音系统

录音系统具备将坐席和客户之间的通话进行录音的功能。它的意义在于：对于普通坐席，使用录音系统对业务受理谈话重新回报，为回访客户反馈信息提供依据；对于监控人员，为了管理的需要，往往需要对坐席的谈话实时监听并录音，作为考评的依据。

4. 人力资源规划

根据系统提供的各种监控统计数据，利用先进的预测分析算法，对人力资源进行配置和管理，在保证服务水平和预期目标的情况下，最大限度地降低人力资源成本，提高工作效率。

五、系统管理

电力客户服务呼叫中心管理系统的综合管理模块是保障系统安全与稳定，防止外人非法使用系统和保证员工按照指定的权限开展工作的基本模块。本模块将系统的所有功能划分为基本的操作功能项,对每个功能项进行授权,不同的岗位有不同的操作权限,只有具有操作权限的员工可以访问此项数据,严格控制了员工的操作权限。系统管理员对所有对象具有所有权限,普通员工只能对其权限之内所管理的业务对象有操作权利。本模块实现了各项功能的方便调配、分级授予和权限控制,充分保证了系统的安全性、操作使用的方便性和功能配置的灵活性。

六、工作流管理

工作流是客户服务系统与其他部门接口的一种重要的工作交接,为处理某些业务,如故障申告、业务受理等,需要与其他部门配合完成。采用工作流可使客户服务系统将相关业务以电子工作流的形式发往相关部门,并将处理结果以工作流形式返回客户服务系统,客户服务系统将结果告知客户。

电子工单格式由各省电力公司根据业务情况统一制定。

工作流系统主要功能为:

(1)闭环控制。实现客户→客户服务系统→处理部门→客户服务系统→客户,全程闭环管理。

(2)全程监督。采用时限告警催办、问题上升等监督管理机制,保证服务质量。通过设置处理时限、超时告警等手段,以声音、E-mail 等方式告警催办,并可设置超时时间,可将问题升级,转至高级岗位处理。

(3)工作流及电子工单定制。工作流及电子工单格式、内容可灵活方便定制。

七、客户服务中心的未来拓展

1. 虚拟客户服务中心

构建虚拟客户服务中心,将在人员配备方面提供史无前例的灵活性,业务代表可以在远离客户服务中心的自己原属的部门如用电部、农电分局等处上班。在配备了适当的系统后,他们完全可以和在客户服务中心上班的业务代表一样完成相同的呼叫处理功能,得到相同的服务以及监督级别。

2. 分布式客户服务中心

为实现与其他地市之间的资源共享,连接其他地市的客户服务中心,需要精心的策划以确保呼叫在各地点之间确实有效地迂回。许继电力客户服务中心提供了一系列呼叫迂回选择,可以用正确的资源、正确的信息,在正确的时间并且以正确的成本处理每一个进入的呼叫。

这些分布式的客户服务中心分享电力客户服务中心共同的目标、应用、资源以及业务代表技能,而与其分散的地点无关。这里面临的挑战是虽然客户服务中心分布在多个地点,但都要对电力客户提供无缝的服务和连接。

3. 客户服务中心外租

在一个地市电力局建立了大容量的呼叫中心后,在完成企业自身的行业呼叫服务外,如何利用呼叫中心的营运设备来实现更好的投资回报,一个最主要的实现手段就是呼叫中心的外租,随着分布式呼叫中心和虚拟呼叫中心的众多成功实施经验的积累,电力企业为其他公司提供各类呼叫中心外租在技术上已经完全成熟。

复习思考题与习题

一、填空题

1. 抄表工作是抄表员对所有（**计费电能表**）利用各种方式进行电量的抄录。

2. 抄录的电量是考核供电部门（**经济**）指标、各行业用电量（**统计**）分析以及计算客户的（**单位产品**）电耗和市场（**分析预测**）的依据。

3. 按规定日期抄表到位，不得估抄。居民实抄率（**95**）％，现国电公司一流要求（**98**）％，其他（**100**）％。

4. 全自动化抄表方式：抄表人员在（**远离客户表计的办公地点处**）采集电能表数据。

5. 用户表计电量大于前 3 个月平均电量的 2 倍或小于 1/2 时，为（**突增突减**）电量。

6. 当抄表员发现原有客户有违章现象时，可输入（**标记**）。

7. 窃电户标记分为（**私设、越表、卡盘、动表及技术窃电**）5 个标记。

8. 违约用电分为（**高价低计、私增容、其他**）3 个标记。

9. 对实行峰谷分时的客户，注意峰、谷、平三段时段是否准确，峰、谷、平三段（**电量**）之和是否与（**总用量**）相符。

10. 远程抄表系统的开放性是指系统采用国家标准的（**通信规约**），采用（**通用、先进**）的操作系统和商用（**数据库**）系统，以便于系统扩展和数据共享，保护系统的投资。

二、选择题

1. 远程抄表的可靠性是指在正常情况下一次抄表成功率在（**C**）以上。
   A. 80％   B. 75％   C. 95％   D. 60％

2. 供电公司接收数据的准确率应达（**B**）。
   A. 80％   B. 100％   C. 95％   D. 75％

3. 通过电力线载波将各表指示数传送到抄表集中器内，集中器每（**C**）min 进行一次自动抄表。
   A. 80   B. 40   C. 15   D. 45

4. 红外线的波长介于红光与微波之间，近红外区波长为（**A**）μm。
   A. 0.77～3   B. 3～30   C. 30～1000   D. 1000 以上

三、问答题

1. 抄表时应了解和检查的事项有哪些？（答：见本章第一节、三）

2. 简述抄表方式。（答：见本章第一节、五）

3. 试述自动抄表系统技术要求。（答：见本章第二节、二）

4. 什么是自动（集中）抄表系统的定义？（答：见本章第三节、三）

5. 怎样开拓未来客户服务中心？（答：见本章第四节、七）

第六章 电价与电费管理

第一节 电价的制定

一、制定电价的基本原则

按经典的电价理论，制定电价的基本原则如下：

(1) 通过收取电费收回发、供电的成本。

(2) 通过收取电费来谋取电力工业企业的利润。

(3) 通过收取电费来交纳国家的税收。

(4) 使电力客户在等同的条件下所负担的电费是公平合理的。

(5) 要体现国家的能源政策。

(6) 促进电力工业和其他行业的迅速发展。

二、影响电价标准的主要因素

1. 电能的生产成本

电能的生产包括发、供电设备的投资费、运行费、维护费，发、供电的服务费等，这些投资都必须通过电费来回收。因此，电能生产的成本增加，则收费标准，即电价会相应提高。

2. 能源情况

当能源充足时，可鼓励客户多用电，可采用降低电价的措施。若能源不足，例如在峰荷期，应鼓励客户节约用电，采取提高电价的措施。我国的能源政策是开发与节约并重，因此，计划用电、节约用电应该是一项长期性的策略。

3. 利润标准、税收

电力工业企业的利润标准受政府干预，不允许电力企业按最大利润决定电价。我国从1953年开始，逐步实行统一电价。截至1960年，国家颁布"全国统一电价目录"以来，电价一直保持稳定不涨、稳中有降的局面，但是物价指数上升得较快，特别是与电力工业的生存和发展关系很大的燃料、运输、有色金属的价格均有相当幅度的上涨，因此，电力企业的资金利润率大为下降，1961年的利润为42.7元/（MW·h），而到1983年则降为20.85元/（MW·h）。

税收率的提高也将影响电价的指标。我国在第一个五年计划期间，电力工业的产品税只有2%，1958年为5%，1966年为15%，1984年为25%。税收率增加，在电价稳定不涨的情况下，将导致利润率的下降。

三、传统电价制

1. 定量收费制

这是一种早期的收费制度，认为用户总的负荷要求与电能消耗都是固定的。

（1）对电灯而言，按灯泡的功率和数量收费。

（2）对其他用电设备根据其千瓦数和使用小时数收费。

（3）如设 g 为灯泡数和其他负荷的千瓦数，λ 为每只灯泡或每千瓦负荷的收费标准，则电费 S 为：

$$S = \lambda g$$

这种收费制度是不需测量装置和抄表，管理比较简单，但其不区别负荷类型，不区别负荷的使用时间，不计算使用电量和线路损失，不利于节约用电，且易造成违章窃电。

2. 简单电价制

其收费原则是：按用户在一定时间内所消耗实际电量来确定，其计算公式为：

$$S = \frac{G+Y}{W}$$

式中　S——电价，元（kW·h）；

　　　G——发、供电每年固定成本，元；

　　　Y——发、供电每年运行成本，元；

　　　W——每年向客户的供电量，kW·h。

目前，我国国家电网对指导性发电量的售电价格，基本上执行简单电价制，其制定原则为：

上网电价＝发电单位电量成本＋发电单位电量税金＋发电单位电量还本付息额＋发电单位电量利润

代售电价＝上网电价/（1－线损率）＋供电单位电量成本＋供电单位电量税金

　　　　　＋供电单位的利润（发电单位电量利润/0.7×0.3）

　　　　　＋供电量单位电量管理费

在上述电价中，上网电价已把发电厂用电算进成本，代售电价把线损算进成本，同时认为所实现的利润中，70％来自发电环节，30％来自供电环节。

实行简单电价的客户，每月应付电费与其设备容量和用电时间不发生关系，仅以实际用电量来计算电费。其缺点是对不同类型的负荷，不同负荷率、分散因数和功率因数的客户，在收费上没有区别，因此，对客户起不到鼓励和制约作用。

3. 分类电价制

分类电价制与简单电价制的区别在于对不同类型的负荷，按不同的电价收费。如照明的收费标准可能高于动力负荷的收费标准。而电价标准是根据它们的负荷率和分散因数来确定的。

分类电价广泛的用于电费管理中，我国的电价分类说明中将电价分为以下几类：

（1）照明电价。

（2）非工业电价。

（3）普通工业电价。

（4）大工业电价。

分类电价制不但适用于照明负荷、工业负荷、农业负荷、商业负荷等大类的区别，而且在某一类负荷中还可以进行更细致的分类，例如在农业负荷中可以分农产品加工、农村排灌负荷。

4. 分级电价制

对鼓励用电的系统，可采用分级电价制，以用电量多少来确定电价，即用电量越多，电价越低。当然，对于限制用电的系统，也可采用分级电价制，此时，用电越多，则电价越高。

5. 分时电价制

分时电价制也是按用电量多少，来制定电价标准。其原则是：

(1) 对用电量为 $K_1 kW \cdot h$，电价定为 A 元/（kW·h）。

(2) 对用电量为 $K_2 kW \cdot h$ 电价定为 B 元/（kW·h）。

(3) 对于超过（$K_1 + K_2$）kW·h，电价定为 C 元/（kW·h）。

在国外，居民客户、商业用户以及小工业客户，广泛采用这种电价制。可起到计划用电与节约用电的作用。现将我国执行的电价说明如下：

四、居民生活电价

居民生活电价是指居民生活照明与家用电器的用电。现实生活中居民用电电压一般为220V；1～10kV、35～66kV 的非工业、普通工业、大工业用电企业所带居民住宅用电也执行居民生活用电价格。

1. 照明电价

凡下列各种用电，均按照明电价计收电费。

(1) 一般照明用电。

(2) 铁道、航运等信号灯用电。

(3) 霓虹灯、荧光灯、弧光灯、水银灯（电影制片厂摄影棚水银灯除外）、非对外营业的放映机用电。

(4) 电扇、电熨斗、电钟、电铃、收音机、电动留声机、电视机、电冰箱等电器用电。

(5) 总容量不足 3kW 的晒图机、医疗用 X 光机、无影灯、消毒等用电。

(6) 理发用电吹风、电剪、电烫发等电器用电。

(7) 烹饪、烘焙、取暖等生活用电热用电。

(8) 以电动机带动发电机或整流器整流供给照明之用电。

(9) 除上列各项用电的其他非工业用的电力、电热，其用电设备总容量不足 3kW，而又无其他非工业用电者。

(10) 工业用单相电动机，其总容量不足 1kW，或工业用单相电热，其总容量不足 2kW，而又无其他工业用电者。

2. 其他规定

(1) 为节约用电，应该取消包灯用电。对现有包灯用户，应积极地、有步骤地安装电能表，达到有表用电。在未装电度表前，可仍按定额电价计收电费。定额电价，由电网局或省（自治区、直辖市）电力主管部门根据电灯、电器的容量（瓦数）与用电时间，参照照明电价具体规定，并报电力主管部门备案。

（2）路灯。对市政部门管理的公共道路、桥梁、码头、公共厕所、公共水井用灯，标准钟，报时电笛，以及公安部门交通指挥灯、公安指示灯、警亭用电、不收门票的公园路灯等用电，均应按照明电价计收电费。以上用电已实行优待电价的个别地区，应逐步取消。

五、非工业电价

1. 应用范围

非工业电价适用于以电为原动力，或以电冶炼、烘焙、熔焊、电解、电化的试验和非工业生产，其总容量在 3kW 及以上者。例如下列各种用电：

（1）机关、部队、商店、学校、医院及学术研究、试验等单位的电动机、电热、电解、电化、冷藏等用电。

（2）铁道、地下铁道（包括照明）、管道输油、航运、电车、电信、广播、仓库、码头、飞机场及其他处所的加油站、打气站、充电站、下水道等电力用电。

（3）电影制片厂摄影棚水银灯用电和专门对外营业的电影院、剧院、电影放映队、宣传演出队的影剧场照明、通风、放映机、幻灯机等用电。

（4）基建工地施工用电（包括施工照明）。

（5）地下防空设施的通风、照明、抽水用电。

（6）有线广播站电力用电（不分设备容量大小）。

2. 其他规定

（1）非工业用户的照明用电（包括生活照明和生产照明），应分表计量。如一时不能分表，可根据实际情况合理分算照明电度，按照明电价计收电费。

（2）目前部分地区历史遗留下来的电车用电优待电价，应逐步取消。

六、普通工业电价

1. 应用范围

普通工业电价适用于以电为原动力，或以电冶炼、烘焙、熔焊、电解、电化的一切工业生产，其受电变压器容量不足 320kVA 或低压受电，以及在上述容量、受电电压以内的下列各项用电：

（1）机关、部队、学校及学术研究、试验等单位的附属工厂，有产品生产并纳入国家计划，或对外承受生产、修理业务的生产用电。

（2）铁道、地铁、航运、电车、电信、下水道、建筑部门及部队等单位所属的修理工厂生产用电。

（3）自来水厂、工业试验、照相制版工业水银灯用电。

2. 其他规定

（1）普通工业用户的照明用电（包括生活照明和生产照明），应分表计量，如一时不能分表，可根据实际情况合理分算照明电度，按照明电价计收电费。

（2）对受电变压器容量在 100～320kVA 的电解铝、电石、电炉铁合金、电解烧碱、电炉钙镁磷肥、电炉黄磷、合成氨的用电，可继续执行大工业电价或比照同类大工业电价水平核定单一电价。

七、大工业电价

1. 应用范围

大工业电价适用于以电为原动力，或以电冶炼、烘焙、熔焊、电解、电化的一切工业生产，受电变压器总容量在 320kVA 及以上者，以及符合上述容量规定的下列用电：

（1）机关、部队、学校及学术研究、试验等单位的附属工厂（凡以学生参加劳动实习为主的校办工厂除外），有产品生产并纳入国家计划，或对外承受生产及修理业务的用电。

（2）铁道（包括地下铁道）、航运、电车、电信、下水道、建筑部门及部队等单位所属修理工厂的用电。

（3）自来水厂用电。

（4）工业试验用电。

（5）照相制版工业水银灯用电。

2. 电价构成

大工业电价包括基本电价、电度电价和力率调整电费 3 部分。

基本电价是指按用户用电容量计算的电价；电度电价是指按用户用电度数计算的电价；力率调整电费是根据用户力率水平的高低减收或增收的电费。

3. 基本电费的计算

基本电费可按变压器容量计算，也可按最大需量计算。具体对哪类用户选择哪种计算方法，由电网局或省（自治区、直辖市）电力主管部门根据情况规定。

（1）按用户自备的受电变压器容量计算。凡以自备专用变压器受电的用户，基本电费可按变压器容量计算。不通过专用变压器接用的高压电动机，按其容量另加千瓦数（千瓦视同千伏安）计算基本电费。

（2）按最大需量计算。由电业部门安装最大需量表记录最大需量的用户，基本电费按最大需量计算。已经按最大需量计算基本电费而未安装最大需量表的用户应逐步安装最大需量表计或改按受电变压器容量计算基本电费。按最大需量计算基本电费的应实行以下规定：

1）最大需量以用户申请，电业部门核准数为准，超过核准数的部分加倍收费；小于核准数时，按实际抄见千瓦数计算。

2）按最大需量计算基本电费的用户，凡有不通过专用变压器接用的高压电动机，其最大需量应包括该高压电动机的容量。用户申请最大需量，包括不通过变压器接用的高压电动机容量（电动机千瓦数视同千伏安），低于按变压器容量（千伏安视同千瓦）和高压电动机容量总和的 40% 时，则按容量总和的 40% 核定最大需量。由于电网负荷紧张，电业部门限制用户的最大需量低于容量的 40% 时，可以按低于 40% 数核定最大需量。

3）最大需量应以指示 15min 内平均最大需量表为标准。对现行未安装最大需量表计的用户，其配电间每日 24h 必须有专人值班，并准时正确进行表盘仪表记录，按 15min、30min 或 1h 抄见电度换算最大需量。电业部门对用户的表盘记录有权进行检查，如表计装在电业部门变电所，用户如认为电业部门抄表有出入时，可派人会同抄表。

按抄见电度计算最大需量的，应根据用户用电负荷平衡情况，按下列系数调整其最大需量：①按每 15min 抄见的最大电度乘以 4（相同于最大需量表记录）；②按每 30min 抄见的最大电度乘以 2.04～2.10；③按每 1h 抄见的最大电度乘以 1.06～1.15；④如有装用 30min 最大需量表者，应乘以 1.04～1.10。

4. 力率调整电费

力率调整电费按"力率调整电费办法"处理。

5. 其他规定

（1）大工业用户的生产照明（系指井下、车间、厂房内照明）与电力用电，实行光、力综合计价，生产照明并入电力用电，按"大工业电价"及"力率调整电费办法"计收电费。其生活照明用电，应分表计量，按照明电价计收电费。

（2）对有两路及以上进线的用户，各路进线应分别计算最大需量。在分别计算最大需量时，如因电业部门有计划地检修或其他原因而造成用户倒用线路而增大最大需量，其增大部分可在计算用户当月最大需量时合理扣除。

（3）对东北以外地区电解铝、电石、电炉铁合金、电解烧碱、合成氨、电炉钙镁磷肥、电炉黄磷用电的电度电价范围规定如下：

1）电解铝、电石的电价，仅限于生产电解铝、电石的用电，不包括其他产品，如铝制品、乙炔、石灰氮等用电。

2）电炉铁合金、电炉钙镁磷肥和电炉黄磷的电价，仅限于电炉生产的铁合金、钙镁磷肥和黄磷用电，不包括高炉生产的铁合金、钙镁磷肥和黄磷用电。

3）电解烧碱的电价，仅限电解法生产的烧碱用电，不包括液氯、压缩氢、盐酸、漂白粉、氯磺酸、聚氯乙烯树脂等用电。

4）合成氨的电价包括合成氨厂内的氨水、硫酸铵，硝酸铵、碳酸氢氨等氮肥以及辅助车间用电。

（4）农村村民用电不实行两部制电价。

八、农业生产电价

1. 应用范围

农业生产电价适用于农村社队、国有农场、牧场、电力排灌站和垦殖场、学校、机关、部队以及其他单位的农场或农业基地的农田排涝、灌溉、电犁、打井、打场、脱粒、积肥、育秧、农民口粮加工（指非商品性的）、牲畜饲料加工、防汛临时照明和黑光灯捕虫用电。

2. 其他规定

（1）除上述各项农业生产用电外的农村其他电力用电，如农副产品加工、农机农具修理、炒茶和鱼塘的抽水、灌水等用电，均按非工业、普通工业电价计收电费。

（2）农村照明用电，按照明电价计收电费。

（3）农村小型化肥厂生产氨水等氮肥的电价。参照国家规定本地区的大工业合成氨价格（包括基本电价和电度电价）水平确定。

九、趸售电价

1. 应用范围

电业部门一般不发展趸售，以利于集中管理，减少中间环节。在特殊情况下必须采取趸售方式的按供电的隶属关系分别由网局或省（自治区、直辖市）电力部门批准，并且只趸售到县一级，不得层层趸售。目前对地区和县以下的趸售，应积极创造条件转入县级转售单位统一管理。县级转售单位必须是经县委员会批准的专门的独立核算的供电管理机构；有一定供电区域和供电线路设备，供电设备容量在 300kVA（或 kW）以上，转供用电户数较多，并自行负责本供电区域内的运行、维护、抄表收费和用电管理等工作；由电业部门安装总表供电者，实行趸售电价。

凡属于上述"农业生产电价"规定范围中的各项农业生产用电的趸售电价，按照表列趸售电价执行。电力、照明用的趸售电价，分别按照表列非工业电价、普通工业电价及照明电价，根据转售单位转售电量的多少，自行维护线路工作量的大小，在核实成本的情况下，以保本为原则，给予不同折扣。县级转售单位其最大折扣不得超过供电电压电价的 30%；区、乡、镇一级转售单位在没有转入县级转售单位之前，其最大折扣不得超过供电电压电价的 20%。趸售电价的具体折扣由网局或省（自治区、直辖市）电力主管部门核定，报省物价主管部门、水利电力部备案。

转售单位的转售电价，应当执行国家规定的本地区直供电价，不得以任何方式层层加码。

转售范围内的大用户或重要用户，应作为电业部门的直供用户，不实行趸售。

2. 其他

对 20kV、22kV、23kV、33kV 受电的用户，按 35kV 电价计算电费；对个别 11kV、13kV、13.8kV 受电的用户，按 10kV 电价计算电费。

关于辽宁省电网销售电价表见表 6-1。

表 6-1 辽宁省电网销售电价表

用电分类	电度电价 [元/（kW·h）]					基本电价	
	不满 1kV	1～10kV	35～66kV	110kV	220kV	最大需量 [元/（kVA·月）]	变压器容量 [元/（kVA·月）]
居民生活电价	0.4563	0.4463	0.4463				
非居民照明电价	0.776	0.766	0.766				
商业电价	0.872	0.852	0.852				
非工业、普通工业电价	0.738	0.728	0.718				
其中：中、小化肥	0.596	0.586	0.576				
大工业电价		0.476	0.463	0.450	0.440	28.000	19.000
其中：1. 电石、电解烧碱、合成氨、电炉黄磷		0.466	0.453	0.440	0.430	28.000	19.000
2. 中、小化肥		0.374	0.361	0.348		22.000	15.000
农业生产电价	0.435	0.425	0.415				

关于辽宁省电网趸售电价表见表 6-2。

表 6 - 2　　　　　　　　　　辽宁省电网趸售电价表

电价类别	县级趸售 [元/（kW·h）]		县以下趸售 [元/（kW·h）]	
	1~10kV	35kV 及以上	1~10kV	35kV 及以上
居民生活电价	0.3118	0.3118	0.3258	0.3258
非居民照明电价	0.636	0.636	0.650	0.650
商业电价	0.709	0.709	0.724	0.724
非工业、普通工业电价	0.592	0.582	0.622	0.612
大工业电价	0.463	0.453	0.495	0.482
其中：1. 电石、电解烧碱、合成氨、电炉黄磷	0.456	0.443	0.486	0.473
2. 中、小化肥	0.358	0.345	0.388	0.375
农业生产用电	0.356	0.346	0.356	0.346

第二节　电　价　管　理

电价对电力商品生产、供应、使用各方面具有不同的作用。电价水平过低，影响电力企业发展，同时也制约国民经济发展。电价水平过高，会加大社会经济负担，也将影响国民经济协调发展。由于电力是重要的公用事业，具有垄断性，因此电价由政府制定，电力部门予以协助。电价管理的原则是"统一领导，分级管理"。

现行电价按生产流通环节主要有 3 类：上网电价、网间互供、电价、销售电价。

一、电力市场价格

价格机制是市场机制的核心，要增加市场机制在经济调节中的作用，就要充分发挥价格的各种功能，同时，市场价格又是市场协调机制中传递供求变化最敏感的信号。要建立一个完善的电力市场，就要确定合理的电力商品的价格形成机制、价格结构和价格管理机制。

所谓价格形成机制，是指商品在生产和流通中价格确定的机制，它是价格形成的基础，是价格形成的方式和影响价格形成的其他因素相互制约、相互作用的综合表现。虽然价值是价格形成的基础，是价格运动的核心或重心，但是，作为市场价格形成的直接基础并不是原始价值，而是市场价值。

所谓价格结构是指市场价格的各个组成部分以及不同价格的构成及其相互关系。它主要包括价格构成和价格体系结构两个方面。

市场价格构成是指形成价格的各个要素及其在价格中的组成状态，一般包括电力生产成本、过程费用、利润和税金 4 个部分。

市场价格体系结构是指不同商品之间的比价关系和同种价格在不同流转环节上的差价关系以及它们之间的有机联系。商品的比价关系是指同一市场、同一时间、不同商品价格之间的比例关系，它反映了国民经济各部门之间以及每个部门内部不同商品价格的合理程度，如电力与煤炭、钢材等产品的比价。商品的差价是指同一种商品由于购销环节、购销地区、购销时间或购销质量不同而形成的价格差额，如电力市场中的上网电价、销售价、峰谷电价等，市场价格体系结构并不是一成不变的，而是经常运动的。

在市场经济中，虽然价格具有传递信息、配置资源、促进技术进步等多种功能，但它也有自发性、盲目性的一面。为了抑制价格的自发性，克服价格的盲目性，就要求政府对价格进行适度调控。价格管理调控的目的主要有两个：一是保持价格总水平的基本稳定；二是维护公平竞争。

总之，电力市场的价格必须在服从国家宏观调控的基础上，使其形成遵循国际通行的成本、合理回报和客户公平的准则，充分利用电力市场的功能，使其定价方式能起到促进形成竞争机制的作用，使设计出的电价结构能保证主体各自的选择性。

二、电价改革的过程

电能是电力工业企业向电力客户销售的商品，为了保证电力企业的投资回收利润，电力企业要根据客户安装的设备容量、用电量的大小以及用电形式，向客户收取电费。而电价则是收取电费的标准。

国家为了促进国民经济的迅速发展，为了提高广大人民的生活水平，曾对电价进行了多次改革，如原水利电力部曾对电价和电费的管理问题颁发了一系列的文件和通知，诸如1964年颁发的《电费管理工作制度》，1975年颁发的《关于农田基本建设照明用电电价的通知》，1978年颁发的《关于无功电价问题的通知》，1982年颁发的《关于调整东北部分电价和取消华北、华东部分优待电价问题的报告》。1983年颁发的《扩大试行峰谷分时电价的通知》，以及《功率因数调整电费办法的通知》，1984年颁发的《关于着手改革现行电价制度的通知》，1987年颁发的《关于多种电价实施办法的通知》。1990年6月，国务院总理办公会议研究了电价、电费等问题，提出了对电力价格执行情况进行检查和整顿。随之，能源部和国家物价局联合发出了"关于开展全国电价执行情况检查的通知"，并于1991年4～5月召开了全国农村电价检查现场会，对全国农村电价整顿工作进行了进一步的部署和检查，1991年7月，能源部又在山东召开了全国农电工作会议，着重研究了如何保证农村用电，整顿农村电价和减轻农民负担等问题。并提出截至1991年底，全国农村的合理电价水平达到60%，农村照明保证率达到80%的目标。要求各有关单位把整顿农村电价、减轻农民负担当作电力行业一件大事来抓。要牢固树立电力为农业生产、为农民生活、为农村经济服务的思想。

尽管我国的电价政策进行了多次改革和调整，但是，由于电价的问题是一个涉及面广，影响面宽的复杂问题，它是当前电力系统一个没有很好解决的问题。回顾过去40年的历史，前30年我国电价基本采取下降趋势，而物价指数却上升得较快，加之优惠电价范围的不断扩大，这实际上是用电力企业的利润来补偿其他企业的利润，致使电力工业企业蒙受巨大的损失，造成了电力紧张的局面。为了进一步促进电力工业的发展，在四化建设中当好先行，为了深化电价改革，提高电力企业的还贷能力，完善电价结构，促进客户合理用电、节约用电，经国务院批准，从1994年1月15日起，决定执行新电价。执行新电价之后，每千瓦时在1993年目录电价基础上提高1.5分。国家这一举措，对促进电力工业的发展，对于减轻农民负担起到了巨大的作用。

为了进一步深化电价和电费改革，有效促进电力工业的快速发展，为进一步规范电价管理，整顿电价秩序，减轻客户的不合理电费负担，确保电价调整方案的顺利实施，原国家纪委电力部于 1997 年又发布了电价调整方案有关问题的通知。此次电价总水平的调整原则是在电力企业努力消化外部成本增资因素的基础上，以部分补偿燃料、运输价格的上涨对电力成本产生的影响，以适当解决 1997 年上半年新投产机组还本付息问题。有关电价结构调整方面采取的是体现公平负担的原则，逐步理顺居民生活用电与其他类别用电价格之间的比价关系，大工业用电价格中基本电价与电度电价的比价关系，减轻电价调整对国有大中型工业企业的影响，适当调整现行电价结构：

（1）居民生活用电价格适当多提，其他用电少提。

（2）大工业用电中，基本电价多提，电度电价少提。新增 110kV（含东北电网 66kV 电压等级）及以上电压等级的电度电价，价格从低安排。

（3）各类优惠电价的原有优惠额度不变，1997 年新提价部分不再实行优惠。要加快推行统一销售电价的步伐，实行统一销售电价制度，建立统一开放、平等竞争的电力市场体系，贯彻执行《中华人民共和国电力法》。为尽快改变同一客户执行多种电价的状况，体现公平负担的原则，1997 年，将上海市、北京市、天津市、河北省、四川省、重庆市价外加收的均摊加价并入目录电价，实行全省（直辖市）统一销售电价。尚未实行统一销售电价的地区要抓紧研究实行统一销售电价方案，并要求 1998 年，全国各电网都必须实行统一销售电价。大力整顿电价外加收的各种费用。为规范电价秩序，各地要严格按照原国家计委、原电力部、原监察部《关于处理越权征收电力建设基金（资金）有关问题的通知》的精神，认真清理、严肃查处各种违反国务院规定的加价和收费，以切实减轻用户的负担。加强农村电价管理，继续推广农村分类综合电价管理办法，分类综合电价中的农村电网维护费用标准由各省（自治区、直辖市）物价部门统一核定，原则上一个县不准出现多种农村电价。在农村推行电价、电量、电费"三公开"制度，堵塞"人情电"、"关系电"、"权力电"，坚决取缔农村电价中的各种乱收费现象。本通知要求各地上网电价自 1997 年 3 月 25 日执行，销售电价中，居民生活用电是自 1997 年 5 月 1 日抄见电量起执行，其他用电自 1997 年 3 月 25 日抄见电量起执行。1997 年的电价调整方案，既考虑了缓解电力企业经营困难和电力工业发展需要，也兼顾了各方面特别是国有大中型企业的承受能力，是经过反复研究、综合平衡后确定的。各地要严守物价纪律，严格按照原国家计委、原电力部下达的电价表执行，不准擅自提高。

2000 年原国家计委又颁布了贯彻城乡用电同网同价政策的指导意见，要求各地政府应充分认识到城乡用电不同价是一种不合理现象。党中央、国务院把农网"两改一同价"称之为农民的福音工程，各地物价部门要克服困难，坚定不移地贯彻城乡用电同价政策。

三、实现城乡居民生活用电同价的重大意义

（1）"两改一同价"是党中央、国务院为促进农村经济发展，减轻农民负担，提高农民生活水平而采取的历史性重大举措，是一项具有深远政治意义，利国、利民的重要工作。农村生活用电的电价水平直接关系到广大农民群众的切身利益。"两改一同价"工作的核心是实现城乡用电同网同价。通过降低农村电价，减轻农民负担，为农村经济和农业

生产的发展创造有利条件。为全面实现"十六大"提出的建设小康社会的宏伟战略目标提供可靠的电力保障。即将执行的城乡居民生活用电同价是整个同价工作的重要一步。自1998年实施"两改一同价"到今天的居民生活用电同价，辽宁省农村居民生活用电价格平均降低0.303元/（kW·h），降幅达40％，年减轻农民负担6.35亿元，给广大农民群众带来了实惠。

（2）"两改一同价"是一项系统工程，通过"两改"实现"同价"的目标。在辽宁省计委、省物价局等部门共同努力下，辽宁省的"两改一同价"工作取得了显著成果。随着"两改"工作的不断深入，在这次同价前辽宁省农村居民生活电价由"两改"前的平均0.753元/（kW·h）已先期降低到0.651元/（kW·h），初步体现了两改的成果。在此基础上实行城乡居民生活用电同价，即农村电价与城市电价统筹安排，社会公平负担，将进一步降低农村电价，减轻农民负担，对提高农民生活水平、开拓农村市场、繁荣农村经济必将起到更大的推动作用。

（3）实行城乡居民生活用电同价，是贯彻《中华人民共和国电力法》，推进依法行政、依法治价的要求。1996年颁布的《中华人民共和国电力法》明确规定："农民生活用电与当地城镇居民生活用电应逐步实行相同的电价"。同时，实行城乡居民生活用电同价也有利于解决农村电价管理中的热点、难点问题，增加电价的透明度，从根本上杜绝乱加价、乱收费现象。

第三节　两部电价的收费原则

一、两部电价的组成

1. 基本电价

基本电价是代表电力企业中的容量成本，即固定资产的投资费用。基本电费的计算，可按变压器容量计算，也可按最大负荷需求量计算。我国规定：对哪类用户选择哪种计算办法可由网局的电力主管部门根据情况决定。

（1）按客户自备受电变压器计算。凡是以自备专用变压器受电的客户，基本电费可按变压器容量计算。不通过专用变压器接用的高压电动机，按其容量另加千瓦数计算基本电费，1kW相当于1kVA。

（2）按最大负荷需求量计算。由电业部门安装最大负荷需求量表记录最大需求量的客户，其基本电费按最大负荷需求量计算，并应实行下述规定：

1）最大需求量以客户申请，电业部门核准数为准，超过核准数部分，加倍收费；小于核准数时，按实抄见千瓦数计算。

2）最大负荷需求量，应包括不通过变压器接用的高压电动机容量。倘若实际发生的负荷量低于设备总容量的40％时，则按总容量的40％核定最大需求量。

3）最大负荷需求量，应以指示15min内平均最大需量表为标准。

2. 电能电价

电能电价是代表电力工业企业中的电能成本，即变动费用部分，其以实际耗电量来计算电能电费。执行两部电价的客户，把两种电费相加，即为客户的全部电费。

二、两部电价的优点

（1）合理分担发、供电的内容成本和能源成本。

（2）可减少不必要的设备容量，提高设备利用率，节约能源，降低损耗，提高负荷率。

（3）实行两部电价的客户通常应执行按功率因数调整电费的办法，使电网的无功负荷减少，提高电力系统的供电能力，充分发挥电力。

三、两部电价的电费计算公式

今设每月客户应付的电费为 F，每月用电量为 W，则两部电价的电费计算公式可以写为

$$F = J + D = PS + EW$$

而平均电价为

$$\frac{F}{W} = \frac{PS + EW}{W} = \frac{PS}{W} + E$$

式中　J——基本电费，元；

D——每月电能电费，元；

P——基本电价，元/kVA 或元/kW；

S——客户接用容量，kVA，或最大需求量，kW；

E——电能电价，元/（kW·h）；

W——客户月用电量，kW·h。

由于基本电价 P 和电能电价 E 皆为固定值，因此，S/W 数值越大，则每月应付的电费也越高。这就是说，用电设备的容量大，而其利用率低，则每月的平均电价越高。

四、计算举例

设甲厂变压器容量为 320kVA，月用电量为 20000kW，每月基本电价为 10 元/kVA，电能电价为 0.221 元/（kW·h），则

每月应付电费为

$$F_1 = 10 \times 320 + 0.221 \times 20000 = 3200 + 4420 = 7620(元)$$

每月平均电价为

$$\frac{F}{W} = \frac{7630}{20000} = 0.381[元/(kW·h)]$$

乙厂变压器容量为 320kVA，月用电量为 60000kW·h，则

每月应付电费为

$$F_2 = 10 \times 320 + 0.221 \times 60000 = 3200 + 13260 = 16460(元)$$

每月平均电价为

$$\frac{F}{W} = \frac{16460}{60000} = 0.0053[元/(kW·h)]$$

可见，在相同容量的情况下，客户的月用电量越大，则平均电价越低。

第四节 功率因数调整电费的管理办法

一、按功率因数调整电费

我国的两部电价结构，实际上是包括基本电费、电能电费和按功率因数调整电费三部分。发、供电部门，除了供给客户的有功负荷之外，还要供给客户无功负荷。客户的所有测量和用电设备，皆有电感和电容存在，所谓无功负荷，则是为了维护电源与用电设备的电感、电容之间磁场和电场振荡所需要的能量。因此，只要电力系统已经形成，该能量则是不可避免的。按功率因数调整电费则是考虑无功负荷的大小而增减的电费。

二、功率因数调整电费办法

（1）鉴于电力生产的特点，客户用电功率因数的高低，对发、供、用电设备的充分利用，节约电能和改善电压质量有着重要影响，为了提高客户的功率因数并保持其均衡，以提高供、用电双方和社会的经济效益，实行功率因数调整电费。

（2）功率因数的标准值及其适用范围：

1）功率因数标准为 0.9 时，适用于 160kVA 以上的高压供电工业客户，装有带负荷调整电压装置的高压供电电力客户和 3200kVA 及以上的高压供电电力排灌站。

2）功率因数标准为 0.85 时，适用于 100kVA（kW）及以上的其他工业客户，100kVA（kW）及以上的非工业客户和 100kVA（kW）及以上的电力排灌站。

3）功率因数标准为 0.80 时，适用于 100kVA（kW）及以上的农业客户的趸售客户，但大工业客户末划由电业直接管理的趸售客户，功率因数标准应为 0.85。

三、功率因数的计算

（1）凡实行动率因数调整电费的客户，应装设带有防倒装置的无功电能表，按客户每月实用有功电量和无功电量，计算月平均功率因数。

（2）凡装有无功补偿设备且有可能向电网倒送无功电量的客户，应随其负荷和电压变动及时投入或切除部分无功补偿设备，电业部门并应在计费计量点加装带有防倒装置的反向无功电能表，按倒送的无功电量与实用无功电量两者的绝对值之和，计算月平均功率因数。

（3）根据电网需要，对大客户实行高峰功率因数考核，加装记录高峰时段内有功、无功电量的电能表，由试行的省（自治区、直辖市）电力局或电网管理局拟订办法，报原水利电力部审批后执行。

四、电费的调整

根据计算的功率因数，高于或低于规定标准时，在按照规定的电价计算出其当月电费后，再按照"功率因数调整电费表"（表 6-3～表 6-5）所规定的百分数增减电费。如客户的功率因数在"功率因数调整电费表"所列两数之间，则以四舍五入计算。

表 6-3　　　　　　　　　以 0.90 标准值的功率因数调整电费表

减收电费	实际功率因数	0.90	0.91	0.92	0.93	0.94	0.95~1.00				
	月电费减少（%）	0	0.15	0.30	0.45	0.60	0.75				
增收电费	实际功率因数	0.89	0.88	0.87	0.86	0.85	0.84	0.83	0.82	0.81	0.80	0.79
	月电费增加（%）	0.5	1.0	1.5	2.0	2.5	3.0	3.5	4.0	4.5	5.0	5.5
增收电费	实际功率因数	0.78	0.77	0.76	0.75	0.74	0.73	0.72	0.71	0.70	0.69	0.68
	月电费增加（%）	6.0	6.5	7.0	7.5	8.0	8.5	9.0	9.5	10.0	11.0	12.0
增收电费	实际功率因数	0.67	0.66	0.65	功率因数自 0.64 及以下，每降低 0.01，电费增加 2%							
	月电费增加（%）	13.0	14.0	15.0								

表 6-4　　　　　　　　　以 0.85 标准值的功率因数调整电费表

减收电费	实际功率因数	0.85	0.86	0.87	0.88	0.89	0.90	0.91	0.92	0.93							
	月电费减少（%）	0.0	0.1	0	0.3	0.4	0.5	0.65	0.80	0.95							
增收电费	实际功率因数	0.84	0.83	0.82	0.81	0.80	0.79	0.78	0.77	0.76	0.75	0.74	0.73	0.72	0.71	0.70	0.69	0.68
	月电费减少（%）	0.5	1.0	1.5	2.0	2.5	3.0	3.5	4.0	4.5	5.0	5.5	6.0	6.5	7.0	7.5	8.0	8.5
增收电费	实际功率因数	0.67	0.66	0.65	0.64	0.63	0.62	0.61	0.6	0.6	功率因数自 0.59 以下，每降低 0.01，电费增加 2%						
	月电费减少（%）	9.0	9.5	10.0	11.0	12.0	13.0	14.0	15.0	15.0							

表 6-5　　　　　　　　　以 0.80 标准值的功率因数调整电费表

减收电费	实际功率因数	0.80	0.81	0.82	0.83	0.84	0.85	0.86	0.87	0.88	0.89	0.90	0.91	0.92~1.00			
	月电费减少（%）	0	0.1	0	0.4	0.5	0.6	0.7	0.8	0.9	1.0	1.5		1.30			
增收电费	实际功率因数	0.79	0.78	0.77	0.76	0.75	0.74	0.73	0.72	0.71	0.70	0.69	0.68	0.67	0.66	0.65	0.64	0.63
	月电费减少（%）	0.5	1.0	1.5	2.0	2.5	3.0	3.5	4.0	4.5	5.0	5.5	6.0	6.5	7.0	7.5	8.0	8.5
增收电费	实际功率因数	0.62	0.61	0.60	0.59	0.58	0.57	0.56	0.55	功率因数自 0.54 以下，每降低 0.01，电费增加 2%							
	月电费减少（%）	9.0	9.5	10.0	11.0	12.0	13.0	14.0	15.0								

五、不需增设补偿设备的情况

根据电网的具体情况，对不需增设补偿设备，用电功率因数就能达到规定标准的客户，或离电源点较近、电压质量较好，匆需进一步提高用电功率因数的客户，可以降低功率因数标准值或不实行功率因数调整电费的办法，但需经省（自治区、直辖市）电力局批准，并报电网管理局备案。降低功率因数标准的客户的实际功率因数，高于降低后的功率因数标准时，不减收电费，但低于降低后的功率因数标准时，应增收电费。

六、功率因数调整电费计算公式

功率因数调整电费表形式复杂、数字繁多，难于记忆，给工作带来不便。尤其是使用计算机管理时，功率因数调整电费多由数字模型计算得出。为此，特异出功率因数调整电费的计算公式，以便于应用。

现以功率因数标准为 0.85 为例，来说明增收功率因数调整电费百分值计算公式的建立方法。

当实际功率因数值在 0.65～0.85 之间，从表 6-3～表 6-5 不难看出：功率因数每降低 0.01，则功率因数调整电费的增收率增加 0.5%，用公式表示则为

$$(0.85 - \cos\varphi) \times 50\% = 50 \times (0.85 - \cos\varphi)\%$$

例如，$\cos\varphi = 0.7$，则功率因数调整电费的增收率为

$$50 \times (0.85 - 0.79)\% = 3\%$$

其结果与表 6-3～表 6-5 是一致的。

其余功率因数调整电费的计算公式见表 6-6。

表 6-6　　　　　　　　　**功率因数调整电费的计算公式表**

标准	实际 $\cos\varphi$	电费调整计算公式（%）	标准	实际 $\cos\varphi$	电费调整计算公式（%）
0.8	0.55	$+50 \times (2.5 - 4\cos\varphi)$	0.85	0.85～0.90	$-10 \times (0.85 - \cos\varphi)$
	0.55～0.60	$+50 \times (1.4 - 2\cos\varphi)$		0.90～0.94	$-10 \times (1.3 - 1.5\cos\varphi)$
	0.60～0.80	$+50 \times (0.8 - \cos\varphi)$		0.94～1.00	-1.10
	0.80～0.90	$-10 \times (0.8 - \cos\varphi)$	0.9	0～0.65	$+50 \times (2.9 - 4\cos\varphi)$
	0.91	-1.15		0.65～0.70	$+50 \times (1.6 - 2\cos\varphi)$
	0.92～1.00	-1.30		0.70～0.90	$+50 \times (0.9 - \cos\varphi)$
0.85	0～0.6	$+50 \times (2.7 - 4\cos\varphi)$		0.90～0.95	$-15 \times (0.9 - \cos\varphi)$
	0.60～0.65	$+50 \times (1.5 - 2\cos\varphi)$		0.95～1.00	-0.75
	0.65～0.85	$+50 \times (0.85 - \cos\varphi)$			

第五节　丰枯季节电价和峰谷分时电价

一、丰枯季节电价

东北电网规定：

（1）非东北电网所属、总装机容量 500kW 及以上并入电网运行水电厂的上网电量均应实行丰枯季节电价。

（2）每年 7～9 月为丰水期，12 月至次年 1 月为枯水期，其余月为平水期。

（3）水电厂上网电量的平水期电价按照现行上网电价执行，丰水期上网电价下浮30％，枯水期上网电价上浮30％。

二、峰谷分时电价

（1）非东北电网所属、总装机容量500kW及以上并网运行的地方电厂、企业自备电厂、退役机组电厂等（包括水电、火电），除网、省调直接按协议下达调度曲线并履行经济补偿条款的电厂外，均应实行峰谷分时电价。

（2）峰谷时段划分为：

1）高峰时段：7∶30～11∶30，17∶00～21∶00。

2）低谷时段：22∶00至次日5∶00。

3）其余时间为正常时段，以上时段均为北京时间。

（3）正常时段非电网所属电厂上网按照现行上网电价（水电按照相应的丰枯季节电价）执行，高峰时段上网电价上浮50％；低谷时段上网电价下浮50％。其中，水电厂在丰水期的低谷时段，原则上不得向电网送电，否则，电网可以拒绝收购。

三、其他规定

（1）实行峰谷分时电价电厂的上网计量点必须装设分时电能计量装置，分别计量高峰，低谷和正常时段的上网电量。已并网运行电厂的分时电能计量装置由电业部门安装；新建电厂应按电业部门规定装设分时电能计量装置，各电厂的分时电能计量装置均由电业部门统一管理。

（2）并网运行的自备电厂，其联络线上在一天24h内可能出现送受方向相反的计量点，要安装两块方向相反、带止逆的分时电能计量装置，其发生的峰谷分时电量不能抵消，应该分别按照"购"、"售"电价结算电费。

（3）有自备电厂的大企业客户有两个以上供电系统的，能分别出现送、受电关系时，各送受电计量点都应分别安装计费电能计量装置，其购、售峰谷电量不能抵消，亦应分别按"购"、"售"峰谷分时电价结算电费。

四、电度电价

现行电价按照用电类别可分为：居民生活照明电价、非居民照明电价、商业电价、非工业电价、普通工业电价、大工业电价、农业生产电价、趸售电价8大类。直供大工业电价又分为电度电价和基本电价两部分。

用电类别中大工业电价为二部制电价，即目录电费、基本电费两部分，其余为单一电价。居民电价、非民民电价、商业电价、农业生产电价不执行灯力分算。非工业、普通工业用电、大工业用电执行灯力分算，执行灯力分算的客户要求灯力分表计量，或供用双方在供用电合同中合理的制定定量、比例的办法进行灯力分算。

五、基本电价

受电变压器总容量315kVA及以上的工业生产用电执行大工业电价，收取基本电费。收取基本电费的计算方法有两种：

（1）按最大需量或按变压器容量。

（2）对转供容量的计算。转供户扣除转供容量不足两部制电价标准的，仍按两部制电价计收；被转供户的容量，达到两部制电价时，实行两部制电价。

对各用设备容量可参照下列原则与客户以协议方式规定：

《供电营业规则》以变压器容量计算基本电费的客户，其备用的变压器（含高压电动机），属冷备用状态并经供电企业加封的，不收基本电费。属热备用状态的或未经加封的，不论使用与否都计收基本电费。客户专门为调整用电功率因数的设备，如电容器、调相机等不计收基本电费。

六、大工业客户自行选择基本电费的计费方式

大工业客户自行选择基本电费的计费方式后，"在一年之内应保持不变"，现明确"一年"为时间周期。最大需量的核定仍然按现行有效的电价说明规定执行。

辽电营销〔2001〕7号，关于下发《营业管理有关问题处理意见的通知》，两台及两台以上变压器供电并多个计量点计量的基本电费、力率调整电费要按计量点分别计算。

1. 峰谷电价

在《关于东北电网实行峰谷分时电价的批复》、《峰谷分时电价实施细则》及《农电单位执行峰谷分时电价暂行办法》中规定针对以下客户执行峰谷分时电价：

（1）电网直供的容量在315kVA及以上的大工业客户。

（2）100kVA及以上非工业、普通工业客户，趸售转供单位（指农电）。

（3）对总容量为100kW的客户，视同100kVA，此种容量及以上的非工业、普通工业客户。

高峰时段电价按基础电价上浮50%，低谷时段电价按基础电价下浮50%。本次电价并轨以后，目录电价扣除电建、三峡及城市建设附加费后参与峰谷分时电价的上下浮动。如大工业 1~10kV 电价为 0.403 元，峰段电价为 $(0.403-0.024-0.007)\times1.5=0.558$（元），谷段电价为 $(0.403-0.024-0.007)\times0.5=0.186$（元）。

2. 功率因数电费

功率因数调整电费＝（峰、谷、平电度电费＋除居民生活以外的其他峰、谷、平电度电费＋基本电费）×功率因数调整系数

功率因数标准及其适用范围：

（1）标准 0.90，适用于 160kVA（kW）以下的高压供电工业客户（包括社队工业客户），装有带负荷调整电压装置的高压供电电力客户和 3200kVA 及以上的高压供电电力排灌站。

力率在 0.64 及以下，每降低 0.01 个百分点，力率电费增加 2%。

（2）标准 0.85，适用于 100kVA（kW）及以上的其他工业客户（包括社队工业客户），100kVA（kW）及以上的非工业客户和 100kVA（kW）及以上的电力排灌站。

力率在 0.59 及以下，每降低 0.01 个百分点，力率电费增加 2%。

（3）标准 0.80，适用于 100kVA（kW）及以上的农业用户和趸售客户，但大工业客户未划由电业局直接管理的趸售客户，功率因数标准应为 0.85。

力率在 0.54 及以下，每降低 0.01 个百分点，力率电费增加 2%。

第六节 电量和电费的计算

一、电量的计算

1. 表计电量的计算

所谓表计电量即是根据电能表的表示数和其他计算参数所计算的该表某个时段内所计算的电量。

（1）计算公式为

$$Q = (B - J)N$$

式中　Q——表计电量；

B——本期表示数；

J——基期表示数；

N——实用乘率。

（2）本期表示数为截止时的电能表读数。具体指：①在对客户结算使用电量时，指结算之日止的表示数；②客户办理全撤或全暂停时，指客户撤表时的表示数；④在客户发生换表时，指原表撤回时的表示数。

（3）基期表示数为起算时的电能表读数。具体指：①在对客户结算使用电量时，指上次结算之日止的表示数；②在客户发生换表时，指新表装出时的表示数。

（4）如电能表没有变动而客户的实用乘率发生变化，或计费标准发生变化时，在变化时的表示数即为原计量办法或计费标准的本期表示数，也为新计量办法或计费标准的基期表示数。

（5）实用乘率。所谓实用乘率，指计算表计电量时，根据本期表示数与基期表示数的差值所乘的系数，这个系数为实用乘率。其计算公式为

实用乘率 = 表本身乘率 × TA 比 × TV 比

1）现运行的电能表本身没有倍率的，在实用中，表本身乘率等于 1。否则按实用乘率计算。

2）现有的所有第一类客户（即一户一表居民照明客户），既没有电流互感器，也没有电压互感器，所以在实用中，居民照明客户的 TA 比＝TV 比＝1。

（6）有功表计电量及无功表计电量。由有功电能表所计算的电量为有功电量，由无功电能表所计算的电量为无功电量。

1）所有的照明客户及不足 100kVA 的动力客户都不计算力率，所以也不安装无功电能表，故也不计算其无功电量。

2）所有 100kVA（kW）及以上的动力客户都必须计算力率，所以也必须安装无功电能表，并计算无功电量。

（7）峰谷分时有功表计电量。

1）计算公式

峰段表计电量＝（本期－基期）峰段表示数×实用乘率

谷段表计电量＝（本期－基期）谷段表示数×实用乘率

平段表计电量＝（本期－基期）平段表示数×实用乘率或＝（总－峰段－谷段）表计电量

表计总电量＝（峰段＋谷段＋平段）表计电量或＝（本期－基期）总表示数×实用乘率

2）凡计算峰谷分时表计电量的客户，一律装设峰谷分时电能表（直售客户除外）。它包括受电容总量事 100kVA（kW）的非居民照明客户、非工业客户、普通工业客户、大工业客户及趸售客户。其中，趸售客户的峰段及谷段电量以用户所呈报的电量为准。

（8）无功表计电量

1）当客户无功表是滞相表（单向）时

无功表计用量＝（本期－基期）无功表示数×实用乘率

2）当客户无功表是进相、滞相（双向）表时

无功表计电量＝滞相表计电量＋进相表计电量

其中

滞相表计电量＝（本期－基期）滞相无功表示数×实用乘率

进相表计电量＝（本期－基期）进相无功表示数×实用乘率

3）当客户无功表是代数值、绝对值型表时

无功表计电量＝绝对值表计电量

其中

绝对值表计电量＝（本期－基期）绝对值表示数×实用乘率

代数值表计电量＝（本基－基期）代数值表示数×实用乘率

2. 变压器损失电量（简称变损电量）的计算

（1）一次计量与二次计量。在高压供电中，计费计量装置安装在受电变压器一次侧时，称为一次计量，否则称为二次计量。

（2）因一次计量客户的表计电量已包含变损电量，所以无需计算变损电量。但二次计量客户的表计电量没有包含受电变压器的损失电量，且该损失电量应由客户承担，所以要对该电量进行计算。

（3）变损电量分为有功损失电量及无功损失电量两个部分，其计算公式为

有功变损
$$\Delta A_P = P_0 T + \frac{K P_K}{T S_e^2}(A_P^2 + A_Q^2)$$

无功变损
$$\Delta A_Q = 10^{-2} I_0 S_e T + \frac{K U_K \times 10^{-2}}{T S_e}(A_P^2 + A_Q^2)$$

式中　ΔA_P——变压器有功电能损失，kW·h；

ΔA_Q——变压器无功电能损失，kW·h；

P_0——变压器额定电压下铁损，kW；

P_K——变压器额定电流下铜损，kW；

S_e——变压器额定容量，kVA；

I_0——变压器空载电流百分数，%；

U_K——变压器短路电压百分数,%;

A_P——二次有功抄见电量,即二次有功表计电量;

A_Q——二次无功抄见电量,即二次无功表计电量;

T——运行时间,h;

K——与负荷曲线有关的修正系数,一班为3.6,二班为1.8,三班为1.2。

运行时间 T 的确定:①每月按30天计算,即 $T=24\times30=720$ (h);②当客户的受电设备容量发生增减时,则计算变损时,大容量变压器按实用天数计算(不足1天按1天计),小容量变压器按30d减去大容量天数;③对电费起算日为2月1日的新装、增装、复用、增容等申请的客户,其变损按"施工后容量"全月计算;对电费起算日为2月最后一天的一撤、全撤、暂停、减容等申请的客户,其变损按"原有容量"的全月计算。

(4)当客户一台变压器的二次侧装有多组电能计量装置时,在计算该台变压器的损失电量时,其二次有功电量及无功电量应分别按各组计量装置中的有功表计电量、无功表计电量之和计算。

(5)需计算变损计量装置的判断。

1)所有低压受电客户(指受电电压为380V或220V的客户)一律不计算变压器的损失。

2)受电电压为10kV的客户,除TV比的一次电压为10kV等级之外的客户,一律计算其受电变压器损失电量。即没有安装电压互感器的客户(电能表电压为380/220V),或虽然安装电压互感器,但电压互感器的一次电压为6.3kV或3.3kV等级的客户全部计算变损电量。

3)受电电压为66kV(或220kV)的客户,除TV比一次电压为63kV(或220kV)等级之外的用客户,一律计算其受电变压器的损失电量。

(6)变压器参数的采集。除个别客户按现场铭牌参数计算该客户的变损外(各供电局有记载),其他客户变压器一律按变损手册所规定的参数计算。

1)当同一容量规格,既有铜芯又有铝芯变压器时,除已注明者外,一律按铝芯变压器的参数计算。

2)当同一容量规格、且一次电压等级相同的变压器有两组及以上参数时,按二次电压等级来确定该户所采用的变压器参数。其方法为:如该户没有电压互感器,则采用二次电压为380V(400V)的变压器参数,如该户装有电压互感器,则采用二次电压与电压互感器一次电压同一等级的变压器参数。

3.一次有功、无功电量的计算

(1)一次计量的用户:表计电量即是一次电量。

$$一次有功电量=有功表计电量$$

$$一次无功电量=无功表计电量$$

(2)二次计量的用户:一次电量应计入变压器损失。

$$一次有功电量=有功表计电量+有功变损$$

一次无功电量:

1）当客户的无功表是滞相表（单向）时

$$一次无功电量＝无功表计电量＋无功变损$$

2）当客户的无功表是进相、滞相表（双向）时

$$一次无功电量＝滞相表计电量＋（进相表计电量－无功变损）$$

3）当客户的无功表是代数值、绝对值表时

先计算：进相无功＝1/2（绝对值表计电量－代数值表计电量－0.2×实用乘率）

判断：当进相无功＞无功变损

$$一次无功电量＝绝对值表计电量－无功变损$$

当进相无功＜无功变损

$$一次无功电量＝代数值表计电量＋无功变损$$

当一台变压器二次有多组表时，一次有功电量、一次无功电量在该台变压器总卡上计算。

4．线路损失电量（简称线损电量）的计算

（1）因计费计量点应设置在供用电双方线路的产权分界处，又因线路所耗电量应由产权所有单位承担，所以，计费计量点设置在产权分界处的客户，其表计电量已包含着本单位应承担的线路耗电量。因此，对此类无需计算线损电量。但有的客户计费计量装置没有装设在双方产权分界处，故该户的表计电量没有包含应承担的线损电量，因此，对此类客户应承担的线损电量要进行计算。

（2）线损电量在计算结果中有正电量及负电量两种形式。

1）当计量点设置在客户处，则计算从产权分界处至计费计量点的线损，对此类客户所计算的线损为正值。

2）当计量点设置在供电部门处，则计算从计费计量点至产权分界处的线损，对此类客户所计算的线损为负值。

（3）线损电量分为有功损失电量和无功损失电量两个部分。其计算办法为

$$有功线损电量＝一次有功电量×有功线损系数$$

$$无功线损电量＝一次无功电量×无功线损系数$$

1）线损系数按供用电双方的协议为准。

2）对一次计量的客户，按每块计费电能表的一次电量分别计算线损电量。

3）对二次计量的客户，按每组受电设备每次有功、无功电量计算线损电量。对一台变压器二次有多组表时，则在该台变压器总电量中计算线损。

5．关于客户转供电量

（1）受供电部门委托，经客户计量点向其他客户所供出的电量为转供电量。客户所转供的电量归属供电企业，由供电企业和被转供客户直接结算电量、电费。

（2）转供电量的最值确定

$$转供电量 ＝ 转供表计电量$$

转供表计电量指在转供处装设的计量装置所计算的电量。如在转供处没有装设计量装置时，则转供表计电量按被转供客户的各种计量参数（包括被转供用户的表计电量、变损电量、线损电量等）计量出转供表计电量。

6. 关于客户的受电量

(1) 所谓客户受电量，指客户应向供电企业支付电费的电量总和，即供电企业对该户的售电量。

(2) 第一类客户（即一户一表居民生活照明客户）受电量的计算

$$客户受电量 = 该户的表计电量 = （本期 - 基期）表示数$$

(3) 第二类客户（即 100kW 以下低压的非一户一表居民照明客户）受电量的计算

$$客户受电量 = 该户的表计电量 = （本基 - 基期）表示数 \times 实用乘率$$

有的客户由于受电设备合计容量较小，没有乘率，此时实用乘率按"1"计算。

(4) 第三类客户（即 100kW 及以上的低压客户）受电电量的计算

$$客户受电量 = 该户的有功（无功）表计电量$$

1) 此类客户的受电量分为有功及无功两种受电量。

2) 此类的有功受电量按峰段、谷段和平段分别计算。

(5) 第四～第七类客户受电量的计算。

1) 通用公式

$$客户受电量 = 一次有功（无功）电量 + 线损电量 - 转供电量$$

2) 当客户有多组设备受电时，则该户的实际各类（有功、无功、峰段、谷段、平段）受电量分别为各组设备同类受电量的总和。

7. 关于对客户用电量的整理

(1) 对客户售电量确定后，要进行整理，所谓整理就是将某一客户所受电量按其用途及电价标准进行分算，以便向该户结算电费。

(2) 第一～第三类用户和第四类及以上的临时客户的受电量，因在办理用电时，就已经为一户一表计量，且用途单一、电价分类明确（如一户有多种电价标准用电时，已按多个客户处理），所以对上述客户的受电量不再进行分算。

(3) 第四～第七类客户由于所受电量由多种电价标准组成，必须将所受电量按抄表计电量或协议规定及其他数据进行分算，确定各种电价标准所用的电量，以便对该户结算电费。

(4) 对第四～第六类用户受电量的分算。在大工业客户中，对含有家属宿舍中的居民生活用电及其他非生产用电，包括私自转供其他客户（由于历史遗留的问题，供电部门虽未签订转供协议，但也默许）的此类用电，要从受电量中分算出来。共分为居民照明、非居民照明和非工业用电 3 个部分。

1) 定量分算。即按核定的固定电量，每月从受电量中分算出去。

2) 计量分算。此类客户为在所分算电量的出口处已经装设了该类用电的计量电能表，此时所分算的电量计算为：

a. 如该分算电量表为一次计算，则单独立户。

b. 如该客户属一次计量客户，分算表为二次计量，则分算电量＝分算表计电量＋变损电量（协定值）。

c. 如该客户属二次计量客户，分算表也为二次计量，则分算电量＝（分算表计电量/二次表计电量合计）×受电量，其中二次表计电量中不包含转供电量。

3）分算电量表不装设峰谷分时电能表及无功电能表。当需执行峰谷分时电价时，其所占电量按受电量的峰、谷、平段的比例分算。当需执行力率电价时，按受电功率因数值计算力率电费。

4）生产电量（即主要用电量）＝受电量－分算电量合计。

（5）对第七类用户受电量的分算。此类客户的分算电量按趸购单位所呈报的各种电价的电量的比例，来分摊该户的受电量，即

$$某分算电量 ＝（该呈报分算电量 / 呈报分算电量合计）× 受电量$$

（6）峰谷分时电量的确定。

1）凡是一次计量的客户，各表计电量的峰、谷、平段电量分项合计，即为该户的峰、谷、平段的受电量。

2）凡是二次计量的客户或即有一次计量又有二次计量的客户，则

$$峰段受电量 ＝ 峰段表计电量合计 / 表计电量合计 × 受电量$$
$$谷段受电量 ＝ 谷段表计电量合计 / 表计电量合计 × 受电量$$
$$平段受电量 ＝ 平段表计电量合计 / 表计电量合计 × 受电量$$

上式中峰段、谷段、平段表计电量合计及表计电量合计，均按该户的副表电量合计与转供电量合计之差计算。非峰、谷分时电能表所发生的电量不参与计算。

3）各分算电量中的峰谷平段所分算的电量均接受电量中的峰、谷、平段受电量比例分摊。对不执行峰谷分时电价的电量，所分摊的峰谷平段电量均按平段计算（指居民照明用电）。

4）第七类客户中的峰段及谷段电量受电量按趸购单位所呈报的电量计算。

8. 关于功率因数

（1）因数参数的确定。计算功率因数的参数为有功电量及无功电量。其确定办法

$$有功电量＝有功受电量－居民照明电量－非居民照明电量$$
$$无功电量＝无功受电量$$

（2）功率因数的计算。

$$功率因数 ＝ 有功电量 / \sqrt{有功电量^2 ＋ 无功电量^2}$$

（3）计算的功率因数为客户所有执行力率电费的各类用电计算电费的共同依据。

（4）当客户进行无功补偿、过补偿时，则功率因数为进相。当进相功率因数值超过标准时，不予奖励；但当进相功率因数值低于标准值时，仍按滞相处理，加收电费。

（5）进相功率因数的判断

1）对于一次计量客户。有任一块表计出现进相无功大于 0，则功率因数为进相。

2）对于二次计量客户。有一组受电设备二次进相无功大于无功变损，则功率因数为进相。

二、电费计算

电费包括电量电费（峰时段电费、谷时段电费、平时段电费、基本电费、功率因数调整电费）以及代征费用（三峡基金、农网还贷基金、城市公用事业附加费、可再生能源附加费），计算结果均保留两位小数。

电费总计 = $\sum$（各时段有功结算电量×各时段电度电价）＋基本电费＋功率因数调整电费

电价构成的各项电费分批计算结果，按项分别进行四舍五入后再合计，其各项电费之和与电费总计之差，对开征附加费的在附加费中扣减，对未开征附加费的在电度电费中扣减。

1. 功率因数调整电费

功率因数由结算的有功电量和无功电量求得，一般按增减百分数计算，并保留两位小数。

$$A＝（功率因数标准值－实际计算值）×100$$

（1）$A＞0$ 时

$A≤20$ 力率百分数＝$A×0.5\%$

$20＜A≤25$ 力率百分数＝$10＋（A－20）×1\%$

$A＞25$ 力率百分数＝$15＋（A－25）×2\%$

（2）$A＜0$ 时

执行 0.9 标准的

$A≥-4$ 力率百分数＝A

$A≤-5$ 力率百分数＝-0.75%

执行 0.85 标准的

$A≥-5$ 力率百分数＝$A×0.1\%$

$-8≤A≤-6$ 力率百分数＝$-0.5＋（A＋5）×0.15\%$

$A＜-8$ 力率百分数＝-1.1%

执行 0.8 标准的

$A≥-10$ 力率百分数＝$A×0.1\%$

$A＝-11$ 力率百分数＝-1.15%

$A≤-12$ 力率百分数＝-1.3%

2. 计算说明

（1）凡实行功率因数调整电费的用户，应装设带有防倒装置的无功电能表，按用户每月结算的有功电量和无功电量，计算月平均功率因数。

（2）凡装有无功补偿设备且有可能向电网倒送无功电量的用户，应随其负荷和电压变动及时投入或切除部分无功补偿设备，供电企业应在计费计量点加装带有防倒装置的反向无功电能表。按倒送的无功电量与正向无功电量两者的绝对值之和，计算月平均功率因数。

（3）用户安装总表计量在计算力率值时，不减照明电量；计算力率调整电费时，居民用电电费不参与计算。

（4）安装带有防倒装置的反向无功电能表的用户，其反向无功电度表计度器记录出倒送无功电量时，计算出的平均功率因数高于标准值不予减收电费，达不到标准时，应增收电费。

3. 功率因数调整电费的计算

功率因数调整电费 ＝（峰电费＋谷电费＋平电费＋基本电费）×功率因数增减百分数

4. 峰谷分时电费

（1）计算公式。

$$峰段电费＝高峰时段用电量×基础电价（1＋上浮比例）$$
$$谷段电费＝低谷时段用电量×基础电价（1－下浮比例）$$
$$平段电费＝平时段用电量×基础电价$$

（2）其他规定。农网还贷资金、三峡基金、城市公用事业附加费、可再生能源附加费不参加峰谷分时计算。

5. **基本电费的计算**

对大工业用电分类，根据客户变压器容量或最大需量和国家批准的价格收取基本电费。

（1）基本电费计算公式

$$基本电费＝变压器容量（最大需量）×基本电价$$
$$变压器容量＝同一受电点的各运行变压器容量之和＋不通过变压器的高压电动机容量$$

（2）容量变更时按变压器容量收取基本电费的计算。按容量计收基本电费时，如用户发生新装、销户或暂停、增容、减容、复用等用电变更，变更月的基本电费按实用天数计算，每天收取全月的 1/30。

1）用电变更后容量增加的：

$$基本电费＝（变更容量×实际使用日数）/30×基本电价＋原容量×基本电价$$

2）用电变更后容量减少的：

$$基本电费＝［（原容量－变更后剩余容量）×实际使用日数］/30$$
$$×基本电价＋变更后剩余容量×基本电价$$

日用电不足 24h，按 1 天计算；实际使用天数按起算止不算、以收定减原则计算。

（3）按最大需量收取基本电费的计算

1）计算公式

实际抄见最大需量少于核定值的：

$$基本电费＝核定值×基本单价$$

实际抄见最大需量高于核定值的：

$$基本电费＝核定值×基本电价＋（抄见千瓦数－核定值）×基本单价×2$$

2）其他说明

根据用户申请的最大需量核定最大需量核定值，用户申请的最大需量低于变压器等设备容量总和的 40％时，按容量总和的 40％核定最大需量。

实际抄见最大需量千瓦数少于核定值的，如为供电企业原因所致，可按实际抄见千瓦数计算，否则，应按核定的千瓦数计算；实际抄见千瓦数超过核定值时，超过部分加倍收费。

对有两路及以上进线的用户，各路进线应分别计算最大需量。在分别计算最大需量时，如因电业部门有计划地检修或其他原因而造成的用户倒用线路而增大最大需量，其增大部分可在计算用户当月最大需量时合理扣除。

6. **应收电费算法**

（1）居民生活

1）一般客户电费算法

$$应收电费＝电度电价×结算电量$$

2）执行平谷优惠的客户电费算法。按照省公司 2002 年 10 月 22 日下发的《关于下发〈对分户蓄热电采暖居民用户实行平谷分时电价实施办法〉的通知》执行。

计算公式为

$$平段电费＝（总结算电量－低谷时段结算电量）×基础电价$$
$$谷段电费＝低谷时段结算电量×基础电价×（1－下浮比例）$$
$$各项代收费用＝\Sigma各项代收单价×结算电量$$
$$应收电费＝谷段电费＋平段电费＋各项代收费用$$

（2）除居民以外的其他客户的电费计算方法。

1）不执行分时电价和力率调整电费的：

$$应收电费＝电度电价×结算电量$$

2）不执行分时电价，执行力率调整电费的：

$$应收电费＝电度电价×结算电量＋功率因数调整电费$$

3）执行分时电价和力率调整电费的：

$$峰段电费＝峰时段结算电量×基础电价×（1＋下浮比例）$$
$$谷段电费＝谷时段结算电量×基础电价×（1－下浮比例）$$
$$平段电费＝（结算总电量－谷时段结算电量－峰时段结算电量）×基础电价$$
$$应收电费＝峰段电费＋谷段电费＋平段电费＋各项代收费用＋功率因数调整电费＋基本电费$$

（3）趸售。

按与农电部门核定的用电分类比例计算各分类结算电量，各类电量按农电每月提供的比例系数计算；在农电线路上的转直供用户，每月按转直供电量给农电退 7％的线损及 0.021 元/（kW·h）转供费（辽电财［2004］203 号《关于改变趸售地区大工业用户计价计费办法的通知》）。不执行峰谷分时电价，执行力率调整电费管理办法。

$$目录电费＝（工业、商业、非普工业、非生活照明、生活照明、排灌）用电电量×分类电价之和$$
$$力率调整电费＝（电度电费－居民生活照明电费）×力率增减$$
$$线损电量电费＝（工业、商业、非普通工业、非生活照明、生活照明、排灌）用电电量×线损率×分类电价之和$$
$$各项代收费用＝各项代收单价×结算总电量$$
$$应收电费＝目录电费＋力率调整电费－线损电量电费$$

根据辽电财［2004］215 号文件，关于对趸售转直供单位执行峰、谷、分时电价办法的有关问题的通知，对趸售转直供单位执行峰、谷、分时电价。计算方法与大工业计算相同。但扣减转直供电量×0.07 线损电量电费和转直供电量×0.021 元/（kW·h）的转供费。

7. 临时电费、违约使用电费及电费违约金

（1）临时电费计算公式。

$$临时电费＝电价×天数×每日使用时间×设备容量×系数$$

（2）说明。

1）变压器（kVA）系数 0.7，交流电焊机（kVA 或 kW）系数 0.5，电动机（kW）系数 0.8。

2）临时用电按生产班次的电费计算方法及依据：动力每班按小时计算，不足一班按一班，照明每日按 12h 计算。

3）临时用电的用户，应安装用电计量装置。对不具备安装条件的，可按其用电容量、使用时间、规定的电价计收电费。

4）用电终止时，如实际使用时间不足约定期限 1/2 的，可退还预收电费的 1/2，超过约定期限 1/2 的，预收电费不退。

8. **违约使用电费**

违约使用主要分为以下几类：

（1）私自改变用电类别。

1）计算原则。按实际使用日期补交差额电费，并承担两倍差额电费的违约使用电费。使用起讫日期难以确定的，实际使用时间按 3 个月计算。

2）计算公式。

$$差额电费 =（应执行的高电价 - 低电价）× 容量 × 时间$$
$$违约使用电费 = 差额电费 × 2$$

（2）私自超出合同约定的容量用电。

1）计算原则。属于两部制电价的用户，应补交私增设备容量使用月数的基本电费，并承担 3 倍私增容量基本电费的违约使用电费；其他用户应承担私增容量 50 元/（kW·h）或 50 元/（kVA）的违约使用电费。

2）计算公式。

两部制电价用户：基本电费 = 私增容量 × 基本电价 × 使用月数
$$违约使用电费 = 基本电费 × 3$$

单一电价用户：违约使用电费 = 私增容量 × 50

（3）私自启用供电企业封存的电力设备。

1）计算原则。属于两部制电价的用户，应补交擅自使用或启用封存设备容量和使用月数的基本电费，并承担两倍补交基本电费的违约使用电费；其他用户应承担擅自使用或启用封存设备容量 30 元/［（kW·h）·（次）］或 30 元/（kVA·次）的违约使用电费。

2）计算公式

两步制电价用户：基本电费 = 私增容量 × 基本电价 × 使用月数
$$违约使用电费 = 基本电费 × 2$$

单一电价用户：违约使用电费 = 私增容量 × 30

（4）私自迁表、更动和擅自操作计量、负控等装置

属于居民用户的，应承担每次 500 元的违约使用电费；属于其他用户的，应承担每次 5000 元的违约使用电费。

（5）擅自引入（供出）电源或并网用电

1）计算原则。应承担其引入（供出）或并网电源容量 500 元/（kW·h）或 500 元/kVA 的违约使用电费。

2）计算公式。

$$违约使用电费＝并网电源容量×500元$$

9. 窃电

计算公式：

$$补缴电费＝目录电费$$

目录电费＝目录电价（电度电价、三峡基建、电建基金、城市附加费、可再收能源附加费）×追补电量等

其中：

$$追补电量＝窃电容量×窃电时间$$
$$违约使用电费＝目录电费×3$$

10. 电费违约金

（1）基本计算原则。

用户在供电企业规定的期限内未交清电费时，应承担电费滞纳的违约责任。电费违约金从逾期之日起计算至交纳日止。

1）每日电费违约金按下列规定计算：

居民用户每日按欠费总额的 1/1000 计算。

2）其他用户：当年欠费部分，每日按欠费总额的 2/1000 计算；跨年度欠费部分，每日按欠费总额的 3/1000 计算；电费违约金收取总额按日累加计收，总额不足 1 元者按 1 元收取。

（2）逾期之日。逾期指超过双方约定的交纳电费的截止日的第二天起，不含截止日。交纳电费的截止日各地区根据具体情况确定。一般为：

1）托收电费客户为供电企业与托收银行双方约定的托收日期。

2）储蓄电费客户为供电企业与托收银行双方约定的电费划拨日期。

3）预收电费客户为供电企业发行电费后预收账款转实收日期。

4）走收电费客户为抄表发行后 5 日。

第七节 计 算 举 例

1. 判断客户计量电流互感器是否匹配

【例1】 某客户受电变压器容量为 250kVA，高供低计，装置 800/5 电流互感器，问配置是否合理？

解： $I＝S/（3^{1/2}U）＝250/（3^{1/2}×0.4）＝361（A）$

该户应配 400/5 电流互感器，现配合 800/5 电流互感器太大了，应换小电流互感器，以提高计量精度。

2. 功率因数计算

【例1】 某客户 10 月有功总电量为 956700kW·h，无功总电量为 449650kvar·h，其月平均功率因数是多少？

解： $\tan\varphi＝\dfrac{无功电量}{有功电量}＝\dfrac{449650}{956700}＝0.47$

$\varphi＝\arctan 0.47＝25.17°$

$\cos\varphi = 0.91$

3. 功率因数计算

【例1】 某客户本月抄见有功电量为857300kW·h，无功电量为764300kvar·h，计算其月平均功率因数。

解: $\cos\varphi = 1/[1+(无功电量/有功电量)^2]^{1/2}$

$= 1/[1+(764300/857300)^2]^{1/2}$

$= 0.746$

功率因数取小数后两位数，故四舍五入后，该客户本月功率因数为0.75。

4. 变压器有功、无功损耗计算

【例1】 有一台SG10—315/10型号变压器，已知出厂时空载损耗880W，负载损耗3460W，空载电流百分比0.70%，短路阻抗百分比4%，该变压器的有功和无功损耗数值是多少？

解: 有功铁损＝空载损耗×720

$= 0.88 \times 720 = 634 \ (kW \cdot h)$

无功铁损 $= [(I_0\%/100 \times S_e)^2 - W_0^2]^{1/2} \times 720$

$= [(0.70/100 \times 315)^2 - 0.88^2]^{1/2} \times 720$

$= 1456 \ (kvar \cdot h)$

有功铜损系数为1.5%

$$K = \frac{[(U_K\%/100 \times S_e)^2 - W_f^2]^{1/2}}{W_f}$$

$$= \frac{[(4/100 \times 315)^2 - 3.46^2]^{1/2}}{3.46}$$

$= 3.5$

无功铜损＝有功铜损电量×K

5. 单一制功率因数调整电费客户电费计算

【例1】 某一工业客户10kV供电，受电变压器容量160kVA，高供低计，乘率为80，变压器有功铁损626kW·h，无功铁损8042kvar·h，K值为2.2，动力总表，照明分表为串接表。

本月动力抄见示数	00458
上月动力抄见示数	00113
本月照明抄见示数	00523
上月照明抄见示数	00004
本月无功表抄见示数	00888
上月无功表抄见示数	00555

该户本月应缴多少电费？

解: 有功抄见电量＝(458－113)×80＝27600 (kW·h)

其中：照明抄见电量＝523－4＝519 (kW·h)

动力抄见电量＝27600－519＝27081 (kW·h)

无功抄见电量＝（888－555）×80＝26640（kvar·h）

6. 按需量计算基本电费

【例1】 抄见需量读数为0.894，变压器容量为8000kV·A，乘率为3000，如何计收基本电费？

解： 最大计费需量＝客户抄见最大需量读数×乘率

基本电费＝最大需量×单价

注：（1）若客户最大需量低于变压器容量和高压电动机容量之和的40%时，应按40%计算基本电费。

（2）最大需量计算至整数为止。

最大需量＝0.894×3000＝2682（kW）

该户变压器容量40%为3200kW，则该客户计算基本电费应按3200kW计：

3200×27＝86400（元）

7. 客户变压器暂停基本电费计收

【例1】 某一工业客户装有1000kVA和630kVA变压器两台，2002年7月14～9月23日暂停1000kVA变压器一台，该户如何计收基本电费？

解：（1）7月基本电费计算：

630kVA一台未停，应计算一个月的基本电费＝630×18＝11340（元）

1000kVA一台7月14日暂停，用了14天，应计算14天的基本电费＝1000×（14/30）×18＝8406（元）

该户7月的基本电费为11340＋8406＝19746（元）

（2）8月1000kVA变压器全月停用，故只算630kVA变压器的基本电费＝630×18＝11340（元）

（3）9月630kVA变压器未停，1000kVA变压器自23日起启用，应算其8天的基本电费。

故9月的基本电费＝（630＋1000×8/30）×18＝16146（元）

有功铁损＝626kW·h

有功铜损＝27600×1.5%＝414（kW·h）

其中：动力铜损＝27081×1.5%＝406（kW·h）

照明铜损＝519×1.5%＝8（kW·h）

无功铁损＝8042kvar·h

无功铜损＝414×2.2＝911（kvar·h）

则：有功总电量＝27600＋626＋414＝28640（kW·h）

无功总电量＝26640＋8042＋911＝35593（kvar·h）

$\cos\varphi = 1/[1+(35593/28640)^2]^{1/2} = 0.63$

查表得电费增减率为12%

动力计费电量＝27081＋626＋406＝28113（kW·h）

照明计费电量＝519＋8＝527（kW·h）

所以：动力电费＝28113×0.649＝18245.34（元）

照明电费＝527×0.776＝408.95（元）

功率因数调整电费＝（18245.34＋408.95）×12%＝2238.51（元）

该户本月应缴电费总额＝18245.34＋408.95＋2238.51＝20892.80（元）

注：（1）160kVA 变压器功率因数考核标准为 0.85。

（2）铁损按参与总表计算。

8. 按需量计算基本电费

【例1】 某大客户 8 月 27 日抄表抄见最大需量是 6302kW，9 月 27 日抄表时复抄上月末最大需量为 6500kW。该客户 8 月基本电费应为多少？

解：因为最大需量应为客户一个日历月内所用最大需量的最大值计算基本电费，故该客户 8 月应以最大需量 6500kW 计算基本电费，故 9 月应补收 8 月基本电费：

（6500－6302）×27＝198×27＝5346（元）

9. 大工业电费计算

【例1】 某工业客户 10kV 供电，受电变压器容量 400kVA，高供低计，有功铁损 1.75kW，无功铁损 25.94kvar，K 值为 2.17，本月有功抄见电量为 108000kW·h，本月无功抄见电量为 56008kvar·h，应缴电费多少？

解：有功铁损＝1.75×720＝1260（kW·h）

有功铜损＝108000×1‰＝1080（kW·h）

无功铁损＝25.94×720＝18677（kvar·h）

无功铜损＝1080×2.17＝2344（kvar·h）

基本电费＝400×18＝7200（元）

有功计费电量＝108000＋1260＋1080＝110340（kW·h）

动力电费＝110340×0.473＝52190.82（元）

无功电量＝56008＋18677＋2344＝77029（kW·h）

$$\tan\varphi=\frac{77029}{110340}=0.6981$$

故 $\cos\varphi=0.82$

功率因数调整电费增减率为 4％

功率因数调整电费＝（7200＋52190.82）×4％＝2375.63（元）

本月该户应缴纳电费＝7200＋52190.82＋2375.63＝61766.45（元）

10. 大工业电费计算

【例1】 某工业客户 35kV 供电，高供高计，受电变压器容量 5000kVA，电流互感器 100/5，照明表与动力表串接，照明 TA 变比为 50/5，按需量计算基本电费，本月需量抄见读数为 0.58。

本月动力抄见示数   07554

上月动力抄见示数   06872

本月照明抄见示数   02114

上月照明抄见示数   00911

本月无功表抄见示数   06330

上月无功表抄见示数   06149

该户本月应缴电费是多少？

解：该户动力乘率＝100/5×35/0.1＝7000，照明乘率为 10 最大需量＝0.58×7000＝4060（kW）＞5000kW×40%

基本电费＝4060×27＝109620（元）

动力抄见电量＝（7554－6872）×7000＝4774000（kW·h）

照明抄见电量＝（2114－911）×10＝12030（kW·h）

动力电费＝（4774000－12030）×0.458＝2180982.26（元）

照明电费＝12030×0.761＝9154.83（元）

无功电量＝（6330－6149）×7000＝1267000（kvar·h）

$$\tan\varphi=\frac{1267000}{4774000}=0.2654，故 \cos\varphi=0.97$$

功率因数电费增减率为－0.75%

功率因数调整电费＝（109620＋2180982.26＋9154.83）×（－0.75%）

$$=-17248.18（元）$$

该户本月应缴电费＝109620＋2180982.26＋9154.83－17248.18

$$=2282508.91（元）$$

提示：因为照明表与动力表为串接关系，故照明电量参加功率因数计算，照明电费也参加功率因数调整电费。

11. 大工业电费计算

【例 1】 某大工业客户两路电源进线，分别各自安装 8000kVA 变压器，最大需量表两块，乘率均为 10400，甲需量表抄见读数 0.634，乙需量表抄见读数 0.328，问正常时互为备用和同时使用基本电费应如何计收？

解：甲变压器最大需量＝0.634×10400＝6594（kW）

乙变压器最大需量＝0.328×10400＝3411（kW）

（1）正常时互为备用应选择其最大需量较大的计收基本电费，则该客户每月的基本电费＝6594×27＝178038（元）计收。

提示：最大需量计算至整数为止。

（2）正常时同时使用应分别计算最大需量并计算基本电费，则该客户本月的基本电费＝6549×27＋3411×27＝270135（元）计收。

12. 大工业电费计算

【例 1】 某化工厂 10kV 供电，变压器容量为 400kVA，计量方式为高供低计，TA 变比 600/5，办公照明占总用电量 10%，该厂因生产需要从 2001 年 9 月 19 日办理变压器临时减容两年手续，暂换为变压器 200kVA，TA 变比 300/5，9 月 19 日拆回有功表码 16201，上月底码 15951；无功拆回表码 6992，上月底码 6962。9 月末抄表有功表码 16301，无功表码 7013，该户 9 月应缴电费多少元？

注：（1）大工业电价 0.473 元/（kW·h），普通工业电价 0.649 元/（kW·h），办公照明 0.776 元/（kW·h），基本电价 18 元/（kVA·月）。

（2）400kVA 变压器铁损有功 0.92kW，铁损无功 7.54kvar，K 值为 2.57。

200kVA 变压器铁损有功 0.54kW，铁损无功 4.47kvar，K 值为 2.13。

解：基本电费（400×18/30＋200×12/30）×18＝5760（元）

有功抄见电量＝（16201－15951）×600/5＋（16301－16201）×300/5＝36000（kW·h）

有功损耗：有功铁损＝0.92×720×18/30＋0.54×720×12/30＝397＋156＝553（kW·h）

有功铜损＝30000×0.01＋6000×0.015＝300＋90＝390（kW·h）

有功电量＝36000＋553＋390＝36943（kW·h）

无功抄见电量＝（6992－6962）×600/5＋（7013－6992）×300/5＝4860（kvar·h）

无功损耗：无功铁损＝7.54×720×18/30＋4.47×720×12/30＝3257＋1287＝4544（kvar·h）

无功铜损＝300×2.57＋90×2.13＝771＋192＝963（kvar·h）

无功电量＝4860＋4544＋963＝10367（kvar·h）

功率因数＝36943/$\sqrt{36943^2+10367^2}$＝36943/38370＝0.96，查表得：增减率为－0.75%

电度电费：动力费＝（36000×0.9＋553＋390×0.9）×0.473＝15752.79（元）

照明费＝（36000×0.1＋390×0.1）×0.776＝2823.86（元）

电度电费＝15752.79＋2823.86＝18576.65（元）

功率因数调整电费＝（5760＋18576.65）×（－0.75%）＝－182.52（元）

该户9月应缴电费＝5760＋18576.65－182.52＝24154.13（元）

13. 大工业电费计算

【例1】　某化工企业（氯碱行业，年生产能力在3万t以上），35kV供电，变压器容量为20800kVA，高供高计，TV变比为35/0.1，TA变比为400/5，办公照明每月定量40000kW·h，生活照明每月定量20000kW·h。7月抄表：有功总表本月表码11018，上月表码10624。其中高峰本月表码3668，上月表码3539，平段本月表码3713，上月表码3581，低谷本月表码3636，上月表码3504。无功本月表码5394，上月表码5198，问本月应缴电费多少元？

注：生产用电执行优惠电价0.428元/（kW·h），办公照明0.761元/（kW·h），生活照明0.51元/（kW·h），基本电费18元/（kVA）。

解：（1）乘率＝35/0.1×400/5＝28000

（2）有功抄见电量＝（11018－10624）×28000

＝11032000（kW·h）

其中：峰电量＝（3668－3539）×28000＝3612000（kW·h）

平电量＝（3713－3581）×28000＝3696000（kW·h）

谷电量＝（3636－3504）×28000＝3696000（kW·h）

无功抄见电量＝（5394－5198）×28000＝5488000（kvar·h）

（3）功率因数＝$\dfrac{有用功抄见电量}{\sqrt{有功抄见电量^2＋无功抄见电量^2}}$

$$＝\dfrac{11032000}{\sqrt{11032000^2＋5488000^2}}$$

$$=0.90$$

（4）因该客户力调标准为 0.90，故增减率为 0%

（5）有功计费电量＝（11032000－40000－20000）

$$=10972000 （kW \cdot h）$$

其中：峰计费电量＝10972000×3612000/（3612000＋3696000＋3696000）

$$=3601496 （kW \cdot h）$$

谷计费电量＝10972000×3696000/（3612000＋3696000＋3696000）

$$=3685252 （kW \cdot h）$$

平计费电量＝10972000－3601496－3685252

$$=3685252 （kW \cdot h）$$

（6）基本电费＝20800×18＝374400（元）

峰电度电费＝3601496×0.713＝2567866.65（元）

平电度电费＝3685252×0.428＝1577287.86（元）

谷电度电费＝3685252×0.143＝526991.04（元）

（7）力调电费＝0 元

（8）办公照明电度电费＝40000×0.761＝30440.00（元）

（9）生活照明电度电费＝20000×0.51＝10200.00（元）

（10）本月电费＝374400＋2567866.65＋1577287.86＋526991.04＋30440＋10200

$$=5087185.55 （元）$$

14. 分时电价计算示例

【例1】 某厂为生产磷肥的 35kV 客户，变压器容量为 5000kVA，当月下达的戴帽电量为 150 万 kW·h，动力装置的倍率为 7000，生活照明装置的倍率为 60，各表的当月抄见示度如下：

表类型	本月示度	上月示度
无功表	6395	6278
动力有功表		
总表	16087.95	15799
峰	5349.21	5254
平	5318.21	5233
谷	5420.53	5322
生活照明表	8417	8258
	9155	8982
	6068	5942

生活照明表是动力有功表的分表，生活照明表电量中含所用变压器照明电量800kW·h，该客户此月应缴纳多少电费？

解：计算思路如下：

（1）戴帽电量 150 万 kW·h 应执行省戴帽中小化肥电价，即 0.199 元/（kW·h），但需分时计算。

（2）动力非戴帽电量在扣除 150 万 kW·h 戴帽电量和照明抄见电量后再按峰、谷比例计算各时段电量。

（3）生活照明电量应在总表中扣除。

（4）生活照明电量结算电费时应扣除所用变电量。

（5）所用变压器照明电量应按其他照明电价结算电费。

（6）因为生活照明表是动力有功表的分表，故在计算功率因数调整电费时应含生活照明电费和所用变照明电费。

具体计算如下：

（1）基本电费＝5000×18＝90000（元）

（2）无功电量＝（6395－6278）×7000＝819000（kvar·h）

（3）抄见电量计算：

总表电量＝（16087.95－15799）×7000＝2022650（kW·h）

峰抄见电量＝（5349.21－5254）×7000＝666470（kW·h）

平抄见电量＝（5318.21－5233）×7000＝596470（kW·h）

谷抄见电量＝（5420.53－5322）×7000＝689710（kW·h）

照明抄见电量＝（8417＋9155＋6068－8258－8982－5942）×60＝27480（kW·h）

（4）峰、谷比例计算：

峰抄见电量百分比＝666470/（666470＋596470＋689710）×100%＝34%

谷抄见电量百分比＝689710/（666470＋596470＋689710）×100%＝35%

（5）计费电量计算：

动力非戴帽电量＝2022650－1500000－27480

＝495170（kW·h）

动力非戴帽峰计费电量＝495170×34%＝168358（kW·h）

动力非戴帽谷计费电量＝495170×35%＝173310（kW·h）

动力非戴帽平计费电量＝495170－168358－173310

＝153502（kW·h）

戴帽峰计费电量＝1500000×34%＝510000（kW·h）

戴帽谷计费电量＝1500000×35%＝525000（kW·h）

戴帽平计费电量＝1500000－510000－525000

＝465000（kW·h）

生活照明计费电量＝27480－800＝26680（kW·h）

所用变压器照明计费电量＝800kW·h

（6）电费计算：

峰电费＝（168358×0.428＋510000×0.199）×5/3＝289245.37（元）

谷电费＝（173310×0.428＋525000×0.199）×1/3＝59550.56（元）

平电费＝153502×0.428＋465000×0.199＝158233.856（元）

生活照明电费＝26680×0.51＝13606.80（元）

所用变压器照明电费＝800×0.761＝608.80（元）

总电度电费＝289245.37＋59550.56＋158233.856＋13606.80＋608.80＝521245.38（元）

（7）功率因数计算得 0.93

查表得功率因数调整电费增减率为－0.45％

功率因数调整电费＝（90000＋521245.38）×（－0.45％）＝－2750.60（元）

（8）该户此月应缴纳电费＝90000＋521245.38－2750.60＝608494.78（元）

15. 电能表跳字应退电量计算示例

【例1】 某客户原正常时月用电量为 57kW·h，2001 年 3 月抄见电量为 1135kW·h，2001 年 3 月 18 日换表至 2001 年 4 月 12 日抄表，抄见电量为 51kW·h，经校验结果为跳字故障，问应退多少电量？

解：计算公式：

应退电量＝已收电量－［原正常时一个月的用电量

　　　　　＋（换表后至抄表日用电量/用电天数）×30］/2

该户应退电量＝1135－［57＋（51/26）×30］/2＝1077（kW·h）

16. 电能表误差超出容许范围补退电费示例

计算公式：

$$应补退电量＝\frac{抄见电量×（±实际误差％）}{1±实际误差％}$$

【例1】 某居民客户 2001 年 3 月 5 日换表，4 月 3 日抄见电量为 185kW·h，5 月 3 日抄见电量为 204kW·h，11 月 3 日抄见电量为 728kW·h，客户仅反映表快，要求换表，拆回校验误差＋2.54％，应如何补电量？

解：应补退电量＝$\dfrac{728×2.54\%}{1＋2.54\%}$＝18（kW·h）

按《供电营业规则》第 80 条规定：互感器或电能表误差超出允许范围时，以"0"误差基准，按验证后的误差值退补电量，退补时间从上次校验或换表后投入之日起至误差更正之日止的 1/2 时间计算。

该户 3 月 5 日换表，起讫时间清楚，跨度为 8 个月，按上述规定：

应退电量＝18×8/2＝72（kW·h）

复习思考题与习题

一、选择题（下列每题都有四个答案，其中只有一个正确答案，将正确答案的题号填入括号内）

1. 电压互感器的二次额定电压（**B**）。

　　A. 一般为 50V　　B. 均为 100V　　　C. 一律为 220V　　D. 可为 380V

2. 基建工地施工（包括施工照明）用电，其电费计价种类属于（**B**）。

　　A. 住宅电价　　B. 非工业电价　　C. 临时电价　　　D. 商业电价

3. 每月应收但未收到的电费应该（**B**）。

　　A. 从应收电费报表中扣除

B. 在营业收支汇总表的欠费项目中反映

C. 不在营业收支汇总表中反映，另作报表上报

D. 不在用电部门的报表反映，只在财务部门挂账处理

4. 某剧院原装有一具照明表，一具动力表，由于电价相同，用户要求将两个表的容量合在一起，该用户应办（**A**）手续。

    A. 并户   B. 增容   C. 改类   D. 迁户

5. 抄表终端与母机之间最大距离应小于（**B**）km。

    A. 0.5   B. 1   C. 2   D. 4

6. 如果用户（**A**）不用电又不办理变更用电手续时，供电部门即作自动销户处理。

    A. 连续 6 个月   B. 连续 3 个月

    C. 连续 1 年及以上   D. 累计 6 个月

7. 稻田排灌和农村照明装表计费的要求是（**A**）。

    A. 分别装表计费   B. 可同用一块

    C. 因是农业用电可不严格规定   D. 可按装机容量和使用时间估算电费

8. 2.0 级的电能表误差范围是（**B**）。

    A. ±1%   B. ±2%   C. ±0.2%   D. ±3%

9. 电力销售的增值税税率为（**B**）。

    A. 13%   B. 17%   C. 10%   D. 12%

10. 脉冲电能表电气性能，脉冲电能表在最大负荷下传感器与磁钢发生作用的时间（高电平）大于（**D**）s；不发生作用的时间（低电平）大于 20s。

    A. 1   B. 2   C. 4   D. 6

11. 某用户原报装非工业用户，现要求改为商业用电，该户应办理（**B**）。

    A. 改压   B. 改类   C. 更名过户   D. 销户

12. 100kVA 及以上高压供电的用户功率因数应达到（**C**）以上。

    A. 0.85   B. 0.80   C. 0.90   D. 0.95

13. 三只单相电能表测三相四线电路有功功率电能时，电能消耗等于三只表的（**D**）。

    A. 几何和   B. 代数和   C. 分数值   D. □

14. 当电力线路中的功率输送方式改变后，其有功和无功电能表的转向是（**D**）。

    A. 有功表反转   B. 无功表反转

    C. 有功表、无功表都反转   D. 有功表、无功表都不反转

15. 若电流互感器一次绕组有多级抽头时，其首端极性标志为（**A**）。

    A. 从首端开始 L_1、L_2、L_3、L_n 依次标出

    B. 只标出 L_1

    C. 只标出 L_1 和 L_2

    D. L_1、L_2、L_3

16. 某供电局 2007 年计划售电量为 12 亿 kW·h，实际售电量为 15 亿 kW·h，其完成售电计划指标的完成率为（**B**）。

    A. 80%   B. 125%   C. 105%   D. 100%

17. 下列（**D**）用电，按照明电价计收电费。

A. 电解

B. 电信、广播、仓库、码头

C. 航运、电车

D. 医疗用 X 光机、烹饪、电视机

二、判断题（判断下列描述是否正确，对的在括号内打"√"，错的打"×"）。

1. 导体两端有电压，导体中才会产生电流。（√）

2. 功率越大的电器，需要的电压一定大。（×）

3. 把 25W，220V 的灯泡接在 1000W，220V 发电机上，灯泡会被烧坏。（×）

4. 三相电路总有功功率 $P = 3^{1/2}U_\text{L}I_\text{L}\cos\varphi$。（√）

5. 常用灯泡当额定电压相同时，额定功率大的灯泡电阻就大。（×）

6. 凡是工矿企业生产或加工用电均按大工业电价。（×）

7. 电价水平的高低，电费回收的好差直接关系到电力企业的经营成果和经济效益。（√）

8. 电力企业的销售收入主要是电费收入。（√）

9. 电费回收的好差不影响电业职工的实际收入。（×）

10. 专线供电的用户不需要加收变损、线损。（×）

11. 电能表实抄率、电费回收率、电费差错率是考核抄核收工作质量的主要指标。（√）

12. 用户用电性质改变，如商业改为非工业，应办理用电类别变更手续。（√）

13. 用户应按国家规定向供电企业存出电费保证金。（√）

14. 对于旧的集中抄表装置在检查时，应首先查看 STD 机架插板上的三只发光管是否正常发光。（√）

15. 在当采用便携式计算机或抄表机在现场抄表时，应先打开抄表机或计算机电源，然后再通过电缆将其与装置连接好。（×）

16. 辽宁省高峰时段电价按基础电价上浮 50％。（√）

17. 辽宁省低谷时段电价按基础电价下浮 50％。（√）

18. 本期表示数为起算时的电能表读数。（×）

19. 基期表示数为截止时的电能表读数。（×）

20. 峰谷分时有功表计电量＝（本期－基期）峰段表示数×实用乘率。（√）

21. 变损电量分为有功损失电量及无功损失电量两个部分，其计算公式为

有功变损
$$\Delta A_\text{P} = P_0 T + \frac{KP_\text{K}}{TS_\text{e}^2}(A_\text{P}^2 + A_\text{Q}^2)$$

无功变损
$$\Delta A_\text{Q} = I_0 S_\text{e} T \times 10^{-2} + \frac{KU_\text{K} \times 10^{-2}}{TS_\text{e}}(A_\text{P}^2 + A_\text{Q}^2) \qquad (√)$$

三、填空题

1. 现行电价按生产流通环节主要有三类：（**上网**）电价、（**网间互供**）电价、（**销售**）电价。

2. 大工业电价包括（**基本电价、电度电价和力率调整电费**）三部分。

3. 基本电价是指按用户（**用电容量**）计算的电价。

4. 电度电价是指按用户（**用电度数**）计算的电价。

5. 力率调整电费是根据用户（**力率水平的高低**）减收或增收的电费。

6. 对总容量为（**100**）kW 的客户，视同（**100**）kVA，此种容量及以上的非工业、普通工业客户一律执行峰谷分时电价。

7. 功率因数标准为 0.90，适用于（**160**）kVA 以下的高压供电工业客户。

8. 功率因数标准为 0.85，适用于（**100**）kVA（**kW**）及以上的其他工业客户。

9. 峰段电费＝［**高峰分时段用电量×基础电价（1＋上浮比例）**］

　　谷段电费＝［**低谷时段用电量×基础电价（1－下浮比例）**］

　　平段电费＝（**平时段用电量×基础电价**）

四、问答题

1. 影响电价的主要因素有哪些？（答：见本章第一节、二）

2. 何谓大工业电价？［答：见本章第一节、三（四）］

3. 实现城乡居民生活用电铜价的重大意思是什么？（答：见本章第二节、三）

4. 两部电价都包括什么？（答：见本章第三节、一）

5. 什么是两部电价的优点？（答：见本章第三节、二）

6. 什么是功率因数调整电费的办法？（答：见本章第四节、二）

7. 简述大工业电价自行选择基本电费的计算方式。（答：见本章第五节、三）

第七章 营业发行与常用营业计算

第一节 营业发行工作流程及管理方法

一、发行款项的计算

所谓发行款项指电力部门按周期对客户应承担各种费用的单据的制成。

1. 电能电费的计算

所谓电能电费是根据客户使用的有功电量供电部门应收的电费。凡是客户接收了供电企业供给的电量，则必须对该户发行电能电费。

2. 基本电费的计算

所谓基本电费是根据客户的受电设备的总容量或最大需量，来确定供电部门应收的电费。

3. 力率电费的计算

所谓力率电费，是根据客户受电的功率因数供电部门应收的电费。力率电费只对不小于 100kVA 的电力客户发行。

二、应收电费款项的发行

1. 发行方式

所谓发行方式是对客户应付电费发行的种类、发行的内容、发行的过程等而言。这里所说的电费，包括随电费同时收取的代收款项。发行方式共分为售电发行、结算发行、临时补缴发行、变价发行、销户发行、订正发行等方式。

（1）售电发行。指客户购电时，按客户所付款额交付客户的电费收据的制成及管理过程。

（2）结算发行。指按抄表器上装信息而对客户应收电费收据制成及管理的过程。

（3）临时补缴发行。指无表协议电量或临时或违窃用电客户，按用电申请单或调查报告单上的信息，对客户一次性应收电费收据制成及管理的过程。

（4）变价发行。指由于用电类别变更而致使客户执行电价的标准发生变化时，按竣检审核后的工作任务单上的信息，对客户电价变化前未发行的应收电费做最后一次发行的过程。

（5）销户发行。指供电局在给客户办理销户手续时，按竣检审核后的内线任务单上的信息，对用户销户前未发行的应收电费做最后一次发行的过程。以便结束供电局与客户之间的一切债权债务关系的清算工作。

（6）订正发行。指对已发行完毕的单据，发现发行错误时，要对错误部分进行订正，重新发行。

2. 售电发行

(1) 售电发行只能由售电员（包括收费员）进行，并且只对第一类以外的客户发行，第一类客户在购电时不进行发行。

(2) 该单据根据客户所交付的购电款额发行。对于尚未实行购电的客户，视为已经实行购电，其分次电费按购电款额对待，也由售电员根据客户可支付的款额发行，当客户没有发生购电款额时，则视为购电款额为零，不做发行。

(3) 此单据只发行购电款额及实收款额，不发行其他明细项目。

(4) 该单据发行后，将信息传至营业会计，并领取领发据单，形成电量电费发行表。经营业会计确认后，每日将当天发行额进入应收电费借方，及应付电费（购电款）的贷方，同时将每户发行信息传至发行员，以备对该户结算发行时使用。

3. 结算发行

(1) 结算发行只能由发行员进行。

(2) 该单据根据抄表器上装的有关信息发行。

(3) 发行内容为每个客户抄表时止所发生的峰、谷、平各段有功电量的电度电费、基本电费、力率电费、附加费、差价电费、本月购电、上月结存、结转下月、实收款额几个部分的内容，但居民客户不按每户分别发行而按区段进行发行，并且不发行本月购电、上月结存、结转下月等内容。

(4) 发行内容中的电度电费、基本电费、力率电费、附加费、差价电的款额按第一部分所述办法计算。

(5) 本月购电款额按对该户上次结算发行之时起，至本次发行之时止，售电员已经传来的，并且经营业会计确认的对该户发行的"本月购电"款额的负数发行。

(6) 上月结存款额按对该户上次结算发行的"结转下月"款额的负数发行。

(7) 结转下月款额，按该户结算后剩余的款额发行。

(8) 该单据发行后，将单据和信息传至营业会计，形成电量电费发行表。经营业会计确认后，每日将当天发行的"实收款额"进入应收电费借方，将发行明细进入应付电费二级科目的贷方。

4. 临时、补缴发行

(1) 临时、补缴发行只能由供电局的登记员进行。

(2) 临时发行根据客户临时用电申请单中的申请用电起止日期、每天的用电时间、申请用电容量及设备种类来确定发行电量，根据用电分类和受电电压确定电价标准后，再进行发行。

$$电力用电量 = 用电容量 \times 设备系数 \times 8h \times 每日班制数 \times 使用天数$$
$$照明用电量 = 用电容量 \times 12h \times 使用天数$$

其中：设备系数为电动机 $\times 0.8$、变压器 $\times 0.7$、电焊机 $\times 0.5$；

每日班制数为每班不足 8h 的按 8h 计算，每班不得超过 8h；

使用天数为从设备投运之日起至停运之日止的实际天数。

临时用电的电价确定办法与正式用电相同。

(3) 补缴发行根据用户调查报告单上的违约、窃电的可查天数、容量、电量、用电分类发行。对电量和天数不可查时，按规定计算。

　　1）对窃电客户的发行。

$$照明补缴电量＝窃电容量×6h×180d$$
$$动力补缴电量＝窃电容量×12h×180d$$
$$补缴款额＝补缴电量×应收单价$$

　　在计算窃电容量时，无论使用什么设备，其设备系数全部按1计算。

　　已窃电补缴款额包括电度电费、差价电费的补缴款额，要分项计算。对窃电客户全部执行一部电价、不计算基本电费和力率电费。应收单价标准按窃电户的用电分类和受电电压等级确定。

　　2）对违约客户的发行。

　　a. 对高价低计违约客户的发行。对此类客户要按高低价电费分别发行，高价部分发行正电量和正款额，低价部分发行负电量及负款额，并且要在同一张单据上发行。

$$补缴高价电费款额＝违约电量×高电价标准$$
$$退还低价电费款额＝违约电量×低电价标准$$

　　违约电量及电价标准以调查报告单的调查结论为准。

　　b. 对私增容的大工业和私用封存设备的大工业违约用户的发行。

$$补缴基本电费＝违约容量×1200×违约天数/30$$

　　违约天数及违约容量以调查报告书的调查结论为准。

　　（4）临时及补缴发行全部使用杂项收据，不得使用电费单据。如客户需出具增值税发票时，需打印"非报销凭证"字样。

　　（5）临时及补缴发行的同时，即向客户收取电费，并将信息传至营业会计，形成临时补缴电量电费发行表。经营业会计确认后，每日将当天的"发行款额"进入应收杂项费借方，将发行明细进入应付杂项二级科目的贷方。其二级科目为电费、附加费、差价电费等。

　　5. 变价发行

　　（1）变价发行只能由发行员进行。

　　（2）当发行员收到能够影响电价变化的用电变更信息后，对客户电价变化前的电费随时要进行一次特殊发行，即变价发行，此次发行的要求同结算发行一样。

　　（3）变价发行后，再发行时，对该户按新价标准进行结算发行。

　　（4）如在变价发行前，已对应按新价标准发行的部分仍按原价标准发行完毕时，则要进行一次订正发行。①按起止日期及起算表示数及原来计算参数，将误算部分全部退还给客户；②按新价标准及起算日期，再重新发行。

　　（5）能够引起电价发生变化的用电变更有改类、过户、增容、增装、减容、产权变更、改压换表。

　　6. 零据发行

　　（1）零单据只能由售电员，包括收费员，在客户领取结算单据时发行。

　　（2）如客户所索取的单据各项应收款项全部为零，则不能发行。

　　（3）客户领取该单据时应持购电卡，并在微机上签明领取时间。

（4）售电员只有打印权力没有制成权力。

（5）将发行信息传至营业会计处时，只有发行张数及实际款额"零"，只形成电量电费发行表。

7.销户发行

（1）销户发行由登记员进行。

（2）登记员依据审核后全撤内线任务书的信息进行全撤发行，发行的款项同结算发行一样，但结转下月必须为0。登记员做全撤发行时，制成的电费单据收据联收费工栏打印登记员名。

（3）该单据发行后，将单据和信息转至营业会计，并形成电量电费发行明细表，营业会计审核同结算发行。

8.订正发行

（1）订正发行只能由原发行岗位的人员发行。

（2）订正发行必须经营业主管批准、确认后方可进行。如由于调价等原因，将某一类用户统一订正发行时，营业主管可对此类客户集中批准。

（3）订正发行必须对正确单据和错误单据对应发行。

（4）订正发行一般只订正错误部分及与错误数据有关联的部分。

（5）对订正发行其他的要求与所订正的单据的发行要求一致。

9.电费发行后的收费日志处理

（1）第一类之外客户的售电发行，包括订正售电的发行、零据发行、销户发行的信息，经营业会计确认后，将发行张数及款额同时记入发行人的收费日志中的领入栏内。

（2）第一类之外用户的结算发行，包括订正结算的发行、变价发行的信息，经营业会计确认后，将发行张数及款额暂存在待发单据信息内，待收费员或售电员领取单据时，记入领取人的收费日志中的领入栏内。

（3）第一类用户的结算发行和销户发行的信息，经营业会计确认后，将发行户数及款额记入局通用的购电日志中转发行栏内。

第二节　常用营业计算

一、基本电费的收取计算

受电变压器总容量315kVA及以上的工业生产用电执行大工业电价，收取基本电费，收取基本电费的计算方法有两种：①按最大需量；②按变压器容量。

按变压器容量收取基本电费的原则为：①起用日算，止用日不算；②以收定减，如电费已收的，按已收定减法退基本电费；③每月按1/30组计算。

二、一次计费临时用电电费的计算

1.未装表的临时用电电费计算

按其用电容量、使用时间、规定的电价计收电费。

临时用电设备容量按下列规定计算：变压器（kVA）乘以0.7，交流电焊机（kVA

或 kW）乘以系数 0.5，电动机（kW）乘以系数 0.8。

（1）临时用电每日时间按下列规定计算。

电力客户每日（不足一班的按一班）：①一班用电按 8h 计算；②两班用电按 16h 计算；③三班用电按 24h 计算。

（2）照明客户每日按 12h 计算。使用天数按实际使用日数，起日算止日不算。

2. 高压厂区内临时用电电费的计算

对客户为大工业用电，现执行 1～10kV 大工业电价 0.403 元，临时用电应执行非工业电价 0.613 元，故一次性计收电价差 0.613−0.403＝0.21（元）。

具体的计算方法：客户申请容量（kW）×需用率×每日使用时间×实际使用天数＝电量（kW·h）×价差＝应收电价差

需用率：电焊 0.5、电机 0.8

每日使用时间：一班 8h，二班 16h、三班 24h。

三、模拟市场利润的计算

实现的利润＝10kV 及以下实际完成的售电收入−10kV 及以下购电成本

【例1】 某供电分公司购电单价为 440.20 元/（MW·h），全年 10kV 供电量为 230000kW·h，全年售电收入为 106864000 元，则模拟市场利润为

$$106846 - 230 \times 440.20 = 5600000（元）$$

四、计算范例

【例1】 某大工业客户，受电变压器容量为 400kVA，2002 年 4 月 14 日增装一台 200kVA 变压器，计算其 4 月基本电费。

解：$400 \times 15 + 200 \times 15 \times \dfrac{17}{30} = 7700$（元）

【例2】 某大工业客户，受电变压器容量为 315kVA，2002 年 8 月 5 日增容一台 400kVA 变压器，计算其 8 月基本电费。

解：$315 \times 15 + (400 - 315) \times 15 \times \dfrac{27}{30} = 5872.5$（元）

【例3】 某大工业客户，受电变压器容量为 880kVA，2002 年 10 月 28 日全撤，当时 10 月电费已收完，问应退回多少基本电费？

解：$888 \times 15 - 880 \times 15 \times \dfrac{27}{30} = 1320$（元）

【例4】 某 10kV 大工业客户，受电变压器容量为 320kVA，其临界电量为多少？

解：$320 \times \dfrac{15}{0.613 - 0.403} = 22857$（kW·h）

【例5】 某厂功率因数为 0.8 时，线损为 2300kW·h，如功率因数提高到 0.9 时，线损应减为多少？

解：根据公式 $1 - \left(\dfrac{\cos\varphi_1}{\cos\varphi_2}\right)^2$ 来计算，其中：$\cos\varphi_1$ 为调整前功率因数，$\cos\varphi_2$ 为调整后功率因数

$$1-\left(\frac{0.8}{0.9}\right)^2=1-\frac{0.64}{0.81}=1-0.79=0.21$$

即 $2300-(2300\times0.21)=2300-483=1817$（kW·h）。

【例 6】 某厂功率因数为 0.9 时，线损为 1700kW·h，如功率因数降到 0.85 时，线损应增为多少？

解： $1-\left(\frac{0.9}{0.85}\right)^2=1-\frac{0.81}{0.7225}=1-1.121=-0.121$

即 $1700+(1700\times0.121)=1700+126=1906$

注：功率因数升高为（一），功率因数降低为（+）。

【例 7】 某制造厂主变容量为 560kVA，4 月功率因数为 0.85，5 月功率因数为 0.70，假定两个月的用电量都是 120000kW·h，求各月的力率电费？

解： 电度电费 $=120000\times(0.396-0.024)=120000\times0.372=44640.00$（元）

基本电费 $=560\times15=8400.00$（元）

4 月力率电费 $=(44640+8400)\times25\%=1326$（元）

5 月力率电费 $=(44640+8400)\times10\%=5304$（元）

【例 8】 10kV 高压供电，有 50/5A 的电流互感器，其电能表的倍率为多少？

解： $\frac{10000}{100}\times\frac{50}{5}=100\times10=1000$（倍）

【例 9】 有一单相电能表，表本身倍率为 10 倍，经 30/5 的电流互感器接入电路中，实乘倍率为多少？

解： $K_{实用}=(CT_{比线路}\times PT_{比线路})/(CT_{比表身}\times PT_{比表身})$

$=30/5\times1\times1\times10=60$

【例 10】 有三单相电能表，表本身倍率为 1 倍，接入表的电流互感器为 30/5，电压互感器为 10/0.1，实乘倍率为多少？

解： $K_{实用}=30/5\times10/0.1\times1=600$

【例 11】 一条 60kV 输电线 $R=40\Omega$，$X=16\Omega$ 运行电流为 100A，功率因数为 0.5 和 0.9 时的电压降相差多少？

解： 当功率因数位 0.5 时：

有功电流 $=100\times0.5=50$（A）

无功电流 $=100\times\sqrt{1-0.5^2}=86.6$（A）

线路压降 $=1.73\times[(4\times50)+(16\times86.6)]=1.73\times[200+1385.6]=2743$（V）

当功率因数为 0.9 时：

有功电流 $=100\times0.9=90$（A）

无功电流 $=100\times\sqrt{1-0.9^2}=43.5$（A）

线路压降 $=1.73\times[(4\times90)+(16\times43.5)]=1.73\times[360+696]=1827$（V）

两者相差 $=2743-1827=916$（V）

【例 12】 某供电分公司与某化工厂签订的供用电合同规定：化工厂应分别于每月 5 日、15 日、25 日和月末交付当月总电费的 20%、30%、30%、20%，并与月末日前全部结清当月电费。化工厂 2 月电费为 26444347.07 元，2 月 28 日交付电费 997175.36 元，3 月 3 日交付 190 万元，试计算截至 3 月 5 日的电费违约金？

解：化工厂 2 月 5 日应交付电费 5288869.41 元，2 月 15 日应交付电费 7933304.12 元，2 月 25 日应交付电费 7933304.12 元，2 月 28 日应交付电费 5288869.42 元。

2 月违约金计算明细如下：

2 月 5 日~2 月 15 日：$5288869.41 \times 10 \times 2‰ = 105777.39$（元）

2 月 15 日~2 月 25 日：$(5288869.41 + 7933304.12) \times 10 \times 2‰ = 264443.47$（元）

2 月 25 日~2 月 28 日：$21155477.65 \times 3 \times 2‰ = 126932.87$（元）

2 月 28 日~3 月 3 日：$(26444347.07 - 997175.36) \times 3 \times 2‰ = 152683.03$（元）

3 月 3 日~3 月 5 日：$(25447171.71 - 1900000.00) \times 2 \times 2‰ = 94188.69$（元）

截至 3 月 5 日，2 月电费违约金为 744025.45 元。

【例 13】 变比相同的两台三相变压器，P_1 为 560kVA，U_K 为 5%；P_2 为 320kVA，U_K 为 4%，F_1 为 P_1 的负担，F_2 为 P_2 的负担。求：$F_1 = ? \quad F_2 = ?$

解：设 $P_\Sigma = P_1 + P_2$，则

$$F_1 = \frac{P_\Sigma}{\dfrac{P_1}{U_{K1}} + \dfrac{P_2}{U_{K2}}} \times \frac{P_1}{U_{K1}} = 513(\text{kVA})$$

$$F_2 = 880/192 \times 80 = 366(\text{kVA})$$

可见 （1）当变压器满载（880kVA）时，P_1 分配负荷为 513kVA，比额定欠载 9%。

（2）P_2 分配负荷为 366kVA，比额定超载 12.5%。

（3）阻抗电压大者欠载，小者超载，只有将 P_Σ 减少 12.5%（770kVA）时才能并列。

【例 14】 变比、容量相同的两台三相变压器，P_1 为 320kVA，U_{K1} 为 5%；P_2 为 320kVA，U_{K2} 为 4%；F_1 为 P_1 的负担，F_2 为 P_2 的负担。求 $F_1 = ?$，$F_2 = ?$

解：设 $P_\Sigma = P_1 + P_2$，则

$$F_1 = \frac{P_\Sigma}{\dfrac{P_1}{U_{K1}} + \dfrac{P_2}{U_{K2}}} \times \frac{P_1}{U_{K1}} = 284(\text{kVA})$$

$$F_2 = 4.45 \times 80 = 356(\text{kVA})$$

可见 （1）当变压器满载（880kVA）时，P_1 分配负荷为 284kVA，比额定欠载 12.5%。

（2）P_2 分配负荷为 356kVA，比额定超载 11.2%。

故只有将 P_Σ 减少 11.2%（570kVA）时才能并列。

【例 15】 如 $P = 296944\text{kW} \cdot \text{h}$，$Q = 152991\text{kuar} \cdot \text{h}$，导线型号为 $LGJ-70$，$L = 0.5\text{km}$（$R = 0.46\Omega$），线路损失电能是多少？

解：线路损失电量：

$$\Delta AL = (KR \times 10^{-3} \times 10^6 / U^2 \times 720) \times (P^2 + Q^2)$$

$$= (1.2 \times 0.46 \times 0.5 \times 10^3 / 60^2 \times 720) \times (296.944^2 + 152.992^2)$$

$$= 0.000106481 \times 111581.9851$$

=12（kW·h）

【例 16】 某客户装一块三相四线有功电能表 3×380V，5A，安装 3 台 200/5 电流互感器，其中的一台过负荷烧毁，客户私自更换一台 300/5A 的电流互感器，极性正确，此客户私自更换电流互感器 6 个月，此期间有功表共走电量 50000kW·h，问应追补电量多少 kW·h？

解： 更正率＝（正确电量－错误电量）/错误电量×100%

$$正确电量=\left(\frac{1}{3}+\frac{1}{3}+\frac{1}{3}\right)\times\frac{\dfrac{200}{5}}{\dfrac{300}{5}}=\frac{8}{9}$$

$$更正率=-\left(\frac{8}{9}\right)\div\frac{8}{9}\times100\%=12.5\%$$

追补电量＝更正率×抄见电量＝12.5%×50000＝6250（kW·h）

【例 17】 某 10kV 供电的大工业客户，受电变压器为 630 千伏安一台，三班生产，二次计量，8 月二次有功抄见电量 188000kW·h（其中居民电量为 5000kW·h），二次无功迟相抄见电量 48200kvar·h，二次无功进相抄见电量 54200kvar·h，变压器有关参数如下：铁损 1.3kW，铜损 8.1kW，空载电流 3%，短路电压 4.5%，此户当月发生居民电费 1945.00 元，动力电费 73827.01 元，请计算该户的变损并算出力率电费是多少？

解：（1）有功变损：

$\Delta A_p = P_0 T + (KP_K\times10^6)/(S_e^2 T)\times(A_P^2+A_Q^2)$

$=1.3\times720+(1.2\times8.1\times10^6)/(630^2\times720)$

$\quad\times[188^2+(48.2+54.2)^2]$

$=2495$（kW·h）

（2）无功变损：

$\Delta A_Q = I_0 S_e T\times10^{-2}\times(KU_K\times10^{-2})/(S_e T)\times(A_P^2+A_Q^2)$

$=3\times630\times720\times10^{-2}+(1.2\times4.5\times10^6\times10^{-2})/(630+720)$

$\quad\times[188^2+(48.2+54.2)^2]$

$=19064$（kvar·h）

【例 18】 某高压客户受电电压 60kV。变压器型号是 SJ60/10—3200，CT 为 200/5、PT 为 10/0.1，请判断此户的计量方式？

解： 此户是二次计量。

【例 19】 现场发现一居民客户利用插胶片方法窃电，月用电量 70kW·h，窃电现场用电器具如下：750W 电饭锅一个，200W 白炽灯一盏，窃电时间无法查明，电表容量为 5A。请计算应追补的电量、电费及违约使用电费（按以开征城市附加费计算）。

解： 追补电量＝0.22kV×5×180×6＝1188（kW·h）

追补电费＝1188×0.45＝534.60（元）

违约电费＝534.60×3＝1603.80（元）

【例 20】 某 10kV 供电客户，装设变压器 180kVA×2 台，于 8 月 19 日办理一台变压器暂停 3 个月，8 月末实际用电量为：照明 5000kW，动力 120000kW，其中峰电量

40000kW·h，谷电量30000kW·h。当月实际功率因数为0.9。求该用户8月应交电费（不含附加费）。

解：照明电费＝0.35×5000＝1750（元）

峰段动力电费＝0.367×1.5×40000＝22020（元）

谷段动力电费＝0.367×0.5×30000＝5505（元）

平段动力电费＝0.367×（120000－40000－30000）＝18350（元）

基本电费＝180×15＋180×15×18/30＝4320（元）

三峡、电建费＝（0.02＋0.004）×125000＝3000（元）

总电费＝1750＋22020＋5505＋18350＋4320＋3000＝54945（元）

【例21】 某低压客户1998年5月24日新装容量40kW，CT为75/5。因生产需要，该户1999年3月12日增容至95kW，现场工作时发现，该户CT实际为150/5，抄见电量235kW·h。

问（1）该户增容应配多大CT？

（2）该户追补电量多少kW·h？

解：电流＝95/（1.732×0.38×0.85）＝169.8（A）

应选用200/5的互感器

追补电量＝235×（150/5－75/5）＝3525（kW·h）

【例22】 有一台Sg—315kVA，10kV/0.4kV，Y/Y，yn0的三相电力变压器通过计算，选择变压器一、二次熔丝。

解：变压器的一、二次电流分别为

$I_1＝S/3u＝315/（3×10kV）＝18.2（A）$

$I_2＝S/3u＝315/（3×0.4kV）＝463.2（A）$

100kVA以上变压器熔丝按额定电流的1.5～2倍选择。故一次熔丝应选择36A。

变压器二次熔丝按额定电流选择，故二次熔丝应选择470A。

复习思考题与习题

一、填空题

1. 所谓发行款项指电力部门按（**周期对客户**）应承担各种费用的单据的制成。

2. 所谓电能电费是根据客户使用的（**有功**）电量供电部门应收的电费。

3. 所谓基本电费是根据客户的受电设备的（**总容量或最大需量**），来确定供电部门应收的电费。

4. 所谓力率电费，是根据客户受电的功率因数供电部门应收的电费。

5. 结算发行的内容为每个客户抄表时止所发生的（**峰、谷、平**）各段有功电量的电度电费、基本电费、力率电费、附加费、差价电费、本月购电、上月结存、结转下月、实收款额几个部分的内容。

6. 补缴基本电费＝（**违约容量×1200×违约天数/30**）

二、判断题

1. 力率电费只对不小于 50kVA 的电力客户发行。（×）

2. 所谓发行方式只对客户应付电费的发行过程等而言。（×）

3. 结算发行只能由发行员进行。（√）

4. 售电发行只能由售电员（包括收费员）进行。（√）

5. 变价发行只能由售电员进行。（×）

6. 零单据只能由发行员发行。（×）

7. 销户发行由登记员进行。（√）

8. 未装表的临时用电：按其用电容量、使用时间、规定的电价计收电费。（√）

9. 临时用电设备容量：交流电焊机（kVA 或 kW）乘以系数 0.8。（×）

10. 临时用电设备容量：电动机（kW）乘以系数 0.5。（×）

三、名词解释

1. 售电发行。指客户购电时，按客户所付款额交付客户的电费收据的制成及管理过程。

2. 结算发行。指按抄表器上装信息而对客户应收电费收据制成及管理的过程。

3. 临时补缴发行。指无表协议电量或临时或违窃用电客户，按用电申请单或调查报告单上的信息，对客户一次性应收电费收据制成及管理的过程。

四、问答题

1. 应收电费款项是怎样发行的？（答：见本章第一节、二）

2. 基本电费的收取是怎样计算的？（答：见本章第二节、一）

第八章　感应式电能计量仪表

第一节　感应式电能表的结构和工作原理

一、电能表的作用

在电力系统发、供、用电的各个环节中，装设了大量的电能表，以此来测量发电量、厂用电量、供电量、售电量、线路损耗电量等。

二、电能表的分类

电能表的品种、规格不断增加。其类别可按不同情况划分为：

（1）按照测量不同电流种类可分为直流式和交流式。

（2）按照准确度等级可划分为普通电能表和标准电能表。普通电能表准确度等级为0.5级、1.0级、2.0级、2.5级，标准电能表准确度等级分为0.5级、0.2级、0.1级。

（3）按照相数、用途不同可分为单相电能表、三相有功电能能、无功电能表、最大需量表、标准电能表、分时计费电能表、损耗电能表等。

（4）按照结构不同可分为感应式、电子式、数字式电能表。

三、各种电能表的用途

1. 有功电能表

有功电能表是用来计量发电厂发出或用户消耗的有功能量。

2. 无功电能表

无功电能表是用来测量无功电能的计量装置。

3. 最大需量表

最大需量表由有功电能表和需量指示器两部分组成。所谓最大需量表则是指示15min内持续的负荷，即若功率表指示为100kW，持续15min，则最大需量为100kW；若功率表指示为100kW，持续10min，后负荷降至50kW，持续了5min，则最大需量表的指示值为

$$(100 \times 10 + 50 \times 5)/15 = 83.3(\text{kW})$$

这样既考虑了冲击电流的大小，也考虑了持续时间。

4. 标准电能表

标准电能表主要用来对普通电能表进行误差校验。其特点是：①准确级高，为0.5级；②计数机构不同于一般电能表，只记录铝盘的转数；③工作状态与一般电能表不同，电流线圈不受负荷影响始终带电，电压回路用手动开关控制；④标准电能表大都是多量程的。

5. 分时计费电能表

在电能计量工作中提出的一种测量手段，利用有功电能表或无功电能表中的脉冲信号，分别计量高峰、低谷时间内的最大需量；计量有功功率、有功电能和无功电能，并计算平均力率，来促使客户在高峰时间少用电。

四、电能表的铭牌标志

每只出厂的电能表，在表盘上都钉有一块铭牌，通常标注了名称、型号、准确度等级、电能计算单位、标定电流和额定最大电流、额定电压、电能表常数、频率等项标志。

1. 名称

电能表名称标明该电能表按用途分类的名称，如单相电能表、三相三线有功电能表、三相无功电能表。

2. 型号

我国对电能表型号的表示方式规定如下：

（1）第一部分为类别代号。

D——电能表

（2）第二部分为组别代号。

D——单相

S——三相三线

T——三相四线

X——无功

B——标准

Z——最高需量

J——直流

L——打点记录

F——伏特小时计

A——安培小时计

H——总耗

（3）第三部分为设计序号，以阿拉伯数字表示。

例如：DD——单相电能表，如 DD5、DD28 型；DS——三相三线有功电能表，如 DS15 型。

3. 准确度等级

电能表的准确度等级用置于一个圆圈内的数字来表示，如果圆圈内的数字是 2.0，则表明该表的准确度等级为 2.0 级，也就是说它的基本误差不大于 ±2%。

4. 电能计量单位的名称和符号

有功电能表计量单位为"千瓦时"，即"kW·h"；无功电能表计量单位为"千乏时"，即"kvar·h"。

5. 标定电流和额定最大电流

标明于电能表铭牌上作为计算负载的基数电流值称为标定电流，用 I 表示。把电能表能长期正常工作，而误差与温升完全满足规定要求的最大电流值称为额定最大电流，用 I_z 表示。如 DD28 型电能表铭牌的标定电流栏内，注 5（10）A 时，其表明标定电流为 5A，额定最大电流为 10A。如果额定最大电流不大于标定电流的 150％，则只标注额定电流。因此，经电流互感接入式的电能表及直接接入式的单相和三相电能表，其铭牌上标注的电流则是标定电流。

（1）直流接入式的单相电能表 $I_z \geqslant 2I_b$。

（2）直接接入式的三相电能表 $I_z \geqslant 1.5I_b$。

（3）经互感器接入式的电能表 $I_z \geqslant 1.2I_b$。

（4）若铭牌上只标出标定电流 I_b 数值的电能表 $I_z \geqslant 1.5I_b$。

6. 额定电压

三相电能表铭牌上额定电压有不同的标注方法。如标注为 $3 \times 380V$，表示相数是三相，额定线电压是 380V；对于三相四线电能表，标有相数、线电压和相电压，如 $3 \times 380/220V$，表示相数是三相，额定线电压是 380V，额定相电压是 220V，就是说此表电压线圈长期承受的额定电压是 220V。经电压互感器接入式的电能表则用电压互感器的额定变比形式表明额定电压，如 $3 \times \dfrac{600}{100}V$，则说明电能表的额定电压为 100V。

7. 电能表常数

电能表常数就是电能表的计度器的指示数和圆盘间的比例数。国家有功电能表常数标明为 $1kW \cdot h =$ 盘转数或 $r/kW \cdot h$，无功电能表常数标明为 $1kvar \cdot h =$ 盘转数或 $r/（kvar \cdot h）$。

五、单相感应式交流电能表工作原理

（一）单相感应式交流电能表的结构

单相感应式交流电能表的型号很多，但其基本结构是相似的，都是由驱动件、转动件、轴承、计数器、制动用永久磁铁、接线端钮盒、基架、底座、表盖等相互结合为一体，其结构如图 8-1 所示。

1. 驱动元件

驱动元件包括电压元件和电流元件，它的作用是将交变的电压和电流转变为穿过转盘的交变磁通，与其在转盘中感应的电流相互作用产生转动力矩，使转盘转动。

2. 转动元件

转动元件由圆盘和转轴组成，转轴固定在圆盘的中心上。

3. 轴承

4. 制动元件

制动元件是永久磁铁，其用来在圆盘转动时产生制动力矩，使圆盘转速能和被测功率成正比，制动元件相

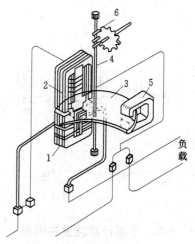

图 8-1　感应系交流电能
表结构简图

1—电流元件；2—电压元件；3—铝制圆盘；4—轴承；5—永久磁铁；6—涡轮蜗杆传动机构

当于普通仪表中的弹簧。

5. 计数器

计数器又称积算机构，用来累计转盘转数以显示所测定的电能。

6. 辅助部件

电能表的辅助元件有基架、外壳、接线端钮盒及铭牌。

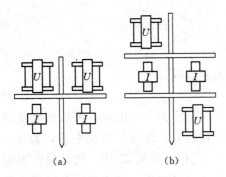

图 8 - 2　三相三线电能表驱动
元件位置示意图
(a) 两元件单圆盘；(b) 两元件双圆盘

7. 调整装置

电能表的调整装置是为了改变制动力矩的大小而设置的。单相电能表有四种调整装置即轻载调整装置、满载调整装置、相位调整装置和潜动调整装置。

(二) 三相电能表的结构

1. 三相三线有功电能表

三相三线电能表有两组电磁驱动元件，它的转动元件可分为单圆盘和双圆盘两种，其结构如图 8 - 2 所示。

2. 三相四线有功电能表

三相四线有功电能表有三组电磁驱动元件共用一个转动机构，它的转动元件可分为三元件三圆盘结构、三元件双圆盘结构、三元件单圆盘结构 3 种，如图 8 - 3 所示。

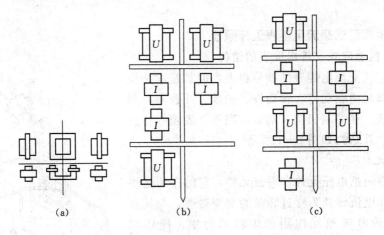

图 8 - 3　三相四线电能表驱动元件位置示意图
(a) 三元件单圆盘；(b) 三元件双圆盘；(c) 三元件三圆盘

六、电能计量装置的倍率

电能计量装置的倍率由两部分组成：一是电能表本身的倍率；二是采用互感器后产生的倍率。

有的电能表为了扩大范围和消除小数位，在铭牌上注明"×10"、"×100"、"×1000"等乘数，这个乘数称作电能表本身倍率。

七、电能表实用倍率

当使用通用型即铭牌上没有注明电流互感器变比和电压互感器变比；或者电能表所接的电流互感器、电压互感器与铭牌上注明的变比不同时，则表本身的倍率需乘以一定的系数才是电能表的计费倍率。其计算公式为

$$K_D = \frac{K_S K_A}{K_1 K_2} K_B$$

式中　K_D——实用倍率或计费倍率；

　　　　K_S——与电能表连用的电流互感器额定变比；

　　　　K_A——与电能表连用的电压互感器额定变比；

　K_1、K_2——经互感器接入式的电能表铭牌上标注的电流、电压互感器的额定变比；

　　　　K_B——电能表本身的倍率。

第二节　电能表的接线

一、单相电能表的接线

1. 直接接入方式

采用直接接入方式，即电流线圈直接串入负荷回路，测量负荷电流，电压线圈直接测量负荷电压。电流线圈直接串入负荷回路接线图如图 8-4 所示。

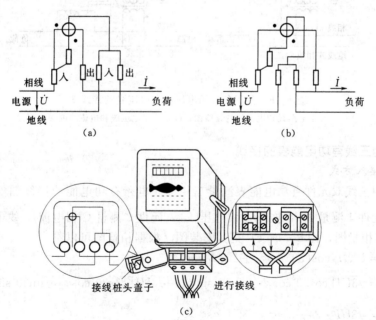

图 8-4　电流线圈直接串入负荷回路接线图

（a）接线图之一；（b）接线图之二；（c）安装图

2. 经电流互感器接入方式

如果电能表的电流线圈量程不够，则电流线圈必须经电流互感器接入，如图 8-5 所示。

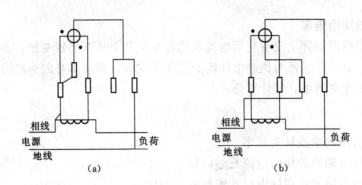

图 8-5　电流线圈经电流互感器接入负荷回路接线图

（a）共用电压线和电流线的接线图；（b）分用电压线和电流线的接线图

3. 经电压、电流互感器接入方式

当电能表的电流线圈、电压线圈的量程不够时，应采用相应倍率的电流线和电压互感器接入，如图 8-6 所示。

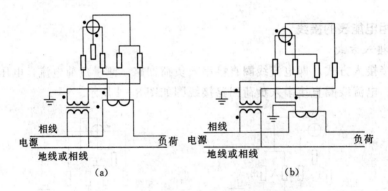

图 8-6　共用和分用电压线和电流线的接线图

（a）共用电压线和电流线的接线图；（b）分用电压线和电流线的接线图

二、三相三线有功电能表的接线

1. 直接接入方式

采用三相三线双元件有功电能表测量三相三线电路有功电能的接线图如图 8-7（a）所示，其中元件 1 测量 A 相电流 $\dot{I}_A$ 线电压 $\dot{U}_{AB}$，元件 2 测量 C 相电流 $\dot{I}_C$ 线电压 $\dot{U}_{CB}$，图 8-7（b）是其相量图，图 8-7（c）是其安装图。根据相量图可以看出

$$P = U_{AB}I_A\cos(30° + \varphi) + U_{CB}I_C\cos(30° - \varphi)$$

$$= \sqrt{3}UI[\cos30°\cos\varphi - \sin30°\sin\varphi] + \sqrt{3}UI[\cos30°\cos\varphi + \sin30°\sin\varphi]$$

$$= \sqrt{3}UI \cdot 2\frac{\sqrt{3}}{2}\cos\varphi = 3UI\cos\varphi$$

2. 电压和电流互感器接入方式

经过电流互感器接入的接线图如图 8-8（a）、（b）、（c）所示。

3. 电压互感器接入方式

电压互感器采用 V 形接线接入方式和 Y 形接线接入方式接线如图 8-9 所示。

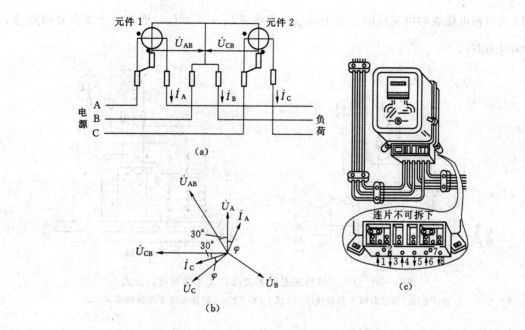

图 8-7 测量三相三线电路有功电能的接线图

(a) 接线图；(b) 相量图；(c) 安装图

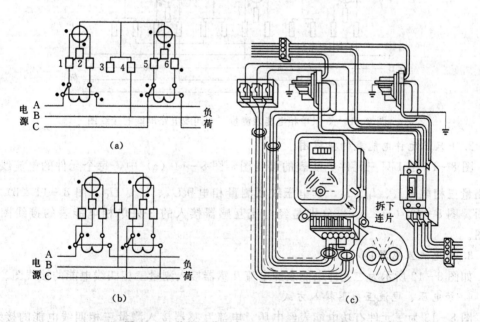

图 8-8 共用、分用电压和电流线及安装图

(a) 共用电压和电流线的接线方式；(b) 分用电压和电流线的接入方式；(c) 安装图

三、三相四线有功电能表的接线

1. 三只单相电能表的接线图

图 8-10 是利用 3 只单相电能表测量三相四线电路电能的接线图，图中 PJ1、PJ2、

PJ3 为单相电能表的电流线圈，分别测量三相电流 $\dot{I}_A$、$\dot{I}_B$、$\dot{I}_C$，而其电压线圈分别测量 3 个相电压 $\dot{U}_A$、$\dot{U}_B$、$\dot{U}_C$。

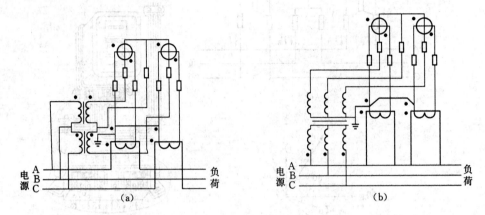

图 8-9　电压互感器采用 V 形接线和 Y 形接线接入方式

(a) 电压互感器采用 V 形接线接入方式；(b) 电压互感器采用 Y 形接线接入方式

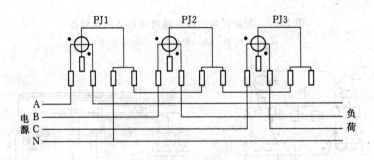

图 8-10　3 只单相电能表测量三相四线电路电能的接线图

2. 1 只三元件电能表的接线图

图 8-11 是 1 只三元件电能表的接线图，图 8-11 (a) 中，每个元件的电流线圈分别测量三相电流 $\dot{I}_A$、$\dot{I}_B$、$\dot{I}_C$，其电压线圈测量相电压 $\dot{U}_A$、$\dot{U}_B$、$\dot{U}_C$。图 8-11 (b) 是安装图。图 8-11 (c)、(d) 分别是经电流互感器接入的 3 只单相电能表的接线图和安装图。

3. 经电流互感器接入方式

如图 8-12 所示为二元件电能表经电流互感器接入测量三相四线电能的接线图。

4. 经电压、电流互感器接入方式

图 8-13 为三元件有功电能表经电压、电流互感器接入测量三相四线电能的接线图。采用该种接入方式的送电端变压器为 D，yn 接线，受电端变压器为 YN，d 接线。

四、单相无功电能的计量

正弦型单相无功表接线如图 8-14 所示，该种接线可以计量单相无功电能，其特点是电压线圈中串联一个电阻 r，并将电压铁芯工作磁通的间隙适当放大，致使电压线圈中的电流 I_U 以及有所产生的磁通 Φ_U 滞后电压 U 的角度不致太大。而其电流线圈并联一个纯

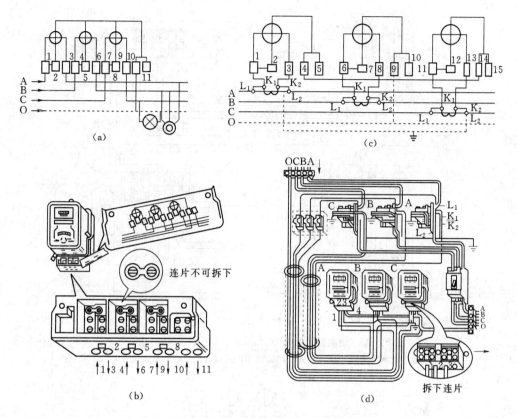

图 8-11　三元件电能表的接线图

（a）接线图；（b）安装图；（c）经电流互感器接入的 3 只单相电能表的
接线图；（d）经电流互感器接入的 3 只单相电能表的安装图

电阻 R，将负荷电流 I 分相成 I_1 和 I_2，其中 I_2 流经电流线圈。由于电流线圈具有电感，故 I_2 较 I_1 落后，适当的调整电阻 R，可使 I_2 及其所产生的磁通 Φ_{12} 落后负荷电流 I 的角度也为 α，驱动铝盘转动的力矩为

$$M = K\Phi_{\mathrm{U}}\Phi_{12}\sin\varphi$$

故铝盘转速反应无功功率。

五、三相三线电路无功电能的测量

图 8-15 为带有附加电流线圈的无功电能表接线图。该表计为双元件，电流主线圈测量 A 相电流 I_{A}，附加电流线圈测量的电流为 $-I_{\mathrm{B}}$，因此，电流线圈铁芯中的磁通合成后反应电流 $I_{\mathrm{A}} - I_{\mathrm{B}} = I_{\mathrm{AB}}$；元件 1 中电压线圈所加电压为线压 U_{BC}，如图 8-15（b）所示。元件 2 中电流主线圈测量 C 相电流 I_{C}，附加电流线圈测量的电流为 $-I_{\mathrm{B}}$，故铁芯中的合成磁通反应电流 I_{CB}；电压线圈测量电压为 U_{AB}。这样，所测功率值为

$$Q = U_{\mathrm{BC}}I_{\mathrm{AB}}\cos(120° - \varphi) + U_{\mathrm{AB}}I_{\mathrm{CB}}\cos(60° - \varphi) = 3UI\sin\varphi$$

在制造上，无功电能表电流线圈匝数为有功电能表的 $1/\sqrt{3}$ 倍，无功电能表的读数，即是无功电能数。

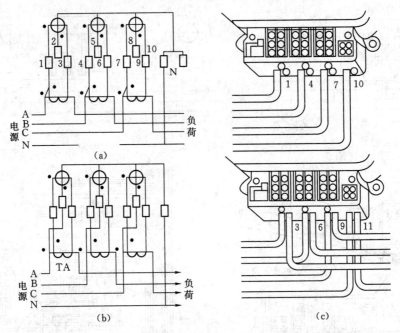

图 8-12 经电流互感器接入测量三相四线电能的接线图

(a) 共用电压线和电流线的接入方式；(b) 分用电压线和电流线的接入方式；(c) 安装图

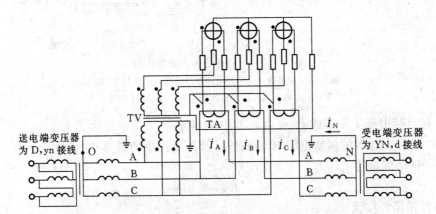

图 8-13 经电压、电流互感器接入测量三相四线电能的接线图

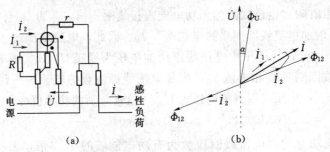

图 8-14 单相无功电能表

(a) 接线图；(b) 相量图

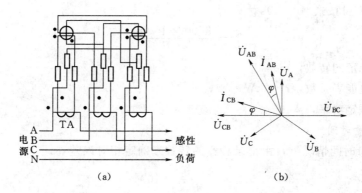

图 8-15　带附加电流线圈的无功电能表接线图

(a) 接线图；(b) 相量图

第三节　计量装置管理

一、电能表的相对误差及其测定方法

（一）相对误差分析

所谓电能表的相对误差可由式（8-1）定义，即

$$\gamma = \frac{h_x - h_0}{h_0} \times 100\% \tag{8-1}$$

式中　h_x——被校表所记录的电能；

　　　h_0——电路实际消耗的电能。

（二）相对误差测定的比较法

相对误差测定的比较法是直接比较标准表和被校表在测量同一电路中相同时间内的电能，按式（8-2）计算为

$$\gamma = \frac{A_x - A_0}{A_0} \times 100\% \tag{8-2}$$

式中　A_x——被校表所记录的电能；

　　　A_0——在测量同一电路时，在相同时间内标准表所记录的电能。

（三）瓦秒法

用瓦秒法测量电能表的误差可以采用两种方法。

1. 固定转盘转数

在固定转盘转数情况下，由测量时间确定电能表的相对误差，按式（8-3）计算为

$$\gamma = \frac{PT - Pt}{Pt} \times 100\% = \frac{T - t}{t} \times 100\% \tag{8-3}$$

式中　T——计算时间，或称为理论时间，它是电能表在恒定功率 P 下，按照铭牌常数计算，铝盘转 N_r 所需的时间，s；

　　　t——实测时间，即电能表在恒定功率 P 下，铝盘转 N_r 的实测时间，s。

155

计算时间 T 可按式（8-4）计算为

$$T = \frac{3600 \times 1000N}{CP} \qquad (8-4)$$

式中　N——选定的转数，r；

　　　C——电能表常数，r/（kW·h）；

　　　P——恒定功率，W。

2. 固定测量时间

在固定测量时间情况下，由记录转盘的转数来确定相对误差，即

$$\gamma = \frac{n - n_0}{n_0} \times 100\% \qquad (8-5)$$

式中　n——实测转数，即在固定测量时间 t 内，在恒定功率下的实际转数；

　　　n_0——计算转数，即在上述条件下，按电能表常数计算出来的转数。

固定测量时间为

$$T = \frac{CPt}{3600 \times 1000}$$

当采用办法 1 时，转数 N 的选择应保证计算时间 T 符合以下要求：①0.1 级及以上的表计不少于 100s；②2.0 级和 3.0 级不少于 50s。当采用自动计时时，允许缩短时间，但转数 N 不能少于 1 整转。

当采用办法 2 时，测定时间 t 不应少于 60s，同时还应使电能表转数满足读数的精度要求，即转盘的最小分度与转数相比不应超过被检电能表基本误差规定值的 1/5。

（四）标准电能表法

标准电能表法是标准电能表与被校电能表都通过相同的功率并且通过相同的时间，直接比较被校表和标准表的转数。被校表的相对误差由式（8-6）和式（8-7）计算

$$\gamma = \frac{n - n_0}{n_0} \times 100\% \qquad (8-6)$$

$$n_0 = N \frac{C_0}{C_{\mathrm{X}}} \qquad (8-7)$$

式中　n_0——当被校表转 N_{r} 时，标准表的计算转数；

　　　n——当被校表转 N_{r} 时，标准表的实测转数；

　　　C_0——标准表常数；

　　　C_{X}——被校表常数。

二、引起电能表误差的原因

1. 电能表的轻载误差

（1）转动部分的摩擦力矩。当电能表转盘转动时，在上轴针、下轴承、计度器字轮、传动齿轮及蜗杆之间均有摩擦力矩，其将使转盘的转数变慢。

（2）在分析电能表工作原理时，常假定电流工作磁通 Φ_1 与负载电流 I 成正比，即 $\Phi_1 = KI$。实际上，Φ_1 与 I 之间并非完全的线性关系，特别是因磁化曲线的起始部分是弯曲的，即负载电流 I 增加时，Φ_1 不成正比的增加，而是增加缓慢。这就导致表计在轻载运行时转盘的转速与实际消耗的电能不成正比，从而形成负误差。

2. 电压对误差的影响

（1）当电压升高时，电压制动力矩比转动力矩增加快地多，导致表计转速变慢，产生负误差。当电压降低时，电压制动力矩比较动力矩减少快地多，导致表计转速变快，产生正误差。

（2）轻载补偿力矩与电压平方成正比，所以当电压增高时，补偿力矩比转动力矩增加的快，表计产生正误差。反之，当电压降低时，表计将出现负误差。

3. 频率变化对误差的影响

频率变化引起的附加误差包含幅值和相角误差两部分，该误差与负载的功率因数关系很大。

4. 负载电流波形对误差的影响

感应型电能表的误差不仅与波形中所含谐波分量的次数、谐波的个数和幅值有关，而且还与基波与各次谐波的初相有关。

5. 温度变化对误差的影响

因为温度变化，将要导致制动磁钢的磁阻、电压线圈的电阻、相位补偿装置的电阻、铁芯的磁阻、损耗等参数的变化。从而引起电压工作磁通、电流工作磁通以及其间相位角的变化，使电能表产生附加误差。

6. 电能表倾斜对误差的影响

感应式电能表当安装位置倾斜一定角度时，将会引起附加误差，其原因主要有以下两点：

（1）由于转盘对于铁芯和制动磁铁等部件的相对位置发生变化，再加上工作磁通的气隙不对称，则会产生一个附加力矩，导致转盘的转动力矩改变。

（2）由于驱动元件对上下轴承的侧压力，随着表计的倾斜而增大，故使摩擦力矩增大，将引起负误差。

国家标准规定：确定电能表基本误差时，0.5 级电能表对工作位置，即垂直方向的倾斜应不大于 0.5°，对其他等级电能表应不大于 1°。此外，还规定在额定电压、额定频率和 $\cos\varphi=1$ 或 $\sin\varphi=1$ 时，电能表倾斜 3° 时，相对误差要求不超过规定值。

三、电流互感器的负载特性

所谓电流互感器的负载特性，系指电流互感器的二次负载与误差关系，当二次负载减小时，电流互感器的比差向正的方向变化，而角差向负的方向变化。在运行中，应力求电流互感器的二次负载在其标称容量 25%～100% 之间，即

$$0.25S_e \leqslant S_2 \leqslant S_e$$

式中　　S_2——电流互感器的二次负载，VA；

S_e——电流互感器的额定容量，VA。

运行中的电流互感器本来是根据其二次负载选择好的，在所带负载下，电流互感器的误差将在容许的范围之内。但是，由于运行条件的变化，诸如实行峰谷电价，在电流互感器的二次线圈中接入有功分时电能表；或者因为采用微机远动装置在电流互感器的二次线圈中串入各种变送器，皆会使电流互感器的二次负荷超过规定值，引起计量误差的增大。因此，在工程实践中必须设法来解决这种问题。

四、电流互感器的二次负载

电流互感器的二次负载主要决定于其外阻抗 Z_2，外阻抗包括下述 3 部分：①所有仪表串联线圈的总阻抗 $\sum Z_m$；②二次连接导线的电阻 R_L；③接头的接触电阻 R_j，通常取 $0.05\sim0.1\Omega$，故

$$Z_2 = \sum Z_m + R_L + R_j \tag{8-8}$$

如此，电流互感器的二次负载容量可表示为

$$S_2 = I_{2e}^2(\sum Z_m + R_L + R_j) \tag{8-9}$$

若电流互感器所接的二次侧仪表已经确定，则式（8-9）右端，除连接导线电阻 R_L 外，全部已知，故

$$R_L = \frac{S_2 - I_{2e}^2(\sum Z_m + R_j)}{I_{2e}^2}$$

五、电能表潜动的定义

电能表在运行或校验时，常会出现只加电压而负载电流为零时，表盘仍然连续旋转的现象。这种负荷电流为 0 而"偷运"的现象称为电压潜动，简称为潜动。

引起电能表潜动有外界原因和内部原因。其外界原因是线路绝缘不良，环境湿度大，线路有漏电流通过，使电能表潜动。其内部原因是由于轻载补偿力矩过大或电磁元件不对称所引起的。

第四节　电能表客户

一、电能表的三类客户

电能表客户大致分 3 类：第一类是电力系统客户；第二类是分销商代表的客户；第三类是单位客户。在市场经济下，电力必须公正计量，电能表是电力销售的法定计量工具。

1. 电力系统客户特点

（1）熟悉关于电能表的国际、国家技术标准，并据此制定行业技术标准。

（2）根据电力生产消费情况，对电能表提出最新的行业政策和功能要求。

（3）电能表作为国家强制检定项目，在电力系统内部形成量值传递体系，并负责对已安装的电能表定期检验，实际形成既立法又执法的局面。

（4）根据当地电能计量要求，决定大批量采购电能表的型号与厂家。

2. 分销商代表的客户特点

分销商用户不是直接客户，但熟悉行情与渠道，作为商人他们更注重利益。

3. 单位客户特点

单位客户是指大型企事业单位。电力部门通过配电变压器将电卖给该单位，由该单位独立对内部售电。职工住房安装电表由单位统一购买，其购买行为不受电力部门直接控制。从感应式电表生产厂销售总数量分析，第一类客户与第二类户销售数量大约各占总数的 1/2。具体到各个厂家因销售渠道不同而各有差异。对电子表特别是单相表销售来说，

第三类客户因采购行为不受电力部门约束而具特殊意义。

二、电力系统客户概况

(一) 对电能表生产影响重大的电能计量政策

1. 分时电价政策

电力的广大客户投入或退出用电设备，带有一定的随机性。因此电力负荷随时都在变化。一般是白天因各企业开工出现负荷高峰，而在后半夜则可能出现负荷低谷。由于电能不能存贮，就会出现高峰负荷时发电能力不足，低谷负荷时发电能力富裕，造成设备的巨大浪费。1995 年国内电网一天内峰谷差超过 40%。为了引导企业和社会自行移峰填谷，调整负荷曲线，充分利用已有发电设备，电力部门对电力实行不同时段、不同计价方式（国外差价为 5 倍以上，国内超过 3 倍）的分时电价政策。

分时电价不仅在一天内划分不同时段计费，还按季节调整电价（考虑水电的枯水期），按工休日、节假日调整电价，以便在更大时间范围内调节用电负荷。

国外从 20 世纪 50 年代就开始实行分时电价。我国 1980 年在郑州试点，1985 年国务院曾发文要求推广，但未实行。1992 年东北三省和四川省开始对 100kVA 以上用户推行分时电价。1995 年 4 月原国家计委、经贸委、电力部在全国计划用电会上提出"推行分时电价的总体目标是：用 3~4 年时间，切实、有效、全面地实行分时电价制度，使电网的峰谷差有所下降，低谷电得到开发和有效的利用。1995 年全国推行峰谷电价的电量应达到全部售电量的 30% 以上。具体要求是：已实行分时电价的东北电网、上海地区电网，1995 年和 1996 年全面推行，不仅工业要实行，还要逐步扩大到商业、市政、趸售县及并网电厂、农业和部分调峰的居民家用电器。已批准分时计价的山东、京津唐电网，1995 年准备 1 年，从 1996 年开始，利用 2~3 年时间全面实行分时电价。电力系统内部对发电厂、供电局和大区电网的省间送、受电也要按分时建立发、供电量考核制度，并要对独立核算电厂和大小电厂上网实行峰谷电价。"

分时电价要求分时计度，电力部门重点推广机电一体化的三相复费率表，因此 1995 年后国内生产复费率电表的厂家迅速扩大到 300 余家。

2. 一户一表政策

居民生活用电实行一户一表的含义是：每户居民都要独立安装电表，电表的收费管理由当地供电局直接负责。推动一户一表政策实行的宏观因素是：

(1) 工业用电下滑和居民用电上升的大趋势。

(2) 城市配电网改造和居民住房建设的发展大趋势。

其微观因素包括：

(1) 城市旧房尚有居民合表用电，限制了居民用电。

(2) 居民原装旧电表容量小，在家电大增情况下，计量误差大，甚至烧表，因此要换大容量的新表。

(3) 供电局计量管理到配电变压器高压侧，居民低压用电收费由企业或小区管理，出现加价收费现象。

20 世纪 80 年代初，沈阳市最早推行一户一表。目前上海、北京、天津、西安等大城市也开放一户一表。在农电体制改革中，对今后农村用电，也提出了要装表、收费、管理到户的基本思路。

开放一户一表，首先的受益者是电表生产厂，因为一个城市需要新增电表数量多则上百万只，少则几十万只。开放一户一表压力最大的是供电部门，因为开放一户一表使供电局所管理电表的数量成 10 倍增加，使得校表、换表、抄表、收费都要增加管理人员，与电力部门近年提倡减人增效的原则相悖。因此电力部门提出要采用长寿命表和自动抄表的对策。

（二）电价与损耗

这部分内容在电力部门中属营业范围，不属于电能计量工作范围。但理解电力部门对电价与损耗的计算，有助于电表生产厂理解电表的功能设置。

1. 电价概况

在实际中，是由电费的计收方式，决定所需安装的电能表数目，因此，要了解电价构成。

电价由国家计委统一制定，电价的调整由国家确定。比如在国家决定实行分时电价政策后，地方要实行分时价，也必须由省政府批准方能实行。

电价分为以下几类：

（1）居民生活电价。生活照明、家电用电。

（2）非居民照明电价。路灯、广告灯、商业性空调和电热等用电。

（3）非工业电价。机关、部队、学校、医院、科研、铁路、交通、通信、机场、基建等用电。

（4）普通工业电价。小型工矿企业，配变容量小于 320kVA。

（5）大工业电价。大型工矿企业，配变容量大于 320kVA。

（6）农业生产电价。农场、牧场、农村生产用电。

（7）其他电价。趸售电价、电网互供电价等。

以上除大工业电价之外的各类电价是单一制电价，即只按所装有功电能表电度数收费。

大工业电价由以下 3 部分构成：

（1）基本电价。按用电容量收费，用电容量可按客户配变容量或按最大需量计费。

（2）电度电价。按有功电能表读数收费。

（3）力率调整电费。按功率因数对电价进行加权，即需装无功电能表读数。

在大工业电价中，习惯将基本电价和电度电价两者合称为二部制电价。实行大工业电价，至少要装有功电能表和无功电能表，有时还需装最大需量表。

在实行分时电价后，还要根据复费率电能表分时计度读数计收电费。

客户最大需量是按有功最大需量表计量。最大需量表不断测量 15min 内客户的平均有功功率，将最大值记忆并指示出来。在供电局每次抄表后，将指示最大需量值复零，重新计量最大需量。

2. 力率调整电费

力率（功率因数 $\cos\varphi$）调整电费的办法是：按用户类别，将客户归并到三类标准功率因数，即 $\cos\varphi=0.9$、$\cos\varphi=0.85$、$\cos\varphi=0.8$ 三类；按照客户实测功率因数值对客户电费进行加权（表8-1）；当实测功率因数高于标准时减费，反之则加费。

表 8-1   cosφ 调整电费表

标准 cosφ		cosφ 调整电费					分类条件
0.9	实测值	0.65	0.89	0.9	0.91	1.00	大于 160kVA
	加权（%）	+15	+0.5	0.0	-0.15	-0.75	
0.85	实测值	0.60	0.84	0.85	0.86	1.00	大于 100kVA 电力客户
	加权（%）	+15		0.0	-0.1	-1.10	
0.8	实测值	0.55		0.8	0.81	1.00	趸售和农业客户
	加权（%）	+15		0.0	-0.1	-1.30	

实测功率因数的算法是：抄写有功电量值 P 和无功电量值 Q，再查表求值。

$$\cos\varphi = \frac{P}{\sqrt{P^2 + Q^2}}$$

无功功率是用电设备与电源之间进行能量交换的功率，电网要求客户将无功负荷就地平衡，即不允许向电网索取无功，也不允许向电网倒送无功。当用户倒送无功时，要采用具有止逆的双向无功电能表。此时计算无功功率应当是正反向无功绝对值之和。

3. 变压器损失的计算

在变电过程中，变压器输入功率与输出功率之差称为变压器损失（变损），变损分为有功变损和无功变损两部分。

客户采用高压供电，计量表计装在变压器高压侧，称高供高计；客户采用高压供电，计量表计装在变压器低压侧，称高供低计；客户采用低压供电，计量表直接接入，称低供低计。高供高计客户不再计算变损。高供低计客户要加收变损。

对力率调整电费的客户，有功变损和无功变损要分别加到有功、无功抄表电量里。对分时计价客户，变损和线损电量按平时段电量计收电费。

有功变损分为铁损和铜损两部分。铁损与变压器负荷无关，只要变压器接电就会产生铁损；铁损正比于 U 的平方，铜损正比于 I 的平方，随负荷变化。

无功变损也分为固定和随负荷变化两部分。有功无功变损的计算详见有关专著。

4. 线路损失的计算

线路损失简称线损，分为3部分计算。

（1）一次网损失。从发电厂出口到送电变电所入口之间，由网局计算。

（2）送变电损失。从送电变电所到配电变电所之间，由供电局计算。

（3）配电损失。从配电变电所到用户之间（包括营业不明损失），由供电局计算。

线损率是供电的重要经济考核指标。供电局损失电量中除包括线损和相关变损之外，还有营业上损失电量，称不明损失电量，一般包括以下几方面：电能表误抄、误算、漏计倍率；电能表误差超标；电能表错误接线；长期用电不交费的"漏电"客户；客户窃电；不按例日抄表，使线损算不准；用电手续办理不及时，如高压客户停用时未断配变；电流互感器变比错误；漏收变损和线损。

（三）电能计量装置分类及有关概念

1. 电能计量装置分类

电力部门对电能计量主要管理工作是：配置、检验、文档。根据管理的要求，将电能计量装置分为 4 类，见表 8-2。

表 8-2　　　　　　　　　　　　　　电能计量装置分类表

类别	分类条件	
	对客户计费用计量装置	对系统内计算经济技术指标用计量装置
Ⅰ	月平均用电量大于 100 万 kW·h	大于 10 万 kW 发电机
	高压计费变压器容量大于 2000kVA	跨省电网之间联络线
Ⅱ	月平均用电量大于 10 万 kW·h	小于 10 万 kW 发电机发电总厂用电线路
	高压计费变压器容量大于 315kVA	大于 1.25 万 kVA 主变省级电网之间联络线
Ⅲ	月平均用电量小于 1 万 kW·h	省内地区电网之间联络线
	高压计费变压器容量小于 315kVA　低压计费负荷大于 315kVA	考核有功电量平衡的 110kV 以上送电线路
Ⅳ	低压计费负荷小于 315kVA	企业内用高低压线路

电力部门规定对各类电能计量装置配置的准确度要求见表 8-3。

表 8-3　　　　　　　　　　　　电能计量装置配置的准确度要求

类别	准确度等级			
	有功电能表	无功电能表	TV	TA
Ⅰ	0.5	2.0	0.2	0.2 或 0.5S
Ⅱ	1.0	2.0	0.2 或 0.5	0.2 或 0.2S 或 0.5
Ⅲ	1.0	2.0	0.5	0.5 或 0.55
Ⅳ	2.0	3.0	0.5	0.5 或 0.5S

2. S 级电流互感器

S 级 CT 是一种配合标定电流为 1.5A，过载 4 倍的有功电能表使用的新产品，它在一次额定电流变化为 1%～120%（50mA～6A）范围内都能正确计量（非 S 级范围为 5%～120%）。S 级 CT 与 4 倍过载表配套使用，可有效解决昼夜峰谷差大的用电计量。

3. 关口表

关口表是省级电力局对发电、供应单位及各省电网之间进行电能考核及结算的电能计量装置。在对大型电力客户送电时也采用了关口表。该系统包括有功表、无功表及 PT，CT 二次回路，由于是高压计量表所以与 TV、TA 相距较远，有专用计量柜，并由省局用电处归口管理。各省对关口表设置原则及技术要求不尽相同。由于关口表计量的重要性，且数量相对少，国内很多省局均采用进口 0.5 级以上多功能电能表。

4. 三相四线与三相三线

国内 110kV 以上高压电网及 380/220V 低压配电网，采取中性点直接接地方式运行。

低压网直接采用三相四线制供电；高压输电采用三根电线，以大地为中性线方式，因此也是三相四线制。电力部门规定对个性点直接接地的系统电能计量要用三相四线三元件电能表。但目前国内 110kV 以上线路现场有相当数量采用原来安装的三相三线表，当三相不平衡时会产生较大计量误差。

国内 35kV 和 10kV 配电网都采用中性点非直接接地方式运行，采用三相三线方式供电。电力部门规定对中性点非直接接地系统，要采用三相三线两元件电能表计量。

（四）电能表接线对计量的影响

电能表要经过 TV 和 TA 才能接入高压、大电流供电线路。高压计量时，互感器在室外，电能表在主控室内，连线距离可达上百米；中低压计量时互感器与电表连线距离较短，一般只有几米。电能计量系统由电能表、连接导线、互感器组成，每个环节都可能产生误差。表 8-3 规定了电表和互感器的准确度配置原则，对连线造成的误差也有专门规定。

从 TV 二次出线到电能表进线会产生电压降，习惯称为"TV 二次压降"。电力部门规定 TV 二次压降，对 I 类计费计量装置应不大于额定电压的 0.25%；其他计量装置应不大于 0.5%。实际中安装在发电厂和电力系统变电所内的考核电网经济技术指标用的电能表，由于导线长，且回路还带有测量与保护负荷，串有隔离开关辅助触点和熔断器等，二次回路的压降可达百分之几。所以电力部门规定 35kV 以上客户计费用的 TV 要专门设置，二次回路也要计量专用。对 TA 二次回路导线也规定了最小截面，对三相三线电表 TA 连线要求四线连接（10kV 以下可简化为三线）。电力部门还专门规定了客户计费用 TV，TA 二次负荷范围和二次负荷的功率因数。对于 35kV 以下客户，全国统一设计了电能计量柜，以提高电能计量系统的准确度。

复 习 思 考 题 与 习 题

一、填空题

1. 电能计量的含义就是采用电能计量装置计量（**给定时间内**）电能生产与消费的数量。

2. 按照用途不同可分为（**有功**）电能表、（**无功**）电能表、（**最大需量**）电能表、（**标准**）电能表、（**分时计费**）电能表、（**损耗**）电能表等。

3. 有功电能表是用来计量发电厂发出或用户消耗的（**有功**）能量。

4. 最大需量表由（**有功**）电能表和（**需量**）指示器两部分组成。

5. 标准电能表主要用来对普通电能表进行（**误差校验**）。

6. 电能表常数就是电能表的（**计度器**）的指示数和（**圆盘**）间的比例数。

7. 计量仪表应避免装设在（**易燃**）、（**高温**）、（**潮湿**）、（**受震或多尘**）的场所。

8. 电能表的调整装置是为了改变（**制动力矩**）的大小而设置的。单相电能表有四种调整装置即（**轻载**）调整装置、（**满载**）调整装置、（**相位**）调整装置和（**潜动**）调整装置。

9. 装设在墙上的配电板或电表板，其装设高度，通常以表箱下沿离地（**1.8**）m 左右为宜。

10. 电流互感器次级标有"K$_1$"或"＋"的接线桩要与电能表电流线圈的（**进线**）桩连接，标有"K$_2$"或"－"的线桩要与电能表的（出线）桩连接，不可接反。

11. 电流互感器次级的（**"K$_2$"或"－"**）接线桩、（**外壳**）和（**铁芯**）都必须可靠地接地。

12. 直接式三相四线电能表共有 11 个接线桩头，其中（**1、4、7**）是电源相线的进线桩头，用来连接从总熔丝盒下桩头引来的三根相线；（**3、6、9**）是相线的出线桩头，分别去接总开关的三个进线桩头；（**10、11**）是电源中性线的进线桩头和出线桩头；（**2、5、8**）三个接线接头可空着。

13. 直接式三相三线电能表共有 8 个接线桩头，其中（**1、4、6**）是电源相线进线桩头；（**3、5、8**）是相线出线桩头；（**2、7**）两个接线接头可空着。

14. 三相电能表与单相电能表的区别是每个三相表均有（**两组**）或（**三组**）驱动元件。

15. 电能表总线必须采用铜芯塑料硬线，其最小截面不得小于（**1.5**）mm^2，中间不准有接头；自总熔丝盒至电能表之间的沿线敷设长度，不宜超过（**10**）m。

16. 电能表不可装于额定负载（**10**）％以下的电路中工作。

17. 这种（**负荷电流**）为 0 而"偷运"的现象为潜动。

二、判断题

1. 普通电能表准确度等级为 0.5 级、1.0 级、2.0 级、2.5 级。（√）

2. 标准电能表准确度等级分为 0.5 级、1.0 级、2.0 级。（×）

3. 所谓最大需量表则是指示 45min 内持续的负荷。（×）

4. 标准电能表大都是单量程的。（×）

5. 在电能表中 S——三相三线；T——三相四线。（√）

6. 当电能表转盘转动时，在上轴承、下轴承、计度器字轮、传动齿轮及蜗杆之间均有摩擦力矩，其将使转盘的转数变慢。（√）

7. 磁化曲线的起始部分是弯曲的，这就导致表计在重载运行时转盘的转速与实际消耗的电能不成正比，从而形成负误差。（×）

8. 在运行中，应力求电流互感器的二次负载在其标称容量 25％～100％之间。（√）

9. 电流互感器的二次负载主要决定于其外阻抗 Z_2 外阻抗包括下述三部分：其一为所有仪表串联线圈的总阻抗；其二为二次连接导线的电阻 R_L；其三为接头的接触电阻 R_j，通常取 0.05～0.1Ω。（√）

10. 客户采用低压供电，计量表计装在变压器高压侧，称高供高计。（×）

11. 客户采用低压供电，计量表计装在变压器低压侧，称高供低计。（×）

12. 客户采用低压供电，计量表直接接入，称低供低计。（√）

13. 高供高计客户应计算变损。（×）

14. 高供低计客户要加收变损。（√）

三、选择题（下列每题都有 4 个答案，其中只有一个正确答案，将正确答案填在括号内）。

1. 我国现行电力网中，交流电压额定频率值定为（**A**）。

    A. 50Hz   B. 60Hz   C. 80Hz   D. 25Hz

2. DD862 型电能表是（**A**）。

    A. 单相有功电能表   B. 三相三线有功电能表

    C. 三相四线有功电能表   D. 单相复费率电能表

3. 关于电能表铭牌，下列说法正确的是（**B**）。

    A. D 表示单相，S 表示三相，T 表示三相低压，X 表示躬费率

    B. D 表示单相，S 表示三相三线，T 表示三相四线，X 表示无功

    C. D 表示单相，S 表示三相低压，T 表示三相高压，X 表示全电子

    D. D 表示单相，S 表示三相，T 表示三相高压，X 表示全电子

4. 对于单相供电的家庭照明用户，应该安装（**A**）。

    A. 单相长寿命技术电能表   B. 三相三线电能表

    C. 三相四线电能表   D. 三相复费率电能表

5. 电能表铭牌上有一三角形标志，该三角形内置一代号，如 A、B 等，该标志指的是电能表（**B**）组别。

    A. 制造条件   B. 使用条件   C. 安装条件   D. 运输条件

6. 某一单相用户使用电流为 5A，若将单相两根导线均放入钳形表表钳之内，则读数为（**D**）。

    A. 5A   B. 10A   C. $5\sqrt{2}$A   D. 0A

7. 熔丝的额定电流是指（**B**）。

    A. 熔丝 2min 内熔断所需电流

    B. 熔丝正常工作时允许通过的最大电流

    C. 熔丝 1min 内熔断所需电流

    D. 熔丝 1s 内熔断所需电流

8. 电能表是依靠驱动元件在转盘上产生涡流旋转工作的，其中在圆盘上产生涡流的驱动元件有（**D**）。

    A. 电流元件   B. 电压元件   C. 制动元件   D. 电流和电压元件

9. 我国的长寿命技术单相电能表一般采用（**C**）。

    A. 单宝石轴承   B. 双宝石轴承

    C. 磁推轴承   D. 电动轴承

10. 两元件三相有功电能表接线时不接（**B**）。

    A. A 相电流   B. B 相电流

    C. C 相电流   D. B 相电压

11. 图 8-16 中表示电能表电压线圈的是（**B**）。

    A. 1～2 段   B. 1～3 段

    C. 3～4 段   D. 2～4 段

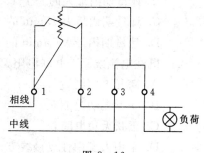

图 8-16

12. 已批准的未装表的临时用电户在规定时间外使用电力，称为（**C**）。

   A. 正常用电　　B. 违章用电　　　C. 窃电　　　　　D. 计划外用电

13. 我国正在使用的分时表大多为（**D**）。

   A. 机械式　　　B. 全电子式　　　C. 机电式　　　　D. 全电子和机电式

14. 关于电压互感器下列说法正确的是（**A**）。

   A. 二次绕组可以开路　　　　　　B. 二次绕组可以短路

   C. 二次绕组不能接地　　　　　　D. 二次绕组不能开路

15. 关于电流互感器下列说法正确的是（**B**）。

   A. 二次绕组可以开路　　　　　　B. 二次绕组可以短路

   C. 二次绕组不能接地　　　　　　D. 二次绕组不能短路

16. 某商店使用建筑面积共 $2250m^2$，则照明负荷为（**C**）kW。［按 $30W/m^2$ 计算］

   A. 50　　　　　B. 100　　　　　C. 75　　　　　　D. 2.5

17. 在低压内线安装工程图中，反映配线走线平面位置的工程图是（**A**）。

   A. 平面布线图　　　　　　　　　B. 配线原理接线图

   C. 展开图　　　　　　　　　　　D. 主接线图

18. 若电力用户超过报装容量私自增加电气容量，称为（**B**）。

   A. 窃电　　　　B. 违章用电　　　C. 正常增容　　　D. 计划外用电

19. 在感应式电能表中，电磁元件不包括（**C**）。

   A. 电压元件　　B. 电流元件　　　C. 制动磁钢　　　D. 驱动元件

20. 属于感应式仪表的是（**C**）。

   A. 指针式电压表　　　　　　　　B. 指针式电流表

   C. 电能表　　　　　　　　　　　D. 数字万用表

21. 普通单相感应式有功电能表的接线，如将火线与零线接反，则电能表将（**B**）。

   A. 正常　　　　B. 反转　　　　　C. 停转　　　　　D. 慢转

22. 只在电压线圈上串联电阻元件以改变夹角的无功电能表是（**B**）。

   A. 跨相 90°型无功电能表　　　　B. 60°型无功电能表

   C. 正弦无功电能表　　　　　　　D. 两元件差流线圈无功电能表

23. 15min 最大需量表计量的是（**A**）。

   A. 计量期内最大的一个 15min 的平均功率

   B. 计量期内最大的一个 15min 功率瞬时值

   C. 计量期内最大 15min 的平均功率的平均值

   D. 计量期内最大 15min 的功率瞬时值

24. 既在电流线圈上并联电阻又在电压线圈上串联电阻的是（**C**）。

   A. 跨相 90°接法

   B. 60°型无功电能表

   C. 正弦无功电能表

   D. 采用人工中性点接线方式的无功电能表

25. 在感应式电能表中，将转盘压花是为了（**B**）。

A. 增加导电性   B. 增加刚度

C. 防止反光   D. 增加美观

26. 电能表型号中 Y 代表（**C**）。

A. 分时电能表   B. 最大需量电能表

C. 预付费电能表   D. 无功电能表

四、问答题

1. 电能表的作用是什么？（答：见本章第一节、一）

2. 电能表的用途有哪些？（答：见本章第一节、三）

3. 单相电能表是怎样接线的？（答：见本章第二节、一）

4. 三项三线有功电能表的接线方式是什么？（答：见本章第二节、二）

5. 引起电能表误差的原因有哪些？（答：见本章第三节、二）

6. 什么是电流互感器的负载特性？（答：见本章第三节、三）

第九章 电子式电能表

第一节 模 数 转 换 电 路

一、电子式仪表的特点

与传统仪表相比，电子式仪表有以下优点：

（1）读数方便，没有视差。这是由于测量结果直接用数字给出，所以不会有读数误差。

（2）准确度高。数字式仪表内没有机械转动部分，没有摩擦误差，故可达到很高的准确度。例如数字电压表的准确度可达±0.001%。

（3）测量速度快。如 PZ-5 型数字电压表，测量速度为 50 次/s。有的电子式仪表测量速度可达每秒几万次。这对实现生产过程的自动控制，是十分必要的。而一般传统指示仪表起码要 3～4s 才能测量一次。至于电桥等测量仪器，速度就更慢了。

（4）输入阻抗高、仪表功耗小。如有的电子电压表的输入阻抗可达 $25000M\Omega$，而消耗功率只有 $4 \times 10^{-11}W$，这是一般传统仪表根本达不到的。

（5）灵敏度高。例如电子电压表的分辨率可达 $1\mu V$。

（6）便于输送。数字仪表的测量结果可以远距离输送，数字信号在输送中不易受到干扰，精度也不受损失，这对于自动抄表系统是十分重要的。

（7）测量准确度高。电子式仪表比模拟仪表的准确度提高很多倍。有的甚至提高几个数量级，这是因为数字显示器件对测量准确度没有限制，频率（时间）的数字测量准确度高，以及数字信号不容易受噪声和外界干扰的影响。

一般直流电子电压表的准确度很容易达到±0.001%，甚至更高，而指针式仪表只能读出两位，估读一位，即最高准确度为 0.1%。

二、模数转换的基本概念

1. 模拟量

模拟量是指连续变化的电量，诸如电压、电流、功率等。

2. 数字量

数字量是指可用二进数码表示的量，数字量在控制系统中也常称为状态离散量、开关量，诸如断路器的辅接点、继电器的接点的开断和关合等。

3. 模数转换

模数转换是将模拟量转换成数字量，简称 A/D 转换。

4. 数模转换

数模转换是将数字量转换成模拟量，简称 D/A 转换。

三、采样保持电路（S/H）

S/H为采样保持器，设置采样保持的目的是：模数转换的过程中，模拟量要转换为数字量，这是一个量化过程，在量化的时间内，应保持被转换的模拟量在数值上不变，如此才能保证转换的精度。

采样保持器的原理是很简单的，如利用图9-1所示的电路，该电路的工作过程是：在采样瞬间 nT 电子开关S断开，电容器上将保持开关断开瞬间的输入电压值 U_{in}，并以此值作为输出电压 U_{out} 输送给模数转换电路A/D进行模数转换的量化工作。在量化的时间 τ 内，输出电压值应保持不变，如图9-2所示，τ 值的大小应足以保证A/D转换工作的结束。在此之后，开关S又重新关合，从图9-2中可以看到。

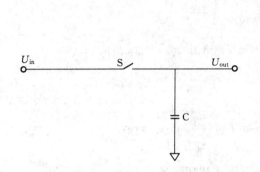

图9-1 采样保持电路图　　　　　图9-2 采样保持器工作原理图

（1）在A/D转换期间，输出电压 U_{out} 与输入电压 U_n 不同，且其值不变。

（2）在 $nT+\tau \sim (n+1)T$ 时间内，即开关S闭合时间内，输出电压 U_{out} 与输入电压 U_{in} 相同，这段时间称为跟随时间。

（3）$(n+1)T-(nT+\tau)=T-\tau$ 的时间不宜过短，因此，起采样保持作用的电容器C要有一个充电过程，充电时间过短，电容器没有充电到应有值，将会给下次转换带来误差。

四、模数转换电路（D/A）

数模转换电路是将计算机输出的数字量，经过该电路变成模拟量，送往监测设备。此外，数模转换电路还是模数转换电路（A/D）的组成部分，因此，先来介绍D/A电路。

（一）D/A转换的权电阻网络

D/A转换的权电阻网络如图9-3所示，由以下部件组成。

1. **运算放大器**

（1）运算放大器是一个放大系数很大的放大器，因此，为了输出有限值的电压 U_{out}，只要有很小的输入电压即可。

（2）其有两个输入端，"＋"端称为同相输入端，"－"端称为反相输入端。图9-3中是由反相输入端输入电压，同相输入端接地。由于输入电压值很小，所以反相输入端的电位接近同相输入端的电位，因此称反相输入端为"虚地"。

（3）由于反相输入端接近地的电位，故反馈电阻 R_f 中的电流 I_f 可用式（9-1）求

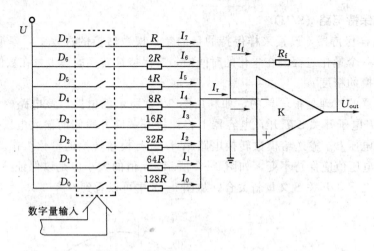

图 9-3　D/A 转换权电阻网络图

出，即

$$I_f = \frac{U_{out}}{R_f} \qquad (9-1)$$

（4）运算放大器的输入阻抗很大，其输入电流 I 近似等于 0，故有

$$I_f = I_r = I_7 + I_6 + \cdots + I_1 + I_0$$

即运算放大器把各输入电路的电流在运算放大器的输入端加起来。

2．权电阻网络和电子开关

（1）R、$2R$、$\cdots$、$64R$、$128R$ 每个电阻代表二进数码的一位，即每位都有自己的位权，故称其为权电阻。

（2）每个权电阻皆与其相应的电子开关 D_7、D_6、$\cdots$、D_1、D_0 相串联，接至电压 U 上。电子开关 $D_7 \sim D_0$ 受输入的数字量控制。如果用 D_i 来代表第 i 个开关的状态，当第 i 位数字量为 1 时，开关接通；而当第 i 位数字量为 0 时，开关分断。

3．转换原理

（1）从输入电路一方来看，每个权电阻与电子开关串联后，接至运算放大器的反相输入端，即接在"虚地"上。故当各开关闭合时，各路输入电流为

$$I_7 = \frac{U}{R}, I_6 = \frac{U}{2R}, \cdots, I_1 = \frac{U}{64R}, I_0 = \frac{U}{128R}$$

（2）考虑开关的状态后，可以写出下述关系式（9-2），即

$$\frac{U_{out}}{R_f} = \left(D_7 \frac{U}{R} + D_6 \frac{U}{2R} + \cdots + D_1 \frac{U}{64R} + D_0 \frac{U}{128R} \right)$$

$$= （D_7 \times 2^7 + D_6 \times 2^6 + \cdots + D_1 \times 2^1 + D_0 \times 2^0） \frac{U}{128R} \qquad (9-2)$$

如 $R_f = R$，则有

$$U_{out} = （D_7 \times 2^7 + D_6 \times 2^6 + \cdots + D_1 \times 2^1 + D_0 \times 2^0） \frac{U}{2^7}$$

$$= \frac{U}{2^7} \sum_{i=0}^{7} D_i \times 2^i$$

（3）上式将输入的数字量 D_i 与输出的模拟量电压 U_{out} 联系起来，不论哪一个开关接通，该位的数字量将在输出电压 U_{out} 中得到反映。由于各位数字是以二进制关系出现的，这就实现了输出的模拟电压 U_{out} 正比于输入的数字量的转换。如将上式推广到 N 位，则有

$$U_{out} = \frac{U}{2^{N-1}} \sum_{i=0}^{N-1} D_i \times 2^i$$

（二）R—$2R$ 解码网络

除了上述权电阻网络之外，R—$2R$ 解码网络在 D/A 转换中也得到了广泛的应用，其接线图如图 9-4 所示。在该图中，由于 R 和 $2R$ 构成 T 形连接，故又称其为 T 形解码网络。

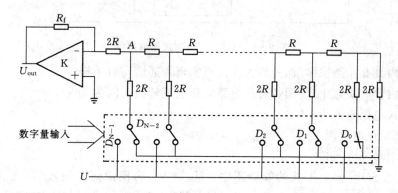

图 9-4　T 形解码网络图

（1）电路的组成。电路由三部分组成：运算放大器，T 形连接的权电阻和电子开关 D_{N-1}，D_{N-2}，…，D_1，D_0。

（2）电子开关受输入的数字量控制，当开关接通时，$D_i = 1$；当开关分断时，$D_i = 0$。

（3）输出电压与各位数字量的关系是

$$U_{out} = \frac{1}{3} \frac{U}{2^{N-1}} \sum_{i=0}^{N-1} D_i \times 2^i$$

**（三）模数转换芯片 AD7874

模数转换的芯片有很多种。按输出数据的格式有并行和串行之分；并行方式下按输出数字量的位数分有 8 位、10 位、12 位、14 位和 16 位的芯片。芯片的位数多少与分辨率有关，位数越多分辨率越高。由于 AD 芯片的位数总是有限的，而模拟信号的值是一个无限连续量，因而用有限的数字代表无限连续的模拟信号总会产生误差。数字量的最高位通常用 MSB 表示，最低位用 LSB 表示，在进行 AD 转换时，比最低位更小的量将被舍去，这就是量化误差，显然，AD 芯片的分辨率越高，量化误差越小。在微机保护装置中，目前大多数产品均选择并行接口的 12 位或 12 位以上的 AD 芯片。下面介绍 AD 公司生产的 12 位 AD 芯片 AD7874，如图 9-5 所示。

由 AD7874 芯片的内部逻辑电路图（图 9-5）可以看出，在芯片上集成了 4 个采样保持器，多路转换开关，12 位的数模转换器，内部时钟，参考电压和控制逻辑电路。其主要特点如下：

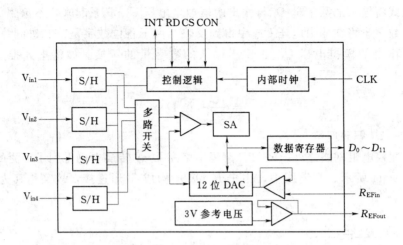

图 9-5 AD7874 内部逻辑电路图

（1）片内具有 4 路采样/保持放大器，可实现 4 通道同时采样。

（2）片内含有快速 12 位模数转换电路，每通道转换时间为 8μs。

（3）输入电压范围为 ±10V。

（4）±5V 供电电源。

（5）片上参考电压。

在 DIP 和 SOIC 封装形式的管脚图中：$V_{in1}\sim V_{in4}$ 为模拟信号输入端；输入电压范围为 ±10V；V_{DD} 为 5V 电压输入端；V_{SS} 为 -5V 电压输入端；AGND 为模拟信号地；DGND 为数字信号地；CLK 为时钟信号输入端，该管脚上加与 TTL 兼容的时钟信号，当使用内部时钟时，该管脚接至 V_{SS} 管脚；CS/ 为片选信号，低电平有效；RD/ 为读信号输入，低电平有效；当 CS/ 为低时，四个连续的 RD/ 信号将 AD 转换结果按照通道 1～通道 4 的顺序读出；R_{EFin} 为参考电压输入，正常时输入参考电压为 3V；R_{EFout} 为参考电压输出，AD7874 内部产生的 3V 模拟参考电压，通常 AD7874 使用内部参考电压，R_{EFout} 应接至 R_{EFin} 端。

CONVST/ 为启动转换输入信号，低电平有效；一个从低到高的变化便采样保持器进入保持状态，然后开始 AD 转换，按照通道 1～能道 4 的顺序开始转换。

INT/ 为中断请求信号，当 4 个通道转换完成，该信号变低；

$D_0\sim D_{11}$ 为数据输出端。AD7874 管脚图如图 9-6 所示。

五、逐次逼近法 A/D 转换电路

把模拟量转换为数字量的方法很多，但用的最为广泛的是逐次逼近法，这种方法的优点是转换速度快、分辨率高、成本低。逐次逼近法的逻辑网如图 9-7 所示。其控制逻辑可实现类似于对分搜索法的控制过程，

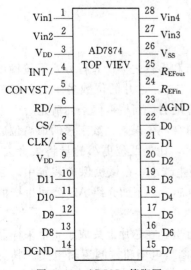

图 9-6 AD7874 管脚图

其工程步骤是：

（1）它先使用最高位 D_{n-1}，然后将其送入数模转换器 D/A，经转换后，得到整个量程 1/2 的模拟电压 U_S。

（2）将 U_S 送入由运放构成的比较器，使 U_S 与输入的模拟量 U_X 相比较。若 $U_S < U_X$，则保留这一位；若 $U_S > U_X$，则将该位清 0。

（3）然后，使用下一位 $D_{n-2} = 1$，与上一次结果一起送入 D 从转换器，转换成模拟电压 U_S 后，

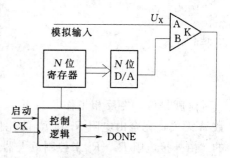

图 9-7　逐次逼近 A/D 转换逻辑图

再送入比较器与 U_X 相比较，以决定是否应保留这一位。如此重复下去，直到 D_0 位为止。

第二节　运算放大器基础知识

一、运算放大器的工作原理

运算放大器是一种具有高放大倍数且带有反电压负馈的直接耦合放大器，它由基本放大器和外接反馈网络两部分组成，如图 9-8 所示。其中 A 为基本放大器，R_f 为反馈电阻。基本放大器 A 有两个输入端，标有（−）的为反相输入端，当信号由反相输入端输入时，输出电压 U_0 与输入信号 U_i 相位相反；标有（＋）的为同相输入端，当信号由同相输入端输入时，输出电压 U_0 与输入信号 U_i 的相位相同。

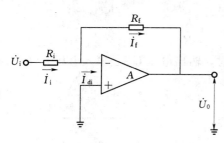

图 9-8　运算放大器工作原理图

1. 运算放大器的反相工作状态

在讨论运算放大器时，应该注意下述两个问题：

（1）运算放大器本身的放大倍数 A 很大，可达 3×10^5，因此，可以认为 A 为无限大，即 $A \to \infty$。这就是说，只要输入端有很微小的电压，在输出端就能得到一定数值的电压。由于同相端（＋）和反相端（−）的电位差不大，因此，在分析中可认为这两点是等电位的，常称（−）点为"虚地"。

（2）放大器的输入阻抗很高，输入电流很小，即可认为 $I_{di} \approx 0$，电阻 R_i 中电流和反馈电阻 R_f 中的电流相等。

有了上述两个概念之后，便可推演运算放大器在反相工作状态下的放大倍数公式。

在图 9-8 中，输入信号 U_i 接在反相输入端，R_i 中的电流为

$$I_i = \frac{U_i}{R_i}$$

而反馈电阻 R_f 中的电流为

$$I_f = \frac{U_0}{R_f}$$

如此可得到在反相工作状态下的放大倍数。

因为 $\qquad I_{di} = -I_f + I_i \approx 0$,故 $I_i = I_f$

于是有 $$\frac{U_i}{R_i} = -\frac{U_0}{R_f}$$

或 $$K = \frac{U_0}{U_i} = -\frac{R_f}{R_i}$$

这就是说,在反相工作状态下,运算放大器的放大倍数 K,与基本放大器的放大倍数 A 无关,完全由电阻 R_i 和 R_f 的比值来确定,而且输出信号 U_0 与输入信号 U_i 是反相的。由外接电阻 R_i、R_f 来控制放大器的放大倍数,将给使用带来很大的方便。

2. 运算放大器的同相工作状态

运算放大器同相工作状态的接线图如图 9-9 所示,在这个接线图中,输入信号 U_i 接在同相端(+),而 R_i 的左端接地。

因为 R_f 和 R_i 中的电流近似相等,故由于同相输入端(+)和反相输入端(一)近似等电位,所以电阻 R_i 中的电流为

$$I_i = \frac{U_i}{R_i}$$

$$I_f = \frac{U_0}{R_i + R_f} = \frac{U_i}{R_i} = I_i$$

于是放大系数

$$I_i = \frac{U_0}{U_i} = \frac{R_f + R_i}{R_i} = 1 + \frac{R_f}{R_i}$$

这就是说,运算放大器在同相运算状态下工作时,输出电压 U_0 是输入电压 U_i 的($1 + R_f/R_i$)倍,且两者相位是相同的。

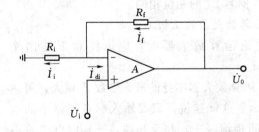

图 9-9 运算放大器同相工作状态接线图

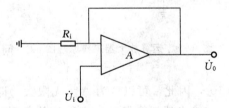

图 9-10 运算放大器跟随工作状态接线图

3. 运算放大器的跟随状态

运算放大器在跟随状态下的接线图示于图 9-10 中。这时,输入电压 U_i 接在同相输入端(+),而反馈电阻 $R_f = 0$。可知在跟随状态下的放大系数为 1。

这就是说,放大器在这种状态下工作时,输出电压 U_0 跟随输入电压 U_i 变化,放大系数为 1,且 U_0 和 U_i 的相位相同。

这与三极管射极输出器是类似的,但运算放大器比射极输出器的跟随特性好一些。运算放大器不但可以放大直流、交流信号,而且还可以形成各种类型的振荡器、滤波电路、比较电路以及各种运算电路。因此,它是目前电子工程中应用比较广泛的一种电子器件。

二、积分电路

积分电路使运算放大器输出电压 U 呈直线变化的电路，在图 9-11 给出了这种接线图，图中的反馈元件是电容 C。

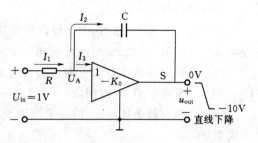

图 9-11 运算放大器积分电路接线图

该电路的工作过程是：$U_A \approx 0$，故 $U_A - u_{out} \approx -u_{out}$，且充电电流为

$$I_1 = \frac{U_{in} - U_A}{R} = \frac{U_{in}}{R}$$

因此，充电电流基本保持恒定。根据电量守恒原理，若电容器的充电电荷量为 Q，则电容器的端电压应近似等于输出电压 $U_C \approx -u_{out}$。这样一方面电量为

$$Q = I_1 t = \frac{U_{in}}{R}$$

另一方面电量等于电容器的端电压 U_C 乘以电容器的电容 C，即

$$Q = U_C C = -u_{out} C$$

故有

$$u_{out} = -\frac{u_{in}}{RC} t$$

这就是说，输出电压与输入电压乘线性关系。当输入电压为正时，输出电压呈负斜率变化，而当输入电压为负时，输出电压呈正斜率变化。

第三节 数字功率表和数字电能表

一、数字功率表

数字功率表是先将被测功率变换成电压，再经模/数（A/D）转换后，以数字显示出来。图 9-12 是由时分割乘法器形成的数字功率表的原理框图，其工作原理是：

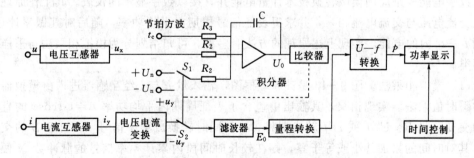

图 9-12 数字式功率表原理框图

（1）首先将电压 $u(t)$ 和电流 $i(t)$ 送至时分割乘法器进行相乘，得到与瞬时功率 $p(t) = u(t)i(t)$ 成正比的模拟直流电压 E_0。

（2）电压 E_0 再经 $U-f$ 转换器变为频率，被频率计在一段时间 Δt 内计得数值 N，亦即测得了这段时间内的平均功率。若 Δt 足够短，所得的即相当于瞬时功率。

下面简述其工作过程：

（1）电子开关 S_1 和 S_2 由比较器输出进行控制，S_1 换接基准电压"$\pm U_n$"，S_2 则换接电压"$\pm u_y$"，而"$\pm u_y$"大小相等、方向相反、并正比于被测电流。

（2）当积分器输出 $U_0 > 0$ 时，即对应于 T_1 时段，S_1 接通 $+U_n$，S_2 接通 $+u_y$；而当 $U_0 < 0$ 时，即对应于 T_2 时间段，S_1 接通 $-U_n$，S_2 接通 $-u_y$，即 $+u_y$ 被 S_2 所调制。

（3）节拍方波电压 $\pm E_c$ 的一个周期为 T，T 被分割为 T_1、T_2 两部分，并使下述关系成立

$$\frac{T_2 U_n}{TR_2} - \frac{T_1 U_n}{TR_2} = \frac{u_X}{R_1}$$

这样一来，差值 $T_2 - T_1$ 正比于电压被测电压 u_X，即

$$T_1 - T_2 = \frac{R_2}{R_1} \cdot \frac{T}{U_n} u_x$$

（4）在节拍方法电压的一个周期 T 内，被调制输出的 $\pm u_y$ 电压，经滤波后，得到直流电压平均值 $E_0 = u_y T_1/(T_1+T_2) - u_y T_1/(T_1+T_2) = -u_y T_1/(T_1+T_2)/T$，即

$$E_0 = -\frac{R_2 T u_x u_y}{R_1 U_n T} = K u_x u_y$$

由于 u_y 为 i_y 流经 R_y 得到的电压，则 $E_0 = K u_x R_y i_y = K_P u_x i_y$。可见，在一个节拍周期 T 内作瞬间相乘。若 T 很短，则 E_0 便反映了瞬时功率。

$$u_x = K_x U_m \sin(\overline{\omega}t + \varphi)$$

今设
$$i_y = K_y I_m \sin \overline{\omega}t$$

其中：K_X 为电压互感器或分压器的变换系数，K_y 为电流互感器或分流器的变换系数，则

$$E_0 = K_P K_x K_y U_m \sin(\overline{\omega}t + \varphi) I_m \sin \overline{\omega}t$$

$$= KUI\cos\varphi - KUI\cos(2\overline{\omega}t + \varphi)$$

上式中第二项被滤波器滤掉，于是 E 将与有功功率成正比。

二、数字电能表

数字电能表是应用模墩转换技术计量电能并直接以数字显示的仪表。其工作原理为先进行交流电压与交流电流相乘，并求得表征信号周期内平均功率，随后对其做累计运算，得到 $t_2 - t_1$ 内的电能。实现上述原理的方法有多种，可归结划分为模拟相乘法与采样计算法两类。

（1）模拟相乘法。图 9-13 是其原理框图，输入量 u 与 i 经互感器进入由模拟器件构成的瞬时值乘法器实现相乘，其输出中包含了表征周期内平均功率 $A = UI\cos\varphi$ 的直流分量和交变分量 B。U/f 或 I/f 转换器将 A、B 同时转换成频率信号 f。由于 B 的交变性质，其对时间的累加甚小或等于零，则在较长时间段内累计频率信号的脉冲数 N 便只反映 A 的累加值，即此时段内所计量的电能值。在工频电能计量中，时分割式模拟乘法器的应用最广泛。因为它的转换误差极小，价格低廉，而且可靠性高。

（2）采样计算法。应用快速 A/D 转换技术，在周期 T 内对电压和电流进行 N 次采样，然后将相应瞬时值由微机进行相乘，获得 n 个乘积 p_1，p_2，p_3，…，p_n，再进行求和运算，则可获得平均功率 P 为

$$P = \frac{1}{n} \sum_{i=1}^{n} p_i$$

（3）最后按要求计量能量的时段将其间各周期的 P 求和即得到电能值。

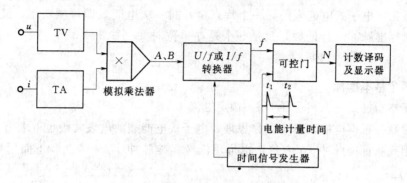

图 9-13　数字式电能表原理框图

数字式电能表的准确度、线性度、频率特性和温度特性等均远优于感应式电能表，且还适用于测量谐波成分较大的信号。其缺点是可靠性及长期稳定性尚不够理想。

利用模拟相乘法器制成的数字式电能表已被制成计量用标准表，也有工业现场用的产品。

第四节　电子式电能表的电路

一、测量电能的例子

若额定输入 $U_H = 200\text{V}$，$I_N = 5\text{A}$ 时，设计 $f_H = 1\text{Hz}$，则被测功率可由式（9-3）表示为

$$P_x = \frac{U_N D_N}{f_H} f_x \tag{9-3}$$

若测得 f_x 为 0.3Hz，则被测功率为

$$P_x = \frac{200 \times 5}{1} \times 0.3 = 300(\text{W})$$

由此可知，对电子式电能表来说，测功率就是测频率。测频率就是在单位时间内对脉冲进行计数。例如 1s 内所计的脉冲数就是频率。

若要测电能，可根据电子式电能表的基本原理先求出每个标准脉冲所代表的电能值，即脉冲当量，如式（9-4）所示。

$$D_E = \frac{U_N I_N}{f_H} \tag{9-4}$$

对于本例

$$D_E = \frac{200 \times 5}{1 \text{ 个脉冲}/\text{s}} = \frac{200 \times 5}{1 \text{ 个脉冲}} = \frac{1000}{1 \text{ 个脉冲}} = \frac{1000\text{J}}{1 \text{ 个脉冲}}$$

这样，若在一定时间内对脉冲进行计数，即可测得电能值。例如，对于本例若在 10s

内计数值为 $m=1500$ 个，则电能为

$$E_x = D_E m = 1000 \times 1500 = 1.5 \times 10^6 (\text{J}) = 0.417(\text{kW·h})$$

$$1\text{kW·h} = 1 \text{度} = 1\text{kW} \cdot 3600\text{s} = 3.6 \times 10^6 (\text{J})$$

由此可见，电子式电能表的另一个特点是：同一块电能表即可测功率，又可测电能，并且都是对标准脉冲进行计数，只是一个是在单位时间（如 1s）内计数，一个是在一定时间（如 10s，1d，1a）内计数。

二、两个基本指标

两个基本指标是指额定电压 U_N、额定电流 I_N。

电表常数：根据电能表基本工作原理，电子式电能表的电表常数也可求出。求电表常数时既可用高频标准脉冲 f_H 表达，也可用低频标准脉冲 f_L 来表达。下面用高频标准脉冲 f_H 来表达：

$$C = \frac{f_H}{U_N f_N}\left(\frac{\text{imp}}{\text{J}}\right) = \frac{3.6 \times 10^6 f_H}{U_N f_N}[\text{imp}/(\text{kW·h})]$$

式中 imp——脉冲数目。

最后需要说明，电子式电能表的电能计量标很高频脉冲 f_H 和标准低频脉冲 f_L 的关系是

$$f_L = \frac{f_H}{n}$$

这里 n 取整数。f_L 相当于 f_H 又在 n 个里面取平均值，所以又代表平均有功功率，常用作显示计量脉冲，例如送给字轮计度器或显示器。而 f_H 则代表瞬时有功功率，常用作校验脉冲。

**三、电子式单相字轮计度器电能表（DDS 26 型）

1. 基本原理

ADE7755 内部框图如图 9-14 所示。电压、电流通道里各有一个 16 位 A/D 转换器，

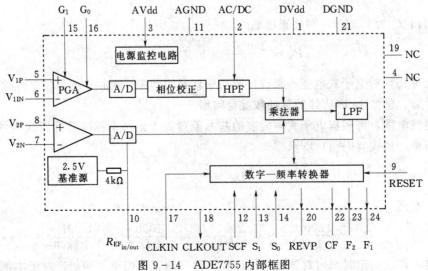

图 9-14 ADE7755 内部框图

所以它是采用数字乘法器进行功率运算，运算结果经数字—频率转换器变为电能计量的高频、低频标准脉冲 CF 和 F_1、F_2，然后进行输出。ADE 7755 电能计量器可测单相有功功率。

A/D 转换器带有自己的电压基准（2.5V），内部还有许多改善性能的电路，共 24 个引脚，其功能是：

DVdd，DGND：数字电源端及数字地，正常工作电压为 5V；

AVdd，AGND：模拟电源端及模拟地，正常工作电压为 5V；

V_{1P}、V_{1N}：电流通道正、负差分输入端；

V_{2P}、V_{2N}：电压通道正、负差分输入端；

RESET：复位端，低电平有效；

$REF_{in/out}$：基准电压输入/输出端，片内基准电压为 2.5V；

SCF、S_1、S_0：高频、低频标准脉冲频率之比选择端；

G_1、G_0：电流通道增益控制端；

CLKIN、CLKOUT：时钟输入/输出端；

BEVP：负功率指示端，当输出功率为负时，该端输出高电平；

CF：高频标准脉冲输出端；

F_2、F_1：低频标准脉冲输出端；

AC/DC：HPL 控制端，接高电平时，使用高通滤波器。

2. 特点

（1）输入信号范围宽。电压、电流通道里各有一个高阻抗的输入放大器。它们带有内部保护电路，从而避免了芯片在持续过压、欠压或静电放电（ESD）时损坏器件。

电压通道最大差动输入信号 ±660mV（峰值），由于电流通道的增益可编程，不同增益时有不同的允许值，见表 9-1。

表 9-1　　　　　　　　　最大差动输入信号范围　　　　　　　　　单位：mV

G_1G_2	增益	输入信号（峰值）	G_1G_2	增益	输入信号（峰值）
00	1	±470	10	8	±60
01	2	±235	11	16	±30

电流在 500：1 的动态范围内，误差小于 0.1%。所以，可允许有高的过载倍数（如 6 倍）。

注意：任何一个输入端对 AGND 的电压不得超过 ±1.0V。

（2）乘法器前后带有高通（HPF）和低通（LPF）滤波器。HPF 可滤除通道里的漂移信号，以免漂移信号影响乘积（功率），LPF 可滤除乘积里的高次谐波。说明如下：

设被测电压、电流信号为

$$u = U\cos\omega t$$
$$i = I\cos(\omega t + \varphi)$$

式中　U、I——电压振幅值和电流振幅值。

若通道里的漂移为 V_{OS}、I_{OS}，则相乘时

$$ui = [U\cos\omega t + V_{OS}] \cdot [I\cos(\omega t + \varphi) + I_{OS}]$$

$$= U\cos\omega t\cos(\omega t + \varphi) + V_{OS}I\cos(\omega t + \varphi) + I_{OS}U\cos\omega t + V_{OS}I_{OS}$$

若 HPF 滤除电流通道的 I_{OS}，则可除去漂移项 $V_{OS}I_{OS}$ 及 $I_{OS}U\cos\omega t$ 的影响，即

$$ui = UI\cos\omega t\cos(\omega t + \varphi) + V_{OS}I\cos(\omega t + \varphi)$$

根据 $\cos\alpha\cos\beta = \frac{1}{2}\cos(\alpha - \beta) + \frac{1}{2}\cos(\alpha + \beta)$，则

$$ui = \frac{1}{2}UI\cos\varphi + \frac{1}{2}UI\cos(2\omega t + \varphi) + V_{OS}I\cos(\omega t + \varphi)$$

若 LPF 滤除 ωt 及 $2\omega t$，则

$$ui = \frac{1}{2}UI\cos\varphi$$

由此可见，若滤波器理想，则可得理想的有功功率。

（3）能输出标准高、低频脉冲 CF 和 F_1、F_2，并且高、低频脉冲的频率及比值可以控制。这样就可灵活设计电表常数。

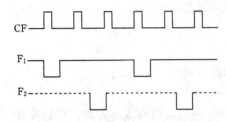

图 9-15 高、低频电能计量脉冲波形图

数字—频率转换电路可按照所测功率大小，在 S_1、S_0 和 SCF 控制下，将时钟端 CLK 的频率变为所需的高、低频标准脉冲频率。高、低频电能计量脉冲波形如图 9-15 所示。F_1（或 F_2）代表有功功率平均值（内部积分常数大），供电能计量用，可直接驱动步进电机；CF 代表有功功率瞬时值（内部积分常数小），供校验用。

（4）单电源，+5V 供电。ADE 7755 内含电源监控电路，当模拟供电电源 AVdd 未升至 4V 或已降至 4V 时，它能自动复位，以保证芯片上电时能正常启动，断电时能可靠断开。

（5）片内除 ADC 和基准源为模拟电路外，其余均为数字电路，因此可保证在周围环境极端情况下，能长时间测量稳定和计量准确。

（6）ADE 7755 内含"空载门槛"和"启动电流"判断电路，当标准脉冲频率低于一定值时，自动关闭 CF 和 F_1、F_2 的输出，这样可克服潜动现象。

*第五节 实现分时计量功能的数字电路

一、分时计量电能表

机电脉冲式分时计量电能表，其原理框图如图 9-16 所示。

图 9-16 中虚线框所示，这种电能表主要由以下几部分组成：

（1）电能测量部分——感应系测量机构。

（2）电能——脉冲转换部分，即光电转换器。

（3）时控部分。

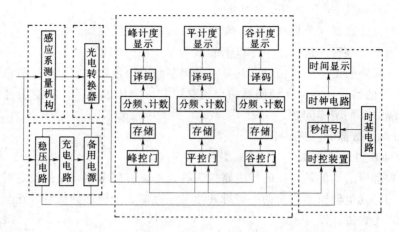

图 9 - 16 机电脉冲式分时计量电能表的原理图

(4) 分时计数部分。

(5) 电源及稳压部分。

这里要说明的是机电脉冲式分时计量电能表时控部分、分时计数部分的工作原理。

(一) 时控部分工作原理

对其要求是:应计时准确、日误差及时段误差小、投入切除时段准确、日累计误差小。时控部分分为计时部分和时控区段部分。

1. 计时部分

计时部分的工作原理如图 9 -
17 所示。在计时部分中,一般采
用标准石英振荡器作为时基电路,
这是因为石英振荡器振荡具有很高
的频率的稳定度。时钟基准信号经
分频形成电路输出秒信号,秒信号
进入计数电路进行分计数、时计
数,输出信号经 7 段译码电话,控
制 7 段数码管显示时间。

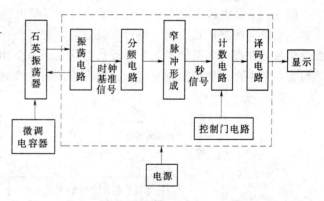

图 9 - 17 计时部分的工作原理图

2. 时控区段部分

时控区段部分是分时计量电能表的关键部分,其作用如下:

(1) 时控区段部分将时间信号分段,输出相应的峰、平、谷信号,控制峰控门、平控门或谷控门的打开与关闭,实现电能的分时计量。

(2) 石英振荡电路经过分频电路后得到秒信号,秒信号输入计数电路中进行计数,将时间进行分段编码。

(3) 实现编码时段为 15min 的时控方法是:将秒信号利用两块 10 分频和一块 9 分频电路组成 900 分频电路,以 15min 为单元,进行编码时控。一天 24h,每小时有 4 个 15min,于是

$$24 \times 4 = 96$$

如此，便把一天分成 96 个 15min 时间单元。

（4）用两位计数器（个位和十位）和两位译码器来完成编码，编码时只需在译码电路输出端引出所要的数字（这个数字是以 15min 为单位的）即可。

例如，如果要引出 7∶15 信号，就要在译码器的十位数取"2"，个位数取"9"；若希望引出 16∶45 的信号，就需在译码器的十位取"6"，个位取"7"。在使用过程中，应该注意电路每隔 24h 的清零问题。

（二）分时计数部分

1. 分时计数部分的功能

分时计数部分的功能是：由时控电路控制峰、平、谷门电路，按照设定时段分别打开不同的电位门，光电转换器输出的电能脉冲信号经存储、分频和计数后，送至显示电路实现相应的峰、平、谷计度显示。

2. 分段切换时不足分频数的脉冲保存问题

存储电路的设置，要使分段切换时不足分频数的脉冲保存在线路上，待下次时段切换回来时再加上去，从而不丢失一个脉冲，以保证测量的准确度。

3. 显示部分可采用 LED 数码管显示

将脉冲信号按一定比例计数后输入译码电路，将二进制数转换成十进制数输出，通过数码管相应显示段组成数码。

二、最大需量计量功能的实现

图 9 - 18 是由数字电路的机电脉冲式最大需量电能表的框图，它以石英晶体振荡器作为时基电路，根据计算周期，进行多级分频。在每个计算周期开始或结束时发出一个脉冲控制信号，在控制电路的控制下，计数电路累计每个计算周期内的电能需量，并送入比较器与寄存器中存储的最大需量进行比较，找出新的最大需量，存放入寄存器。

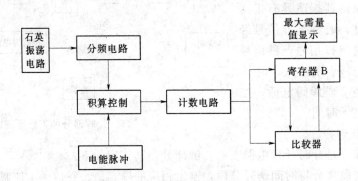

图 9 - 18　机电脉冲式最大需量电能表的原理框图

三、机电脉冲最大需量电能表

1. 电能需量的测定

图 9 - 19 是一种机电脉冲式最大需量电能表的结构框图。其中的感应系测量机构的仪表常数为 1500r/（kW · h），圆转盘每转一圈经光电转换器输出两个脉冲；经 750 分频后，在计数电路内每隔一个计算周期（15min）累计一次，可测得此周期的电能需量（记

作 A）。750 分频器由 5G657 和 5G621 组成；计数电路由 5G659 组成，15min 清零一次，即在 5G657 复位端输入清零脉冲。

2. 最大需量的求得

电路中，5G623 是寄存器，5G644 是比较器。每隔 15min 比较器将计数器的值 A 与寄存器内的值 B 由高位至低位进行一次逻辑比较。当 $A > B$ 时，比较器发出开通信号，使 A 取代 B，寄存在寄存器中，寄存后，计数器清零，重新计数；若 $A \leq B$，比较器无开通信号输出，寄存器仍保留原来的值 B。在整个电能计量过程中，寄存器始终保留最大值，即最大需量。

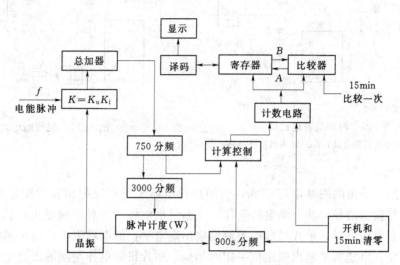

图 9-19 机电脉冲式最大需量电能表的结构框图

四、应用单片机实现最大需量计量功能

1. 脉冲信号的获得

图 9-20 是智能型最大需量电能表原理电路框图，其利用全电子式电能表将被测电能转化为相应的脉冲信号送入单片机，同时，将计时脉冲加入单片机中，形成一个实时时钟。

2. 最大需量的记录

单片机在设定的计算周期内测出输入的电能脉冲数，可获得用户的当前电能需量，该需量与内存中已记录的最大需量相比较，若大于内存中的最大需量，就用其代替内存中的原有数据，完成最大需量的记录。

3. 报警电路

将电能需量与通过键盘在内存中设定的需量限定值进行比较，如果超过需量限定值，单片机就输出信号报警，同时计入一超量次数。当超过需量限定值

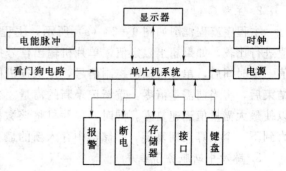

图 9-20 应用单片机实现最大需量功能

若干分钟后，就输出控制信号，使执行机构动作，切断供电电源。

4. 两种报警电路

报警电路一般由发光二极管或蜂鸣器等组成，当用户电能需量大于设定的需量限定值时，单片机输出信号，驱动发光二极管发光或蜂鸣器鸣叫。较常用的两种报警电路如图9－21所示，图9－21（a）所示的是发光二极管报警电路，图9－21（b）所示为蜂鸣器报警电路。在图9－21（b）中，电容C用于防止尖峰脉冲的干扰。

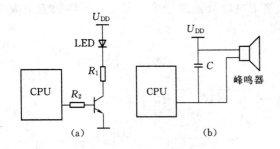

图9－21　两种报警电路图
（a）发光二极管报警电路；（b）蜂鸣器报警电路

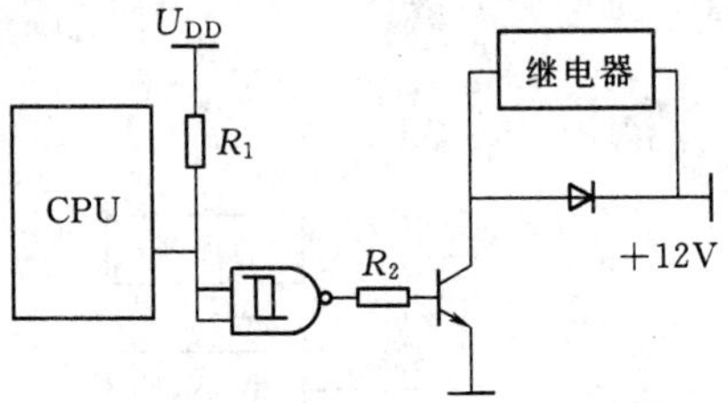

图9－22　跳闸断电电路图

5. 断电电路

断电电路主要由跳闸继电器组成，当用户的电能需量持续超出需量限定值一定时间后，单片机将输出信号，使一继电器动作，切断供电电源。一种跳闸断电电路如图9－22所示，用户正常用电时，单片机断电控制端输出高电平，继电器失电，用户用电主回路电源接通；当用户电能需量超出限定值一定时间后，单片机断电控制端输出低电平，使三极管导通，跳闸断电电源＋12V直接加在继电器线圈两端，继电器动作，切断用户供电主回路电源。

五、最大需量电能表对各种信号的处理方式

1. 采用中断方式

最大需量电能表的控制程序对各种信号的处理可以采用查询方式，也可采用中断方式。

图9－23为智能型最大需量计量电能表控制程序设计的流程框图，该程序对电能脉冲的处理采用了中断方式。

2. 主程序

主程序流程框图如图9－23（a）所示，主程序将当前需量与内存中设定的需量限定值进行比较，如果超出限定值，单片机输出信号报警，同时作一次超量记录。当超出限定值一定时间后，单片机输出控制信号，使执行机构动作，切断供电电源。当一个计算周期结束后，将当前需量清零，重新记录新的需量。当一个电费结算周期完成后，按动按键可以使最大需量值迅速复零，同时，单片机将该数据存入存储器中，以备用户查询及复核，直到下一个结算周期复零，存储器中存入新的最大需量值后，再将该数据消除。

3. 脉冲中断服务子程序

图9－23（b）为脉冲中断服务子程序框图。从脉冲中断服务子程序看出其主要用于

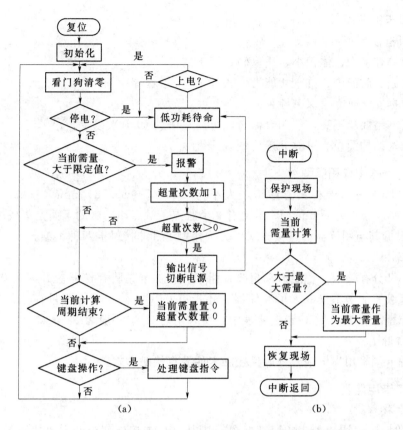

图 9-23 智能型最大需量计量电能表控制程序设计的流程图

(a) 主程序流程框图;(b) 脉冲中断服务子程序框图

实现最大需量计量。当中断发生后,首先保护现场,单片机接受输入的电能脉冲信号,进行当前需量计算,计算出当前需量值后,与内存中最大需量值进行比较,若大于内存中的最大需量值,则用当前需量值替换内存中原来的最大需量值,否则,恢复现场,进行中断返回。

在这种实现最大需量计量的方法中,其计算周期 T_0 是连续的,不相重叠。以计算周期 T_0 取 15min 为例,它把 1h 固定地划分为 4 个等时段,每段有每段的平均功率值,从而可以得到最大需量。

**第六节 IC卡式电能表的工作原理

一、IC 卡的外形

IC 卡即集成电路卡(Integrated circuit Card),形式上它是一张将集成电路芯片镶嵌在塑料基片上而成的卡片。IC 卡在制作上采用先进的半导体制造技术和信息安全技术,具有可靠的数据存储能力。其存储的内容不仅可供外部读取,也可供内部利用。同时,IC 卡还具有逻辑处理功能,可用于识别和响应外部提供的信息。

二、IC 卡的特点

IC 卡具有以下特点：

（1）存储容量大、体积小、质量轻、便于携带。

（2）防磁、防静电、抗干扰能力强。

（3）数据安全可靠，保密性强。

（4）对网络要求不高，使用寿命长，可读写信息 10 万次以上。

（5）读写结构简单、可靠，造价便宜。

三、IC 卡的构成和类型

IC 卡一般为一个塑料长方形卡，大小为（85.47～85.72）mm×（53.92～54.03）mm，厚度为 0.76±0.08mm，IC 卡上有 8 个触点，触点印制版的下面是集成电路芯片。

IC 卡根据其与阅读器的连接方式可分为接触卡和非接触卡两种类型。

1. 接触卡

接触卡又分存储卡、智能卡和超级智能卡。存储卡是将存储器芯片嵌入塑料基片内；智能卡和超级智能卡不仅嵌入了存储器，还带有 CPU，除了可大容量存储外，还具有保密、识别等智能功能，在 IC 卡电能表中，所采用的 IC 卡一般为 IC 存储卡。

2. 非接触卡

非接触卡则采用光电耦合来取代接触卡的 8 点接触方式。

四、IC 卡电能表

1. IC 卡接口

图 9-24 为 IC 卡电能表的原理框图。其中，IC 卡接口部分的主要功能是对作为信息传递媒介的外卡和作为信息备份载体的内卡进行读写，以便实现信息交流和保存，使电能表在停电时仍然能够在较长时间内保存必要的信息。

2. 内卡和外卡的控制总线

利用 CPU 的 I/O 线作为内卡和外卡的控制总线，用软件模拟总线时序分别对两个 EEPROM 芯片进行读写操作。内、外卡可以选用不同的 I/O 线作为各自的控制总线，也可以共用控制总线，这样可以节省 CPU 的 I/O 线。但是，如果采用后者，器件地址应不同。当要对内卡（或外卡）进行操作时，先送出器件地址，选中该器件，然后再进行相应的读写操作。图 9-25 为 IC 卡接口部分的原理框图。

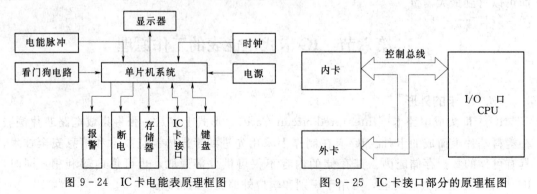

图 9-24 IC 卡电能表原理框图　　　　图 9-25 IC 卡接口部分的原理框图

五、软件设计

图9－26为IC卡式电能表的软件设计流程图，该软件主要实现以下几种功能。

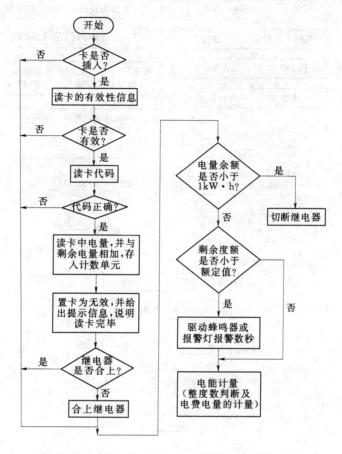

图9－26　IC卡电能表软件设计流程图

1. 对IC卡的操作

对IC卡的操作主要是实现对IC卡的读写操作。当IC卡插入插槽时，向CPU发出一中断请求信号，CPU响应中断后，即对IC卡进行读写操作。首先读入IC卡的购电卡标志。判断有效后，再读入IC卡的主机号、用户号，并与内卡中读出的主机号及用户号进行比较，若结果一致，随即读入IC卡的本次购电量，并将其与内卡中的余额进行累加，把新的余额保留在内卡中，然后把IC卡中本次购电金额置为零，改写IC卡的购电卡标志为用户卡标志，并把用电总量、本月用电量、本月电费、总电费、当前时间等信息写入IC卡，以便于下次购电时售电机可以直接读取到这些用户信息。

图9－27（a）、（b）、（c）为CPU对IC卡进行读写操作的流程图。

2. 电量的计量

电量的计量主要是完成对用户用电量的多功能计量，如分时计量、最大需量计量、有功及无功计量等，并采用倒计度的方式，每次从用户购电的剩余电量中减去用电量，余额即为新的剩余电量。

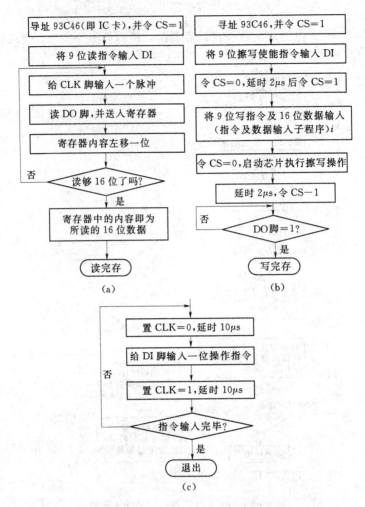

图 9-27 CPU 对 IC 卡进行操作流程图

3. 报警、断电控制

对新的剩余电量进行判断，若发现剩余电量已小于某一余额值，则驱动蜂鸣器蜂鸣或报警灯闪亮数秒报警，提醒用户及时到购电部门购电；若判断剩余电量已小于 1kW·h，则控制切断继电器，停止对用户供电，直至用户再次购得电量为止。

4. 其他控制功能

控制显示各种用电信息（如显示时间、剩余电量、当前电价、本月用电量等），防窃电控制，通电复位判断等。

第七节 预付费电能表的应用前景

对于表计生产厂家的共同的认识是：电力管理部门对电能计量管理是严谨、有序、符合现代化管理要求的。对所需表计的确定是一项系统工程，在选择产品时考虑的因素很多，有政策问题、资金问题、投资回报问题、质量问题等诸多的因素。其最终目的是保障电能量值的准确、统一和在线计量的安全可靠，为公正计量和计算电网经济指标提供有效的计量保证。

随着"厂网分离"、"两改一同价"等电力政策的实施，为了在保证客户的正常用电的同时，维护电力系统管理部门日常工作的顺利开展，用电数据的抄收和管理、电费的交纳等是各项管理工作的基础。但因为两网改造使各类表计数量大幅度增加，加大了一线管理人员的工作强度，加之繁杂的纸上作业，营业现代化管理的进程迟迟得不到有效提高。各地区的电力管理部门，需求符合本地区实际营业现代化管理要求的多种电能抄收管理方案，预付费电能表作为电力管理部门需求表计种类之一，向电力管理部门提供了实现表计电能量值传送和管理，解决客户欠费等问题的一种电能抄收管理模式。

一、预付费电能表的发展阶段进程

（1）按表计类型。机电一体式—全电子式（单/三相预付费系列）。

（2）按显示方式。发光二极管—数码管—液晶。

（3）按使用的 IC 卡类型。普通存储卡—逻辑加密卡—智能 CPU 卡。

（4）按配套售电管理系统软件。DOS 单机版—Windows 单机版—Windows 网络版。

（5）按表计功能方面。不断地推出满足客户需求的新功能表计。如：除了基本的计量功能外，还具有监控、记忆、显示、辨伪、叠加、数据返写、剩余电量、非法用电量、用电负荷监控、复费率、一表多卡、多功能预付费等诸多功能；各地区的电力系统管理部门可以根据自身管理的需要有选择地进行表计的使用。

二、预付费电能表目前存在的几个问题

1. 寿命问题

该问题主要集中在表计中的相关电子元器件的使用寿命对表计总体使用寿命有一定的影响的认识上。

解决方案：但是从目前各地区（尤其是南方地区）的电力系统管理部门已经大面积使用全电子式单相系列电能表，加之随着科技水平的飞速发展，电子元器件的性能、可靠性、使用寿命都较前几年有了较大的提高来看，全电子式电能表计的使用寿命可以达到10 年，甚至长时间，故可以认为预付费电表内部的相关电子元器件的使用寿命与全电子式电能表的使用寿命应是同步的。同时我们也欣喜地看到，近两年的预付费电能表产品无论质量、功能，还是可靠性和使用寿命等都有明显的提高。

2. 预付费电能表卡口防攻击性、继电器问题

该问题主要是认为预付费电能表的卡口容易受到恶意攻击而损坏，继电器受到大电流的干扰后也会损坏。

解决方案：在这方面，供电公司的表计有自己独到之处，采用特有的保护电路设计，同时强化了预付费电能表卡口防多种攻击的能力，与其他同类产品相比，大幅度降低了受到攻击而损坏的可能性；同时继电器内置/外置可选，电力系统客户可以根据自身实际管理需要进行选择，减少了表计正常使用损坏的发生。

3. 线损统计问题

以常规的思维考虑，由于预购电量可能会给线损统计带来一些问题，实际上，这些问

题在短期的观察中，有可能存在。但是，客户在习惯预付费购电这种方式后，90％以上的客户，其购电行为会随着时间的推移，形成规律性的购电次数和购电量，这样，在一个长的用电周期内，对于线损统计的问题就会迎刃而解，这里所说的较长的周期是指不长于1年。

4. 预付费电能表自动停电不符合电力法的要求

虽然电力法规定，停电前必须通知客户，让客户有一定的准备；对于预付费电能表客户来说，表内可用电量使用完了，而客户不再购电，预付费电能表将自动断电。但我们都知道，无论客户是先用电后交费，还是先交费后用电，只要客户不交纳电费，任何电能表都是可以停电处理的。

解决方案：方法一，客户在使用预付费电能表前，与电力系统管理部门提前约定协议电量（客户可以根据自身的实际使用情况，在使用预付费电能表前，与电力系统管理部门协商确定一个适当的预购电量值，即协议电量，在使用完协议电量值后，再行支付电费，实现电费滚动结算）；方法二，供电公司在预付费电能表的设计方案中，已经设计了一、二次自动报警功能，即剩余电量低于一定的数值后，提醒客户及时购电，这样，即起到提醒客户的作用，不会让客户在没有思想准备的情况下断电。

三、一户一表抄收管理的三种模式比较

一户一表抄表管理现存模式有集中抄表、人工抄表、预付费电能表三种。

1. 集中抄表模式

集中抄表管理模式无论是采取何种方式（低压电力载波、电话线、无线通信等）只是解决了抄表问题，没有最终解决电费收取问题。从目前的相关技术上来说，缺少全国统一的明确标准，各表计/电力软件厂家都在自行研究和开发自己的产品和标准，并且相互保密，彼此之间没有通用性和兼容性；与预付费电能表相比，成本要高出很多。由于集中抄表除了表本身外，还有集中采集器和通信通道，增加了技术上的故障点，维护难度略大于预付费电能表。

2. 人工抄表模式

以某城市大约150万的客户为例，每两个月抄表一次，每人每天利用抄表器抄表200户计算，大约需要抄表员175人，其他管理人员225人（其中含计算机维护管理、户表稽查人员等），共需400人。

抄表人员的来源有两个方面，经过一定时期的调研后计算其费用：

(1) 电力系统内部解决。每年需投入约650万元（包括工资、保险福利费）。

(2) 从社会上招工。每年需投入约500万元（包括工资、奖金、保险、保险福利费）。

3. 预付费电能表模式

(1) 居民住户对预付费电能表较为认同，自己用多少电交多少钱，免去了原先的总表和住户分表不符、轮流收取电费等不方便的因素。

(2) 预付费电能表可以提前将电费收回来，绝对没有欠费问题，同时由于表计寿命到期后，换表费用由客户自己出钱，无疑该方式是最方便可行且对电力公司最有利的计量方式。

预付费电卡表的优点：

（1）解决了抄表和收费两个问题，通过售电信息网可以随时掌握售电及用电状况，便于管理，减少了窃电机会，绝无欠费之忧，是一种先进的管理模式。

（2）技术含量高于人工抄表，是一种技术进步的方式。

（3）居民购电和报装可不受时间、地域的限制，不必限制时间、地点交费，从心理上容易接受，也确实方便。

（4）减少了管理人员，符合国电公司减人提效的精神。

预付费电能表模式缺点：

（1）预付费电能表本身的价格较高。

（2）表计自身耗电略大。

（3）运行维护成本略大。

四、预付费电能表的应用前景

电力系统管理部门对预付费电能表表计的需求呈多样化发展的趋势，以下是一些目前电力系统管理部门和具体使用客户都共同需要的多种预付费电能表：

（1）适宜解决流动性较大、有欠费倾向的中小动力客户/商住户的三相预付费电能表。

（2）适宜解决多个农民家庭水浇地使用的一表多卡的三相预付费电能表。

（3）适宜有费率和时段使用需要的三相多费率预付费电能表。

（4）适宜实行居民分时电价政策的单相复费率预付费电能表。

（5）适宜普通居民使用的单相预付费电能表等。

我们可以从多个信息渠道获知，与前两年相比较，表计电子元器件性能和使用寿命的稳步提高，预付费电能表的产品质量、功能、使用寿命、可靠性等都有明显的改善。目前各地区电力系统管理部门接受机电一体式/全电子式预付费电能表的意见日趋缓和，尤其对全电子式单、三相系列预付费电能表正呈现需求逐步上升的趋势。同时随着各地区电力管理加大实施分时电价政策，新型复费率预付费表计的使用已经开始。一个表计产品是否符合电力系统管理部门和具体使用客户的实际需要，最终检验的标准是时间、是客户对该表计的认同。

第八节 电子电能表的选购

由于电子式电能表比感应式电能表准确度高、功耗低、启动电流小、负载范围宽、无机械磨损等诸多优点，在生产实践中应用地越来越广泛。但是，目前市场上生产电子式电能表厂家繁多，质量参差不齐，选择不好，不仅不能发挥电子式电能表的优点，反而会带来不应有的损失和增加维护管理的工作量。电子式电能表与感应式电能表，既有相同的地方，也有不相同的地方，且不同的地方更多，特别是电能表的内部，感应式电能表是采用电磁感应元件，里面是铁芯、线圈加机械传动装置；而电子式电能表则主要是采用电子元件，即电阻、电容加集成电路等。因此，要以电子设备的技术要求选择电子式电能表，而不能简单地照搬选用机械式电能表的技术要求选择电子式电能表。

一、查验生产厂家所必须具备的基本技术条件

电能表是属国家强制检验计量器具，根据计量法规定，所选电能表必须具有省级以上

技术监督局颁发的制造计量器具许可证（CMC 证）。这是电能表生产厂家所必须具备的条件和必须履行的法律手续。它可以证明厂家具备了基本的设施、人员和检测仪器设备，是可以生产销售的产品。但是在目前市场竞争激烈的情况下，供电企业有更大的选择余地，因此，还可以多比较一下其他证明产品质量的文件。如：权威部门的鉴定报告、寿命试验报告、被列入原国家经贸委《全国城乡电网建设与改造所需设备产品及生产企业推荐目录》、《ISO9000 质量认证》等。这些都是证明产品质量的重要文件。

由于各厂家价格竞争激烈，仅仅根据这些文件来选择产品还是不够的，它们只能证明有了可以选用的基础。下一步就要根据电子式电能表的性能特点、国家检验规程，结合当地电网和气候的实际情况对厂家生产的电能表实物进行检验。

二、对电能表实物进行检验

对电能表实物进行检验，主要是从以下 5 个方面进行：①机械要求；②所能适应的气候条件；③电气要求；④电磁兼容性；⑤准确度要求。这 5 个方面在国家标准《1 级和 2 级静止式交流有功电能表》（GB/T 17215—1998）中都有明确的规定。规定中有些试验和检验项目一般地市级及县级供电企业有条件检验，但有相当多的项目还不具备条件检验。下面简要说明如下：

1. 准确度要求

准确度要求包括电流及功率因数改变、电压改变、频率改变、启动试验、潜力试验、走字试验等这些项目的检验，一般情况下，市级及县级供电企业都能进行检验。电子式电能表在规程规定的负载范围内，一般线性度都比较好，但不同厂家的表实际准确计量的负载范围有很大差别，由于现场实际负载电流是经常变化的，能准确计量的负载范围越宽，表的负载性能越好。在农村有些地区电网电压波动比较大，要注意检查电压波动极限情况下电能表的误差。特别是低电压时的轻载误差和电能表走字是否有力，检查表内直流电源电压不能下降到计量器及芯片的工作电压以下，直流电源的波纹不能有明显的增加。

准确度要求还包括谐波、外部磁感应、高频电磁场影响等。一般地市级及县级供电企业不具备条件检验，可以请省级电力试验所检验。

2. 电气要求

电气要求的功率消耗检验包括电压线路和电流线路，可以用互感器校验仪测量电能表的电压、电流和负载阻抗后，计算出额定电压、额定电流下电能表的功率消耗。这种方法既准确又方便；电源影响、电压降落和短时中断、自热影响可以在电能表校验台上模拟进行；短时过电流会影响检验，严格按规程定义做比较困难，可以在 2 倍最大电流下，逐步延长时间，检测电能表的温升（电流端子及取样电阻）和误差。这可以了解电能表过负载后的损坏程度。

为防止低压供电线路中性点断开后，因负载不平衡引起某相电压升高烧坏电能表的情况发生，将单相电表的输入电压升高到 420V，经过 4h 后，再在额定电压下检验电能表应合格（试验时要有人值守，注意安全，发现有异常立即断电检查）。

3. 机械要求

机械要求中的绝大部分内容是可以通过直观检查和简单的试验方法进行检验的。如：

四防（防电击；防过高温度；防火焰蔓延；防固体异物、灰尘和水进入）；铅封方便可靠（只有破坏铅封后才能触及仪表内部部件）；接线端子应有足够的绝缘性能和机械强度；表壳的结构和装配应能保证在出现非永久性变形时不妨碍仪表正常工作；铭牌、接线图、端子标志符合要求等。这些要求都是保证电能表安全运行的最基本要求，是可以凭经验观察和识别的，选用决不能忽视。特别端子板要选用阻燃材料，如选用注射型酚醛树脂；外壳采用 ABS 工程塑料时要注意检查是否阻燃；外壳不能有明显变形，影响密封性能，内部元件不能有明显的相对位移。

4. 气候条件和电磁兼容性能

这两项对电子式电能来说都很重要。尤其是电磁兼容性能对电子式电能表影响极为严重，电磁兼容性能较差的表，现场运行中往往出现"死机"、"飞字"等现象，甚至内部电子元件损坏。这是电子式电能表有别于机械式电能表的一个重要特性。电磁兼容检验一共有 5 个项目，即静电放电试验、高频电磁场试验、电快速瞬变脉冲群试验、浪涌试验、无线电干扰抑制试验。其中浪涌和脉冲群比较接近电网中的一些瞬态情况，建议有条件的地市级及县级供电企业购置相应设备，对电能表进行抽查检验。

另外需要注意的有：目前电子表的机械计量器还没有从原理上根本解决卡字问题，主要是通过选择制造工艺好的计量器和进厂时严格筛选保证电能表整机质量。因此，要特别注意计量器的质量。步进电机有屏蔽，可以防电磁干扰，外壳采用铝合金支架、齿轮精细、无毛刺、材料不易变形、有润滑性能、步进电机磁性能强、加工精密，都可以减少卡字的问题，要注意仔细检查和了解。再就是要进行走字检验，为更严格地考核计量器质量，保证安装到现场的电能表在电压允许范围内都能正确计量，建议采用本地区电网可能出现的最低（不考虑暂态）电压进行走字试验。

三、运行中的电能表质量抽查

上述检查还是不能完全保证电能表安装到电网后，不出现任何问题。因此，安装运行一段时间后，必须进行抽查。抽查的时间间隔和抽查比例可以根据运行中电能表的质量情况而定。同一厂家同一批次的电能表故障率小、误差变化小、合格率高的可以减少抽查比例和抽查时间间隔。一般情况下，首次选用的厂家产品半年内抽查率不能少于 5%。一年内抽查比率不能少于 10%。如果质量稳定，误差变化小，则可以减少抽查比例。但每年至少要抽检 1%，以监测电能表质量随时间变化情况。把电能表的选购从事前选择延伸到整个使用过程之中，通过监控使用中的情况，进一步提高选购水平。

第九节　单相电子式电能表的数据及接线

一、DDS288 型电能表

1. 用途及特点

DDS288 单相电子式电能表是江苏西欧电子有限公司的产品，该产品采用大规模专用集成电路以及先进技术制造的国内的最新产品。其特点是防窃电、线性好、高精度、高可靠性、功耗低、体积小、重量轻、负荷范围宽。其用途是供计量额定频率为 50Hz、电压为 220V 的单相有功电能。该电能表固定安装在室内或室外具有防雨能力的地方使用，极限工作温度为 −45～60℃，相对湿度不超过 85%。该产品符合国标中 1 级和 2 级单相电能表的全部技术要求。该产品已通过质量体系认证。

2. 规格及主要技术参数

(1) 规格。DDS288 单相电子式电能表规格见表 9−2。

表 9−2　　　　　　　　　　DDS288 单相电子式电能表的规格表

型　号 ＼ 规　格	准确度等级（级）	额定电压（V）	额定电流（A）
DDS288	1.0	220	1.5（6）　2（10）　5（20）
	2.0		5（30）　10（40）

(2) 技术参数。表常数为 6400/3200imp/（kW·h）、1600/800imp/（kW·h）。

(3) 基本误差。基本误差见表 9−3。

表 9−3　　　　　　　　　　　　基 本 误 差 表

负载电流	功率因数	基本误差（%）	
		1.0 级	2.0 级
$0.05I_b～0.1I_b$	1.0	±1.5	±2.5
$0.1I_b～I_{max}$	1.0	±1.0	±2.0
$0.1I_b～0.2I_b$	0.5（滞后）	±1.5	±2.5
	0.8（超前）	±1.5	±2.5
$0.2I_b～I_{max}$	0.5（滞后）	±1.0	±2.0
	0.8（超前）	±1.5	±2.0

3. 启动

电能表在额定电压、额定频率及功率因数为 1 的条件下，当负载电流为 0.4%（1.0 级）标定电流，负载电流为 0.5%（2.0 级）标定电流时，工作指示灯应能连续指示。

4. 主要结构和工作原理

电能表外壳采用阻燃 ABS。接线端子座采用酚醛树脂，步近电机带动计度器工作。黄铜接线端子连在锰钢分流器上，铭牌固定在表盖内，置于计度器的上方，表盖用 4 只螺钉固定，其中一只可加铅封。端子盖用一特制的螺钉将接线端子座覆盖固定，其上可加铝封。

客户消耗的电能，通过对分压器和分流器上的信号取样，送到乘法器电路，乘积信号再送到 I/F 变换器、经分频电路输出脉冲去驱动步进电机，带动计度器累计电量。电能表有防潜动逻辑电路，使用寿命 15 年。电能表的接线图如图 9−28 所示。

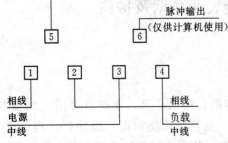

图 9−28　DDS288 型电能表的接线图

二、DDS660 型电子式单相电能表

1. 用途和特点

DDS660 型电子式单相电能表是哈尔滨市汇鑫仪器仪表厂的产品，其采用大规模集成电路，外围元件少，具有结构简单、可靠性高、功耗低的特点。其用途是供计量额定频率为 50Hz 的交流单相有功电能。

（1）长寿命。因采用了全电子式机芯结构，充分发挥了电子元件寿命长、性能稳定、精度高、无机械磨损的特点，不仅使整表寿命超过 20 年，而且在此期间误差基本不变。

（2）宽过载。采用锰钢分流器作为电流回路的取样电阻，大大提高了整表的过载能力。

（3）防窃电。具有防分流窃电、倒相窃电、摘勾窃电等很强的防窃电功能。

（4）高性能。采用电脉冲输出，给计量部门检查和进行通信提供了极大的方便。采用高品质元件，可适合室外使用，使用极限温度为 $-45 \sim 60℃$，相对湿度小于 95%。

该产品符合国家标准中单相电能表的全部技术要求。

2. 规格和主要技术参数

（1）规格。DDS660 型电子式单相电能表规格见表 9-4。

（2）基本误差。基本误差见表 9-5。

表 9-4	DDS660 型电能表规格表	
准确度等级（级）	额定电压（V）	标定电流（A）
1.0~2.0		1.5（6）
1.0~2.0		5（20）
1.0~2.0	220	5（30）
1.0~2.0		10（40）
1.0~2.0		10（60）
1.0~2.0		20（80）

表 9-5	DDS660 型电能表基本误差表		
负载电流	功率因数	基本误差（%）	
		1.0 级	2.0 级
$0.05I_b \sim 0.1I_b$	1.0	±1.5	±2.5
$0.1I_b \sim I_{max}$	1.0	±1.0	±2.0
$0.1I_b \sim 0.2I_b$	0.5（滞后）	±1.5	±2.5
	0.8（超前）	±1.5	—
$0.2I_b \sim ID_{max}$	0.5（滞后）	±1.0	±2.0
	0.8（超前）	±1.0	—

（3）启动。电能表在参与电压、参比频率及功率因数为 1 的条件下，当负载电流为 0.4%（1.0 级）或 0.5%（2.0 级）标定电流时，工作指示灯能连续指示。有关原理如 DDS228 型，这里不再重述，使用寿命为 20 年。

（4）接线，如图 9-29 所示。

三、DDSY660 电子式（IC 卡）单相预付费电能表

1. 用途与适用范围

DDSY660 电子式（IC 卡）单相预付费电能表是哈尔滨市汇鑫仪器仪表厂的产品，在 DDS660 型电能表性能成熟可靠的基础上开发

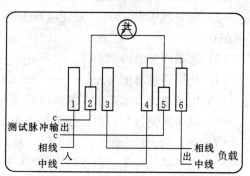

图 9-29　DDS660 型电能表的接线图

研制的，具有电能计量、负荷控制和客户用电管理等多功能的新产品，是当前改革用电体制、实现电能商品化，解决收费难的理想产品。该产品可安装在室内或室外的电表箱内，适应温度为−35～+50℃，各项性能指标符合标准 JB/T8382—1996《预付费电能表》的技术要求。

2. 功能及特点

（1）一个 IC 卡管理一个预付费电能表。

（2）先购电后用电，不付费停止用电。

（3）购电量用完后，若不再购电，电能表将自动拉闸，停止用电。

（4）电能表每隔 10s 自动显示剩余电量及金额。

（5）实抄率 100%。

（6）长寿命。因采用了全电子式机芯结构，充分发挥了电子元件寿命长、性能稳定、精度高、无机械磨损的特点，不仅使整表寿命超过 20 年，而且在此期间误差基本不变。

（7）宽过载。采用锰铜分流器作为电流回路，大大提高了整表的过载能力，使实际上过载能力达 8 倍以上。具有很强的抗干扰能力，电网暂时性过压亦不会影响电子单元功能和特点。

（8）在连续断电情况下，数据保持可达 10 年以上。

（9）总电量采用计度器记录不会因停电丢失电量。

（10）防窃电，具有多种防窃电（如分流、摘勾、倒相等）功能。

（11）电卡的数据储量大，读写速度快；内部数据采用加密方式，安全可靠，难以破译。

（12）宽工作温度范围−35～+50℃。

3. 系统配置

（1）预付费电卡表（一户一表）。

（2）IC 卡（一户一卡）。

（3）IC 卡读写机（每一供电区或站一套）。

（4）预付费电卡表管理软件（每一供电区或站一套）。

（5）计算机管理系统（各供电区或站自选，可与现有管理系统计算机兼容）。

（6）检验卡、清除卡（各计量管理部门根据电卡表数量可自行选购）。

4. 规格及主要技术指标

（1）电能表类型为全电子式。

（2）额定电压为 220V；额定电流为 5（20）A、10（40）A、20（80）A；额定功率为 50Hz。

（3）准确度等级为 2.0 级。

（4）使用环境温度为−35～+50℃（相对湿度不大于 85%）。

（5）电子单元显示范围：剩余电量为 0～999.99kW·h；剩余金额为 0～999.99 元。

（6）电卡重复读写有效次数不少于 10 万次。

（7）常数为 1600imp/（kW·h），额定电流 5（20）A。

（8）电子单元电压适应范围为 220V±20%。

（9）安装尺寸为 121mm×88mm（与 DDS660 完全相同）。

（10）整机重量为 8kg。

5. 工作原理

电能表主要由两大功能模块组成：其一为电能计量单元，实现电能计量；其二为数据处理单元，通过光耦取样器取得与电能量相对应的脉冲，采用专用微处理器，完成电能采集、数据处理、写卡、显示及负荷控制等功能。其结构：电能表由底座、上盖、端钮盒和端钮盒盖四部分组成，上盖和端钮盒盖分别加有铅封，上盖右侧有客户 IC 卡插座。电能表面 5 位 LED 数码管用于显示用电信息，上电时每隔 10s 先显示剩余电量，再显示剩余金额。

6. 使用方法

（1）客户购电时，由工作人员将 IC 卡插入读写卡机，同时操作计算机，将客户代码、购电量等数据以加密方式写入 IC 卡，同时自动计账打印票据。

（2）客户将已购电的 IC 卡插入自己的电能表卡座插孔内，电能表自动识别客户代码，读入有关数据并自动将购电数量与原来的电量累加显示在数码管显示器上，此时可取出 IC 卡。

（3）在使用过程中，电卡电子单元的数据是递减的，并隔 10s 显示一次剩余电量及金额，当达到报警电量时，显示 E5，同时拉闸，提示用户电费即将用完，应尽快购电，此时客户将 IC 卡插入表内，即可合闸。当剩余电量为 0 时，电表拉闸，停止供电，直到插入购过电的 IC 卡，输入新购电量为止。

（4）每次购电后，IC 卡内的购电量及金额只能有效使用一次，但 IC 卡可长期使用，使用后妥善保管，以备下次购电时使用。

（5）一表一卡，客户 IC 卡只能在自己的表上使用，在其他电能表上不起作用。

7. 安装

（1）电能表在出厂前经检验合格，并加铅封，即可安装使用。

（2）电能表应安装在室内或室外的电表箱内，建议安装高度为 1.8m 左右，空气中无腐蚀性气体。

（3）电能表应按照接线端盒子上的接线图进行接线。

（4）电能表 LED 显示的电量单位为 kW · h，金额单位为元。

（5）接线图如图 9 - 30 所示。

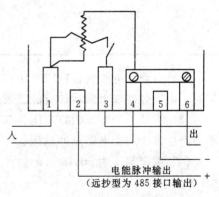

图 9 - 30　电子式（IC 卡）单相预付费电能表接线图

第十节　三相电子式电能表的参数及接线

一、三相三线/四线电子式有功电能表

1. 产品概况

DSS660、DTS660 型三相电子式有功电能表是哈尔滨市汇鑫仪器仪表厂的新型产品，

采用了目前最先进的高精度专用电能芯片，该芯片采用了 A/D 转换技术，性能稳定、抗干扰性好、计量精度高，完全符合国家标准的所有技术要求。

该系列产品极限工作温度为 $-35 \sim +60℃$，相对湿度不超过 85%。

2. 功能及特点

(1) 性能稳定，适合于长期使用。

(2) 一相或两相断电，电能表照常工作，并不影响计量准确性。

(3) 具有防窃电功能，电流正、反向均正常记数。

(4) 无潜动，电流回路开路，无电能脉冲输出。

(5) 具有远动及电能测试信号输出。

(6) 功耗小。

3. 规格及主要技术参数

(1) 规格。DSS660、DTS660 型三相电子式有功电能表的规格见表 9-6。

表 9-6　　　　　　DSS660、DTS660 型三相电子式有功电能表的规格

产品型号	准确度等级 （级）	规格		电能测试脉冲常数 [imp/（kW·h）]	远动输出脉冲常数 [imp/（kW·h）]
DSS660	1.0	3×100V	3×1.5（6）A	3200	3200
DTS660	1.0	3×220/380V	3×1.5（6）A	800	800
	1.0		3×5（20）A	400	400
	1.0		3×10（40）A	200	200
	1.0		3×15（60）A	200	200
	1.0		3×20（80）A	100	100
	1.0		3×30（100）A	100	100

(2) 启动。电能表在额定电压，功率因数为 1 的条件下，当负载电流为 0.4% 额定电流时，电能脉冲输出指示灯应能连续指示，且有电能脉冲输出。

(3) 潜动。当电压线路电压为参比电压的 115%，电流回路断开时，仪表的测试输出不会产生多于一个电能脉冲输出。

(4) 额定频率为 50Hz。

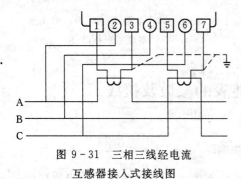

图 9-31　三相三线经电流
互感器接入式接线图

(5) 环境条件：极限工作温度为 $-35 \sim +60℃$；相对湿度不大于 85%。

(6) 重量约 2kg。

(7) 外形尺寸为 230mm×145mm×72mm。

4. 使用方法

DSS660 和 DTS660 型电能表端座接线图如图 9-31～图 9-34 所示。

DSS660 型和 DTS660 型系列三相表均具有光耦隔离电能脉冲输出端口，如图 9-35 所示。

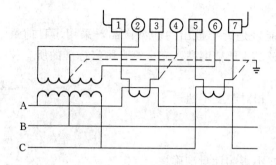

图 9 - 32　三相三线经电流、电压
互感器接入式接线图

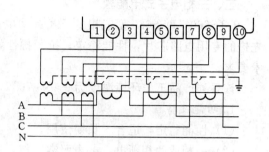

图 9 - 33　三相四线经电流互
感器接入式接线图

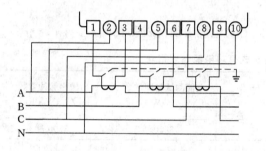

图 9 - 34　三相四线经电流、电压
互感器接入式接线图

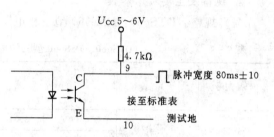

图 9 - 35　电能脉冲输出示意图

5. 安装

（1）安装前，应验证电能表具有防开启铅封
及有效的检验合格标识。

（2）电能表应按照接线端盒上的接线图进行接线，最好用铜线或铜接头接入。

（3）电能表安装图如图 9 - 36 所示。

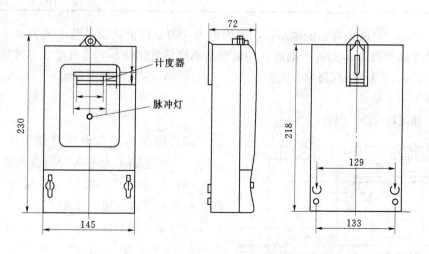

图 9 - 36　三相电子式电能表外形及安装尺寸图

二、三相电子式电能表

DTS660、DSS660 型三相电子式有功电能表是近年推出的新型产品，采用了目前最先进的专用电路芯片，性能稳定，抗干扰性好，计量精度高，完全符合国家标准的所有技术要求。

该系列产品工作环境温度为 $-40 \sim 70 ℃$，相对湿度不超过 85%。

1. 功能及特点

(1) 性能稳定，适合于长期使用。

(2) 一相或两相断电，电表照常工作，并不影响计量准确性。

(3) 宽工作温度范围：$-40 \sim 70℃$。

(4) 具有远动及电能测试信号输出。

2. 规格及主要技术参数

(1) 规格。DTS660、DSS660 型三相电子式有功电能表规格表见表 9-7。

表 9-7　　　　　　　DTS660、DSS660 型三相电子式有功电能表规格表

产品型号	准确度等级（级）	规　　格		电能测试脉冲常数 [imp/（kW·h）]	远动输出脉冲常数 [imp/（kW·h）]
DSS660	1.0	$3×100V$	$3×1.5$（6）A	3200	3200
		$3×380V$	$3×5$（30）A	200	200
DTS660	1.0	$3×220/380V$	$3×1.5$（6）A	1600	1600
	1.0		$3×5$（20）A	400	400
	1.0		$3×5$（30）A	400	400
	1.0		$3×10$（40）A	200	200
	1.0		$3×15$（60）A	200	200
	1.0		$3×20$（80）A	100	100
	1.0		$3×30$（100）A	100	100

(2) 启动。电能表在额定电压，功率因数为 1 的条件下，当负荷电流为 0.4% 标定电流时（经互感器表为 0.2%），电能脉冲输出指示灯能连续指示，且有电能脉冲输出。

(3) 潜动。当电压线路电压为参比电压的 115%，电流回路无电流时，在规定时间内不产生多于一个脉冲。

(4) 额定频率为 50Hz。

(5) 功率消耗为电压电路不大于 1W 和 4VA；电流电路不大于 0.6VA。

(6) 环境条件：极限工作温度为 $-40 \sim 70℃$；相对湿度：不大于 85%。

(7) 重量约 2kg。

3. 使用方法

DTS660 型和 DSS660 型电能表端座接线

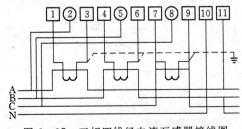

图 9-37　三相四线经电流互感器接线图

如图 9-37～图 9-41 所示。

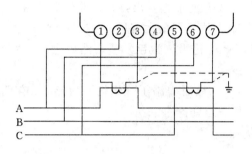

图 9-38　三相三线经电流互
感器接入式接线图

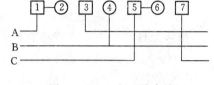

图 9-39　三相三线直接
接入式接线图

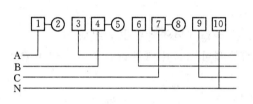

图 9-40　三相四线直接接入式接线图

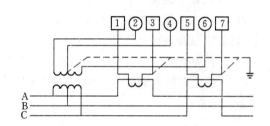

图 9-41　三相三线经电流、电压
互感器接入式接线图

复习思考题与习题

一、填空题

1. 所谓模拟量系指连续（**变化**）的电量，诸如（**电压、电流、功率**）等。

2. 所谓数字量系指可用（**二进数码**）表示的量，数字量在控制系统中也常称为（**状态离散量**）、（**开关**）量，诸如断路器的辅接点、继电器的接点的开断和关合等。

3. 模数转换是将（**模拟**）量转换成（**数字**）量，简称 A/D 转换。

4. 数模转换是将（**数字**）量转换成（**模拟**）量，简称 D/A 转换。

5. 运算放大器有两个输入端，"＋"端称为（**同相**）输入端，"－"端称为（**反相**）输入端。

6. 乘法器有（**模拟**）乘法器、（**时分割**）乘法器。

7. ADE7755 内含（**"空载门槛"**）和（**"启动电流"**）判断电路。

8. 一般采用标准石英振荡器作为（**时基**）电路，这是因为石英振荡器振荡具有很高的（**频率稳定度**）。

9. 时控区段部分将时间信号分段，输出相应的（**峰、平、谷**）信号，控制（**峰**）控门、（**平**）控门或（**谷**）控门的打开与关闭，实现电能的（**分时**）计量。

10. 每隔（**15min**）比较器将计数器的值 A 与寄存器内的值 B 由高位至低位进行一次

逻辑比较。当（$A>B$）时，比较器发出开通信号，使 A 取代 B，寄存在寄存器中，寄存后，计数器清零，重新计数；若（$A\leq B$），比较器无开通信号输出，寄存器仍保留原来的值 B。在整个电能计量过程中，寄存器始终保留最大值，即最大需量。

11. 所谓数字仪表，就是将被测的（**模拟**）量转化为（**数字**）量，然后进行数字编码，并将测量结果以（**数字形式**）进行显示的仪表。

12. 数字仪表式特别是易于与（**计算机**）结合，从而增添了（**记忆**）功能、（**存储**）功能、（**数字处理**）功能，这些功能是传统仪表所不能具备的。

13. 与传统仪表相比，数字仪表有以下的优点：

(1) 读数方便，没有（**读数**）差。

(2) 准确度高。数字仪表内没有（**机械转动**）部分，没有（**摩擦**）误差。

(3) 测量（**速度**）快。

(4) 输入（**阻抗**）高、仪表（**功耗**）小。

(5) 灵敏度高。

14. 各种类型的数字仪表大致都由（**模数**）转换器和（**电子计数器**）组成。

15. 最大需量电能表的控制程序对各种信号的处理可以采用（**查询**）方式，也可采用（**中断**）方式。

二、选择题

1. 模数转换是一个量化过程，在量化的时间内，应保持被转换的模拟量在数值上（**A**），如此才能保证转换的精度。

　　A. 不变　　　　B. 跟随模拟量变化　C. 时变时不变　　　D. 阶跃变化

2. 运算放大器在跟随状态下的放大系数为（**C**）。

　　A. 10　　　　　B. 100000　　　　　C. 1　　　　　　D. 50000

3. 运算放大器本身的放大倍数很大，可达（**D**）。

　　A. 100　　　　B. 1000　　　　　C. 10000　　　　D. 3×10^5

三、判断题

1. 在量化的时间 τ 内，输出电压值应保持不变。（√）

2. RESET：复位端，高电平有效。（×）

3. 积分电路的输出电压与输入电压有线性关系。（√）

4. 若判断剩余电量已小于 $50\mathrm{kW\cdot h}$，则控制切断继电器，停止对用户供电，直至用户再次购得电量为止。（×）

5. 求电表常数时既可用高频标准脉冲/低频标准脉冲来表达。（√）

6. 每个标准脉冲所代表的电能值即脉冲当量。（√）

7. 每秒内所计的脉冲数就是频率。（√）

四、名词解释

1. 模拟量。所谓模拟量系指连续变化的电量，诸如电压、电流、功率等。

2. 数字量。所谓数字量系指可用二进数码表示的量，数字量在控制系统中也常称为状态离散量、开关量，诸如断路器的辅接点、继电器的接点的开断和关合等。

3. 模数转换。模数转换是将模拟量转换成数字量，简称 A/D 转换。

4. 数模转换。数模转换是将数字量转换成模拟量，简称 D/A 转换。

5. 运算放大器。运算放大器是一种具有高放大倍数，带有反电压负馈的直接耦合放大器。

6. 同相输入端。标有（＋）的为同相输入端，当信号由同相输入端输入时，输出电压与输入信号的相位相同。

7. 反相输入端。标有（－）的为反相输入端，当信号由反相输入端输入时，输出电压与输入信号相位相反。

8. 虚地同相输入端与反相输入端的电位差不大，在分析中认为两点的电位是相等的，常称（－）端为虚地。

五、问答题

1. 何谓采样保持电路？（答：见本章第一节、三）

2. 结合本书图 9－7 说明逐次逼近法 A/D 转换电路的工作过程。（答：见本章第一节、五）

3. 何谓运算放大器的反相工作状态？（答：见本章第二节、一、1）

4. 何谓运算放大器的同相工作状态？（答：见本章第二节、一、2）

5. 何谓运算放大器的跟随状态？（答：见本章第二节、一、3）

6. 试简述数字功率表的工作原理。（答：见本章第三节、一）

7. 试简述数字电能表组成部分和形成原理。（答：见本章第三节、二）

8. 试述分时计量点能表时控部分的工作原理。［答：见本章第五节、一、（一）］

9. 试述 IC 卡的特点。（答：见本章第六节、二）

10. 怎样对电能表实物进行检验？（答：见本章第八节、二）

11. 试述 DDS288 型电能表的用途及特点。（答：见本章第九、一）

12. 三项电子式电能表的功能与特点是什么？（答：见本章第十节、二）

第十章 营业工作质量管理与提高

加强营业工作质量管理，其目的在于提高工作质量。只有全面提高营业工作质量，才能使营业工作很好地发挥作用，提高电力企业的经济效益和社会效益。提高营业工作质量，首先要做好营业质量管理工作，同时还要借助科学的管理手段，在基础工作、统计分析，应用先进的计算工具与技术上下工夫，使营业管理工作不断进取，以适应社会前进与发展的新环境。

第一节 质量管理的目的与要求

一、质量管理的目的

全面质量管理是企业管理的一个重要组成部分。任何一个工业企业应当用最经济的办法生产出用户满意的优质产品，这是推行全面质量管理的出发点，也是质量管理要达到的目的。电力工业企业的营业部门是电能产品的销售环节，也是电力工业企业与电能用户之间的联系纽带。推行全面质量管理的目的主要有：

（1）提高工作质量和服务质量，加速报装接电、帮助用户做到安全、经济、合理地用电。

（2）解决好用户在用电中的问题，公平、合理、及时、准确地回收电费。

为了实现上述目的，必须动员全体工作人员在各道工序之间加强质量管理。营业的质量管理应当是"三全"的，即在全企业、全员和全过程中都推行全面质量管理。

二、提高工作质量的要求

（1）明确经办期限，提高办事效率，着实解决工作拖拉问题。例如，在业扩报装接电工作中，可以按工作流程大致划分为：业务登记、现场勘查、收取费用、设计施工，用户配变电设计审查、变电所检查、高压试验、继电保护调试、装表接电等。对于每一个环节和每一道手续，应当明确规定经办期限和质量要求，把各方面的积极性调动起来，高质量地按期完成或提前完成，以达到加快报装、装表接电的目的。在其他营业工作中，也应当这样要求，及时解决用电问题。

对于报装接电的质量考核，可以用报装接电率进行计算，即

$$报装接电率 = \frac{装表供电容量}{申请容量} \times 100\%$$

（2）正确登记并填写各类工作传票，建账立卡，着重解决原始用电凭证问题。营业部门的业扩报装、用电变更等工作，都是靠用电登记书这种工作传票一环接一环地运转传递，将用户所要办理的事项和办理的结果记录在案，并据以建账立卡。因此各类用电登记

书的登记与填写是否正确，对营业管理工作的影响很大。例如，用户的户名、用电地址、有功表与无功表的规范、最大需量表的指针乘数、电能表装出时的底数、拆回时的表示数、计算倍率、电流与电压互感器的变比、变损、线损、供电容量、执行电价等都要做到准确无误，而且在换账、换卡时也要照上述要求填准、填详细，以便作为正确计算电费和处理用电中出现的问题的依据。如果要求不严，就会造成错填、漏填，不易发现，造成严重后果。

（3）正确抄表核算，加强互审制度，着重解决工作中发生的差错问题。营业部门在进行电能销售过程中，一方面要把电销售出去，另一方面要把用户的用电抄录出来，电费收缴回来。抄表员、收费员以及其他营业人员每天走街串巷，与千家万户打交道，抄见电量、填写电费收据、整理钞票，其工作是繁杂的、细致的，稍有不慎，就会发生差错。为了防止发生差错，首先要抓好抄表质量，使抄见电量正确无误，这是进行电费核算和收回电费的基础；其次，要抓好电费核算，注意电价是否符合规定，每算一笔账，都要按计算程序办事，循序进行；再次，要严格执行互审制度，电费核算完毕一定要经过"三审"，即个人先审、旁人复审、专责人终审，这是提高电费工作质量的主要措施。为了考核电费工作质量，一般采用实抄率、收费率和差错率三相指标，它们分别计算为

$$实抄率 = \frac{实抄户数}{应抄户数} \times 100\%$$

$$实收率 = \frac{实收电费金额}{应收电费金额} \times 100\%$$

$$差错率 = \frac{差错件数}{实抄户数} \times 100\%$$

上述"三率"，都是按月计算的，一般要求当月的实抄率应达 98% 以上，实收率达99% 以上，差错率应低于 4‰。

三、提高服务质量的要求

一个工业企业将产品销售给用户之后，应当对产品的使用质量进行调查了解，并征求用户意见，以作为不断改进和提高产品质量的重要信息来源；同时，也要为它的产品检修和零部件修配提供方便条件，体现对产品负责到底对用户服务到底的精神。电能产品看不见、摸不着，使用得当就能为人民造福，否则，反而会给人民带来灾害。因此，营业管理是一项服务性很强、范围很广，要求很严的工作，主要包括以下几方面：

（1）要经常了解用户对电能质量的意见，调查研究电能质量给用户生产与生活带来的影响。造成电能质量不合格的原因很多，必须针对具体问题进行调查研究，分析对用户的生产与生活造成的影响或损失，提出切实可行的改进意见。例如，发生大面积停电事故，营业部门应当配合有关部门进行了解，着重调查与用户有关的部分。例如，某一居民点的电压质量不合格，营业部门应派出有关人员调查，尽可能加以解决。从整个电能质量讲，主要与发供电部门的工作有关。但是营业部门一方面要反映用户的意见与要求，作为上级机关改善电能质量的重要信息来源，另一方面也要负责向用户进行调查了解和宣传解释，帮助用户做好计划用电、节约用电和合理用电等方面的工作。

（2）要帮助用户解决好安全、经济、合理的用电问题。在安全、经济、合理用电方面

主要存在以下几方面的问题：

1) 缺乏必要的技术管理。如电气设备使用不当，缺陷不能及时处理，电气人员不能按规章制度办事，甚至发生严重的误操作，以致威胁到人身与设备安全。

2) 缺乏必要的安全用电常识。工作中使用不合格的用电器具，甚至私拉乱接，违章用电，以致发生人身事故。

3) 缺乏必要的经营管理，设备利用率不高，无功消耗大，又不进行补偿，不注意节约用电，以致浪费设备，经常受罚，电费开支大。

造成上述问题的原因很多，必须针对具体情况，帮助用户做一些经常性的工作。例如帮助用户建立健全电气设备的技术管理，充分完备必要的规章制度。加强对电工的培训与考核，重视电气设备的运行、维护和检修，及时消除设备缺陷。搞好电气设备的定期清扫、试验以及继电保护和表计的校验整定等。定期开展安全用电宣传与普查工作，引导群众管好电，用好电。

（3）要重视线路故障的抢修工作，尽可能保证供电不中断。电力部门管辖的配电线路、变压器和低压线遍布大街小巷，联系千家万户，是大多数用户和居民的电源，它们一旦发生故障，就会发生停电，不仅会影响生产和工作，而且还可能引起火灾以及造成其他损失。因此，迅速消除故障、及时恢复供电，保证用户安全用电是非常重要的。

（4）要帮助用户解决一些用电中的困难问题。这些问题不一定是营业部门的分内工作，但是营业部门有责任在力所能及的前提下帮助解决。主要有以下3方面的问题：

1) 缺少电气专用器材。如用户业扩报装工程往往由于订货未到或者缺少部分器材而影响工程进度，要求电力部门给予支援。在这种情况下，营业部门应当急用户之所急，主动联系，量力而行，努力促成用户业扩工程早投产，早供电、早受益。

2) 用户之间发生用电纠纷，争吵不休，影响团结。如果营业部门出面调解，公正合理，不偏不倚，用户是会欢迎的。如何合情合理地解决纠纷，应当成为营业部门的责任，不能认为是"分外"之事。

3) 代办一些业务。

总之，在建设物质文明的同时，必须建设精神文明。在营业质量管理中提高服务质量的要求，就是建设精神文明的一个内容。只有提到这个高度来认识，才是抓住了营业质量管理的关键。

第二节　质量管理的方法

一、全过程质量管理

任何工业产品的质量都是经过生产全过程一步一步形成的。要生产好的产品一定要在生产的全过程抓好质量管理，再采取质量检验，做到以防为主，防检结合。这种指导思想对于营业质量管理也是完全适用的。

1. 加强营业工作各个环节的质量管理

营业部门的业扩报装，日常工作和电费的抄、核、收等工作，可以通过解剖分析，科学地划分为若干环节，定出各环节的质量标准，作为每个环节应该达到的质量要求和检查考核的根据。

2. 保证每个工作岗位的工作质量

工作环节是按工作流程划分的，而岗位是按工作人员的职责范围划分的。工作环节是纵向划分的，而工作岗位则是横向划分的。必须根据分工不同，明确岗位的职责和质量标准，以作为这个岗位的质量要求和检查考核的依据。

3. 严格检验是全面质量管理的一种重要手段

为了保证工作质量，防止发生差错，在任何情况下搞好质量检验，把好质量关，都是必不可少的。因此，在抓好预防性工作为主的同时，必须坚持做好审核检验工作，即除了要求各个岗位的工作人员在完成工作后要进行自审和互审外，还要设置兼职或专职人员进行复审，建立各级领导分工的复审制度。层层把关，防止差错发生。

二、全员质量管理

（1）把质量目标和措施交给群众，落实到每个工作岗位质量目标和措施要尽量具体明确。实践证明，每个岗位的质量任务越具体，职工群众的努力方向越明确，就越容易动员群众，把群众的积极性、创造性调动起来，为提高质量而作出努力。

（2）广泛发动群众参加质量管理，开展质量竞赛各个环节和各个岗位的质量标准及岗位责任明确后，必须发动群众参加质量管理，开展质量竞赛，把质量目标和措施落实到各个岗位，发动大家分头去干。每办一道手续、每算一笔账、每开一张票据、每建一张卡片账页，都要按规定的质量目标去做。要大力开展"抄表千户无差错"、"核算千户无差错"、"装表千户无差错"等质量竞赛，表扬先进、带动中间、帮助后进、取长补短、共同提高，把质量管理建立在群众自觉自愿的基础上。

（3）建立群众质量管理小组。在发动群众参加质量管理的过程中，必须逐步建立群众质量管理小组，组织职工进行现场质量管理和提高质量的活动。主要作用是：

1）组织进行工作质量和施工质量的审查和复核。

2）通过审查发现差错要进行更正，保证差错不出手。

3）定期开展质量检查，分析研究，提出改进意见与措施。

4）总结交流提高工作质量的方法，不断提高质量水平。

5）制定质量竞赛的评比条件，定期组织检查评比。

三、抓住质量管理的重点和关键

营业管理工作面广、点多、情况复杂，任务艰巨，在全面抓好质量管理的基础上，必须抓住重点和关键，才能有效地防止发生和消灭重大差错，提高营业工作的质量水平。

1. 全面质量管理的重点是大工业用户

大工业用户从户数上讲一般只占全部用户的百分之几；从售电量讲，一般占全部电量的70％左右；从经营业务讲，工作复杂难度大，容易发生问题，因此抓好大工业用户的质量管理，将起决定性的作用。

2. 要抓质量管理中的关键

（1）正确制定供电方案，是质量管理的基础。

(2) 必须检验装表接电的质量，为正确计量、收回电费创造条件。

(3) 严格审核建账立卡或更换账卡的质量。

(4) 严格审核电费核算质量。这是最后一道关口，如果把关不严，将前功尽弃。

四、重视质量情报

在质量管理活动中，要重视质量情报的作用。通过情报，可以正确认识影响质量的各种因素以及各个工作之间的内在联系，从而为提高质量提供第一手资料。营业部门的质量情报一般可以从两个方面获得。

1. 定期访问用户或召开用户座谈会

通过定期走访用户或召开用户座谈会可以调查了解用户对营业质量及现行规章制度在执行中的意见和要求，以便进行研究改进。

2. 在电业部门内部进行情报交流，开展竞赛评比活动

通过情报交流及开展竞赛评比活动，各兄弟单位可相互学习在服务工作、管理工作方面的经验，以及掌握一些典型质量差错情况与原因分析等。营业部门本身要不断总结质量管理的成绩、缺点和问题，提出改进措施，才能不断提高管理水平。

五、采用技术手段

(1) 在营业管理中，采用现代化的计算工具和电子计算机计算电费。提高计算速度和准确性，加快资金的回收与利用。

(2) 在电能计量中，逐步提高表计的等级精度，保证计量设备的质量。

(3) 广泛采用新的计量和控制设备。

第三节　质量管理的基础

一、加强思想教育工作

质量管理是行为科学和系统科学的运用。加强质量管理的思想工作，就在于培养每个职工的主人翁责任感和职业道德，最有效地利用一切人力、物力和财力，保证社会主义企业的生产多、快、好、省地发展。在营业部门的质量管理中，应解决以下几个问题：

(1) 树立为用户服务的思想。发扬人民电业为人民的优良传统和作风，简化手续、方便用户，及时认真地处理来信，走访。定期检查服务工作的质量，开展批评与自我批评，发扬成绩，纠正错误。

(2) 树立遵纪守法观念。营业人员要认真学习党和国家的方针政策，不能违反政策，损害国家和集体及群众利益。

(3) 树立主人翁的责任感，做好本职工作。使营业人员树立质量第一的思想，自觉地搞好质量管理，并努力做好为下一道工序服务的准备。工作中要团结合作，严肃认真，一丝不苟。

(4) 努力学习文化知识和业务知识。为更好地完成营业工作任务，要帮助广大职工努力学习技术业务知识，不断提高技术业务水平，这是提高质量，搞好营业管理的根本途径，也是当务之急的大事。

二、建立质量管理体系

1. 建立质量责任制

营业质量管理是一项综合性的管理工作。从各级领导开始，各职能科室人员、各班组人员、每个部门、每个人都应该规定质量管理的任务、责任、要求和权力。这样才能做到质量管理工作事事有人管、人人有专责、办事有标准、工作有检查，把大量的营业质量管理工作同广大干部、职工建设社会主义的积极性结合起来，形成一个严密的质量管理系统。

2. 开展营业质量差错与事故的统计调查

在营业质量管理中，由于缺少经验，条件不充分等原因，特别是少数人渎职或失职，以致造成一些营业质量差错或事故，出现各种错计电量与错算电量的事例，其中有些达到了惊人的地步。因此，必须认真对待营业质量差错与事故的调查统计，不断探索差错事故发生的规律，以便加以防范，而且还可以成为质量管理与业务培训的生动教材，从反面吸取教训，有的放矢地制定提高质量的措施，这是质量管理工作中不可缺少的。

（1）营业工作责任事故。凡抄表、核算、整理在工作上错抄、错算、漏算及采取估算，造成多收电量 1 万 kW·h 即电费 1000 元以上者；更换抄表卡片、电费账、用户原簿错记倍率和卡片记错表示数，造成多收或少收电量 1 万 kW·h 即电费 1000 元以上者；用预交电费结余额或其他款项顶替电费收入或以发行减额单据冲销应收电费，弄虚作假完成收费任务者；丢失成本的抄表卡片，电费账、用户原簿，电费收据，杂项收据者；丢失单张的抄表卡片，电费账、用户原簿、电费收据，杂项收据，用电登记书，造成损失电量 1 万 kW·h 即电费 1000 元以上者；电费被盗、丢失影响电费收入者；由于未按时对账，使三大表不符（银行、财务、应收款三账不符），造成损失者；用电登记书填写错误或积压，造成多收少收电量 1 万 kW·h 即电费 1000 元以上者；成本的收费单据漏盖收费章或被坏人盗盖收费章失职者；统计数字不准，造成订正当月电讯快报和营业统计月报者；月末结账、电费收入未及时上缴、积压 1000 元以上者；未认真审核高、低压电气工程施工图纸，使工程造成损失浪费者；擅自委托他人进行装拆电能表，造成损失电量 1 万 kW·h 即电费 1000 元以上者；丢失、损坏精密仪表，或其他设备价值 800 元以上者；装表接电错接线，错、漏乘倍率，试验结果不正确，写错试验报告，互感器电能表未经试验即投入运行，而造成多收或少收电量 1 万 kW·h 即电费 1000 元以上者；未按周期修校或定换电能表以及事故不及时处理，造成多收或少收电量 1 万 kW·h 即电费 1000 元以上者；电能表修校质量存在严重缺陷投入运行后，造成多收或少收电量 1 万 kW·h 即电费 1000 元以上者。除上例之外，在营业工作范围内，所出现的电量 1 万 kW·h 即电费 1000 元以上的差错以及较为严重的损失者也为营业工作责任事故。

（2）低于责任事故的差错，为一般质量差错。

（3）建立营业质量差错与事故的划分标准和调查统计报告制度，实行分级管理。一般差错由班组或科室进行判定、统计分析、逐月上报，以便作为改进工作和考核的依据。对于质量事故，一经发现，应立即上报。重大质量事故，还应向上级领导机关汇报。

（4）本着"三不放过"的精神，做好质量事故的原始记录和统计分析，并作为改进质量管理的依据。"三不放过"是指：事故原因没有分析清楚不放过；事故责任者没有查出来不放过；事故责任者不受到教育和不制定可靠的防范措施不放过。

（5）定期召开质量差错分析会议，找出原因，采取措施，防止今后再次发生。对于一些典型的重大差错，要向追查质量事故那样，严肃对待。

3. 建立考核和奖惩制度

这是鼓励职工生产积极性、提高工作效率，改进工作质量和服务质量必不可少的手段，应当结合岗位责任制规定的指标和要求进行评定考核。对发现本岗位以外的责任事故，避免损失有重大贡献者，应予以表扬或奖励。对于完不成各项指标或发生质量差错、事故者应给予必要的行政处分和经济制裁。

4. 设置质量管理机构

营业部门质量管理机构，一般可以由有关人员专管和兼管。其职责大体有以下几点：

（1）组织各部门开展质量管理工作。

（2）协调各部门的质量管理活动，加以综合并进行监督。

（3）采取抽查办法，开展质量稽核工作。

（4）对大量质量事故进行统计分析，并提出解决对策，经群众讨论领导批准后，监督实施。

三、积极开展营业标准化工作

开展营业标准化活动是提高营业工作质量的必要措施。营业工作创标准化的过程就是营业工作提高工作质量的过程。开展标准化活动是营业工作质量管理的一个重要内容。

营业工作标准化应达部颁标准，一般有以下几方面：

1. 基础条件

（1）各岗位配备一定数量的工作人员并保持相对稳定。营业工作人员应胜任本职工作，并能做到熟悉营业工作的"应知应会"及有关的方针、政策、法令、规章、规定等知识。

（2）应具备宽敞，整洁，美观的营业室、报装接电室和营业档案室。

（3）按计划周期完成定换、定校总表，按规定日期完成事故换表。

2. 生产指标

（1）实抄率动力户达 100％，照明户 98％。

（2）电费年度回收率达 100％，线损完成计划。

（3）电费差错不大于 0.05％，无重大差错。

（4）用户功率因数符合电网规定。

（5）大电力用户电能表调查合格率 100％。

（6）供电方案答复日期符合规定。

（7）停电事故处理时间在规定范围内。

（8）无违反职工服务守则的问题。

（9）用电负荷率完成上级考核指标。

（10）用户对供电企业的电能质量和服务质量基本满意率达 85％以上。

3. 工作质量

（1）认真贯彻《供电营业规则》及各项营业规章制度，正确执行电价标准及电价政策，各项费用收取符合规定要求。

（2）报装接电一口对外，注意事项，服务内容公布于众。

（3）三大表各项数字要与营业统计报表数字相符。准确清楚，上报及时。

（4）各种账、卡、簿及书单证按《营业表格标准样式及填写说明》填写。

（5）广泛开展营业大普查活动，有计划和措施，账、卡、簿、物相符。

（6）营业部门设立电费专户，账目清楚。

（7）培训工作有计划、有落实、有总结。

（8）加强资料管理，分别保管，查寻方便。

（9）有健全的有关资料。

4. 文明生产

（1）工作场所卫生清洁，上墙图表悬挂整齐，资料袋装订整齐，账、卡、簿摆放整齐，并有专柜。

（2）各库室有卫生防火制度及负责人。

（3）有健全的规章制度及岗位责任制，有年季工作计划及分析、总结。

（4）严格遵守劳动纪律，认真执行职工守则及局规，没有违反电业作风的人和事。

（5）营业工作人员着装整齐、态度和蔼，有问必答、文明服务。

四、实行 PDCA 管理循环

综上所述，运用质量管理体系，开展质量活动的基本方法叫做 PDCA 管理循环。

PDCA 是 4 个英文单词的第一个字母。P 代表计划，D 代表执行，C 代表检查，A 代表处理。PDCA 管理循环的具体含意就是按照计划、执行、检查、处理四个阶段的顺序，进行营业质量管理工作，并且循环不止地进行下去。其具体步骤如下：

（1）分析现状，并找出存在的质量问题，分析产生质量问题的各种原因或影响因素，针对影响质量的原因或因素制定措施，提出具体明确的计划与目标。

（2）按照预定的计划、目标、措施及分工安排，分头去干。

（3）根据计划的规定和要求，检查计划的执行情况和措施实行的效果。

（4）对检查的结果加以总结，把成功的经验和失败的教训都规定到相应的标准、制度或规定之中，以防再次发生已经发生过的问题。

PDCA 管理循环是国际上推行全面质量管理的一种方法。我国营业质量管理工作，应当根据具体情况因地制宜地加以运用，为建立我国自己的质量管理理论而努力。

第四节 统计与统计分析工作的任务和意义

统计工作就是一种调查研究工作，通过统计的大量数据进行综合的研究与分析，从而确定工作方向与重点，为提高工作质量提供数据性的指导。

一、统计工作的具体任务

（1）准确、及时、全面系统地提供行业、用电性质分类的电力销售资料，并加以分析，进行必要的预测，为上级部门编制电力生产计划及电力平衡计划，电力负荷近期和远景计划等提供所需数据。

（2）对售电量、销售收入、平均售电单价、上缴利润、线损等经济指标的计划执行情况进行统计监督。

（3）为供电部门的经营管理和经济效益完成情况，也就是最后的劳动成果的测算提供所需资料，并为改善经营管理进行分析提出意见，也是统计工作的任务。

（4）搜集、积累、整理和保管各项统计资料。

二、营业统计报表的种类

1. **国家统计报表**

（1）用电分类表，其是由基层逐级上报到电力工业部，反映全国性的国民经济各个部门分行业销售电力的全国基本情况报表。

（2）电费及电价明细表，是按业务报表的用电分类考核电价执行情况表。

2. **业务统计报表**

其为各个各网局根据实际情况和统计需要，所确定的业务统计报表，由基层逐级上报到电管局。其中包括：

（1）电力销售情况表，按用电性质和电压等级、电价分类统计售电量，销售电价收入及平均单价完成情况的报表。

（2）电费收入完成情况表，是收费率完成情况的报表。

（3）拖欠电费情况表，是欠费明细表。

（4）补收、退还电量、电费情况表，这是正常工作中和营业普查发现并处理的增加收入的明细表。

（5）电能计量装置管理情况月报，是计量装置、固定资产管理情况月报表。

（6）电能计量装置校验任务完成情况表，是计量装置校验、轮换五整年完成情况表。

上述 6 张表是上级机关为加强经营管理，提高经济效益，了解生产、指挥生产，监督计划执行情况的报表。

3. **专项报表**

专项报表包括营业部门每月的发行电量的总数报表，各项收入情况表。其具体内容是：

（1）电讯快报。是营业部门在每月 1 日提出上月发行电量的总数，使上级部门和国家在月初及时了解掌握每月电量销售完成的情况，以电报或电话向上级的报表。是一种紧迫性强、时效性要求更高的报表。由计划汇总上报。

（2）各项收入情况表。是统计电费发行、收入、上缴、拨款、杂项收入及供电局间电费相互转出转入情况表。

三、营业统计报表的作用

统计报表是表现统计资料的一种形式，大量调查单位材料，经过统计整理，将资料系统化，形成一种统计数列，并填写在相应的表格内便形成一定的统计表。营业统计报表是国家有关部门从电力各部门每月定期取得销售电能统计资料的一种重要方式。这些报表是按照国家有关部门统一规定的调查分类内容自下而上地由基层供电局逐级向上级提供统计资料的一种报告制度。所以，每个部门都必须严格认真地按上级统一规定的调查项目、要求填报方法、表格、报送表格、报送程序和时间逐级上报。

国家统计报表制度是社会主义条件下的产物。社会主义的生产资料公有制为建立国家统一的报表制度提供了条件。同时电力生产的计划性要求建立全面、系统的统计报表制度，使统计报表的资料成为编制和检查电力工业计划执行情况的基础依据。

营业统计报表从数量上反映了电力工业发展的基本情况，是从数量方面研究电力工业在社会主义建设中的经验及发展规律所不可缺少的依据。

营业统计报表还是各级部门了解生产、指挥生产、制定决策，监督计划执行情况和改善经营管理的重要工具。还为计划统计和财务统计提供数据。

营业统计报表是一种自下而上地搜集资料的方式，是以每月为一个周期的定期统计报告，还是一种有连续性以一年为一周期的累计统计报表。

四、原始记录及资料积累

1. 原始记录及资料积累的作用

原始记录和统计台账是统计工作所需要的各种基础资料从最基层、最原始、不间断地进行搜集、积累、整理和加工完成的各种账式记录。在以后的统计工作和分析工作中，供查阅方便。它是统计报表最可靠、最基本的资料的依据，也是统计分析不可缺少的"万宝囊"。计算机营业统计工作中大量应用以后，给这项工作提供了方便条件，规模巨大的原始资料库，形成了统计资料的源泉，营业统计的原始记录和统计台账是销售电能，扩展业务以及整个电能销售生产活动和经营管理活动的最初记录。为此，应建立一批在范围、内容、程序和计算方法上适应统计需要的原始记录，并按固定周期、固定内容，不间断地连续登记，成为一套完整的、需要资料齐全的原始记录。营业工作中使用的用电登记书、用电汇签单、抄表日志，发行计算票，收费工作日报等这些基础表，就是原始记录的一部分，当然还要加工分类、累计或摘录其中某些统计需要的资料。目前，这些工作已由计算机来完成。

按照部分原始记录和统计报表建立的各类统计台账，是根据原始记录逐项登记的数字资料的底册，使部分零散的原始记录的数字资料系统化。它不仅是统计分析的直接依据，也是积累历史资料的基本工具。例如，通过历年的用电分类账可以算出用电量的不断增长和负荷变化情况，为编制售电计划提供系统资料；通过售电平均单价及功率因数调整电费收入，为增收提供方向。

2. 应建立的原始记录和统计台账

（1）大客户账。是记录大工业客户、趸售县、国有农牧场的客户、逐月明细台账。它的纵栏标题应包括：客户名、用电设备明细容量、用电量、分类电费、功率因数、投入电容器容量、备用设备容量、新增装年月日及备注；横栏标题为年、月份。多回路供电的大客户，每一回路视为一户进行登记。

（2）用电分类账。逐月逐年地按用电分类及灯、力销售情况表填写的用电量及应收电费账。按国家报表及业务报表建两套。

（3）平均售电单价分类账。按业务统计灯、力销售情况表分类建立的分类平均单价账，按月登记。

（4）用电设备普查明细账。按普查后建立的按国家统计报表分类并兼顾业务统计分类的用电设备容量明细账，记载户数、容量，其中大工业客户应包括使用容量、备用容量、最大需量表客户的每月最大负荷及变压器容量，以后按月填入新增装（容）增加的户数、容量，每月全撤、一撤及减容减少的户数、容量。

（5）历年增加收入账。按月填写错漏收项目、件数、电量、电费，退电量、电费，违章用电补交电费和罚款收入。

（6）历年各月线损率完成情况设备注栏，记录营业室、表室发生的影响线损率的事故。

（7）1万 kW·h 或 1000 元以上事故明细记录。

（8）零点结算客户明细表。客户名、应收电费、分次实收电费、结余额。

（9）其他原始资料。记录不经常发生但需要记录掌握的原始资料。例如：以前各年、各月欠费明细以后交款日期及有欠费月份的收费率；无表协定客户明细及以后装表日期；3块表代用的明细及以后换3相表的日期；用电量较大的客户改变用电类别及业别的情况；未装无功表协定功率因数的客户明细以及装无功表的日期；各项分类用电的突变事项；用电量较大的低压客户执行功率因数调整电费的记录；执行新电价的客户的记录，包括用电设备容量及比例，当月新电价电量、电费。

计算机的应用为营业统计工作的规范化、标准化、管理现代化创造了条件。但是，为了把上述要求变成现实，则需要对营业工作的原始程序，以及各个程序间的信息联系有深入细致的了解和掌握。

3. 注意事项

（1）建立原始记录管理制度，明确记录分工及专责人、各种记录记载日期、资料来源渠道、保密制度、保管及借用制度、工作移交制度等。

（2）根据事物的发展和管理水平的提高，要不断补充统计需要的新项目。

（3）记录的范围、内容、计算方法等，必须有统一的规定和要求，不能随意填记。

（4）记录的质量必须准确、清晰、及时，个别问题应作出说明，以便日后应用时不致搞错。

（5）统计、核算人员的书写水平必须不断提高，数字必须按银行的阿拉伯字标准体书写。

五、统计分析

（一）统计分析的作用

分析是指把某种事物、现象划分成若干简单的部分，找出它的本质和特点。统计分析就是把统计资料的指标进行分解找出它的本质和特点。统计的特点在于它是用大量数字资料来综合说明事物的发展水平、发展速度、构成和比例关系的，所以在研究各种事物时，就不能孤立地进行，而要联系其他有关现象，作全面的、系统的分析。

例如，对一个月或一年的售电量增长情况进行分析，就要按照用电的不同性质分解成若干个分类，然后逐类计算出它占总电量的比重，并要对本地区个别几个用电量特大、它们的用电量增降直接影响售电量的增降的主要少数客户的用电水平进行分析。再与上年同期比较，并通过鉴别、判断，找出它们的规律性或其他内在的因素，这就是对售电量的分析。

统计工作是对某一事物进行调查研究以认识其规律性的工作。这种认识随着事物的运动和发展，是一个不断深化的无止境的过程。但就一次统计活动来说，一个完整的过程分为：统计设计、统计调查、统计整理、统计分析4个阶段。

经过设计调查、搜集、整理、加工、汇总出来的统计资料，提供了大量的数据，从直观上可以看出某些指标的增减变动，但是增长率多大，结构内容如何，有关指标的比例关系怎样等，都需要进行解剖、分析才能了解，只有通过分析才能找出它的规律性和内在的因素。这就是开展统计分析工作的作用。

（二）统计分析方法

在营业统计分析上常用统计定量分析的相对指标和动态相对指标方法，是采用两个有联系的绝对数进行对比或利用绝对数相减计算差额比较。最后找出经济活动中的先进部分和落后部分；有利条件和不利因素；分清主流与支流；透过现象看本质，防止表面性和片面性。下面介绍具体统计方法。

1. **计划任务完成程度分析**

该分析一般分 5 个步骤进行。

（1）计算完成售电计划指标的完成率为

$$W = \frac{S}{J} \times 100\% \qquad (10-1)$$

式中　W——完成售电计划指标率；

　　S——实际售电量；

　　J——计划售电量。

有两种比较方法：一种是同期比较，年度实际完成与年度计划之比；另一种是不同期数值比较，季或半年累计完成与年度计划之比。

（2）计算结构百分比为

$$J = \frac{M}{S} \times 100\% \qquad (10-2)$$

式中　J——结构百分比；

　　M——某个分组售电量；

　　S——实际总售电量。

售电计划和实际完成都是由不同性质的分类用电组成的，为了分析是哪些组成部分影响计划，要计算总体指标的结构百分比。

（3）结构百分比只能看出结构，只有与上年同期的实际完成进行对比，才能看出增降程度。运用差额比较公式为

$$Z = D - S \qquad (10-3)$$

式中　Z——增降差额；

　　D——当年完成结构百分比；

　　S——上年同期结构百分比。

计算结果为正值时增加、负值为降低。

（4）为了进一步解剖分析找出内在的增降因素，采用动态相对指标的对比分析，也就是某一个分类售电指标的增长率与上年同期的增长率的对比为

$$Z = \frac{D - S}{N} \times 100\% \qquad (10-4)$$

式中　Z——增长率；

　　D——当年的分组售电量；

　　S——上年分组售电量；

N——上年的分组售电量。

（5）结论，根据上述分步的分析找出了内在的因素，从而针对存在的问题提出加强经营管理的建设性意见。

【例1】　某供电局1988年计划售电量20000万kW·h，实际完成21000万kW·h，分析其增长因素。

解：（1）计算完成计划率和超额率。

$$W = \frac{21000}{20000} \times 100\% = 105\%$$

$$C = \frac{21000 - 20000}{20000} \times 100\% = 5\%$$

（2）与上年同期比较。上年同期售电量20380万kW·h，同期差额为21000-20380=620（万kW·h）。其增长率为

$$Z = \frac{21000 - 20380}{20380} \times 100\% = 3.04\%$$

（3）用电分类构成分析。表10-1给出了1988年用电分类构成表。

表 10-1　　　　　　　　　　1988 年用电分类构成表

用电类别	城镇照明	农村照明	大工业	普通工业	非工业	农村工业	趸售	合计
售电量（万 kW·h）	1470	630	13650	840	420	630	3360	21000
构　成（%）	7	3	65	4	2	3	16	100

计算出各种电量比例填于表中。

（4）1988年与1987年分类用电绝对数、分类增长率及分类构成比较。

首先计算出1988年与1987年的绝对增长数，1988年的分类售电量与1987年的分类售电量的差值。再计算增长率，1988年售电量21000万kW·h，与1987年售电量20380万kW·h比较的增长率为：（21000-20380）÷20380×100%=3.04%，其他项目的增长率计算类推，并列于表10-2中。

表 10-2　　　　　　　　　　1988 年与 1987 年售电情况比较表

用电类别	城镇照明	农村照明	大工业	普通工业	非工业	农村直供	趸售	合计
1987 年售电量（万 kW·h）	1440	580	13030	830	400	630	3470	20380
1988 年售电量（万 kW·h）	1470	630	13650	840	420		3360	21000
绝对增减	30	50	620	10	20		-110	620
增长率（%）	2	8.6	4.8	1.2	5		-3.2	3.04
构成比（%）	7.1	2.8	63.9	4.1	2	3.1	17	100

(5) 计算结果分析。从两年的结构比可以看出只有大工业与趸售变动大，其他基本持平，但是用电量趸售下降，农业持平，其他均上涨。初步分析认为：人民生活水平提高，家用电器增多，特别是农村大量购进电视机、洗衣机等，照明用电量上涨比重大；由于市场繁荣，商品购销量增长，普通工业、非工业用电增加；农村直供因承包用电量持平，但是大工业增长幅度大，趸售用电反而下降。查找内在因素发现，大工业增加 1 户，增加用电量 400 万 kW·h，趸售电量下降是因为电井，用电大大减少。

(6) 建议。根据上述数字比较分析提出如下建议：第一，应对农村用电进行抽样调查，了解用电情况；第二，大工业用电增长比重大，如不是有新增用户执行新电价，将影响平均电价的下降，在计算来年平均单价时应注意这个因素。

2. 售电平均单价的分析

售电平均单价是计算售电量每千瓦时的平均销售单位价格，衡量供电部门经营状况的一项重要经济指标。由于售电平均单价是反映经营成果的指标，既是数量指标，也是质量指标。平均电价增高，则应收电费收入增多，这时供电局的利润增长，反之则相反。所以，这是关系到供电部门经营成果的一个重要指标。

平均电价的分析，一般分为 4 个步骤。其中：

(1) 运用差额比较，分析与上年同期和计划两项的平均单价增降情况，即

$$Z = S - G \tag{10-5}$$

式中　Z——增降差额；

S——实际完成平均单价；

G——上年平均单价。

(2) 以结构相对指标分析法计算各类用电平均单价的组成关系，然后分析占比重大的分类平均单价完成情况。如大工业用电占比重大时，还要对大工业本身的平均单价组成按电度电费和基本电费分类计算它的平均单价，即

$$P = \frac{F}{Z} \tag{10-6}$$

式中　F——分类用电的应收电费；

P——平均单价组成，元/（kW·h）；

Z——总售电量。

(3) 采用动态相对指标对比分析主要分类用电的平均单价与上年同期比较的增长率为

$$Z = \frac{D - S}{S} \times 100\% \tag{10-7}$$

式中　D——当年分类平均单价；

S——上年分类平均单价；

Z——增长率。

(4) 通过上述分步分析后找出问题再查阅原始记录，或到有关部门了解供电和电力分配情况，找出增降的内在因素，指出某项因素使平均单价每千瓦时增加几元或几角几分，某一因素减少多少，作出结论并提出建设性的意见。

3. 售电平均单价分析中应注意的问题

要掌握每月或每年发生的特异情况，如较大的一次性收费，补收数字较大的上年电

费，电力分配中发生的特殊情况（临时大量限电，旱情重的优先分配抗旱用电量，大型用电量大的基建用电）。在分析中要首先找出这些因素影响的比重；正常的分类用电中，哪几类高于总平均电价，哪几类低于总平均电价，分析时要先计算这类用电的波动情况；对左右全局的用电量比重大的分类用电的几个用电量占全局比重大的客户的平均单价升降情况要作专项分析；掌握大工业本身平均单价的组成情况，即

$$J = \frac{Q}{D} \times 100\%$$

$$Z = \frac{F}{D} \times 100\%$$

式中　Q——基本电费；

J——基本电费比重；

Z——电能电费比重；

F——大工业电能电费；

D——大工业合计电量。

另外计算平均单价时，要以电量、电费的全数进行计算，不能用万 kW·h、万元或千 kW·h 为单位计算，有尾差。计算结果取两位小数，即单位电费要计算到分。

与上年同期比较时，应注意一些特殊因素的影响，例如实行新的功率因数调整办法，实行新的承包办法，旱季农业生产排灌电量大增，复查灯、力分算协议等。

在分析平均电价的增降幅度时，也要注意用电量的大小。如果用电量小，它的平均电价波动幅度再大，对全局的影响也不会太大。

4. 其他分析项目

除售电量情况分析、平均售电单价分析外还应进行趸售收入情况分析、电费收缴情况分析、功率因数与功率因数调整电费情况分析、营业普查情况分析、线损情况分析、社会节电情况分析等。

总之，通过对营业统计各种数据的分析，可以发现营业工作中存在的问题，从而确定营业工作的重点，使营业工作管理水平不断提高。

第五节　影响营业收入的增减因素

一、平均售电单价和售电量对收入的影响

平均售电单价和售电量是影响售电收入的两个主要因素。设 D 为售电收入的增加和减少；而 B_1 和 B_2 分别为本期和基期的平均电价；W_1 和 W_2 分别为本期和基期的售电量，则

$$D = B_1W_1 - B_2W_2 = B_1W_1 - B_2W_2 - B_2W_1 + B_2W_1$$
$$= (B_1 - B_2)W_1 + (W_1 - W_2)B_2 = D_1 + D_2$$

$$(10-8)$$

$$D_1 = (B_1 - B_2)W_1$$
$$D_2 = (W_1 - W_2)B_2$$

式中　D_1——平均售电单价的升高或降低对售电收入的影响；

　　　D_2——售电量的增加或减少对售电收入的影响。

所谓基期是作为比较的基础时期，如计划年，上一年和历史水平期均可作为基期，通常在比较中基期取为上一年度。

二、平均单价变化对售电收入的影响

（1）售电量结构比例变化对售电收入的影响。所谓售电量结构比例变化则是对各类用户售电量与同期总售电量的比例变化。写成公式形式则为

$$D_{11} = (W_{11} \times B_{21} + W_{12} \times B_{22} + \cdots + W_{1n} \times B_{2n}) - \frac{W_1}{W_2}(W_{21} \times B_{21} + W_{22} \times B_{22}$$

$$+ \cdots + W_{2n}B_{2n}) \tag{10-9}$$

式中　W_1、W_2——本期、基期总售电量；

　　　W_{1n}、W_{2n}——第 n 类客户本期和基期的售电量；

　　　B_{2n}——第 n 类客户基期的售电平均单价。

（2）如设 D_{12} 为分类平均售电单价变化对售电收入的影响额，则

$$D_{12} = W_{11}(B_{11} - B_{12}) + W_{12}(B_{12} - B_{22}) + \cdots + W_{1n}(B_{1n} - B_{2n}) \tag{10-10}$$

在现行电价体制中，$L=1$ 可设为大工业；$L=2$ 为普通工业；$L=3$ 为农业生产；$L=4$ 为居民生活；$L=5$ 为非居民生活；$L=6$ 为趸售；$L=7$ 为网外；$L=8$ 为其他。

（3）统筹考虑售电量结构比例变化和分类平均售电单价变化对售电收入的影响，则有：

为本期的平均单价　　　$$D_{11} + D_{12} = \frac{W_{11}B_{11} + \cdots + W_{1n}B_{1n}}{W_1}$$

为基期的平均单价　　　　　$$B_2 = \frac{W_{21}B_{21} + \cdots + W_{2n}B_{2n}}{W_2}$$

故上两式可以改写成

$$D_{11} + D_{12} = W_1(B_1 - B_2) = D_1 \tag{10-11}$$

由上述分析可见：影响售电收入升降的因素其一是售电量结构比例的变化；其二是分类平均售电单价的变化。

三、售电量增减原因分析

售电量的增减可以表示成

$$D_2 = (W_1 - W_2)B_2 = D_{21} + D_{22} + D_{23} + D_{24} \tag{10-12}$$

其中：D_{21} 表示设备利用率的提高，其计算方法是

$$D_{21} = (S - J)GFN(1 - H)(1 - X)B_2$$

式中　S——实际设备利用率；

　　　J——计划设备利用率；

　　　G——供电设备最高出力；

　　　F——实际负荷率；

　　　N——年小时数；

　　　H——计划所用电率；

X——计划线损率。

D_{22}表示供电设备出力的提高，其计算方法是

$$D_{22} = (G - M)JFN(1 - H)(1 - X)B_2$$

式中　G——供电设备最高出力；

　　　M——供电设备铭牌出力；

　　　J——计划设备利用率；

　　　F——实际负荷率；

　　　N——年小时数；

　　　H——计划所用电率；

　　　X——计划线损率。

D_{23}表示负荷率提高，其计算方法是

$$D_{23} = (S - J)BLN(1 - H)(1 - X)B_2$$

式中　S——实际负荷率；

　　　J——计划负荷率；

　　　B——设备铭牌出力；

　　　L——计划设备利用率；

　　　N——年小时数；

　　　H——计划所用电率；

　　　X——计划线损率。

D_{24}表示新设备提前投产，其计算方法是

$$D_{24} = [JSBN(1 - X) - W_2]B_2$$

式中　J——计划负荷率；

　　　S——实际铭牌出力；

　　　B——计划设备利用率；

　　　N——年小时数；

　　　X——线损率。

四、平均电价的构成

设售电总收入为D；各分类负荷售电收入为D_1，D_2，D_3，$\cdots$，D_n；总售电量为W；各分类售电量分别为W_1，W_2，W_3，$\cdots$，W_n；总平均电价为B；各分类负荷的平均电价分别为B_1，B_2，B_3，$\cdots$，B_n，则

$$B_1 = \frac{D_1}{W_1}, B_2 = \frac{D_2}{W_2}, B_3 = \frac{D_3}{W_3}, \cdots, B_n = \frac{D_n}{W_n}$$

且　　$B = \dfrac{D}{W}$

再设各分类负荷用电量占总用电量的比例分别为R_1，R_2，R_3，$\cdots$，R_n，则

$$R_1 = \frac{W_1}{W}, R_2 = \frac{W_2}{W}, R_3 = \frac{W_3}{W}, \cdots, R_n = \frac{W_n}{W}$$

因为　　$D = D_1 + D_2 + D_3 + \cdots + D_n$

所以

$$B=\frac{D}{W}=\frac{D_1+D_2+D_3+\cdots+D_n}{W}=\frac{\sum_{i=1}^{n}D_i}{W}=\frac{D_1}{W_1}\frac{W_1}{W}+\frac{D_2}{W_2}\frac{W_2}{W}+\cdots+\frac{D_n}{W_n}\frac{W_n}{W}$$

$$=B_1R_1+B_2R_2+\cdots+B_nR_n=\sum_{i=1}^{n}B_iR_i \qquad (10-13)$$

式（10-13）即为平均电价的构成。表10-3中给出了1981~1986年各类负荷用电的平均电价。从该表中可以看到：各类负荷的平均电价在这几年中有所涨落。为确定这几年中的平均电价，必须算出各类负荷的 R 值。R 值可由实测数据算出，如表10-4所示。

还要注意到，电力工业企业每年收入中还有可能一部分属于追补电费，从而在总平均电价中含有一项追补电价，它相当于所得追补电费除以当年总售电量，这里设其为0.09。

如此，据表10-3和表10-4的数据，以及各年的追补电价，便可算得各年的总平均电价，即对1984年而言有

$B=B_1R_1+B_2R_2+B_3R_3+B_4R_4+B_5R_5+B_6=72.47\times83.13\%+104.00\times2.33\%+$
$85.87\times4.51\%+199.27\times3.09\%+92.58\times6.94\%+0.09=79.21$ ［元/（MW·h）］

表10-3　　　　　　　　　　　　各类负荷平均电价　　　　　　　　　　　单位:元/（MW·h）

年　份	大工业	普通工业	非工业	照　明	农　用
1981	69.80	103.50	83.62	199.35	89.96
1982	69.76	103.58	83.70	199.36	91.00
1983	71.13	104.78	86.49	199.23	92.35
1984	72.47	104.00	85.71	199.27	92.58
1985	72.82	100.60	86.49	199.11	96.10
1986	73.38	109.21	87.41	198.94	94.23

表10-4　　　　　　　　　各类负荷用电量占总用电量的百分数　　　　　　　单位:%

年　份	大工业 R_1	普通工业 R_2	非工业 R_3	照明 R_4	农用 R_5
1981	84.27	2.59	4.19	2.43	6.52
1982	84.01	2.52	4.30	2.56	6.60
1983	83.74	2.36	4.36	2.76	6.78
1984	83.13	2.33	4.51	3.09	6.94
1985	81.97	2.24	4.69	3.74	7.36
1986	80.63	2.28	5.17	4.63	7.26

第六节　电力销售的利润分析

利润是电力工业企业经营结果的综合反映，因此利润分析将是电力工业企业经济活动

分析中的重要内容。电力销售利润分析大体可分为 3 个阶段，这 3 个阶段是：

（1）拟定利润目标时的分析阶段。电力工业企业的特点是：商品增长取决于电网供电量的增长，同时又与用户的需求量的增长有关，有了以上两种信息之后，还要进行发展趋势预测，预测方法可以采用线性回归、曲线回归、平滑预测、模糊预测等来建立数学模型，以预测在未来的年度内，供电量或需求量所能达到的数值。我们知道，同样数量的售电量所取得的盈利并不是完全相同的，这是因为其决定着许多因素，这些因素是：

1）售电量是社会需求，售电量的变化是由各行各业的用电量的变化所引起的，不同行业所引起的售电量变化所带来的收益是不会相同的。

2）企业的技术设备条件、人员素质、管理水平等因素均在发生变化，这些因素的变化将要对利润产生影响。

因此，同数量的售电量所取得的盈利必然不会相同，本企业自身与历史年代相比有变化，兄弟企业之间同年代相比亦必然有先进与后进之分。正因为如此，在拟定出售电量的目标后，要进行利润因素分析。

一般说来，可以上年度实现的利润为基数利润，当然应该将税率变化、成本开支发生规定性变化、电价调整以及大范围的设备变动等，考虑到基数利润中去。

（2）在生产经营过程中，以时序进行效益完成情况的估测，进行及时控制。根据已发现的数据。进行因素分析，与原定利润目标等诸因素进行对比，发现差异，寻找原因所在，适宜修订和补充措施。

（3）根据每一阶段的实际完成情况，进行事后完成情况分析，系统分析各因素变化的原因，总结经验和教训，为拟定下阶段目标提供依据。

一、在拟定利润目标时的经济分析

1. 保本售电量的数学模型

（1）设售电量为 y MW·h，S 为售电平均单价，$U\%$ 为税率，则销售 y MW·h 的电量所获得的金额为

$$\lambda_1 = Sy(1 - U\%) \tag{10-14}$$

（2）购电量所需金额。设 G 为购电单价，线损率为 $C\%$，则购电量所需金额为

$$\lambda_2 = G \frac{y}{1 - C\%} \tag{10-15}$$

（3）保本电量。如设供电的固定成本为 F，则有

$$Sy(1 - U\%) - G \frac{y}{1 - C\%} = E \tag{10-16}$$

即当满足上述关系时，售电与购电的金额差恰好等于供电固定成本，即没有盈利。如此，保本电量

$$y = \frac{E}{S(1 - U\%) - G/(1 - C\%)} \tag{10-17}$$

【例 1】　某农电局 1994 年的各项指标是：购电量 2.841 亿 kW·h，线损率 $C\% = 12\%$，售电量为 2.5 亿 kW·h，购电单价 $G = 205$ 元/（MW·h），售电单价 $S = 332$ 元/（MW·h），税率 $U\% = 13\%$，供电成本 800 亿元，实现利润 575 万元，试求保本电量？

解：利用式（10-17）计算保本电量 y 为

$$y = \frac{8000000}{332 \times (1-0.13) - 205/(1-0.12)}$$
$$= 145455(\text{MW} \cdot \text{h})$$

2. 保本利润基数售电量

如设利润基数为 L，则仿照式（10-17）的推演过程，可得保本利润基数 L 的售电量为

$$N = \frac{E+L}{S(1-U\%) - G/(1-C\%)}(\text{MW} \cdot \text{h}) \qquad (10-18)$$

代入具体数值后，有

$$N = \frac{8000000 + 5750000}{332(1-0.13) - 205/(1-0.12)} = 250000(\text{MW} \cdot \text{h})$$

3. 因素分析

为了实现利润目标，需对量本利诸因素进行分析，在经营中拟出诸项指标的具体落实计划和完成计划所采取的措施。

【例1】 在拟定 1995 年利润目标时，得知电量增加 0.3 亿 kW·h，经用电计划安排，新增电量的分配方案如下：

（1）用于照明 30%，线损率 15%，售电单价 259 元/（MW·h）。

（2）用于大宗工业 25%，线损率 4%，售电单价 365 元/（MW·h）。

（3）普通工业 20%，线损率 14%，售电单价 360 元/（MW·h）。

（4）排灌 25%，线损率 15%，售电单价 353 元/（MW·h）。

原用电结构不变，且因新增设备，需增加供电成本 35 万元。试确定在增加 0.3 亿 kW·h 电量情况下，是否有实现 700 万元利润的可能性。

解：（1）生活照明新增售电量利润为

$0.3 \times 100000 \times 30\%(1-0.15) \times 259 \times (1-0.13) - 0.3 \times 100000 \times 30\% \times 205$
$= 2027970 - 1845000 = 18.2970$（万元）

（2）大宗工业新增售电量利润为

$0.3 \times 100000 \times 0.25 \times (1-0.04) \times 365 \times (1-0.13) - 0.3 \times 100000 \times 0.25 \times 205$
$= 2286360 - 1537500 = 74.8860$（万元）

（3）普通工业新增售电量利润为

$0.3 \times 100000 \times 0.2 \times (1-0.14) \times 360 \times (1-0.13) - 0.3 \times 100000 \times 0.2 \times 205$
$= 1616112 - 1230000 = 38.6112$（万元）

（4）排灌新增售电量利润为

$0.3 \times 100000 \times 0.25 \times (1-0.15) \times 280 \times (1-0.13) - 0.3 \times 100000 \times 0.25 \times 205$
$= 1552950 - 1537500 = 1.509$（万元）

新增售电量利润总和为

$$18.2970 + 74.8860 + 38.6112 + 1.5090 = 133.3032（万元）$$

1995 年预测利润为

$$575 + 133.3032 - 35 = 673.3032（万元）$$

总预测利润比目标利润尚差 26.6968 万元。为达到利润目标值，首先对固定成本的单位成本分析如下：

1994 年 $\qquad$ 800/25＝32 ［元/ （MW·h）］

1995 年 $\qquad$ （800＋35）/28＝29.82 ［元/ （MW·h）］

售电量增加，单位成本呈下降趋势，这是符合一般规律的。现在再来计算线损率下降对利润的影响，线损率每下降 0.1%，可增加净利润为

2.8×0.1%×332× （1－0.13）＝280000×0.1×0.01×332×0.87＝8.08752（万元）

如果线损率能下降 0.4%，即 1995 年的线损率为 11.65%，则可获得净利润为

$$4×8.08752＝32.35 （万元）$$

如此，便可达到 700 万元利润的目标值。

二、增利诸因素之间相关变量分析

影响利润的因素是很多的，如购电量变化增利、线损变化增利、售电构成比变化增利、固定成本变化增利等。每个影响利润的因素又包含多项因素，可以说，无论划分多么具体，每个因素也将不是"纯素数"。因为企业的生产经营的全过程将是一个整体，每一个局部都是整体组成的一部分，各局部之间均有内在联系，任何指标皆不能孤立存在。例如，售电平均电价的变化，必然有售电构成比变化导致的因素，而售电构成比变化，又必然波及到线损率发生变化，甚至影响到单位成本、供电电价等亦发生变化。可见，各因素之间均有相关变量因素，甲因素提高了，可能导致乙、丙等因素的效益下降，所以分析时，应尽可能地将相关因素变量综合之后，才能得出正确的结论。

如设 H 为购电量（包括网购和外购电量），N 为售电量，HB 为购电单价，NB 为售电平均单价，A 为固定成本。$U\%$ 为税率，L 为利润，下标 j 表示基期，下标 b 表示本期，则

（1）基期利润为

$$L_j = N_j NB_j (1-U\%) - H_j HB_j - A_j \qquad (10-19)$$

（2）购电量变化增利为

$$L_1 = H_b (N_j/H_j) NB_j (1-U\%) - H_b HB_j - A_j - P_j \qquad (10-20)$$

（3）线损变化增利为

$$L_2 = H_b (N_b/H_b) NB_j (1-U\%) - H_b HB_j - A_j - (L_1+L_j) \qquad (10-21)$$

（4）售电单价变化增利为

$$L_3 = H_b (N_b/H_b) NB_b (1-U\%) - H_b HB_j - A_j - (L_1+L_2+L_j) \qquad (10-22)$$

（5）固定成本变化增利为

$$L_4 = A_b - A_j \qquad (10-23)$$

（6）购电单价变化增利为

$$L_5 = H_b (N_b/H_b) NB_b (1-U\%) - H_b HB_b - A_b - (L_1+L_2+L_3+L_4+L_j) \qquad (10-24)$$

总计增利为

$$L = \sum_{i=1}^{5} L_i \qquad (10-25)$$

因此，在经营中，不能只看电价低就是利润少，其受线损率、供电电价、固定成本等各种因素的影响。

为了确保企业的利润目标，在经营过程中，不论是安排用电计划、接收新客户用电、停电限电工作，在事前均能测算出经济效益。我们将这个方法称为"求保利点售电单价公式"，即

$$K = \frac{\dfrac{1}{1-n_i}(G_i + A + L)}{1 - N\%} \qquad (10-26)$$

式中　　K——保利点售电单价；

　　　　n_i——分类客户线损率；

　　　　G_i——分类供电单价；

　　　　A——供电单位成本；

　　　　L——供电单位利润；

$N\%$——税金。

例如，某供电局的经营情况是：

(1) 大工业无损户

$$K_1 = \frac{1/(1-0\%) \times (360 + 30 + 15)}{1-13\%} = 465.5\,[\text{元}/(\text{MW} \cdot \text{h})]$$

(2) 大工业客户，线损率为2%，则

$$K_2 = \frac{1/(1-2\%) \times (360 + 30 + 15)}{1-13\%} = 475\,[\text{元}/(\text{MW} \cdot \text{h})]$$

(3) 一般动力客户，线损率为5%，则

$$K_3 = \frac{1/(1-5\%) \times (360 + 30 + 15)}{1-13\%} = 490\,[\text{元}/(\text{MW} \cdot \text{h})]$$

(4) 照明客户，线损率为18%，则

$$K_4 = \frac{1/(1-18\%) \times (259 + 30 + 15)}{1-13\%} = 426\,[\text{元}/(\text{MW} \cdot \text{h})]$$

(5) 排灌客户，线损率为12%，则

$$K_5 = \frac{1/(1-12\%) \times (353 + 30 + 15)}{1-13\%} = 519\,[\text{元}/(\text{MW} \cdot \text{h})]$$

凡是实际售电价低于保利点售价者，均是利润未达到平均水平。

复 习 思 考 题 与 习 题

1. 营业质量管理的目的是什么？（答：见本章第一节、一）
2. 营业质量管理的"三全"是指什么说的？[答：见本章第一节、一、(2)]
3. 报装接电率如何计算？[答：见本章第一节、二、(1)]
4. 实抄率如何计算？标准如何规定？[答：见本章第一节、二、(3)]
5. 实收率如何计算？标准如何规定？[答：见本章第一节、二、(3)]
6. 差错率如何计算？标准如何规定？[答：见本章第一节、二、(3)]

7. 营业质量管理有哪些方法？（答：见本章第二节、一）

8. 处理营业事故的三不放过原则是什么？［答：见本章第三节、二、（4）］

9. 营业标准化的生产指标标准如何规定？（答：见本章第三节、三）

10. 什么是 PDCA 管理循环？（答：见本章第三节、四）

11. 统计报表有哪些种类？（答：见本章第四节、二）

12. 统计报表的作用是什么？（答：见本章第四节、三）

13. 统计分析的作用是什么？（答：见本章第三节、五）

14. 影响营业收入的增减因素有哪些？（答：见本章第五节）

15. 电力销售利润分析可分为几个阶段？（答：见本章第六节）

第十一章 用 电 检 查

第一节 用电检查工作概述

一、用电检查的任务

电力生产的特点是发、供、用电三个环节连成系统，同时完成，而且各个环节之间紧密联系，互相影响。用户受（送）电装置是电力系统的一个重要组成部分，其内部的电气事故可能危及整个电力系统，引致大面积停电，甚至造成人身伤亡事故。因此，电力企业对用户的受（送）电装置和用电行为等进行有效的检查、监督，是十分必要的。

根据《中华人民共和国电力法》第三十二条"用户用电不得危害供电、用电安全和扰乱供电、用电秩序。对危害供电、用电安全和扰乱供电、用电秩序的，供电企业有权制止。"第三十三条"供电企业查电人员和抄表收费人员进入用户，进行用电安全检查或者抄表收费时，应当出示有关证件。……用户对供电企业查电人员和抄表收费人员依法履行职责，应当提供方便"。从这些条款中可以看出，《中华人民共和国电力法》中规定允许供电企业查电人员的存在，也就是目前我们供电企业内设置的用电检查岗位，依据这一条款，原电力工业部颁布了相应的《用电检查管理办法》是对用电检查的职责、检查内容和范围的进一步明确，同时也对从事用电检查人员的任职条件、知识要求作了具体的规定，也是指导用电检查工作的行为准则。

用电检查工作是电网经营企业的一项重要的基础工作，在电力体制改革前一直称为用电监察，原用电监察行使了政府部门的管电行政职能，代表政府维护电力供应和使用的正常秩序和电力系统的安全、可靠运行，包括对电力客户投诉的处理和电力案件的处罚，还有对客户进行的检查等。随着我国电力体制改革的进一步深入，政企分开，电力管理部门的职责已由原先的电力部门移交到国家发改委和各级经贸委，原电力部颁布的《供用电监督管理办法》对电力管理部门所行使的权力、职责做了进一步明确。原用电监察所承担职能分解为供用电监督职能和用电检查职能，前者代表的政府行政职能部门，由新的电力管理部门接收，电力部门保留了行使企业行为的用电检查职责。

用电检查工作是国家电力法律赋予电网经营企业的权利和义务，在电力体制改革的新形势下，为全面贯彻落实"一强三优"现代电力公司的发展目标，充分体现"人民电业为人民"的宗旨，作为供电企业对外（即对电力客户）的作用不仅有了很大的变化，而且作为供电企业与电力客户之间沟通的桥梁作用得到加强。在电力市场营销中，我们不能将用电检查工作理解成是卖方市场对买方市场的单方面的检查，这将使我们的工作步入误区，而应该认为用电检查工作是我们窗口服务工作的一部分，不是检查用电，而是服务用电。

通过开展用电检查服务工作，可以：

（1）保证和维护供电企业和电力客户的合法权利。

（2）保证电网和电力客户的用电安全。

（3）通过用电检查人员对客户的上门服务，树立供电企业的形象，增强在市场中的竞争实力，开拓电力市场。

总之，用电检查就是电力企业为了保障正常的供用电秩序和公共安全面从事的检查、监督，指导、帮助用户进行安全、经济、合理用电的行为。用电检查人员应该根据《中华人民共和国电力法》、《电力供应与使用条例》、《供电营业规则》和国家有关规定，熟悉相关法规、方针、政策，认真履行用电检查的职责，同时也要正确处理好优质服务和检查的关系，在实际工作中实现"追求卓越、努力超越"的企业精神。

二、用电检查的管理原则

用电检查实行按省电网统一组织实施，分级管理的原则，并接受电力管理部门的监督管理。各跨省电网、省级电网和独立电网的电网经营企业，在其用电管理部门应配备专职人员，负责网内用电检查工作。其职责是：

（1）负责受理网内供电企业用电检查人员的资格申请、业务培训、资格考核和发证工作。

（2）依据国家有关规定，并颁发网内用电检查管理的规章制度。

（3）督促检查供电企业依法开展用电检查工作。

（4）负责网内用电检查的日常管理和协调工作。

三、供电企业用电检查人员的职责

供电企业在用电管理部门配备合格的用电检查人员和必要的装备，依照中华人民共和国电力工业部 1996 年颁布的《用电检查管理办法》中的规定开展用电检查工作。其职责是：

（1）宣传贯彻国家有关电力供应与使用的法律、法规、方针、政策以及国家和电力行业标准、管理制度。

（2）负责并组织实施下列工作：

1）负责用户受（送）电装置工程电气图纸和有关资料的审查。

2）负责用户进网作业电工培训，考核并统一报送电力管理部门审核、发证等事宜。

3）负责对承装、承修、承试电力工程单位的资质考核，并统一报送电力管理部门审核、发证。

4）负责节约用电措施的推广应用。

5）负责安全用电知识宣传和普及教育工作。

6）参与对用户重大电气事故的调查。

7）组织并网电源的并网安全检查和并网许可工作。

（3）根据实际需要，按《用电检查管理办法》规定的内容定期或不定期地对用户的安全用电、节约用电、计划用电状况进行监督检查。

第二节　用电检查管理办法

（原电力工业部令第 6 号）

一、总则

第一条　为规范供电企业的用电检查行为，保障正常供用电秩序和公共安全，根据《中华人民共和国电力法》、《电力供应与使用条例》和国家有关规定，制定本办法。

第二条　电网经营企业、供电企业及其用电检查人员和被检查的用电户，必须遵守本办法。

第三条　用电检查工作必须以事实为依据，以国家有关电力供应与使用的法规、方针、政策，以及国家和电力行业的标准为准则，对用户的电力使用进行检查。

二、检查内容与范围

第四条　供电企业应按照规定对本供电营业区内的用户进行用电检查，用户应当接受检查并为供电企业的用电检查提供方便。用电检查的内容是：

1. 用户执行国家有关电力供应与使用的法规、方针、政策、标准、规章制度情况；
2. 用户受（送）电装置工程施工质量检验；
3. 用户受（送）电装置中电气设备运行安全状况；
4. 用户保安电源和非电性质的保安措施；
5. 用户反事故措施；
6. 用户进网作业电工的资格、进网作业安全状况及作业安全保障措施；
7. 用户执行计划用电、节约用电情况；
8. 用电计量装置、电力负荷控制装置、继电保护和自动装置、调度通信等安全运行状况；
9. 供用电合同及有关协议履行的情况；
10. 受电端电能质量状况；
11. 违章用电和窃电行为；
12. 并网电源、自备电源并网安全状况。

第五条　用电检查的主要范围是用户受电装置，但被检查的用户有下列情况之一者，检查的范围可延伸至相应目标所在处：

1. 有多类电价的；
2. 有自备电源设备（包括自备发电厂）的；
3. 有二次变压配电的；
4. 有违章现象需延伸检查的；
5. 有影响电能质量的用电设备的；
6. 发生影响电力系统事故需作调查的；
7. 用户要求帮助检查的；
8. 法律规定的其他用电检查。

第六条 用户对其设备的安全负责。用电检查人员不承担因被检查设备不安全引起的任何直接损坏或损害的赔偿责任。

三、组织机构及人员资格

第七条 用电检查实行按省电网统一组织实施，分级管理的原则，并接受电力管理部门的监督管理。

第八条 各跨省电网、省级电网和独立电网的电网经营企业，在其用电管理部门应配备专职人员，负责网内用电检查工作。其职责是：

1. 负责受理网内供电企业用电检查人员的资格申请、业务培训、资格考核和发证工作；

2. 依据国家有关规定，制定并颁发网内用电检查管理的规章制度；

3. 督促检查供电企业依法开展用电检查工作；

4. 负责网内用电检查的日常管理和协调工作。

第九条 供电企业在用电管理部门配备合格的用电检查人员和必要的装备，依照本办法规定开展用电检查工作。其职责是：

1. 宣传贯彻国家有关电力供应与使用的法律、法规、方针、政策以及国家和电力行业标准、管理制度。

2. 负责并组织实施下列工作：

(1) 负责用户受（送）电装置工程电气图纸和有关资料的审查；

(2) 负责用户进网作业电工培训、考核并统一报送电力管理部门审核、发证等事宜；

(3) 负责对承装、承修、承试电力工程单位的资质考核，并统一报送电力管理部门审核、发证；

(4) 负责节约用电措施的推广应用；

(5) 负责安全用电知识宣传和普及教育工作；

(6) 参与对用户重大电气事故的调查；

(7) 组织并网电源的并网安全检查和并网许可工作。

3. 根据实际需要，按本办法第四条规定的内容定期或不定期地对用户的安全用电、节约用电、计划用电状况进行监督检查。

第十条 根据用电检查工作需要，用电检查职务序列为一级用电检查员、二级用电检查员、三级用电检查员。

第十一条 对用电检查人员的资格实行考核认定。用电检查资格分为：一级用电检查资格，二级用电检查资格，三级用电检查资格三类。

第十二条 申请一级用电检查资格者，应已取得电气专业高级工程师或工程师、高级技师资格；或者具有电气专业大专以上文化程度，并在用电岗位上连续工作5年以上；或者取得二级用电检查资格后，在用电检查岗位工作5年以上者。

申请二级用电检查资格者，应已取得电气专业工程师、助理工程师、技师资格；或者具有电气专业中专以上文化程度，并在用电岗位连续工作3年以上；或者取得三级用电检查资格后，在用电检查岗位工作3年以上者。

申请三级用电检查资格者，应已取得电气专业助理工程师、技术员资格；或者具有电气专业中专以上文化程度，并在用电岗位工作 1 年以上；或者已在用电检查岗位连续工作 5 年以上者。

第十三条 用电检查资格由跨省电网经营企业或省级电网经营企业组织统一考试，合格后发给相应的《用电检查资格证书》、《用电检查资格证书》由国务院电力管理部门统一监制。

第十四条 聘任为用电检查职务的人员，应具备下列条件：

1. 作风正派，办事公道，廉洁奉公。

2. 已取得相应的用电检查资格。聘为一级用电检查员者，应具有一级用电检查资格；聘为二级用电检查员者，应具有二级及以上用电检查资格；聘为三级用电检查员者，应具有三级及以上用电检查资格。

3. 经过法律知识培训，熟悉与供用电业务有关的法律、法规、方针、政策、技术标准以及供用电管理规章制度。

第十五条 三级用电检查员仅能担任 0.4 千伏及以下电压受电的用户的用电检查工作。二级用电检查员能担任 10 千伏及以下电压供电用户的用电检查工作。一级用电检查员能担任 220 千伏及以下电压供电用户的用电检查工作。

四、检查程序

第十六条 供电企业用电检查人员实施现场检查时，用电检查员的人数不得少于两人。

第十七条 执行用电检查任务前，用电检查人员应按规定填写《用电检查工作单》，经审核批准后，方能赴用户执行查电任务。查电工作终结后，用电检查人员应将《用电检查工作单》交回存档。

《用电检查工作单》内容应包括：用户单位名称、用电检查人员姓名、检查项目及内容、检查日期、检查结果，以及用户代表签字等栏目。

第十八条 用电检查人员在执行查电任务时，应向被检查的用户出示《用电检查证》，用户不得拒绝检查，并应派员随同配合检查。

第十九条 经现场检查确认用户的设备状况、电工作业行为、运行管理等方面有不符合安全规定的，或者在电力使用上有明显违反国家有关规定的，用电检查人员应开具《用电检查结果通知书》或《违章用电、窃电通知书》一式两份，一份送达用户并由用户代表签收，一份存档备查。

第二十条 现场检查确认有危害供用电安全或扰乱供用电秩序行为的，用电检查人员应按下列规定，在现场予以制止。拒绝接受供电企业按规定处理的，可按国家规定的程序停止供电，并请求电力管理部门依法处理，或向司法机关起诉，依法追究其法律责任。

1. 在电价低的供电线路上，擅自接用电价高的用电设备或擅自改变用电类别用电的，应责成用户拆除擅自接用的用电设备或改正其用电类别，停止侵害，并按规定追收其差额电费和加收电费；

2. 擅自超过注册或合同约定的容量用电的，应责成用户拆除或封存私增电力设备，停止侵害，并按规定追收基本电费和加收电费；

3. 超过计划分配的电力、电量指标用电的，应责成其停止超用，按国家有关规定限

制其所用电力并扣还其超用电量或按规定加收电费;

4. 擅自使用已在供电企业办理暂停使用手续的电力设备或启用已被供电企业封存的电力设备的,应再次封存该电力设备,制止其使用,并按规定追收基本电费和加收电费;

5. 擅自迁移、更动或操作供电企业用电计量装置、电力负荷控制装置、供电设施以及合同(协议)约定由供电企业调度范围的用户受电设备的,应责成其改正,并按规定加收电费;

6. 未经供电企业许可,擅自引入(或供出)电源或者将自备电源擅自并网的,应责成用户当即拆除接线,停止侵害,并按规定加收电费。

第二十一条 现场检查确认有窃电行为的,用电检查人员应当场予以中止供电,制止其侵害,并按规定追补电费和加收电费。拒绝接受处理的,应报请电力管理部门依法给予行政处罚;情节严重,违反治安管理处罚规定的,由公安机关依法予以治安处罚;构成犯罪的,由司法机关依法追究其刑事责任。

五、检查纪律

第二十二条 用电检查人员应认真履行用电检查职责,赴用户执行用电检查任务时,应随身携带《用电检查证》,并按《用电检查工作单》规定项目和内容进行检查。

第二十三条 用电检查人员在执行用电检查任务时,应遵守用户的保卫保密规定,不得在检查现场替代用户进行电工作业。

第二十四条 用电检查人员必须遵纪守法,依法检查,廉洁奉公,不徇私舞弊,不以电谋私。违反本条规定者,依据有关规定给予经济的、行政的处分;构成犯罪的,依法追究其刑事责任。

六、附则

第二十五条 本办法自 1996 年 9 月 1 日起施行。

第三节 反窃电和电能表的现场校验

进行窃电方式分析是反窃电工作的重要组成部分。窃电可分为与计量装置有关的窃电和与计量装置无关的窃电,也可分为连续式和间断式窃电。

一、与计量装置有关的窃电

运用各种手段使计量装置所计量的电量与实际用电量发生很大的负误差,这种窃电方式称为与计量装置有关的窃电方式。

(一)绕越计量装置窃电

1. 直接从配变低压瓷瓶挂线用电

该方式窃电的特点是不动计量装置,且无一定规律,窃电后证据随之消失。检查时,可发现瓷瓶的金属部分会有烧伤的痕迹。

2. 短接计量盘

其办法是短接进入计量盘和引出配电盘的同相导线,多发生在进线管与出线管在墙内的交汇处。

（二）破坏计量装置的准确计量

1. 更动计量装置接线

（1）解开或伪接表尾电压线，使表尾某相失压。

（2）解开或伪接 TA 二次线，使 TA 开路。

（3）反接 TA 内部二次线极性和电流二次线极性。

（4）反接表内电流、电压线圈极性。

（5）更动二次线或表内接线，使元件电压、电流配合错误。

（6）在计量回路中，串、并联其他表计。

2. 短接计量装置

（1）短接 TA 的一次或二次线。

（2）短接元件电流进出线端子或短接电流线圈。

（3）途中短接电流二次线。

（三）技能窃电

（1）在用双元件计量装置计量不平衡负荷时，把负荷全部或大部接到与表尾 B 相电压同相位的相上，表不走或少走。

在生产实践中，常发现用双元件表计量照明时，窃电者把照明先后接到各相上试用一段时间，根据用电量的多少找出与表尾 B 相电压同相位的相，然后把照明大部分该相长期窃电。因此不能用双元件表来计量不平衡负荷。

（2）用三元件计量照明时，私自更动表尾 0 线，把其接到某相火线上，然后把灯全部或大部接到这一火线上，表计不走或少走。因此，三元件计量装置表尾的 0 线不能在计量盘外引取。

（3）用三元件表或单相表计量照明时，通过一个升压变压器把表尾 0 线电压升高，使表内某一元件承受反向电压，把灯负荷全部接对应相上，表倒转。

（4）利用双元件表 A 元件和 C 元件工作原理窃电。对于 A 元件，电压 U_{AB} 和 I_A 之间夹角为 $30°+\varphi$，所以当单相电感在 A 相运行时，表倒转。

对于 C 元件，电压 U_{CB} 和 I_C 之间夹角为 $30°-\varphi$，当单相电容在 C 相上运行时，表倒转。

（四）篡改计量结果

（1）更换 TA 铭牌，大 TA 换铭牌，可采用现场较正 TA 更正之。

（2）更换表内字车。

（五）破坏计量装置

（1）折断二次线。

（2）断开 TA 内部二次线。

（3）少抄电量。

（4）故意让 TA 烧毁，并使其运行超过半年，有关规定只能补半年误差电量。

（5）私自更换表计和 TA。

二、与计量装置无关的窃电方式

（1）私自从网内接线用电。

（2）私自增加容量。

三、反窃电的技术措施

（一）计量盘

（1）采用双门双盘措施。把配电室一分为二，把封闭的半间用来安装计量盘，室门钥匙由电管掌握。

（2）用铁箱罩住配变的低压瓷嘴，铁箱安装表计和 TA。

（3）在实践广泛采用的是锁、封铅、封条配合使用的方法，该法具有较强的法律效力，且价格低廉。

（4）用一次性使用的小型钢丝弹簧锁。但其成本高，适用于大用户计量。

在生产实践中，让用户直接购买整块计量盘将会增加用户的设备投资，一般是买计量壳，将用户原有的配电设备移装即可达到计量和配电分盘的目的。

（二）封瓷嘴

这种措施是为防止挂瓷嘴窃电，适用于高供低压计量的配电变压器。具体办法是用铁箱罩住低压瓷嘴，其技术要求是不打开铁箱的门将无法触及到低压瓷嘴。

对小容量配变，瓷嘴至计量装置一段导线，可用三相四线电缆，如用橡皮线可用塑料管将火线和 0 线一起套住。查电时，可根据电缆、塑料套管的完好性来检查有无窃电线索。

对于低压用铝排出线的大容量配变，可在铝排上刷漆，查电时可根据漆的色泽、均匀、完好程度来判断有无窃电发生。

（三）其他措施

（1）禁止非法计量，不得使用未经供电局校验合格的表计计费。

（2）禁止用双元件表计计量三相不平衡负荷。

（3）定期轮换、校验电能表，动力表 2～3 年轮换校验一次，单相表 5 年一次。

（4）保护表尾 0 线。对于三元件表，表尾中性点 0 线要在计量室内引取。因此，配变主干 0 线要和其他火线一样被封闭，先穿过计量箱，绝对不能从计量室外引取，以防技能窃电。

（5）装表采用标准接线，多元件表应正相序，单相表应火线进电流线圈，以防技能窃电发生。

（6）照明用电采用联户表，每 10 户左右用一块总表，总表下设分表，以缩小窃电范围，加强各户之间的互相监督。

（7）对家用单相表，应用专用表箱或专用的反窃电尾盖将表尾封住。

（8）保持三相负荷平衡，既可降低线损，又能防止技能窃电发生。

四、电能表现场校验的简便方法

（一）停电检查法

1. 转速检查法

以固定负载计算出 t min 电能表应转的转数，与现场电能表的实际快慢相比较。计算公式为

$$计算转数 = \frac{t \times 固定负载(kW) \times 每分钟电能表常数}{互感器倍率}$$

式中　t——选定时间，一般选择 1～10min。

【例 1】 某单位电能表常数 1kW·h＝450r，加热圈为 2kW，三相四线回路，TA 变比为 50/5，每相 10min 电能表应转几转？快慢差多少？

解：
$$计算转数 = \frac{10 \times 2 \times 450/60}{50/5} = 15(r)$$

例如，现场实测电能表 10min 每相为 14r，那么实际误差根据公式得

$$\gamma(实际误差) = \frac{实测转数 - 计算转数}{计算转数} \times 100\% = \frac{14 - 15}{15} \times 100\% = -6.7\%$$

结论为现场表慢 6.7%。

2. 时间检查法

以固定负载计算出电能表 n 转时应该是多少时间，与现场电能表的实际快慢相比较，计算公式为

$$计算时间 = \frac{n \times 互感器倍率 \times 3600(s)}{固定负载(kW) \times 电能表常数}$$

式中　n——选定的电能表转数，一般选 1～10r。

例如，某单位电能表常数 1kW·h＝600r，加热圈为 1kW，三相四线回路，TA 变比为 50/5，电能表 1r 时应该是多少时间？快慢差多少？

$$计算时间 = \frac{1 \times 50/5A \times 3600s}{1kW \times 600r} = 60(s)$$

比如，现场实测电能表 1r 时每相为 70s，那么实际误差根据公式得

$$\gamma(实际误差) = \frac{计算时间 - 实测时间}{实测时间} \times 100\% = \frac{60 - 70}{70} \times 100\% = -14\%$$

结论为现场表慢 14%。

（二）不停电检查法

（1）抽 B 相电压法。此法适用于三相三线电能表，即将电能表 B 相电压接线拿掉，这时电能表转得快慢恰好是原来快慢的 1/2。

（2）以配电盘上指示仪表为依据，计算出 $t$min 电能表应转的转数，与现场电能表的实际快慢相比较。计算公式为

$$计算转数 = \frac{tUI\sqrt{3}\cos\varphi \times 每分钟电能表常数}{互感器倍率 \times 1000}$$

式中　t——选定时间，一般选 1～10min。

【例 1】 某工厂电能表常数 1kW·h＝600r，TA 变比为 1500/5，配电盘上电压表指示值 380V，电流表指示值 400A，功率因数 $\cos\varphi＝0.90$，计算出 1min 电能表应转几转？快慢是否正常？

解：
$$转数 = \frac{1 \times 380 \times 400 \times \sqrt{3} \times 0.90 \times 600/60}{1500/5 \times 1000} = 7.9(r)$$

比如现场实测电能表 1min 为 8.0r，那么实际误差为

$$\gamma(实际误差) = \frac{8 - 7.9}{7.9} \times 100\% = 1.3\%$$

结论为正常。

（三）短路电流测试法

短路电流测试法是一种比较实用的方法，这种方法是用导线或螺丝刀将电能表表尾端子电流线圈短接，观察电能表的转速变化情况，借此来判定电能表本身以及二次回路的工作是否有误。

五、违约用电与窃电的处理

1. 违约用电的处理

凡用户有危害供用电安全，扰乱供用电正常秩序的行为都属于违约用电行为。具体有以下几种：

（1）擅自改变用电类别。

（2）擅自超过合同约定的容量用电。

（3）擅自超过计划分配的用电指标。

（4）擅自使用已在供电企业办理暂停使用手续的电力设备，或擅自启用已被供电企业查封的电力设备。

（5）擅自迁移、更动或擅自操作供电企业的用电计量装置、电力负荷控制装置、供电设施以及约定由供电企业调度的用户受电设备。

（6）未经供电企业许可，擅自引入、供出电源或者将自备电源擅自并网。

2. 违约用电的违约责任

经查获的违约用电行为。按《供电营业规则》第 100 条规定，用户应承担其相应的违约责任：

（1）在低价供电线路上，擅自接用高价用电设备或私自改变用电类别的，应按实际使用日期补交其差额电费，并承担 2 倍差额电费的违约使用电费。使用起讫日期难以确定的，实际使用时间按 3 个月计算。

（2）私自超过合同约定的容量用电的，除应拆除私增容设备外，属于两部制电价的用户，应补交私增容设备容量使用月数的基本电费，并承担 3 倍私增容量基本电费的违约使用电费；其他用户应承担私增容量 50 元/kW 或 50 元/kVA 的违约使用电费。如用户要求继续使用者，按新装增容办理手续。

（3）擅自超过计划分配的用电指标的，应承担高峰使用电力 1 元/（kW·次）和超用电量与现行电价电费 5 倍的违约使用电费。

（4）擅自使用自己在供电企业办理暂停使用手续的电力设备，或擅自启用已被供电企业查封的电力设备的，应停止违约使用的设备。属于两部制电价的用户，应补交擅自使用或启用封存设备容量和使用月数的基本电费，并应承担 2 倍补交基本电费的违约使用电费；其他用户应承担擅自使用或启用封存设备容量 30 元/（kW·次）或 30 元/（kVA·次）的违约使用电费。启用属于私增容被封存的设备的，违约使用者还应承担本条第 2 项规定的违约责任。

（5）私自迁移、更动或擅自操作供电企业的用电计量装置、电力负荷控制装置、供电设施以及约定由供电企业调度的用户受电设备者，属于居民用户的，应承担每次 500 元的违约使用电费；属于其他用户的，应承担每次 5000 元的违约使用电费。

（6）未经供电企业许可，擅自引入、供出电源或者将自备电源擅自并网的，除当即拆除接线外，应承担其引入（供出）或并网电源容量 500 元/kW 或 500 元/kVA 的违约使用电费。

3. 窃电的处理

《电力供应与使用条例》明确规定禁止窃电的行为，并规定用电方以下行为属于窃电的行为：

（1）在供电企业的供电设施上，擅自接线用电。

（2）绕越供电企业的用电计量装置用电。

（3）伪造或开启法定的或授权的计量检定机构加封的用电计量装置封印用电。

（4）故意损坏供电企业用电计量装置。

（5）故意使供电企业的用电计量装置不准或者失效。

（6）采用其他方法窃电。

供电企业对查获的窃电者，应予制止，并可当场终止供电。

窃电者应按所窃电量补交电费，并承担补交电费 3 倍的违约使用电费。拒绝承担窃电责任的，供电企业应报请电力管理部门依法处理。窃电数额较大的或情节严重的，供电企业应提请司法机关依法追究刑事责任。

因违约用电或窃电造成供电企业的供电设施损坏的，责任者必须承担供电设施的修复费用或进行赔偿。因违约用电或窃电导致他人财产、人身安全受到侵害的，受害人有权要求违约用电或窃电者停止侵害，赔偿损失，供电企业应予协助。

第四节 计量装置管理的有关问题

一、电能计量管理定义

电业部门把对电能计量装置在整个过程（包括报装、设计、审定、施工安装和验收、运行监督、周期轮换、修理、报废等）中的管理称为电能计量管理。电能计量管理的职能是保证电能量值的准确和统一，保证计量装置安全、可靠、客观、正确地计量电能的传输和消耗，以满足公正计费和正确计算电力系统经济指标的要求。目前我国主要执行电力行业标准 DL/T 448—2000《电能计量装置技术管理规程》。

电能计量装置管理的目的是为了保证电能计量量值的准确、统一和电能计量装置运行的安全可靠。

电能计量装置管理是指包括计量方案的确定、计量器具的选用、订货验收、检定、检修、保管、安装竣工验收、运行维护、现场检验、周期检定（轮换）、抽检、故障处理、报废的全过程管理，以及与电能计量有关的电压失压计时器、电能计量计费系统、远方集中抄表系统等相关内容的管理。计量装置是指计费电能表（有功电能表、无功电能表及最大需量表），和电流互感器、电压互感器及二次连接导线。

二、计量装置有关规定

（1）计量装置的购置、安装、移动、更换、校验、拆除、封及表计接线等，均由供电企业负责办理，客户应提供工作上的方便。供电企业应在客户每一个售电点内按不同电价类别分别安装用电计量装置。难以按售电类别分别装设时，可装设总计量装置，按其不同类别的用电容量确定用电比例。

（2）计量装置原则上应装在供电设施的产权分界处，不在产权分界处时，线路与变压器损耗的有功与无功电量均需由产权所有者承担。客户用电设备容量在 100kW 或变压器容量在 50kVA 以下者，采用低压三相四线置供电，装三相四线计量装置。客户单相设备容量不足 10kW 时，采用低压 220V 供电。

（3）用电设备容量是指客户所有电气设备铭牌上标定的额定千瓦数，如果铭牌上有分档使用容量，应按其中最大容量计算。客户负载电流在 50A 以下者宜采用直接接入式电能表，50A 以上时应采用经互感器接入式电能表。

（4）临时用电客户应安装用电计量装置，对不具备安装条件的，可按用电容量、使用时间、规定的电价计收电费。供电企业在新装、换装、及现场校验后，应对用电计量装置加封。私自迁移、更动和擅自操作供电企业的用电计量装置、电力负载装置，属居民客户的，应承担每次 500 元的违约使用电费；属其他客户的应承担每次 5000 元的违约使用电费。

（5）供电企业办须按规定的周期校验、轮换计费电能表，并对计费电能表进行不定期检查。发现计量失常时，应查明原因。客户认为供电企业装设的计费电能表不准时，有权向供电企业提出校验申请，在客户交付验表费后，供电企业应在 10 天内校验，并将校验结果通知客户。如计费电能表误差在允许范围内，验表费不退；如计费电能表误差超出允许范围，除退还验表费外，应按规定退补电费。客户对校验结果有异议时，可向供电企业上级计量检定机构申请检定。客户在申请验表期间，其电费应按时交纳，验表确认后，再退补电费。

三、计量装置的接线检查

计量装置的接线检查是为了保证经过修校调整准确的电能表在接入电路后计量准确的必要条件，主要检查互感器的极性、三相电压互感器接线组别、二次连接导线接线的正确。在带电检查时，应注意遵守安全工作制度，特别注意电流互感器绝对不允许开路；电压互感器绝对不允许短路。当与保护共用互感器二次回路，必要时，要请保护人员协作。

四、电能计量装置安装前的管理

（一）报装中的管理

用户供电方案应按照《中华人民共和国电力法》第二十七条、《电力供应与使用条例》中第六章规定：供用电双方应签订供用电合同，其中要求就计量方式问题要明确规定采用什么样的计量装置、安装的位置、如何安装；计量管理的责任（维修和保护责任）及计量装置产生误差的纠正办法的要求，在报装方案时，给予明确；例如在电能计量方式上应明确电能计量装置的装设地点、装设电压等级、电能表类型及专用互感器及二次回路等"用电计量装置表"的内容。

（二）设计审定中的管理

电能计量装置的设计审定的基本内容包括用户的电能计量方式、电能表与互感器的接线方式、计量器具的准确度等级、专用互感器及二次回路专用互感器的额定二次负荷及额定功率因数、电流互感器额定一次电流、电能表的标定电流、电能计量柜和电能表的安装条件、高压互感器及其高压电气设备的电气间和安全距离等；主要依据为 SDJ 9—87《电测量仪表装置设计技术规程》、GBJ 63—90《电力装置的电测量仪表装置设计规范》。

（三）电能表及互感器的选择

在设计时要遵循电能计量装置的技术要求进行选择。在农村，特别强调以下方面：

（1）二次导线的选择。二次回路的连接导线应采用铜质单芯绝缘线。连接导线的截面积由计算确定：电流二次回路，应按电流互感器的额定二次负荷来计算，但至少应不小于 4（2.5）mm^2；电压二次回路应按电压降来计算，但至少应不小于 $2.5mm^2$。

（2）一次电流的确定。应保证其在正常运行的实际负荷电流达到额定值的 60％左右，至少应不小于 30％。

（3）电压互感器二次回路压降应不大于额定二次电压的 0.5％。

（4）关于安装电能柜的要求：对 10kV 以下三相线路供电的用户要配置全国统一标准的电能计量柜；35kV 供电的用户宜配置专用互感器柜或电能计量柜，35kV 以上线路供电的用户，应有电流互感器专用的二次绕组和电压互感器的二次回路，并不得与保护、测量回路共用。

（5）居民用户电能表选择：电能表额定容量的大小，根据用户负荷的高低来选择。用电负荷上限应不超过电能表的额定容量，下限应不小于电能表允许误差规定的负荷电流值。

五、电能计量装置安装验收

（1）电能计量方式符合设计要求。

（2）电能计量装置的接线正确，安装工艺质量尤其是接点、触点、熔断器等的接触良好。

（3）测量一、二次回路的绝缘电阻应合格，有电压互感器和电流互感器的单位要进行二次回路压降或二次回路负荷的测试。

（4）计量器具有有效期内的合格标志。

（5）计量装置的接地系统。

六、电能计量装置的检定

1. 电能表检定

（1）室内检定。包括新装和运行中定期轮换的电能表。农村用电中，电能表的检定一般要求用精度比被校表的准确度高 3 倍的校验装置（如：在检定 2.0 级表时，检定装置等级为 0.6 级），在规定的实验条件下，运用恰当的方法及必要的调整确定电能表准确度的等级。

（2）检定内容。直观检查，启动试验，潜动试验，测定基本误差，绝缘强度试验，走字试验，需量表需量指示器试验。重要项目是测定基本误差（检定方法可依据有关规程）。

由于电能表的检定是在规定条件下进行的，对安装和使用时中的表计都要满足规程中或生产厂家对安装条件的要求，使表计在实际运行中依然能保证其准确度的要求。要充分考虑如频率、电压、波形、温度、倾斜、自热等对影响电能表运行的外部主要因素，其中温度、倾斜、自热与安装的环境直接有关。

（3）轮换周期。执行规程中关于安装式电能表第Ⅳ类电能计量装置的规定，如2.0级。

（4）现场检验。按规定的检验周期，在电能表安装现场用实际负荷对其进行检验。实际负荷要求为：通入标准表的电流不低于其标定电流的20%，现场的负荷应为实际的经常负荷，当负载电流低于被检表的10%或功率因数低于0.5时，不宜进行误差测定。

现场检验条件还要符合对电压、频率、温度等的要求。检查内容：

1）在实际运行中测定电能表的误差。

2）检查是否有计差错，计量方式是否合理。

3）检查电能表与互感器二次回路连接是否正确。为满足现场检验的需要，许多厂家还生产了不同类型的现场检验设备，如ST9040E多功能电能表等。

2. 互感器检定

（1）实验室检定内容。外观检查，绝缘电阻的测定，工频电压试验，绕组极性的检查，退磁（电压互感器不做），误差测定。

检定方法可依据上述规程。

由于互感器的检定是在规定条件下进行的，对安装和使用时中的互感器都要满足规程中或生产厂家对安装条件的要求；要充分考虑如频率、电压、波形、温度、外界电磁场、二次回路的实际负荷等对影响互感器运行的外部主要因素。其中外界电磁场、二次回路的实际负荷与安装的环境直接有关。

（2）轮换周期。互感器的轮换（现场检验）周期：至少每10年轮换一次，或现场检验一次；低压电流互感器，至少每20年轮换一次。

目前，根据JJG 313—1994《测量用电流互感器检定规程》和JJG 314—1994《测量用电压互感器检定规程》两个规程的要求，标准用的互感器室内检定周期一般为2年。

第五节　电能计量装置运行中管理方法

电能计量装置一般检查要点和步骤如下。

1. 直观检查

（1）核对表号、容量、TA变比是否与报装一致。

（2）检查运行中的电能表转动是否正常，有无卡盘、时走时停现象。

（3）检查接线端钮有无过载烧坏痕迹。

（4）检查接线和TA极性端是否正确一致。

（5）观察电能表铭牌、表壳玻璃是否发黄；若发黄，说明电流线圈可能过流，需要拆表校验。

2. 现场测量

现场测量主要是对经 TA 接入的电能表和负载较大的直配表进行，对电量有异议的居民客户也可测量。

(1) 测量电压。用万能表或钳型表电压挡测量相电压，正常时单相 $U = 220\text{V}$，三相 $U_1 = U_2 = U_3 = 220\text{V}$。可以判断电压进线、加压线和 U 形环是否接触良好、有无断线。

(2) 测量电流。用钳型表测量相电流及一、二次电流变化是否一致。可以掌握客户实际负载，判断 TA 变比是否正确，二次回路是否存在短路、开路现象，接触是否良好等。

(3) 时间计算。

$$t = 3600 \times \frac{1000NK_i}{CP}$$

式中　N——测量转数，r；

　　　C——电能表常数；

　　　P——实际功率，kW；

　　　K_i——TA 变比。

3. 误差分析

$$\text{电能表误差 } \gamma = \frac{(t - T)}{T} \times 100\%$$

式中　t——算定时间，s；

　　　T——实测时间，s。

使用钳型表、秒表用瓦秒法现场测量误差，主要是检测计量装置二次回路是否存在短路、断线等故障，检查 TA 变比是否正确，判断电能表有无明显超差。

由于测量工具精度的限制和客户负载变化的影响，现场测量误差并不等于计量装置的实际误差，一般现场误差超过 1/3 以上，应着重检查回路和 TA 故障，误差超过 5% 以上，应拆表校验。负载较大时，应测量 5 转以上，以减小误差。

4. 校核常数

比较转动圈数与电能表走字是否与铭牌常数一致。通过校核常数，可以进一步确定计量装置的可靠性，防止计数器齿轮比错误，一般对电能表转动正常而电量有疑义的客户进行校核。

5. 相序测定

对于装设无功电能表的客户，在无功电能表倒装或不转时需要测定相序以判断是相序错误还是客户倒送无功。

第六节　电能计量装置常见故障及处理方法

一、电能计量装置常见故障

(1) 互感器变比差错。

(2) 电能表与互感器接线差错。

(3) 倍率差错。

（4）电能表的机械故障和电气故障（包括卡字、倒转、擦盘、跳字、潜动）。

（5）电流互感器开路或匝间短路。

（6）电压互感器熔丝断开或二次回路接触不良。

（7）雷击或过负荷烧毁电能表或互感器。

（8）因计量标准器具失准造成大批量电能表、互感器的重新检定。

二、电能表运行常见故障分析

电能表在投入运行时，由于运输、装接、雷击、湿潮热等影响及装配工艺、修理技术等原因，会出现一些故障，主要故障原因如下：

（1）不可抗力原因造成的故障。不可抗力一般指雷击、地震、台风、洪水等不可抗力的自然灾害造成表计故障，由产权所有者负责修复或更换。

（2）制造厂原因造成的故障。这种故障一般表现为互感器铭牌倍率或电能表铭牌常数与实际不符，造成电量差错，以实际记录的电量为基数，按正确与错误电量的差额率退补电费，退补时间从设备安装之日起至错误更正之日止。此外，还要追究制造厂的质量事故。

（3）过热烧坏。在统计故障退表中，60%以上是端钮盒烧毁。故障原因是长期过负荷使用，内引线在内接线端上未紧固，外引线端上、下螺钉未拧紧等引起局部发热，直到绝缘破坏，造成对地短路。

（4）计度器故障。故障表中 30%为计度器的各类故障，主要是：

1）进位故障，在进位时发生卡字，尤其在轻载时造成圆盘呆滞或停转。

2）组装差错，包括轮轴、横轴连接片变形，铭牌或刻度盘松动脱落，传动轮组装错位，计度器传动比与铭牌常数不符；洗涤剂使用不当，有关零件腐蚀生锈、部分紧固螺钉松动等造成。

（5）表响（噪声）。表响对计量精度的影响不大，但产生的噪声大；环境有影响，产生的主要原因是：铁芯组装不紧凑；电压线圈或防潜舌片及元件上的调整装置，漏磁气隙内所嵌的铜片、各类紧固螺钉松动；转盘静平衡不好，上、下轴承不同心或宝石轴承等安装配合不好；当上轴针的固有频率与 50Hz 相近时产生的谐振。

（6）预防电能表在无负荷时表空转。

（7）灵敏度不合格。表计启动不灵敏或不启动，主要原因是：工作气隙中有铁屑等杂物；转盘不平整，启动时有轻微碰盘；转动部分安装或调整不合理或元件变形；防潜动力矩调整过大；计度器呆滞；表计密封性表，致使蜗杆、轮、轴承等有油垢。

（8）保管不善造成计量装置丢失、损坏或过载烧坏等，客户应负担赔偿费或修理费。供电企业参照正常月份电量的平均值，乘以表计丢失或烧坏的天数，向客户补收电费。

（9）故障破坏供电企业计量装置或采用其他办法使计量装置不准或失效，属窃电行为，按窃电处理。

三、窃电行为对电能计量装置的损坏

（1）绕越供电企业的用电计量装置用电。

（2）伪造或者开启法定的或授权的计量检定机构加封的用电计量装置封印用电。

（3）故障损坏供电企业用电计量装置。

（4）故障使供电企业的用电计量装置不准或者失效。

四、常见故障的处理方法

（1）推广使用长寿命、宽负荷且机械工艺质量优良的电能表，淘汰使用年久、绝缘老化、机械磨损的电能表；在居民用电中逐步淘汰标定电流过小的电能表。

（2）电力部门要加强检修和检定中工艺质量的监督检查，严格走字试验。

（3）经常落雷的地区，宜在低压三相电能表的进线处安装低压避雷器。

（4）加强资产管理和安装管理，防止互感器的错发、误装或同一组互感器变比不同的现象发生。

（5）严格倍率管理，要经过必要的复核，如：互感器改变后，要重新计算倍率，并将有关更正结果示于明处。

（6）制定电能计量二次回路的管理制度，防止任意接入、改动、拆除、停用电能计量二次回路。

（7）封闭电能计量装置的关键部位，包括电压互感器的隔离开关操作把手；电流互感器二次绕组端子和电能计量柜、电能计量箱采用的长尾接线盒电能表的表尾等。

（8）加强计量监督，严格电能计量器具的检定周期，严格电能表、互感器及二次回路、二次负荷的现场检验。

（9）改善电能表、互感器的运输条件。

五、退补电量计算举例

1. 因计量装置误差超出范围的退补电量

$$Q = \frac{GS}{1+G}KB$$

式中　G——电能表的实际误差值，负值表示表慢，为应补交电量；正值表示表快，为退电量，$kW \cdot h$；

K——电流、电压互感器倍率乘积；

S——实走电量，$kW \cdot h$；

B——退补月数，起讫时间查不清时，用电客户最多 6 个月退补。

2. 电能表潜动退补的电量

如卡盘、卡字、电压线圈不通、电压互感器熔丝断等，并分别按如下情况进行处理。

$$Q = \frac{360RT}{J - SC}K$$

式中　R——天数，d；

T——停电时间（光 16h、力 8h），h；

K——倍率。

3. 因电能计量装置故障时的退补电量

如卡盘、卡字、电压线圈不通、电压互感器熔丝断等，并分别按如下情况进行处理。

（1）照明用户应补电量 $= \frac{1}{2}$ 事故日数×（原表正常前 1 个月抄表电量/这个月的抄表用电日数＋换表后至抄表目的抄用电量/换表后至抄表日用电日数）。

（2）新装照明用户应补电量＝自更换电表至抄表日用电量/用电日数×事故日数－故障期已交电费电量。

（3）3 只电能表中 1 只或 2 只出现故障时，按下列公式计算应补电量：

1 只故障应补电量＝2 只正确电能表当月电量/2－故障表电量；

2 只故障应补电量＝1 只正确电能表当月电量×2－2 只故障表电量；

1 只三相电能表或 3 只单相电能表全部发生故障停止运行时，月用电量比较正常的按照照明用户或新装照明用户办理，即日用电量不正常时，可根据用户的产品产量以及有关用电记录等计算。

4. 跳字应退电量计算

应退电量＝已收电量－1/2（原正常月的日均电量＋抄表后至抄表日均电量）×30（隔月抄表按 60 天计算）

5. 供电企业造成的故障退补电量的计算

（1）互感器或电能表误差超出允许范围时，以"0"误差为基准，按验证后的误差退补电量。退补时间从上次校验或换装后投入之日起至误差更正之日的 1/2 的时间计算。

（2）高供高计客户的二次连接线的电压降超出允许范围时，以允许电压降为基准，按验正后实际值与允许值之差补收电费。补收时间从连接线投入或负载增加之日起至电压降更正之日止。

（3）高供高计客户电压互感器保险熔断的，按规定计算方法计算值补收相应电量的电费；无法计算的，以客户正常月份的电量为基准，按正常月与故障月的差额补收相应电量的电费，补收时间按抄表记录或按失压记录仪记录为准。

（4）计量装置接线错误的，以实际记录的电量为基数，按正确与错误接线的差额率退补电量，退补时间从上次校验或换装投入之日起至接线错误更正之日止。

（5）互感器倍率或指示数计算或登录错误，造成电量差错，以实际记录电量为基准，按正确与错误的差额退补电费，退补时间从差错发生之日起至更正之日止。

6. 电费的管理

（1）对客户计量装置实行统一管理，建立计量装置的台账，落实周期检定计划，确保计量准确性。有条件的县（市）供电企业可以发在供电所设校表点，以方便客户。

（2）使用县（市）供电企业统一制定的抄表卡、电费台账，推广应用计算机核算，确保电量、电价、电费正确无误。

（3）合理设置电费回收点。推广农村金融机构代收电费、电费储蓄和预付电费等先进的电费管理方式，确保电费回收率达到 100%。

（4）加强电费的票据管理，所有电费票据由县或县以上供电企业统一印制，并严格领取和使用，电费票据应反映出电能表起止码、电量、电价和各类电费等内容，要实行计算机开票到户。

（5）加强电价、电费管理，定期接受县供电企业的专项检查，对发现的问题及时解决。加强内部考核，严格控制电费电价差错率。

复习思考题与习题

一、填空题

1. 电业部门把对电能计量装置在整个过程包括（**报装、设计、审定、施工安装和验收、运行监督、周期轮换、修理、报废等**）中的管理称为电能计量管理。

2. 计量装置原则上应装在供电设施的产权（**分界**）处，不在产权（**分界**）处时，线路与变压器损耗的有功与无功电量均需由产权（**所有**）者承担。

3. 客户用电设备容量在 100kW 或变压器容量在 50kVA 以下者，采用低压（**三相四线**）制供电，装（**三相四线**）计量装置。客户单相设备容量不足 10kW 时，采用低压（**220**）V 供电。

4. 客户负载电流在 50A 以下者宜采用（**直接接入**）式电能表，50A 以上时应采用经（**互感器接入**）式电能表。

5. 检定内容包括：（**直观检查；启动试验；潜动试验；测定基本误差；绝缘强度试验；走字试验；**）需量表需量指示器试验。重要项目是测定基本误差。

6. 用电监察工作必须以（**事实**）为依据，以国家有关电力供应与使用的（**法规、方针、政策，以及国家和电力行业的标准**）为准则，对用户的电力使用进行检查。

7. 供电企业用电检查人员实施现场检查时，用电检查员的人数不得少于（**两**）人。

8. 《用电检查工作单》内容应包括：用户（**单位**）名称、用电（**检查人员**）姓名、检查（**项目及内容、检查日期、检查结果**），以及用户代表签字等栏目。

9. 用电检查人员在执行查电任务时应向被检查的用户出示（**用电检查证**）。

10. 用电检查人员在执行用电检查任务时，应遵守用户的（**保卫、保密**）规定，不得在检查现场（**替代用户**）进行电工作业。

11. 用电检查人员必须（**遵纪**）守法，（**依法**）检查，廉洁奉公，不营私舞弊，不以电谋私。

12. 所谓有功电量的更正系数 K_P 是（**真实有功**）电量 A_{P1} 与（**实测有功**）电量 A_{P2} 之比。

13. 在低价供电线路上，擅自接用高价用电设备或私自改变用电类别的，应按实际使用日期补交其（**差额**）电费，并承担（**2**）倍差额电费的违约使用电费。使用起讫日期难以确定的，实际使用时间按（**3**）个月计算。

14. 用电检查资格由（**跨省**）电网经营企业或（**省级**）电网经营企业组织统一考试，合格后发给相应的《用电检查资格证书》。

15. 用电检查资格分为：（**1**）级用电检查资格、（**2**）级用电检查资格、（**3**）级用电检查资格三类。

16. 用电检查人员应认真履行用电检查职责，赴用户执行用电检查任务时，应随身携带（**《用电检查证》，并按《用电检查工作单》**）规定项目和内容进行检查。

二、判断题（判断下列描述是否正确，对的在括号内打"√"，错的打"×"）

1. 二次导线的选择：二次回路的连接导线应采用铜质单芯绝缘线。连接导线的截面积由计算确定：电流二次回路，应按电流互感器的额定二次负荷来计算，但至少应不小于 4（2.5）mm^2；电压二次回路应按电压降来计算，但至少应不小于 2.5mm^2。（√）

2. 一次电流的确定：应保证其在正常运行的实际负荷电流达到额定值的 30% 左右，至少应不小于 10%。（×）

3. 35kV 以上线路供电的用户，应有电流互感器专用的二次绕组和电压互感器的二次回路，并不得与保护、测量回路共用。（√）

4. 电能计量装置安装验收要测量一、二次回路的绝缘电阻应合格，有电压互感器和电流互感器的单位要进行二次回路压降或二次回路负荷的测试。（√）

5. 互感器的轮换周期：至少每 1 年轮换一次，或现场检验一次；低压电流互感器，至少每 2 年轮换一次。（×）

6. 对于运行中的高低压计量装置应定期组织巡视检查，以便掌握其运行状况，及时消除缺陷。对于 10kV 客户，每年普查不少于 2 次，对于低压客户每年不少于 4 次，检查的内容包括客户负载、用电性质、容量、计量表计运行情况等。（√）

7. 故障表中 30% 为计度器的各类故障。（√）

8. 1 只故障应补电量＝2 只正确电能表当月电量－故障表电量。（×）

9. 互感器或电能表误差超出允许范围时，以"0"误差为基准，按验证后的误差退补电量。退补时间从上次校验或换装后投入之日起至误差更正之日的 1/2 的时间计算。（√）

10. $P_2 < P_2$，电能表走得慢，多计了电量，表明应退补电量，ε_P 为负。（×）

11. 电能表反转时，电能表计量的功率 $P_2 < 0$，而 ε_P 也小于 0。（√）

12. 使用穿心式电流互感器穿错匝数电量的退补

$$A = A_1 \left(\frac{W}{W_1} - 1 \right)$$

式中　A——退补电量，$kW \cdot h$；

　　　A_1——抄见电量，$kW \cdot h$；

　　　W——正确穿心匝数；

　　W_1——错穿的匝数。

计算结果正值应为补电量，负值应为退电量。（√）

13. 三相三线电能表 A 相电压回路断线应追捕电量。（√）

14. 三相三线有功电能表 A 相电流反进，退补电量。（×）

15. 在供电企业的供电设施上，擅自接线用电，是窃电行为。（√）

16. 资格考试每年定期举行一次。（√）

17. 每隔两年对其资格进行复审，复审后不合格者取消其用电检查资格，并收回《用电检查资格证书》。（×）

18. 聘为用电检查员者，应具有作风正派，办事公道、廉洁奉公的品德。（√）

19. 三级用电检查员仅能担任 0.4kV 及以下电压受电用户的用电检查工作。（√）

20. 二级用电检查员能担任 35kV 及以下电压供电用户的用电检查工作。（×）

21. 一级用电检查员能担任 220kV 及以下电压供电用户的用电检查工作。（√）

22. 用电检查人员在执行用电检查任务时，应遵守用户的保卫保密规定，不得在检查现场替代用户进行电工作业。（√）

23. 高压成套设备必须装置"五防"闭锁。（√）

24. 用电检查人员应检查用电客户主要电气设备、保护及自动装置的配置情况，督促用电客户严格按周期对电气设备及自动装置，进行试验和校验。用电检查人员必须认真审核试验结果。（√）

三、问答题

1. 什么是用电检查？（答：见本章第一节、一）

2. 用电检查的管理原则是什么？（答：见本章第一节、二）

3. 供电企业用电检查人员的职责是什么？（答：见本章第一节、三）

4. 用电检查的内容是什么？（答：见本章第二节、二）

5. 违约用电行为有哪些？（答：见本章第三节、五）

6. 与计量有关的窃电行为有哪些？（答：见本章第三节、一）

7. 与计量装置无关的窃电方式有哪些？（答：见本章第三节、二）

8. 电能表现场校验的简便方法是什么？（答：见本章第三节、四）

9. 违约用电与窃电的处理方法是什么？（答：见本章第三节、五）

10. 怎样进行计量装置？（答：见本章第四节、三）

11. 怎样选择电能表及互感器？［答：见本章第四节、四、（三）］

12. 如何分析电能表运行常见故障？（答：见本章第六节、二）

附录 考核题集锦

一、判断题

1. 金属导体的电阻与外加电压无关。（√）

2. 两只阻值相同的电阻串联后，其阻值等于两只电阻阻值的和。（√）

3. 欧姆定律阐明了电路中电压、电流和电阻三者之间的关系。（√）

4. 能将其他形式的能量转换成电能的设备叫电源。（√）

5. 并联电路中总电阻的倒数等于各电阻倒数之和。（√）

6. 电阻、电感、电容串联电路中，总阻抗等于电阻、感抗、容抗的平方和。（×）

7. 电费管理工作程序主要是抄表—核算—收费。（√）

8. 动力用电，不分高压或低压及容量大小，一律执行分时电价。（×）

9. 房地产交易所执行商业电价。（√）

10. 变电所内用作计量有功电能的电能表，其准确等级一般要求 0.5～0.1 级。（√）

11. 改类是改变用电类别的简称。（√）

12. 低压三相四线有功电能表第一相电流反极性接线时损失电量是 2/3。（√）

13. 高压三相三线有功电能表电流相序接反时，电能表应反转。（×）

14. 当三相三线有功电能表第一相和第三相电流极性接反时，电能表应停转。（×）

15. 有重要负荷的用户，在已取得供电企业供给的保安电源后，无需采取其他应急措施。（×）

16. 线路损耗、变压器损耗电量不实行《功率因数调整电费办法》。（×）

17. 用户计量装置接线错误时，其退补电费时间为：从上次校验或换装投入之日起至接线错误更正之日止的 1/2 时间计算。（×）

18. 广告用电属于路灯用电性质。（×）

19. 高层写字楼用电，应执行商业用电计费方法。

20. 电能表的铭牌标志可以不完整、不清楚。（×）

21. 用户提出"拆换电表"的要求，这项工作称为变更用电。（×）

22. 供电企业无权收取电费违约金。（×）

23. 电压互感器的二次额定电压是 220V。（×）

24. 市政路灯用电应执行非居民电价。（√）

25. 最大需量表是用来计算基本电费的。（√）

26. 平地、造田、修渠、打井等农田基本建设用电，应执行农业生产电价。（√）

27. 医院用电，不论盈利或非盈利性质，均应执行商业电价。（×）

28. 表用互感器是一种变换交流电压或电流使之便于测量的设备。（√）

29. 基本电费可按变压器容量计算，也可按最大需量计算，具体选择办法由供电企业

报装部门确定。（×）

30. 供电企业因欠费需对客户停止供电时，在停电前3～7天内，将停电通知书送达客户，即可实施停电。（×）

31. 线损率就是供电量与售电量之差占供电量的百分比。（√）

32. 导体两端有电压，导体中才会产生电流。（√）

33. 功率越大的电器，需要的电压一定大。（×）

34. 把25W，220V的灯泡接在1000W，220V发电机上，灯泡会被烧环。（×）

35. 常用灯泡，当额定电压相同时，额定功率大的灯泡电阻就大。（×）

36. 凡是工矿企业生产或加工用电均按大工业电价。（×）

37. 电价水平的高低，电费回收的好差直接关系到电力企业的经营成果和经济效益。（√）

38. 电力企业的销售收入主要是电费收入。（√）

39. 电费回收的好差不影响电业职工的实际收入。（×）

40. 专线供电的用户不需要加收变损、线损。（×）

41. 电能表实抄率、电费回收率、电费差错率是考核抄核收工作质量的主要指标。（√）

42. 用户用电性质改变，如商业改为非工业，应办理用电类别变更手续。（√）

43. 用户应按国家规定向供电企业存出电费保证金。（√）

44. 对于旧的集中抄表装置在检查时，应首先查看STD机架插板上的三只发光管是否正常发光。（√）

45. 在当采用便携式计算机或抄表机在现场抄表时，应先打开抄表机或计算机电源，然后再通过电缆将其与装置连接好。（×）

二、选择题

1. 在6～10kV中性点不接地系统中，发生单相接地时，非故障相的对地电压（**C**）。

A. 不会升高　　B. 大幅度降低　　C. 升高$\sqrt{3}$倍　　D. 降低$\sqrt{3}$倍

2. 在中性点直接接地系统中，发生单相接地故障时，非故障相的对地电压（**A**）。

A. 不会升高　　B. 大幅度降低　　C. 升高$\sqrt{3}$倍　　D. 降低$\sqrt{3}$倍

3. 峰谷分时电价中峰段电费计算公式为（**B**）。

A. 峰段电费＝高峰时段用电量×基础电价×［1－上浮比例（％）］

B. 峰段电费＝高峰时段用电量×基础电价×［1＋上浮比例（％）］

C. 峰段电费＝高峰时段用电量×基础电价×［1－下浮比例（％）］

D. 峰段电费＝高峰时段用电量×（1＋基础电价）

4. 线路损失率即为线路损失电量占（**A**）的百分比。

A. 供电量　　B. 售电量　　C. 用电量　　D. 设备容量

5. 电流互感器的一次绕组必须与（**D**）串联。

A. 电线　　B. 二次负载线　　C. 地线　　D. 一次相线

6. （**A**）是电力局向用户收费的凭证，也是专为销售电能产品后直接开给消费者的账单。

    A. 电费发票   B. 电费收据   C. 计算清算   D. 结算凭证

7. 抄表日报是应收电费汇总凭证的原始依据，既是电力企业经营成果的反映，也是（**D**）当日工作的结果。

    A. 统计人员   B. 核算人员   C. 收费人员   D. 抄表人员

8. 某客户原来是非工业客户，现从事商品经营，该用户应办理（**B**）用电手续。

    A. 新装   B. 改类   C. 更名过户   D. 销户

9. 三相两元件电能表每月表损为（**B**）。

    A. $1kW \cdot h$ B. $2kW \cdot h$ C. $3kW \cdot h$ D. $0.5kW \cdot h$

10. 用电负荷是指用户电气设备所需要的（**B**）。

    A. 电流   B. 电功率   C. 视在功率   D. 电能

11. 《供电营业规则》指出：用户用电设备容量（**A**）在及以下或需用变压器在 50kVA 及以下者，可采用低压 380V 供电。

    A. 100kW   B. 150kW   C. 50kW   D. 80kW

12. 三相四线制计量时，一相电压断开，总电量将（**B**）。

    A. 增加   B. 减少   C. 正常   D. 时增时减

13. 暂拆是指暂时停止用电，并（**C**）的简称。

    A. 拆除房屋   B. 拆除配电柜   C. 拆除电能表   D. 撤消户名

14. 35kV 供电网络中接地方式为经消弧线圈接地，供电区内有一新装用电户，35kV 专线受电，计量点在产权分界处，宜选用（**A**）有功电能表计量。

    A. 三相三线   B. 三相四线

    C. 三相三线或三相四线   D. 一只单相

15. 用户在每一日历年内，可申请暂停用电 2 次，每次不得少于（**A**）。

    A. 15 天   B. 20 天   C. 30 天   D. 10 天

16. 抄表器可以取代原有的（**C**）

    A. 抄表日志   B. 收费日志   C. 抄表卡片   D. 收费通知单

17. 对新装的大工业用户，在计算基本电费时，均（**A**）。

    A. 按日计收   B. 按月计收   C. 按 10 天一计   D. 按 15 天一计

18. 用抄表器抄表，当抄录本月指数小于上月指数时，应（**C**）后再按键确认，才能正确计算电量。

    A. 观察电池   B. 观察表号

    C. 观察该表号与资料一致   D. 观察是否窃电

19. 根据目前电价执行政策，可将售电单价分解为（**B**）。

    A. 电量电价、基本电价、用电分类电价、力率调整电价

    B. 电量电价、基本电价、峰谷增收电价、力率调整电价

    C. 电量电价、基本电价、力率调整电价、用电分类电价

    D. 电量电价、用电分类电价、峰谷增收电价、力率调整电价

20. 低压三相电能表配置 50/5 的电流互感器，其电能表的倍率为（**A**）。

A. 5 倍　　　　　B. 10 倍　　　　　C. 50 倍　　　　　D. 100 倍

21. 高压 10kV 供电，电能表配置 50/5 的高压电流互感器，其电能表的倍率应为 (**C**)。

A. 10 倍　　　　B. 500 倍　　　　C. 1000 倍　　　D. 50 倍

22. 三相四线制低压用电，供电的额定相电压为 (**A**)。

A. 220V　　　　B. 380V　　　　C. 450V　　　　D. 10kV

23. 电力销售的增值税税率为 (**B**)。

A. 13%　　　　B. 17%　　　　C. 10%　　　　D. 12%

24. D1862 型电能表是 (**C**) 电能表。

A. 单相　　　　B. 三相三线　　　C. 三相四线　　　D. 无功三相

25. 市政路灯应执行 (**D**) 电价。

A. 商业　　　　B. 工业　　　　C. 居民　　　　D. 非居民照明

26. 实抄率、差错率和电费回收率是电费管理的主要 (**A**)。

A. 考核指标　　B. 考核标准　　　C. 考核项目　　　D. 考核制度

27. 三相四线制的中线上不准安装开关和熔断器的原因是 (**B**)。

A. 中线上无电流，熔丝烧不断

B. 开关断开或熔丝熔断后，三相不对称负载承受三相不对称电压的作用，无法正常工作，严重时会烧坏负载

C. 开关断开或接通对电路无影响

D. 会影响电路的机械强度

三、计算题

1. 某 10kV 高压用电户，装有高压三相电度计量收费，已知该户配装的电流互感器变比为 50/5，电压互感器的变比为 10000/100，试求该电能表的倍率为多少？

解： $\dfrac{50}{5} \times \dfrac{10000}{100} = 100$

2. 某电力用户的电能表经校验，误差为 -5%，抄表用电量为 19000kW·h，若该用户的用电电价为 0.3 元/（kW·h），试问应向该用户追补多少用电量？实际用电量是多少？应交纳的电费是多少？

解： 追补电量 $= \dfrac{19000 \times 5\%}{1-5\%} = \dfrac{19000 \times \frac{5}{100} \times 100}{95} = 1000$（kW·h）

实际用电量 $=$ 追补电量 $+$ 抄表用电量 $= 1000 + 19000 = 20000$（kW·h）

第二篇
分步图解外科技术
Illustrated Surgical Technique
(Step-by-Step)

Advances in Vestibular Schwannoma Microneurosurgery
Improving Results with New Technologies
听神经瘤外科新技术

第 3 章 患者体位
Patient Positioning

Luciano Mastronardi, Alberto Campione, Guglielmo Cacciotti, Raffaelino Roperto, Fabio Crescenzi, Ali Zomorodi, Takanori Fukushima 著

一、侧卧位

侧卧位[1, 2] 又称 Fukushima 位（图 3-1），可在保证麻醉安全的前提下顺利进入脑桥小脑角区，充分显露手术视野。

麻醉插管后，患者保持侧卧位，固定支架安装在健侧，这样可以减少复杂手术时转动颈部，并保证静脉回流，特别是对侧颈内静脉回流。将手术台调整为 10°～15° 头高足低位，这样可以减少手术时间过长所致静脉淤血。患者背部平手术台边缘，肩部置于手术台上缘。健侧腿髋关节和膝关节弯曲约 90°，患侧腿略弯即可（图 3-1A）。

放置多个防护垫以免产生压疮：患者足跟及脚踝处放置护垫减轻压迫腓骨头处的腓神经；两膝关节之间放置 2 个枕头，两腿之间放置 1 个枕头；健侧股骨粗隆下方放置橡胶护垫；臀部下方放置护垫防止术中患者侧翻时压迫坐骨神经；胸廓及双侧腋窝放置护垫保护臂丛神经。

双臂伸展放置于加长垫上，避免压迫患侧肱骨内上髁处尺神经及

健侧肱骨桡神经沟处的桡神经。健侧上臂与躯干保持 90°，而患侧上臂保持 45°。患侧肩部向前下轻拉（图 3-1B），然后利用布带固定上臂。如此可以保证肩部远离术者，便于广泛显露视野。

使用三点式头架（Mayfield 支架）固定头部：后面两个支点分别位于乳突及枕骨隆突，前方支点位于发际线内以免影响美观（图 3-1C）。将头部向对侧旋转，保持岩骨嵴垂直于地面、术者正对内听道。略低头（下颌与胸骨 2 指左右）可使乳突远离肩部。抬高头部，使其距手术台约一拳距离，再将头顶向下倾斜，保证乳突位于最高位置（图 3-1D）。

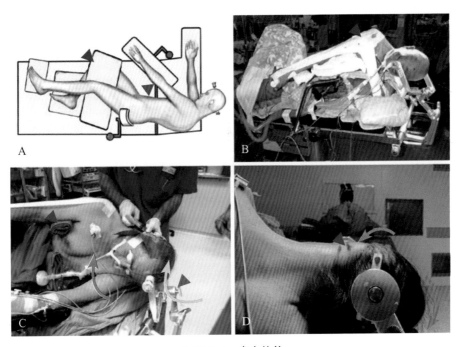

▲ 图 3-1 患者体位

A. 侧卧位示意图（上面观）。红箭头示健侧下肢弯曲 90°；蓝箭头示患侧上臂 45° 平放。B. 侧卧位。红箭头提示患侧肩部向前下推拉并固定；头顶向下倾斜以尽可能抬高乳突。C. 侧卧位。红箭头示在腋下塞入布卷，防止压迫臂丛；蓝箭头示头部固定架，前方支点位于发际线内；灰弯箭示头部适度弯曲，保持下颌距胸骨 2 指左右。D. 侧卧位。灰弯箭示头部向健侧旋转，橙弯箭示头顶向下倾斜，红箭头示乳突尖位于术野顶端（图 A 引自 T. Fukushima, A. Friedman, L. Mastronardi, T. Sameshima, Fukushima's Microanatomy and Dissection of the Temporal Bone- Second Edition, 2007, 经 AF-Neurovideo, Inc. 许可）

二、仰卧位

仰卧位[1-3]是神经外科手术常用和通用体位，对患者体位和管路安置要求较少。

仰卧麻醉插管后，卸下手术台头部托板，更换三点式头部固定架。双钉固定于健耳上、下方，单钉固定于患侧。利用附带支架将头架固定于手术台，头部转向对侧 90° 以便显露手术区域。过度旋转头部可能导致颈静脉阻塞、麻醉插管阻塞或移位，摆放头位时麻醉师需密切监视。为了减少扭颈，可在肩胛骨下方放置枕头保证颈部处于轻度拉伸状态。另外，可以适度低头使乳突远离肩部。

固定头部后利用泡沫敷料和布带固定患者，膝下垫枕头防止牵拉坐骨神经，足跟下方放置泡沫敷料防止压疮，利用泡沫敷料和布带将双上肢固定于身体两侧，所有骨性突起均用泡沫敷料保护，以免形成压疮及压迫神经（如尺骨凹槽）。

最后将手术台调整为头高足低位以便静脉回流、降低颅压，但要注意头高足低位导致头部位置高于心脏，可能增加静脉空气栓塞风险。

三、半坐位

半坐位[1, 3, 4]由原始坐位改进而来。20 世纪初曾流行坐位，后因容易导致静脉空气栓塞逐渐被弃用。对手术而言，半坐位可降低颅压（intracranial pressure，ICP）、利用重力作用引流术野出血和脑脊液，从

而提供理想术野 [5-11]。

麻醉插管后利用三点式头架固定头部，双钉固定于健耳上、前方，单钉固定于患侧外耳道前方、颞线附近。

调整手术台，升起背板使患者呈曲臀坐位，上述操作要缓慢进行并密切监测麻醉状况，避免引起突然低血压及血流动力学不稳定。患者曲膝并在膝下垫枕，避免拉伸坐骨神经，升高手术台尾端促使静脉回流入心。

通过适当接头将头架固定于手术台，低头保证手术视野清晰，最理想的情况是小脑幕平行于地面。有报道，此种体位如果头部过度弯曲可挤压麻醉插管，导致舌、软腭及喉水肿。

利用软带或泡沫敷料及布带将患者固定于手术台，应确保患者躯体得到良好支撑而不是利用头架悬挂患者头部，否则可引起颈部拉伤，甚至影响颈椎完整性。少数报道半坐位术后出现四肢麻痹可能即为此因。双上肢置于中线腹部前方或者轻弯肘部放置在两旁臂板上。骨性突起部位要重点保护，以免产生压疮。

四、三种体位效果比较

半坐位的优势和劣势均来自于重力影响，由于头部、心脏之间存在静脉压差，术野中出血和脑脊液均得以自然引流导致术野几乎无血，因此术者无须持续使用吸引器，从而可以双手操作处理病变；重力下拉小脑半球故无须使用牵开器，当然也存在产生小脑脱垂风险。但不能只考虑优点，半坐位形成的静脉压差可使空气进入血液引起静脉空气栓塞[7]。这种潜在严重并发症将导致两个可能危及生命的病理生理改变：张力性气颅和逆行空气栓塞（paradoxical air embolism，PAE）。张力性气颅是因为一定量空气进入硬膜外或硬膜内产生压迫效应，引起颅内压增高，甚至有脑疝风险。逆行空气栓塞则是空气通过从右向左分流（卵圆孔未闭）进入动脉导致动脉栓塞。

目前已有大量文献讨论普通神经外科手术及听神经瘤手术中采用半坐位的优劣，比较各种体位术中及术后效果。

Rath 等比较了不同体位颅后窝手术的并发症，发现半坐位静脉空气栓塞风险（15.2%）显著高于仰卧位（1.4%），而且失血更多[11]。尽管考虑到不同手术、不同范围所致偏差，半坐位在保护后组脑神经方面仍然具有优势。术后并发症并无显著差异，因此作者认为只要严格筛查患者、完善术前准备，两种体位都安全可靠。Fathi 等通过系统性回顾，确认半坐位神经外科手术后容易产生空气栓塞并发症[12]。另外，作者强调了筛查卵圆孔未闭（patent foramen ovale，PFO）的重要性，卵圆孔未闭在神经外科手术中并不罕见，不容忽视（5%～33%）。大量研究建议校正病例筛选标准，尽管目前尚无正式指南，但提出一些特殊措施还是合适而必要的[5, 8, 13]：术前颈椎影像检查排除颈部不稳定性、术前经食管超声心动图（trans-esophageal echocardiography，TOE）发现卵圆孔未闭、术中监测预防、诊断及迅速处理静脉空气栓塞（venous air embolism，VAE）。卵圆孔未闭是半坐位手术的绝对禁忌证还是相对禁忌证，目前仍有争论。尽管经食管超声心动图发现静脉空气栓塞非常灵敏，甚至能发现无临床表现的静脉空气栓塞（Ganslandt 等报道为25.6%[9]），但术中监测目前尚无金标准。

就听神经瘤手术而言，半坐位、仰卧位及侧卧位不但要比较其安全性，还要比较手术效果，包括肿瘤切除的范围、面神经保留及听力保留。但由于存在不同术者经验各异、研究机构策略不同，导致研究结果出现偏差，无法得出明确结论。Spektor 等比较半坐位与侧卧位效果发现面神经保留与病变切除范围相关，与体位无关[14]，病变切除范围与体位选择无明显相关，唯一显著差异是侧卧位手术准备时间及手术时间较短。Roessler 等报道截然相反结论[15]：半坐位比侧卧位手术时间更短、效率更高，术后 6 个月随访发现半坐位手术中面神经保留率（63%）及听力保留率（44%）均高于侧卧位手术面神经保留率（40%）及听力保留率（14%）。当然，作者认为毕竟属于回顾性研究，不同术者的技能等因素可能影响研究结果。

尽管无法进行随机对照实验来验证何种体位才是听神经瘤手术最佳体位，但可以认为三种体位均安全，没有一种体位适用于所有病例[6, 16, 17]。采用半坐位手术需要专业的神经麻醉师及持续术中经食管超声监测（费用昂贵），每家医院都配备如此条件并无必要。Spektor 和 Roessler 的研究结论相反也说明，术者经验及偏好对术中及术后结果产生的影响远远超过体位的选择。因此，体位的选择应该建立于手术团队的偏好基础上。

尽管不乏大牌专家介绍半坐位手术经验，但我们临床工作中常规采用侧卧位。手术耗时 4h，主要与肿瘤大小及肿瘤包膜与面神经、听神经、脑干粘连程度相关，手术结果与目前国际文献结果报道一致。

参考文献

[1] Di Ieva A, Lee JM, Cusimano MD. Handbook of skull base surgery. New York: Thieme; 2016.

xxvii, 978 p.

[2] Sameshima T. Fukushima's microanatomy and dissection of the temporal bone. 2nd ed. In: Sameshima T, editor. Raleigh: AF-Neurovideo, Inc.; 2007. 115 p.

[3] Winn HR. Youmans and Winn neurological surgery. 7th ed. Philadelphia: Elsevier; 2017.

[4] Quiñones-Hinojosa A, Rincon-Torroella J. Video atlas of neurosurgery: contemporary tumor and skull base surgery. 1st ed. Edinburgh and New York: Elsevier; 2017. xxx, 285 p.

[5] Ammirati M, Lamki TT, Shaw AB, Forde B, Nakano I, Mani M. A streamlined protocol for the use of the semi-sitting position in neurosurgery: a report on 48 consecutive procedures. J Clin Neurosci. 2013;20(1):32–4.

[6] Boublata L, Belahreche M, Ouchtati R, Shabhay Z, Boutiah L, Kabache M, et al. Facial nerve function and quality of resection in large and giant vestibular schwannomas surgery operated by retrosigmoid transmeatal approach in semi-sitting position with intraoperative facial nerve monitoring. World Neurosurg. 2017;103:231–40.

[7] Duke DA, Lynch JJ, Harner SG, Faust RJ, Ebersold MJ. Venous air embolism in sitting and supine patients undergoing vestibular schwannoma resection. Neurosurgery. 1998;42(6):1282–6; discussion 6–7.

[8] Gale T, Leslie K. Anaesthesia for neurosurgery in the sitting position. J Clin Neurosci. 2004;11(7):693–6.

[9] Ganslandt O, Merkel A, Schmitt H, Tzabazis A, Buchfelder M, Eyupoglu I, et al. The sitting position in neurosurgery: indications, complications and results. A single institution experience of 600 cases. Acta Neurochir. 2013;155(10):1887–93.

[10] Porter JM, Pidgeon C, Cunningham AJ. The sitting position in neurosurgery: a critical appraisal. Br J Anaesth. 1999;82(1):117–28.

[11] Rath GP, Bithal PK, Chaturvedi A, Dash HH. Complications related to positioning in posterior fossa craniectomy. J Clin Neurosci. 2007;14(6):520–5.

[12] Fathi AR, Eshtehardi P, Meier B. Patent foramen ovale and neurosurgery in sitting position: a systematic review. Br J Anaesth. 2009;102(5):588–96.

[13] Günther F, Frank P, Nakamura M, Hermann EJ, Palmaers T. Venous air embolism in the sitting position in cranial neurosurgery: incidence and severity according to the used monitoring. Acta Neurochir. 2017;159(2):339–46.

[14] Spektor S, Fraifeld S, Margolin E, Saseedharan S, Eimerl D, Umansky F. Comparison of outcomes following complex posterior fossa surgery performed in the sitting versus lateral position. J Clin Neurosci. 2015;22(4):705–12.

[15] Roessler K, Krawagna M, Bischoff B, Rampp S, Ganslandt O, Iro H, et al. Improved postoperative facial nerve and hearing function in retrosigmoid vestibular schwannoma surgery significantly associated with semisitting position. World Neurosurg. 2016;87:290–7.

[16] Cardoso AC, Fernandes YB, Ramina R, Borges G. Acoustic neuroma (vestibular schwannoma): surgical results on 240 patients operated on dorsal decubitus position. Arq Neuropsiquiatr. 2007;65(3A):605–9.

[17] Kaye AH, Leslie K. The sitting position for neurosurgery: yet another case series confirming safety. World Neurosurg. 2012;77(1):42–3.

第4章　器械设备
Instrumentation for Acoustic Neuroma Microneurosurgery

Luciano Mastronardi, Alberto Campione, Guglielmo Cacciotti, Raffaelino Roperto, Fabio Crescenzi, Ali Zomorodi, Takanori Fukushima　著

　　听神经瘤手术属于颅底外科范畴，在狭窄的空间里进行复杂精细操作，因此极具挑战性。最近几十年相关手术器械设备得到快速发展，这主要得益于不断开拓进取的权威专家及富有创新精神的医疗器械公司。

　　最重要的听神经瘤手术器械设备分为以下几大类。

- 显微手术器械。
- 手术显微镜。
- 内镜。
- 术中神经电生理监测装置（intraoperative neurophysiological monitoring，IONM）。

一、标准显微手术器械

　　"机械"显微手术器械被定义为"标准"显微手术器械，与专用切

除肿瘤器械及电动显微器械相区别。

听神经瘤手术的主要操作是解剖分离、切割肿瘤及分块切除。

解剖分离是将肿瘤从周围的脑膜、蛛网膜或神经血管结构中分离出来。处理大听神经瘤时需要利用尖端2mm、长14mm的脑压板轻轻牵拉脑组织以便显露深部结构。为了显露肿瘤界面，需要利用镊子钳夹拉紧肿瘤包膜或蛛网膜，再用显微剪切断蛛网膜链。因此，分离包膜时需要使用1mm的显微鳄鱼钳及精细显微剪（直剪、弯剪、Kamiyama型）[1, 2]（图4-1）。

开放内听道后切开硬脑膜、分离神经时需要使用9件显微器械：

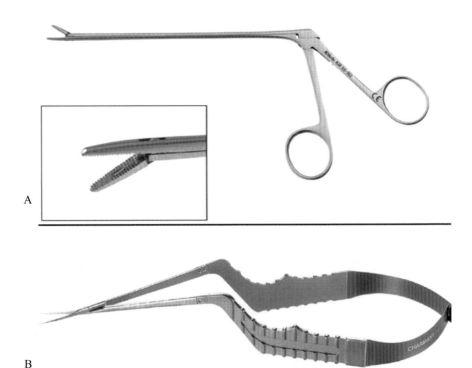

▲ 图4-1　显微鳄鱼钳及精细显微剪
A. 显微鳄鱼钳，左下角为放大钳头；B. 精细显微剪（刺刀状）（日本富井县鲭江市川去町6-1夏蒙公司医学部提供）

90°、70° 和 45°Hitzelberger-McElveen 刀，90°、45° 尖钩刀，显微镰状刀，锐性剥离子，0.75mm、1mm 的 90° 杯状刮匙，锐性剥离子可以无损伤地分离神经血管结构（图 4-2）。

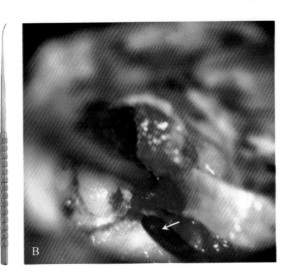

▲ 图 4-2　锐性剥离子

A. 锐性剥离子，比例 0.66 ：1；B. 分离内听道面神经及耳蜗神经，白色箭示锐性剥离子尖端（日本富井县鲭江市川去町 6-1 夏蒙公司医学部提供）

利用显微手术刀切开脑膜、切割肿瘤及肿瘤减容，其中最重要的器械是 Hitzelberger-McElveen 刀（尖端像子弹头），45°、90° 尖钩刀及镰状刀[1, 2]（图 4-3）。

在内听道这样狭窄区域中分块切除肿瘤需要使用显微刮匙清除肿瘤碎块，最常用的是不同直径环形刮匙和杯状刮匙[1, 2]（图 4-4）。

二、电动显微器械

听神经瘤手术中最重要的操作是精确止血以便保持干净无血术野，

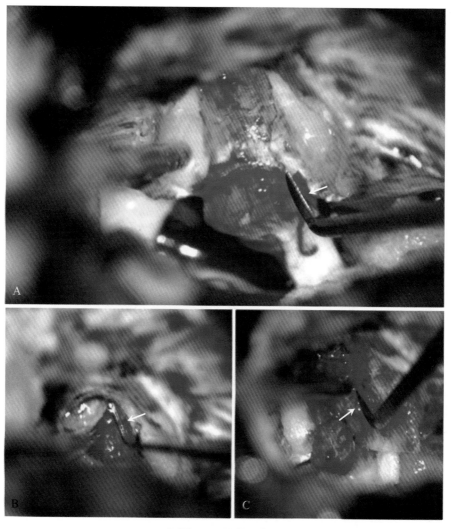

▲ 图 4-3　显微手术刀

A. 磨除骨质后切开内听道脑膜，白箭示 45° 尖钩刀；B. 内听道内分离面神经及耳蜗神经，白箭示 Hitzelberger–McElveen 刀（尖端像子弹头）；C. 分离内听道，白箭示 90° 尖钩刀

为此术者需准备三种双极电凝：一种银质锁孔双极（尖端 0.4mm），可有效电凝富血听神经瘤；一种东京设计双极，尖端长 2mm、宽 0.2~0.3mm，包括 0°、15°、30° 和 45° 四种规格；最后还需要一种意大利设计双极，包括银质尖端 0.15mm、0.2mm、0.25mm 和 0.3mm 四种规格。

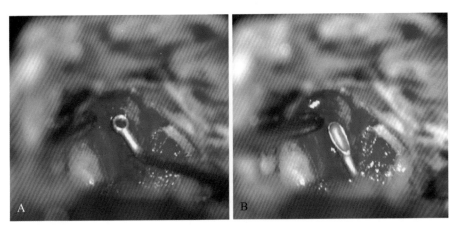

▲ 图 4-4　显微刮匙

A. 1mm 环形刮匙；B. 杯状刮匙

　　新型可弯曲手持 2μ- 铥激光纤维可以用于止血、切开脑膜及肿瘤包膜、肿瘤消融及减容。我们使用的是德国凯特林堡林道生产的 RevoLix™ 丽莎激光 [3, 4]（图 4-5）。2μ- 铥激光波长只有 2μm，多余的能量可以被冲洗液吸收，不会影响激光纤维尖端 3mm 以外的组织，组

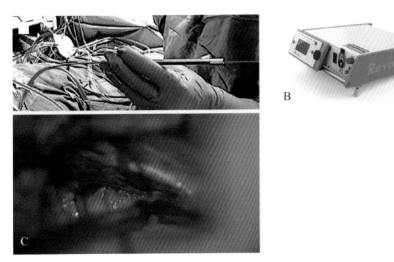

▲ 图 4-5　手持可弯曲 2μ- 铥激光纤维

A. 可弯曲石英光纤探针；B. 控制器（德国凯特林堡林道市阿尔伯特爱因斯坦大街福尔曼堡泰希曼公司丽莎激光 RevoLix jr）；C. 术中使用激光

织损伤局限于 0.2～1.0mm，激光纤维束本身很细，有利于提供清晰的术野。另外，连续激光发射可以避免脉冲激光的爆破效应。

　　超声吸引器主要用于肿瘤减容及开放内听道，我们使用的是美国迈阿密卡拉马祖史塞克公司生产的 Sonopet®[3, 4]（图 4-6）。基本原理是通过振动在目标组织上施加高低不同的压力峰：细胞在高压下收缩、负压下扩张，最终导致细胞破坏。这一过程具有高选择性，因为富水组织更容易气化，胶原蛋白及纤维蛋白随超声波产生共振，而血管和神经却不受影响。特制消融刀头在接触钙化组织和纤维组织时可以消除共振：消融刀头将组织中的纤维蛋白分解，然后气化。

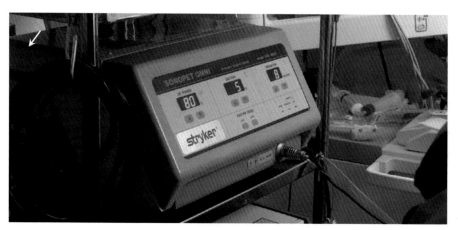

▲ 图 4-6　超吸刀

控制器上显示电量、吸引及冲洗（Sonopet®, Stryker, Kalamazoo, MI, USA）

三、内镜

　　显微镜下无法直视内听道底，内镜却可以消灭这个死角，在内镜辅助下术者可望做到听神经瘤全切除。30°～70° 硬质内镜已广泛应用于各个手术团队[5]，但我们最近开始使用 4mm 软管内镜（4mm×65cm，Karl Storz，Inc.）（图 4-7）。软管内镜的主要优势是，可以通过近端控制器调整远端镜头角度，便于探查和观察肿瘤残体。

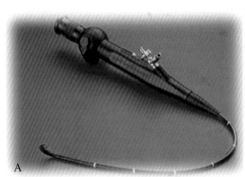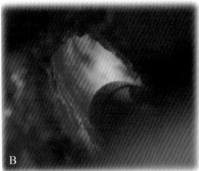

▲ 图 4-7

A. 软镜；B. 软镜进入内听道（引自 World Neurosurgery, 115, Francesco Corrivetti, Guglielmo Cacciotti, Carlo Giacobbo Scavo,Raffaelino Roperto, Luciano Mastronardi, Flexible Endoscopic-Assisted Microsurgical Radical Resection of Intracanalicular Vestibular Schwannomas by a Retrosigmoid Approach: Operative Technique, Pages No. 229.233, 2018, 经 Elsevier 许可）

四、术中神经电生理监测装置

术中面神经监测包括直接电刺激器和自发记录的肌电图描记（electromyography，EMG）。电刺激由中央控制器发出，通过单极或双极探针到达靶神经，然后在中央控制器或显示器记录反应。我们中心使用的是法国卡尔博纳 Innopsys 公司生产的 Nimbus I-Care[3, 4, 6, 7]，本书另一作者使用的是美国明尼阿波利斯美敦力公司生产的 NIMNeuro® 3.0。探针使用一般原则为未显露面神经时利用单极探针找寻面神经，而需要确认面神经解剖结构、保留功能时使用双极探针。

术中听神经监测常用 ABR，可以通过短纯音和 clicks 声等特殊刺激引出来。然而，由于刺激声是自然声，而耳蜗基底膜在不同时刻引起振动位置不同，导致 ABR 产生拖尾效应，很难用于术中神经电生理监测。CE-Chirp® 刺激器在这一领域进行了创新：同时刺激全部基底膜区域，因此可产生大振幅波以便分析 [6, 7]。我们中心使用的是丹麦国际听力公司生产的 Eclipse EP15 ABR 系统，采用 CE-Chirp® 技术。

参考文献

[1] Sameshima T, Mastronardi L, Friedman AH, Fukushima T. Microanatomy and dissection of temporal bone for surgery of acoustic neuroma and petroclival meningioma. 2nd ed. Raleigh: AF Neurovideo, Inc.; 2007.

[2] Wanibuchi M, Fukushima T, Friedman AH, Watanabe K, Akiyama Y, Mikami T, et al. Hearing preservation surgery for vestibular schwannomas via the retrosigmoid transmeatal approach: surgical tips. Neurosurg Rev. 2014;37(3):431–44; discussion 44.

[3] Mastronardi L, Cacciotti G, Roperto R, Tonelli MP, Carpineta E. How I do it: the role of flexible hand-held 2μ-thulium laser Fiber in microsurgical removal of acoustic neuromas. J Neurol Surg B Skull Base. 2017;78(4):301–7.

[4] Mastronardi L, Cacciotti G, Scipio ED, Parziale G, Roperto R, Tonelli MP, et al. Safety and usefulness of flexible hand-held laser fibers in microsurgical removal of acoustic neuromas (vestibular schwannomas). Clin Neurol Neurosurg. 2016;145:35–40.

[5] Tatagiba MS, Roser F, Hirt B, Ebner FH. The retrosigmoid endoscopic approach for cerebellopontine-angle tumors and microvascular decompression. World Neurosurg. 2014;82(6 Suppl):S171–6.

[6] Di Scipio E, Mastronardi L. CE-Chirp® ABR in cerebellopontine angle surgery neuromonitoring: technical assessment in four cases. Neurosurg Rev. 2015;38(2):381–4; discussion 4.

[7] Mastronardi L, Di Scipio E, Cacciotti G, Roperto R. Vestibular schwannoma and hearing preservation: usefulness of level specific CE-Chirp ABR monitoring. A retrospective study on 25 cases with preoperative socially useful hearing. Clin Neurol Neurosurg. 2018;165:108–15.

第 5 章 乙状窦后入路
Retrosigmoid Approach

Luciano Mastronardi, Alberto Campione, Guglielmo Cacciotti, Raffaelino
Roperto, Carlo Giacobbo Scavo, Ali Zomorodi, Takanori Fukushima　著

乙状窦后入路（retrosigmoid，RS）可直达脑桥小脑角区域
（cerebellopontine angle，CPA），便于处理相关神经血管结构，不论肿瘤
大小，这是最常用的听神经瘤（vestibular schwannoma，VS）保留听力
（hearing preservation，HP）手术入路。然而，究竟是乙状窦后入路还是
颅中窝（middle fossa，MF）入路（此处不作介绍）保留听力效果更好，
目前仍有争论。

2006 年 Samii 等报道了 200 例手术 [1]：肿瘤全切率为 98%，术后
81% 面神经功能评价好或极好，51% 保留听力。他们认为利用乙状窦
后入路可以一期、全切小听神经瘤（＜ 20mm），术后神经功能保留完
好，术前具有实用听力者（socially useful hearing，SUH）术后可以保
留听力。Wanibuchi 等报道 592 例手术 [2]：听力保留率 74.1%，其中大
型听神经瘤（直径＞ 20mm）听力保留率 53.7%。Scheller 等对 112 例
乙状窦后入路听神经瘤手术患者进行长期随访，观察术后听力稳定性
及耳蜗神经再生能力 [3]：预防性注射尼莫地平与术后耳蜗神经功能保留
效果无关；术后早期听力和术后 1 年听力无明显差别，因此，他们认

为术后早期听力可以准确预测未来听力。

Peng 和 Wilkinson 认为小于 65 岁的小听神经瘤患者采用颅中窝入路可长期保留听力[4]。Satar 等综合分析 11 篇报道颅中窝手术效果的文献[5]：探讨肿瘤大小与听力保留（1073 例）及术后面神经功能（797 例）的关系。Meta 分析显示肿瘤大小（包括内听道内部分）是影响术后听力保留及面神经功能最主要因素。Anaizi 等分析 78 例乙状窦后入路、经迷路入路或颅中窝入路切除听神经瘤（小于 2cm）效果[6]，平均随访 3 年，术后 95% 面神经功能 HB Ⅰ级或Ⅱ级，36% 患者具有实用听力。Sameshima 等比较 504 例听神经瘤（小于 1.5cm）患者接受经乙状窦后入路与颅中窝入路效果[7]：前者 73.2%，后者 76.7%，两者无统计学差异；颅中窝入路术后短暂面神经功能下降更常见（$P < 0.03$），但两种入路术后面神经功能恢复效果均好；颅中窝入路患者中 14% 出现短暂颞叶水肿症状，乙状窦后入路患者中未观察到小脑的不良反应。他们认为尽管两种入路 1 年后听力保留及面神经功能保留效果相似，但乙状窦后入路略有优势。因此对于小听神经瘤而言，尽管随访观察和立体定向放射治疗皆可考虑，但乙状窦后入路仍然是值得推荐的选项，并发症少、听力保留及面神经功能保留效果良好。

一、术前准备、体位及切口

目前最流行的听神经瘤手术中持续腰穿引流十分重要，有助于术中降颅压、术后伤口愈合（引流量约 10cm³/h）[8-10]。麻醉通常采用过度通气、地塞米松 10～20mg、甘露醇 50～100mg。术中监测装置包括体感电位、面神经监测、脑干诱发电位（需要保留听力时）等，妥善放置监测电极。

患者呈侧卧位（参见第 3 章）。定位浅表标志（图 5-1）包括：①定位颧弓根，向后水平延伸，此为上项线体表投影（superior nuchal line，SNL）；②标记乳突尖，经过乳突表面向后做水平延长线，此为下项线体表投影（inferior nuchal line，INL）；③上、下项线分别为横窦体表投影的上下界。从乳突上嵴起始，经乳突后方 2cm，下达乳突尖水平，切制 5cm 长 C 形切口[2, 11, 12]。切口与上项线的交汇处为星点，对应横窦乙状窦连接处，横窦、乙状窦为颅骨开窗的上界与前界。

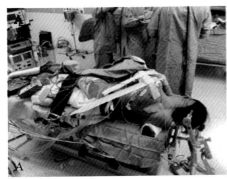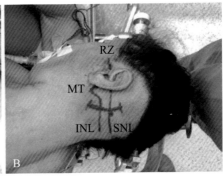

▲ 图 5-1　患者体位及体表标志定位

A. 患者侧卧位；B. 体表标志区域。耳郭后方曲线为切口线，与上项线交点为星点体表投影，深方为乙状窦横窦连接处（详见正文）。RZ. 颧弓根；MT. 乳突尖；SNL. 上项线；INL. 下项线

分离皮瓣，制作双层组织瓣。带蒂的肌筋膜 - 骨膜瓣[2, 11, 12]，游离骨膜瓣 3cm×3cm 大小，备用修补硬脑膜（图 5-2），将游离骨膜瓣浸泡在庆大霉素盐水中[13]。向下延伸耳后切口至颈部，从枕骨上切开、分离颈部后方肌肉。利用钝钩向前牵拉、固定皮肤及肌筋膜层，随后充分显露骨质，定位骨缝。

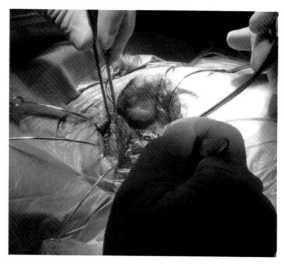

▲ 图 5-2　游离骨膜瓣备用缝合脑膜

二、乙状窦后锁孔入路

利用 4/5mm 粗砂金刚钻在二腹肌沟下角开始钻孔（图 5-3A，1），显露完整硬脑膜后沿乳突后缘制作一条 5mm 宽纵行骨沟，安全显露乙状窦（图 5-3A，2）。然后，利用 4mm 粗砂金刚钻分别沿着设计好的骨瓣下缘（枕骨下沟）（图 5-3A，3）及上缘向后制作横行骨沟，显露乙状窦横窦连接处（图 5-3A，4）[11]。去除骨瓣，形成 3cm×3cm 骨窗，游离骨窗周围硬脑膜（图 5-3B）。

三、切开脑膜、引流延髓外侧池

半环形切开脑膜、覆盖小脑半球以便牵拉小脑时予以保护 [2, 8, 9]

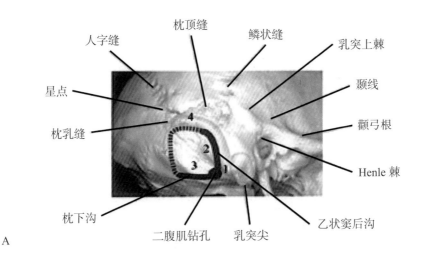

人字缝　星点　枕乳缝　枕下沟　枕顶缝　鳞状缝　乳突上棘　颞线　颧弓根　Henle 棘　乙状窦后沟　乳突尖　二腹肌钻孔

A

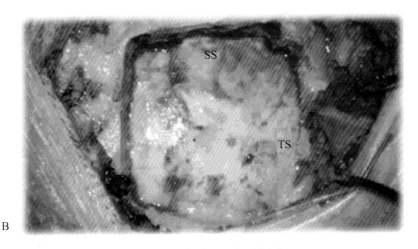

B

▲ 图 5-3　乙状窦后开窗（右侧）

A. 强调开窗边界，数字标注制作骨瓣步骤（详见正文）；B. 去除骨瓣，乙状窦为骨窗前界，横窦为上界。SS. 乙状窦；TS. 横窦（图 A 转自 T. Fukushima, A.Friedman, L.Mastronardi, T.Sameshima, Fukushima's Microanatomy and Dissection of the Temporal Bone – Second Edition, 2007, 经 AF–Neurovideo, Inc. 许可）

（图 5-4）。打开延髓外侧池蛛网膜，引流脑脊液，降低颅内压 [1, 2, 8, 9, 11, 12, 14]。插入脑压板（尖端 2mm），固定于牵开器；支撑（而不是牵拉）小脑，显露脑桥小脑角区域。

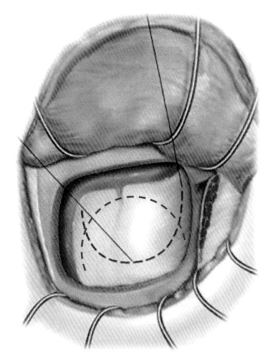

▲ 图 5-4　切开脑膜

黑色虚线显示经典脑膜切口；红色虚线为反向曲线切口，牵拉时脑膜可作为保护垫保护小脑半球（引自 T. Fukushima, A. Friedman, L. Mastronardi, T. Sameshima, Fukushima's Microanatomy and Dissection of the Temporal Bone– Second Edition, 2007, 经 AF–Neurovideo, Inc. 许可）

四、开放内听道

需要在岩骨背侧面定位内耳门以便开放内听道，但大听神经瘤很难定位内耳门，此时可借助于硬膜标志：一些垂直皱襞起自下方颈静脉孔，向上延伸 5～7mm，皱襞终止点位于同一水平，此处脑膜与颞骨后壁紧密黏附，此谓 Tübingen 线，此线为内听道下界投影。无法定位内听道时，可以掀起硬膜沿上述标志开放内听道[15]。

利用激光（美国丽莎公司生产的手持可弯曲 2μ- 铥激光纤维）将

内耳门后方硬脑膜倒 U 形切开或切除 [8, 9]（图 5-6A），硬脑膜瓣基底靠近内淋巴囊尖所在中央凹 [2, 11]。将倒 U 形切口向中央凹方向扩展 6～8mm，基底部在内听道上下方各延伸 2mm（图 5-5）。如果小脑前下动脉（anterior inferior cerebellar artery，AICA）紧密黏附于岩骨脑膜而不是游离于脑桥小脑角，切开脑膜时可能导致血管损伤，此种异常发生概率大约为 6%。此时要将脑膜和小脑前下动脉一同翻起、向中线分离，可以在不损伤动脉的前提下开放内听道 [16]。

利用超吸刀（美国卡拉马祖史塞克公司生产）或电钻开放内听道。

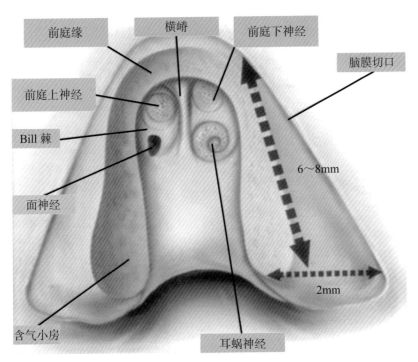

▲ 图 5-5　开放内听道（右侧），定位管内脑神经

横嵴将内听道分为上下两部：上半部分为面神经及前庭上神经，下半部分为听神经及前庭下神经。Bill 嵴又将前庭上神经与面神经分开，正常内听道内可在前上方定位面神经。图中标注数据为脑膜切开尺寸。如图所示内听道应开放的显露横嵴为止（引自 T.Fukushima, A.Friedman, L.Mastronardi, T.Sameshima, Fukushima's Microanatomy and Dissection of the Temporal Bone – Second Edition, 2007, 经 AF-Neurovideo, Inc. 许可）

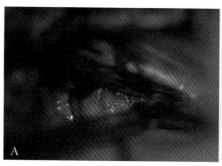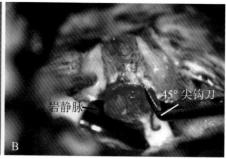

▲ 图 5-6　沿骨缘锐性切开内听道脑膜

A. 激光切除脑膜；B. 使用 45° 尖钩刀切开脑膜，分离岩静脉避免其损伤出血以保持术野清晰

先利用 4mm 粗砂金刚钻磨除内听道周围骨质，再换用小金刚钻轮廓化内听道 [2, 8, 9, 11]。去除内耳门上下缘骨质、显露面神经和耳蜗神经非常重要，当肿瘤膨出内听道时最容易在内耳门压迫面神经和耳蜗神经 [11]。Ebner 等发现开放内听道时主要风险是损伤内淋巴管（ED）而不是后外侧的内淋巴囊 [17]。内淋巴管走行于前庭导水管内侧，连接内淋巴囊及椭圆球囊管。听神经瘤导致岩骨结构改变影响保留内淋巴管，术前需要精心设计。从乙状窦内侧缘到内听道底做一条假想线预测是否容易损伤内耳结构。如果前庭导水管越过这条线，向外磨除内听道后壁时需要考虑保留一个工程角；如果预计开放内听道受限，应准备辅助内镜。

沿骨缘锐性切开内听道脑膜，避免脑膜遮挡术者视线 [1, 2, 8, 9, 11, 14]（图 5-6B）。明确肿瘤 - 蛛网膜界面，将肿瘤包膜与神经血管结构分离。

五、定位面神经

面神经近心端起源于桥延沟外侧、舌咽神经近心端和外侧隐窝脉络丛下方。95% 的面神经呈白色带状走行于下脑桥表面，然后在肿瘤包囊腹侧倾斜向上或向下移行，再移位至腹侧或背侧头端。在一些大肿瘤的腹侧或前方远端，常见面神经移位、分裂或呈扇形分布，因此术者必须从纤细的面神经上精心分离肿瘤包膜，特别是距扩大的内听道下缘 10mm 这一段面神经。术者在内听道底将前庭上、前庭下神经及肿瘤掀起定位白色带状的面神经远心端。利用 0.1mA 双极刺激器确认面神经，刺激面神经可以使用单极（肿瘤表面）或双极（贴近神经时），刺激量可以从 2mA 及以上（在肿瘤包膜定位神经走行）开始到 0.05～0.3mA（贴在神经表面确认功能）[2, 8-10]；如果面神经位于肿瘤背侧有 2～3cm 距离，此时可能需要 5～10mA 刺激才有反应；如果肿瘤包囊壁厚 1～1.5cm，刺激量需要 2～3mA；如果肿瘤包囊壁厚小于 1cm，0.07～1.2mA 刺激即可；如果刺激量为 0.07～0.5mA 就有反应，则说明肿瘤包囊壁很薄（小于 5mm）；如果刺激量为 0.05～0.2mA 就有反应，则说明探针已经接触面神经。31%～52% 面神经位于肿瘤前方，38.5%～48% 位于前上，5.3%～21% 位于前下，0.3%～3.8% 位于背部，十分罕见。面神经监测有利于保留面神经结构及功能完整（参见第 9 章 "术中面神经监测"）。

六、分离肿瘤囊壁、肿瘤中心减容

根据 Fukushima 方法，利用激光纤维[8, 9]或显微剪 V 形切开肿瘤背侧[2, 8-12]，利用显微剪、显微刮匙、双极、超吸刀、手持激光气化等进行肿瘤减容[8, 9]（图 5-7）。

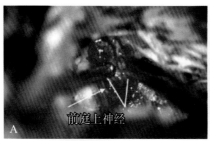

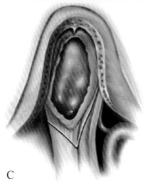

▲ 图 5-7　V 形切开技术

A. 在内听道内侧端前庭上神经、前庭下神经之间 V 形切开。确保前庭下神经外侧端完整，以便保护耳蜗神经，保留听力，两根神经位于同一平面，确定前庭下神经边界也有助于确定肿瘤 - 耳蜗神经界面。本图是利用显微剪做 V 形切口。B. 利用激光作 V 形切口。C. 显示如何利用 V 形切口确定位于包膜下方、前庭神经之间的肿瘤界面（图 C 转自 T. Fukushima, A. Friedman, L. Mastronardi, T. Sameshima, Fukushima's Microanatomy and Dissection of the Temporal Bone– Second Edition, 2007, 经 AF-Neurovideo, Inc. 许可）

听神经瘤手术中肿瘤中心减容非常重要，应从肿瘤内部分块切除，尽可能削薄残余肿瘤外壁（2～3mm），以便在不损伤周围神经血管的前提下分离肿瘤囊壁。小而软肿瘤可使用显微剪、吸引器切除，但坚硬肿瘤可选择锋利剪刀切除，大而硬或纤维化肿瘤可使用超吸刀[2, 11]（理想设置：能量 50，吸引 5，冲洗 5）。

七、切除内听道肿瘤

内听道肿瘤部分需分块切除。Hitzelberger-McElveen 神经刀最适合分离内听道底肿瘤（图 5-8C），将肿瘤远端与相邻神经分离，切断肿瘤起源神经，分块切除肿瘤。尽量调低双极电凝能量，避免损伤面神经、耳蜗神经或内听动脉，内听动脉对于保留听力至关重要[1, 2, 8-11, 14]。

显微手术要求视野开阔，但显微镜直视下难以彻底切除内听道底

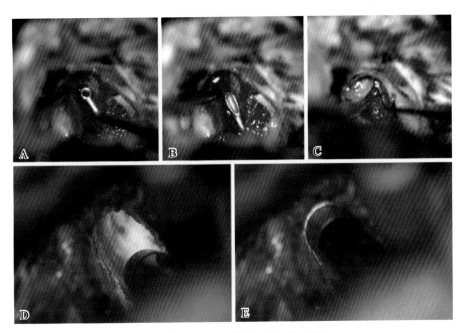

▲ 图 5-8　内听道底分离切除肿瘤

A. 1mm 环形刮匙；B. 1mm 杯状刮匙；C. Hitzelberger-McElveen 刀，从内听道底切除肿瘤必须分块切除，此处号称手术盲区，避免损伤迷路结构以免影响听力保留，同时也要避免牵拉神经，提倡辅助使用内镜，这种显微技术有助于肿瘤完全切除；D、E. 插入软镜进入内听道（引自 World Neurosurgery, 115, Francesco Corrivetti, Guglielmo Cacciotti, Carlo Giacobbo Scavo, Raffaelino Roperto, Luciano Mastronardi, Flexible Endoscopic-Assisted Microsurgical Radical Resection of Intracanalicular Vestibular Schwannomas by a Retrosigmoid Approach: Operative Technique, Pages No. 229.233, 2018, 经 Elsevier 许可）

肿瘤。内镜有望解决这一难题，大多数情况下可以全切肿瘤，术后面神经功能及听力保留效果也令人满意[18, 19]。Kumon 等比较单纯使用显微镜及内镜辅助手术听力保留、面神经功能保留及肿瘤复发等效果，两者均无差异[20]。内镜辅助手术肿瘤全切率显著高于单纯使用显微镜手术，特别是肿瘤向外越过内听道中段者。插入 30° 或 70° 硬质内镜，能够观察整个内听道直至内听道底，明确有无肿瘤残留，内镜辅助有助于完整切除肿瘤。Turek 等利用内镜确认乳突完整性，确认所有开放气房均已封闭[19]。利用内镜辅助技术可以只使用骨蜡封闭而不用肌肉和生物胶填塞，以免形成瘢痕组织影响面神经、耳蜗神经，而且术后随访时也容易与残余肿瘤混淆。

软镜是内镜辅助手术的最新进展，Corrivetti 和 Mastronardi 等应用 4mm 软镜（4mm × 65cm，Karl Storz，Inc.）辅助切除 3 例内听道内肿瘤（intracanalicular vestibular schwannoma，ICVSs）[21]。在显微镜及内镜视野下导入软镜，避免损伤脑桥小脑角结构；软镜尖端进入内听道，检查内听道深部是否隐藏肿瘤；如果发现肿瘤残留，则作进一步切除；循环往复直至全切肿瘤。作者认为软镜（4mm × 65cm，Karl Storz，Inc.）特别适合处理内听道内肿瘤，软镜尖端可以进入内听道、充分暴露内听道底（图 5-8D 和 E）。

八、切除脑干及脑神经表面囊壁

肿瘤减容后利用显微手术器械切除肿瘤囊壁。在持续面神经、听神经监测（如果要保留听力）下利用常规显微手术器械（锐性剥离器、镰状刀、McElveen 刀、直及弯显微剪、环形及杯状刮匙）从脑干及脑神经表面分离肿瘤[2,11]（图 5-9）。

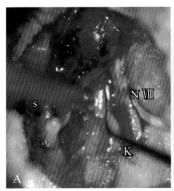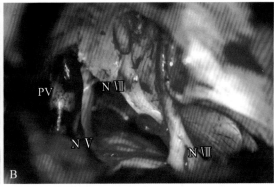

▲ 图 5-9 分离肿瘤包膜显示术毕视野

A. 在内听道平面分离肿瘤包膜；B. 肿瘤切除、彻底止血后术野。s. 锥形泪滴吸引器；
K.Hitzelberger-McElveen 刀；PV. 岩静脉；ⅣⅤ. 三叉神经；ⅣⅦ. 面神经；ⅣⅧ. 耳蜗神经

分离耳蜗神经需要特别轻柔，术者可在肿瘤下极确认纤细的黄 - 白色带状耳蜗神经。面神经近心端呈白色，而耳蜗神经由于髓鞘的关系呈淡黄色。若想保留听力，术者不能触碰、推压、牵拉耳蜗神经。确认听神经瘤真性囊壁非常重要，利用止血粉、明胶海绵、1～2mm 脑棉保护脆弱的耳蜗神经，轻柔、锐性分离包膜。如果 BAER 显示 Ⅴ 波幅值降低，术者必须马上停止分离、冲洗等操作，等待 Ⅴ 波恢复。耳蜗神经近心端位于绒球下方，向外走行至内听道底。

利用显微剪或镰状刀自内向外从肿瘤表面锐性分离被挤压的神经，"锐性分离"技术对保留神经功能非常重要，此举可避免牵拉神经。所有蛛网膜黏附肿瘤处均应锐性分离而不要牵拉。肿瘤囊壁与神经粘连严重者不可强行分离，应逐渐削薄直至软化、透明。此种情形术者可考虑在神经表面残留 1～2mm 的肿瘤囊壁[2]。

止血应使用短促电凝而不是持续电凝以免电流传导损伤周围神经。使用双极电凝时可利用棉片隔离、保护神经[2, 11]。利用骨蜡封闭内听道骨壁气房防止脑脊液漏[22]，利用小块肌肉填塞内听道。

九、关闭术腔

将游离自体骨膜瓣内植于缺损处，形成沙漏状填塞[13]。为了确保成功，骨膜瓣应略大于脑膜缺损，以便骨膜瓣可衬在缺损的脑膜之下。然后在显微镜下利用 3-0 丝线将骨膜瓣与硬脑膜自内向外间断缝合[13]。再在骨膜瓣上覆盖可吸收止血材料（Fibrillar Surgicel，Ethicon，J and J，Somerville，New Jersey，USA）、小片外科补片（TachoSil®，Takeda，Japan）和脑膜密封胶（DuraSeal，Covidien LLC，Mansfield，Massachusetts 或 Tisseel，Baxter，Deerfield，Illinois，USA）。所谓外科补片（TachoSil®，Takeda，Japan）由胶原蛋白组成，其内混合凝血酶及纤维蛋白原。一旦接触血液或其他液体，促凝因子激活形成凝块将补片黏附于组织表面，短时间内可以形成一层气－液密封层提供保护，防止术后再次出血及脑脊液漏。

所有病例均复位自体骨瓣、钛网修补骨质缺损，利用专用钛钉固定。利用 HydroSet™ 骨水泥（Stryker Inc.，Kalamazoo，MI）填塞剩余缺损[13]，逐层关闭切口（图 5-10）。

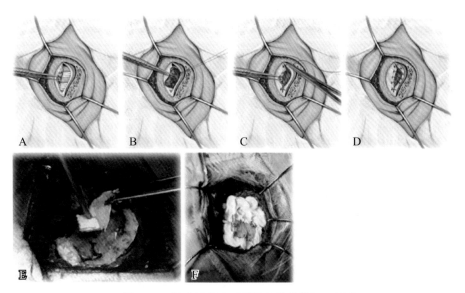

▲ 图 5-10　经典乙状窦后锁孔入路关闭切口图片

A. 分解步骤；B. 将骨膜瓣衬在硬脑膜下方；C. 自内向外；D. 缝合固定；E. TachoSil® 补片修补缺损，形成密封；F. 骨瓣复位，利用螺丝固定（Lorenz, Biomet Microfixation, Jacksonville, Florida, USA），周围注入骨水泥 HydroSet™（Stryker Inc., Kalamazoo, MI）（图 A 引自 Surgical Neurology International, 7:25, Luciano Mastronardi, Guglielmo Cacciotti, Franco Caputi, Raffaelino Roperto, Maria Pia Tonelli, Ettore Carpineta, Takanori Fukushima, Underlay hourglass-shaped autologous pericranium duraplasty in "key-hole" retrosigmoid approach surgery: Technical report, 2016, from Medknow under Creative Commons BY copyright license）

参考文献

[1] Samii M, Gerganov V, Samii A. Improved preservation of hearing and facial nerve function in vestibular schwannoma surgery via the retrosigmoid approach in a series of 200 patients. J Neurosurg. 2006;105(4):527–35.

[2] Wanibuchi M, Fukushima T, Friedman AH, Watanabe K, Akiyama Y, Mikami T, et al. Hearing preservation surgery for vestibular schwannomas via the retrosigmoid transmeatal approach: surgical tips. Neurosurg Rev. 2014;37(3):431–44; discussion 44.

[3] Scheller C, Wienke A, Tatagiba M, Gharabaghi A, Ramina KF, Ganslandt O, et al. Stability of hearing preservation and regeneration capacity of the cochlear nerve following vestibular schwannoma surgery via a retrosigmoid approach. J Neurosurg. 2016;125(5):1277–82.

[4] Peng KA, Wilkinson EP. Optimal outcomes for hearing preservation in the management of small vestibular schwannomas. J Laryngol Otol. 2016;130(7):606–10.

[5] Satar B, Yetiser S, Ozkaptan Y. Impact of tumor size on hearing outcome and facial function with the middle fossa approach for acoustic neuroma: a meta-analytic study. Acta Otolaryngol. 2003;123(4):499–505.

[6] Anaizi AN, DiNapoli VV, Pensak M, Theodosopoulos PV. Small vestibular schwannomas: does surgery remain a viable treatment option? J Neurol Surg B Skull Base. 2016;77(3):212–8.

[7] Sameshima T, Fukushima T, McElveen JT, Friedman AH. Critical assessment of operative approaches for hearing preservation in small acoustic neuroma surgery: retrosigmoid vs middle fossa approach. Neurosurgery. 2010;67(3):640–4; discussion 4–5.

[8] Mastronardi L, Cacciotti G, Roperto R, Tonelli MP, Carpineta E. How I do it: the role of flexible hand-held 2µ-thulium laser fiber in microsurgical removal of acoustic neuromas. J Neurol Surg B Skull Base. 2017;78(4):301–7.

[9] Mastronardi L, Cacciotti G, Scipio ED, Parziale G, Roperto R, Tonelli MP, et al. Safety and usefulness of flexible hand-held laser fibers in microsurgical removal of acoustic neuromas (vestibular schwannomas). Clin Neurol Neurosurg. 2016;145:35–40.

[10] Mastronardi L, Di Scipio E, Cacciotti G, Roperto R. Vestibular schwannoma and hearing preservation: usefulness of level specific CE-Chirp ABR monitoring. A retrospective study on 25 cases with preoperative socially useful hearing. Clin Neurol Neurosurg. 2018;165:108–15.

[11] Sameshima T. Fukushima's microanatomy and dissection of the temporal bone. 2nd ed. In: Sameshima T, editor. Raleigh: AF-Neurovideo, Inc.; 2007. 115 p.

[12] Sameshima T, Mastronardi L, Friedman AH, Fukushima T. Microanatomy and dissection of temporal bone for surgery of acoustic neuroma and petroclival meningioma. 2nd ed. Raleigh: AF Neurovideo, Inc.; 2007.

[13] Mastronardi L, Cacciotti G, Caputi F, Roperto R, Tonelli MP, Carpineta E, et al. Underlay hourglass-shaped autologous pericranium duraplasty in "key-hole" retrosigmoid approach surgery: technical report. Surg Neurol Int. 2016;7:25.

[14] Tatagiba M, Roser F, Schuhmann MU, Ebner FH. Vestibular schwannoma surgery via the retrosigmoid transmeatal approach. Acta Neurochir. 2014;156(2):421–5; discussion 5.

[15] Campero A, Martins C, Rhoton A, Tatagiba M. Dural landmark to locate the internal auditory canal in large and giant vestibular schwannomas: the Tübingen line. Neurosurgery. 2011;69(1 Suppl Operative):ons99–102; discussion ons102.

[16] Tatagiba MS, Evangelista-Zamora R, Lieber S. Mobilization of the anterior inferior cerebellar artery when firmly adherent to the petrous dura mater-A technical nuance in retromastoid transmeatal vestibular schwannoma surgery: 3-dimensional operative video. Oper Neurosurg (Hagerstown). 2018;15(5):E58–9.

[17] Ebner FH, Kleiter M, Danz S, Ernemann U, Hirt B, Löwenheim H, et al. Topographic changes in petrous bone anatomy in the presence of a vestibular schwannoma and implications for the retrosigmoid transmeatal approach. Neurosurgery. 2014;10(Suppl 3):481–6.

[18] Tatagiba MS, Roser F, Hirt B, Ebner FH. The retrosigmoid endoscopic approach for cerebellopontine-angle tumors and microvascular decompression. World Neurosurg. 2014;82(6 Suppl):S171–6.

[19] Turek G, Cotúa C, Zamora RE, Tatagiba M. Endoscopic assistance in retrosigmoid transmeatal approach to intracanalicular vestibular schwannomas—an alternative for middle fossa approach. Technical note. Neurol Neurochir Pol. 2017;51(2):111–5.

[20] Kumon Y, Kohno S, Ohue S, Watanabe H, Inoue A, Iwata S, et al. Usefulness of endoscope-assisted microsurgery for removal of vestibular schwannomas. J Neurol Surg B Skull Base. 2012;73(1):42–7.

[21] Corrivetti F, Cacciotti G, Giacobbo Scavo C, Roperto R, Mastronardi L. Flexible endoscopicassisted microsurgical radical resection of intracanalicular vestibular schwannomas by a retrosigmoid approach: operative technique. World Neurosurg. 2018;115:229–33.

[22] Nonaka Y, Fukushima T, Watanabe K, Friedman AH, Sampson JH, Mcelveen JT, et al. Contemporary surgical management of vestibular schwannomas: analysis of complications and lessons learned over the past decade. Neurosurgery. 2013;72(2 Suppl Operative):ons103–15; discussion ons15.

第 6 章　经迷路入路
Translabyrinthine Approach

Luciano Mastronardi, Alberto Campione, Guglielmo Cacciotti, Raffaelino Roperto, Carlo Giacobbo Scavo, Ali Zomorodi, Takanori Fukushima　著

经迷路入路是通过开放乳突、磨除半规管及前庭打开一个进入内听道的通路（图 6-1）。由于术中损伤膜迷路必然导致术后听力损失，因此仅适合术前丧失听力者。偶有报道经迷路入路后听力长期保留[1, 2]，对此异常结果提出了各种假说，保留了前庭结构可能最可信[1]，但仍需要进一步研究明确其机制。据报道高达 27% 的病例保留了耳蜗神经功

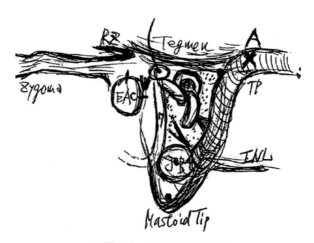

▲ 图 6-1　乳突区域示意图

（图片由 Takanori Fukushima 提供）

能，Kiyomizu 等发现，小肿瘤未到达内听道底者术后耳蜗神经对电刺激反应更好[3]。

倡导经迷路入路者认为此入路可以尽早定位内听道面神经、较少牵拉小脑，可以切除任何大小的肿瘤。Springborg 等报道了历时 33 年 1244 例经迷路入路效果[4]，84% 全切肿瘤，70% 术后面神经功能良好（HB Ⅰ、Ⅱ级），高达 14% 脑脊液漏。Lanman[5] 和 Zhang 等[6] 报道大听神经瘤（直径 ≥ 3cm）全切率分别为 96.3% 和 89.6%，面神经解剖保留率分别为 93.7% 和 87.8%，术后脑脊液漏分别为 1.1% 和 7%。

一、体位、切口及骨性标志

患者侧卧位或仰卧位，头偏健侧。耳后 C 形切口，距离耳后沟 2cm；如果肿瘤较大、需广泛显露乙状窦后脑膜，则后移切口位置[7]；切口向下达乳突尖，向上达耳郭上方（或乳突上嵴中点）[8]（图 6-2）。

掀起皮瓣，锐性分离帽状腱膜与乳突骨膜间结缔组织，乳突骨膜上连颞肌筋膜，下连胸锁乳突肌筋膜。制作蒂在前方的肌骨膜瓣：颞肌及筋膜、乳突骨膜、胸锁乳突肌筋膜，用于术后水密缝合切口；切取部分颞肌用于填塞咽鼓管及中耳[7]。前翻肌骨膜瓣，显露外耳道后壁、Henle 棘及颧弓根[8]（图 6-3），显露 Fukushima 乳突外三角，即后方星点、前方颧弓根及下方乳突尖（图 6-3）。

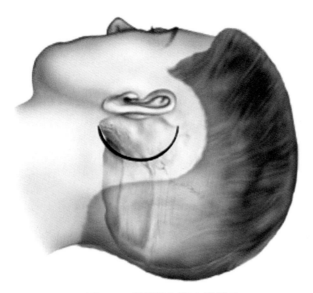

▲ 图 6-2　经迷路入路 C 形切口

（引自 T. Fukushima, A. Friedman, L. Mastronardi, T. Sameshima, Fukushima's Microanatomy and Dissection of the Temporal Bone - Second Edition, 2007, 经 AF-Neurovideo, Inc. 许可）

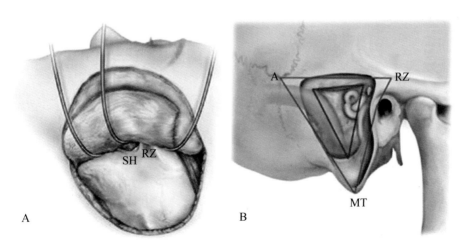

▲ 图 6-3　A. 前翻皮瓣及肌骨膜瓣；B. 蓝线标示 Fukushima 乳突外三角

SH. Henle 棘；RZ. 颧弓根；A. 星点；MT. 乳突尖（引自 T. Fukushima, A. Friedman, L. Mastronardi, T. Sameshima, Fukushima's Microanatomy and Dissection of the Temporal Bone- Second Edition, 2007, 经 AF-Neurovideo, Inc. 许可）

二、乳突根治术

利用大号切割钻（5～6mm）磨除乳突骨皮质，先用磨钻在骨质表面勾出边界轮廓。前界略弯曲，从外耳道顶到乳突尖；上界垂直于前界，自颧弓根至星点[9]。两线形成一个斜 T 形作为乳突根治术腔的上界和前界，也是 Fukushima 外三角的上界和前界（图 6-4）；两线交点通常是鼓窦与外半规管的体表投影[8]。

在轮廓线内从上到下、从前向后磨除乳突骨质，显露乳突气房，后方乙状窦表面保留骨质覆盖。为了尽量扩大术野，应磨成碟形术腔以便处理深部病变。利用磨钻轻柔、逐层磨除乙状窦表面骨质，若为优势侧乙状窦损伤可能导致大出血，术前血管造影有助于避免术中过

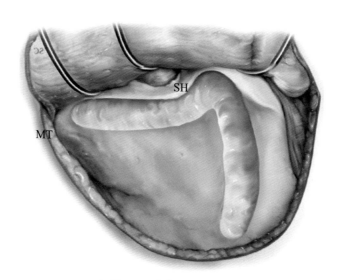

▲ 图 6-4　乳突根治术第一步

根据表面标志先在乳突骨皮质磨出边界轮廓。SH. Henle 棘；MT. 乳突尖（引自 T. Fukushima, A. Friedman, L. Mastronardi, T. Sameshima, Fukushima's Microanatomy and Dissection of the Temporal Bone– Second Edition, 2007, 经 AF-Neurovideo, Inc. 许可）

度轮廓化乙状窦。另外，若为扩大术野后移乙状窦，小乙状窦发生颅内静脉高压的风险较小[8]。

　　磨除乙状窦后方 1cm 范围骨质，轮廓化乙状窦，向前、上磨除乳突气房，轮廓化颅中窝脑膜（天盖）。继续向前磨除气房，显露骨迷路，此处关键标志为鼓窦，它决定了骨质磨除的前界并定位外半规管[9]。在此深度向下磨除气房，磨除乳突尖气房后显露二腹肌嵴（图 6-5）。二腹肌沟是重要标志，可定位面神经离开颞骨的出口茎乳孔，而茎乳孔就位于二腹肌嵴前内侧[8]。

　　轮廓化颅中窝脑膜、乙状窦前方后颅窝脑膜及窦脑膜角，利用"蛋壳"技术（仅留一层薄骨壳，可用剥离子剥离骨壳）可以避免损伤脑膜及静脉结构。为了最大限度显露迷路后区域，必须磨除迷路后气房（保留骨迷路完整），利用小号金刚钻（2～3mm）磨除迷路周围气房。

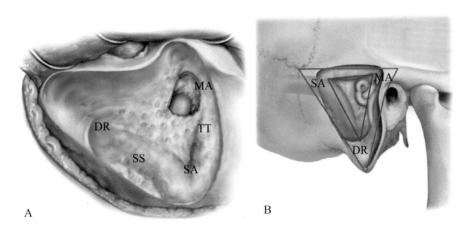

▲ 图 6-5　乳突根治术第二步

A. 磨除乳突气房，轮廓化乙状窦。沿着鼓窦显露颅中窝硬脑膜（天盖），碟形术腔下界为二腹肌嵴。B. 红线标示 Fukushima 乳突内三角，显示乳突根治术野。MA. 鼓窦；TT. 天盖；SA. 窦脑膜角（位于乙状窦及天盖之间）；SS. 乙状窦；DR. 二腹肌嵴（引自 T. Fukushima, A. Friedman, L. Mastronardi, T. Sameshima, Fukushima's Microanatomy and Dissection of the Temporal Bone–Second Edition, 2007, 经 AF–Neurovideo, Inc. 许可）

开放鼓窦后首先定位外半规管，其前下 1～2mm、平行走行者为鼓室段
面神经（图 6-6）。从外半规管向下追踪至二腹肌嵴，可显露粉红色面
神经乳突段（图 6-6）。

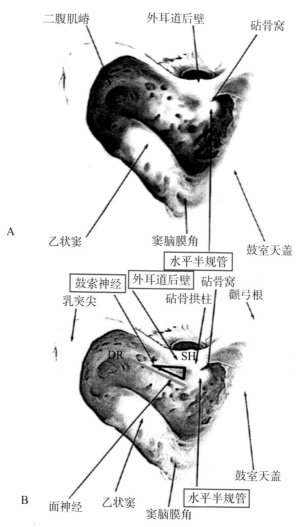

▲ 图 6-6　乳突根治术第三步、第四步

A. 第三步。水平（外）半规管位于鼓窦深面，可以作为追踪面神经鼓室段的标志。B. 第四步。
从水平（外）半规管至二腹肌嵴的粉色线标示面神经第二膝及乳突段（如图）。此线可作为
三角形的一条边：上界为水平半规管，前界为外耳道后壁（鼓索神经），此三角为面神经隐
窝。SH. Henle 嵴；DR. 二腹肌嵴

前方的外耳道内侧 12~15mm 即为面神经管，因此，磨除前方骨质时需极力避免损伤面神经管。利用外半规管为标志谨慎显露迷路前方的面神经，利用金刚钻轮廓化第二膝至茎乳孔处面神经，保留面神经骨壳以免损伤面神经（图 6-7）。操作过程需持续大量冲洗，消除钻头热量[8]。

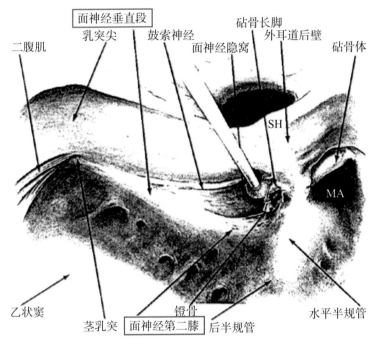

▲ 图 6-7　乳突根治术第五步

轮廓化面神经第二膝及垂直段，轮廓化垂直段前缘显露面神经隐窝（图中正在显露）。SH. Henle 棘；MA. 鼓窦

三、完成迷路后乳突根治术

在第三个同时也是最深的乳突三角范围内磨除迷路，此三角为

MacEwen 三角（道上三角）。这个区域位于 Fukushima 乳突内三角范围内，主要标志仍然是鼓窦：上界为鼓窦至窦脑膜角连线的一半，前界为鼓窦至二腹肌嵴连线的一半，后下界为经过后半规管的斜线（图 6-8）。

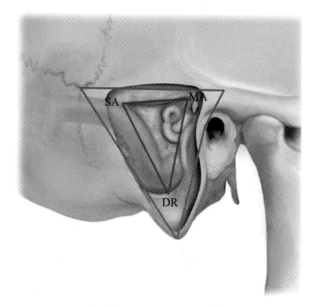

▲ 图 6-8　MacEwen 三角

MacEwen 三角标志着显露膜迷路的范围。MA. 鼓窦；DR. 二腹肌嵴；SA. 窦脑膜角（引自 T. Fukushima, A. Friedman, L. Mastronardi, T. Sameshima, Fukushima's Microanatomy and Dissection of the Temporal Bone– Second Edition, 2007, 经 AF–Neurovideo, Inc. 许可）

暴露半规管可能非常困难：迷路结构非常精细，过多磨除周围骨质可能损伤迷路。为避免上述情况需要轮廓化半规管直至显露半规管透明蓝线。另外，磨除半规管影响术中定位，此时如图 6-9 所示局部解剖示意图可能有用。

继续向后磨除，定位后半规管，面后气房位于后半规管下方至颈静脉球穹顶。磨除面后气房，轮廓化颈静脉球[8]（图 6-10）。

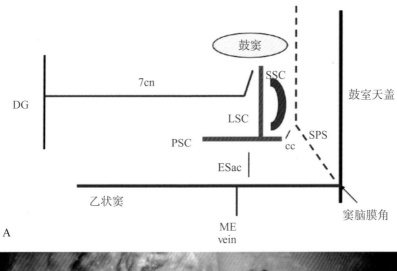

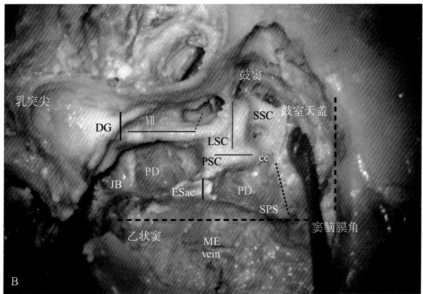

▲ 图 6-9 垂线规律

A. 局部解剖示意图标示多条平行线及垂直线，中央主要标志为鼓窦和外半规管，鼓窦开放后可显露外半规管。外半规管后方与其垂直者为后半规管，上半规管与后半规管构成总脚，向上可显露岩上窦、颅中窝脑膜或鼓室天盖。天盖向后延伸覆盖乙状窦形成窦脑膜角。乙状窦前后有两个垂直结构：内淋巴囊及乳突导静脉。面神经鼓室段位于外半规管前下方与之平行，平行于乙状窦下行，垂直终结于二腹肌嵴水平。B. "手术"照片叠加示意图显示左侧乳突根治术。彻底轮廓化后显露乙状窦前脑膜，轮廓化乙状窦包括颈静脉球。LSC. 外半规管；PSC. 后半规管；SSC. 上半规管；cc. 总脚；SPS. 岩上窦；ESac. 内淋巴囊；ME vein. 乳突导静脉；JB. 颈静脉球；DG. 二腹肌嵴；7cn. 面神经；PD. 乙状窦前脑膜

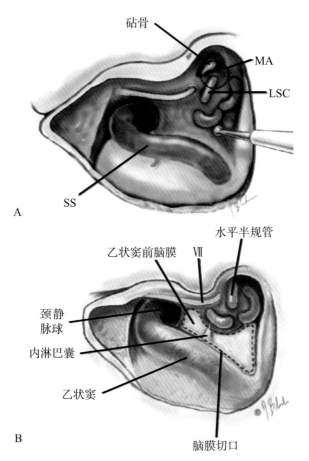

▲ 图 6-10　A. 磨除面后气房显露颈静脉球；B. 显露乙状窦前脑膜，完成乳突根治术
MA. 鼓室；LSC. 外半规管；SS. 乙状窦；Ⅶ. 面神经（引自 T. Fukushima, A. Friedman, L. Mastronardi, T. Sameshima, Fukushima's Microanatomy and Dissection of the Temporal Bone–Second Edition, 2007, 经 AF-Neurovideo, Inc 许可）

四、迷路后入路

　　显露乙状窦前硬脑膜，与乙状窦、岩上窦平行切开硬脑膜。向前牵拉脑膜，显露脑桥小脑区听神经瘤及面神经、听神经，可见后组脑神经[8]（图 6-11）。切开脑膜后利用脑棉保护小脑。定位、保护肿瘤囊

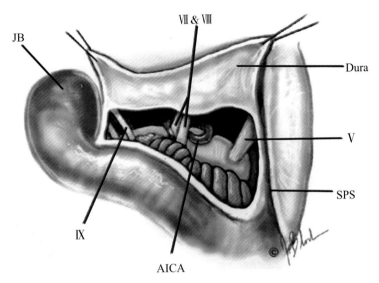

▲ 图 6-11　切开左侧乙状窦前脑膜

如何不牵拉小脑即能清晰地看到脑干及脑神经值得关注，这正是推崇联合经迷路入路及迷路后入路者所述主要优势之一。SPS. 上矢状窦；AICA. 小脑前下动脉；JB. 颈静脉球（引自 T. Fukushima, A. Friedman, L. Mastronardi, T. Sameshima, Fukushima's Microanatomy and Dissection of the Temporal Bone- Second Edition, 2007, 经 AF-Neurovideo, Inc. 许可）

壁表面的蛛网膜鞘非常重要，将其与肿瘤组织分离形成肿瘤界面。定位肿瘤后极，建议使用单极刺激器越过肿瘤囊壁探测面神经近心端。尽早切开肿瘤下方蛛网膜，释放小脑延髓池脑脊液，可以松弛小脑，避免牵拉。根据肿瘤韧性使用环形刮匙或超吸刀做肿瘤减容。在脑桥小脑角自内向外将面神经从肿瘤囊壁分离。持续使用面神经监测可以确定肿瘤周围面神经行程[9, 10]。

五、磨除迷路、开放内听道

首先，磨除外半规管和后半规管。磨除外半规管前端时要小心，此处接近面神经鼓室段，保留外半规管底壁有助于保护面神经；磨除后半规管上端能够显露其与上半规管（superior semicircular canal，SSC）相连的总脚；向前上磨除上半规管[7, 9-11]。后半规管下端通向前庭，磨除前庭外侧壁和底壁，显露前庭导水管，外通内淋巴囊（图6-12）。沿着总脚磨除骨质、开放前庭。前庭内壁是一层分隔内听道的薄壁，对应内听道后界[9]（图6-13）。

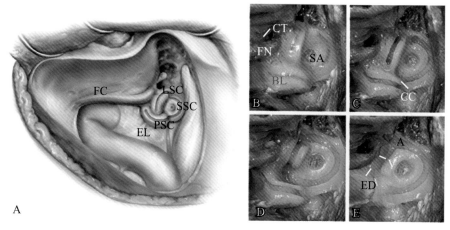

▲ 图 6-12　磨除半规管

A.完成乳突根治术后示意图。半规管已显露，注意外半规管与面神经管、后半规管与内淋巴囊的毗邻关系。B至D.逐步磨除半规管照片。E.上半规管壶腹。FC.面神经骨管；LSC.外半规管；SSC.上半规管；PSC.后半规管；EL.内淋巴管；CT.鼓索神经；FN.面神经骨管内面神经；SA.弓下动脉；CC.总脚；V.前庭；ED.内淋巴管（图A引自T. Fukushima, A. Friedman, L. Mastronardi, T. Sameshima, Fukushima's Microanatomy and Dissection of the Temporal Bone–Second Edition, 2007,经AF-Neurovideo, Inc.许可）

　　磨除内听道上方和下方的致密骨质非常重要，180°～270° 轮廓化内听道[7, 10, 11]。但肿瘤较大时神经血管往往位于肿瘤前方，无法直视，此时避免盲目分离肿瘤与神经。为此设计了经迷路入路的岩尖扩展型（Ⅰ型），300°～320° 磨除内听道前方骨质，消灭盲区，直视下手术操作；看清肿瘤前界及其前方的神经血管组织，更安全地分离肿瘤包膜[12-14]。

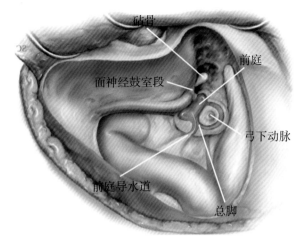

砧骨

前庭

面神经鼓室段

弓下动脉

前庭导水道

总脚

▲ 图 6-13　开放前庭

（引自 T. Fukushima, A. Friedman, L. Mastronardi, T. Sameshima, Fukushima's Microanatomy and Dissection of the Temporal Bone– Second Edition, 2007, 经 AF-Neurovideo, Inc. 许可）

先磨除分隔内听道下壁与颈静脉球穹顶的骨质[13]。如果颈静脉球高位需先将其轮廓化，然后利用骨膜将其向下推移并利用骨蜡予以固定[12-14]。利用小金刚钻磨薄内耳门周围致密骨质轮廓化成骨壳。从内向外轮廓化内听道时应切记内听道内只有 2/3 的区域覆盖脑膜。磨薄内听道底骨质，定位分隔面神经和前庭上神经的横嵴[7, 9-11]。先用显微剥离子去除内耳门周围纸样骨壳，最后去除内听道底表面骨质（图 6-14）。分离内耳门上缘骨质一般比较困难，此处非常接近面神经。

前庭内侧即内听道底，定位分隔前庭神经的横嵴。利用 11# 刀片锐性切开内听道内脑膜。在内听道外侧端定位分隔前庭上神经与前庭下神经的横嵴，分隔面神经与前庭上神经的 Bill 嵴（垂直嵴）。轻微分离前庭上神经，确认 Bill 嵴以便直视面神经，最终确认面神经需使用双极探针（0.05mA）[11]。利用小直角钩将前庭上神经拉断，显露面神经，然后分离前庭下神经与耳蜗神经（图 6-15）。从外向内方式分离内听道

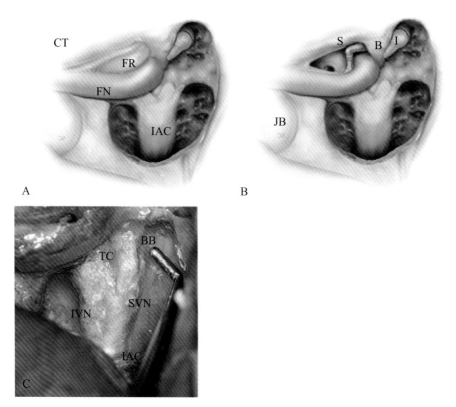

▲ 图 6-14　开放内听道

A. 内听道外侧端示意图。CT. 鼓索神经；FN. 面神经；FR. 面隐窝；IAC. 内听道；B. 面隐窝开放后内听道外侧端示意图，注意听骨链。I. 砧骨；B. 拱柱；S. 镫骨；JB. 颈静脉球；C. 定位横嵴和 Bill 嵴。横嵴分隔前庭上神经与前庭下神经。内侧端内听道有脑膜覆盖。TC. 横嵴；BB. Bill 嵴；IVN. 前庭下神经；SVN. 前庭上神经（图 A、B 引自 T. Fukushima, A. Friedman, L. Mastronardi, T. Sameshima, Fukushima's Microanatomy and Dissection of the Temporal Bone – Second Edition, 2007, 经 AF-Neurovideo, Inc. 许可）

内容物与面神经后予以切除 [7, 9-11]。若想保留听力需要保留耳蜗神经。

六、关闭术腔

　　摘除砧骨，将颞肌经上鼓室填塞咽鼓管，减少发生脑脊液漏的可

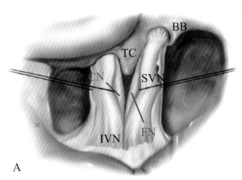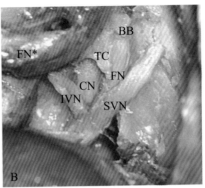

▲ 图 6-15　分离内听道内容物

A. 位于前庭神经之间的横嵴示意图。Bill 嵴可作为标志确认前庭上神经与面神经的分离界面，此处以红色指示耳蜗神经。B. 从面神经上分离内听道内组织，面神经向外侧走行进入面神经管。TC. 横嵴；BB. Bill 嵴；CN. 耳蜗神经；SVN. 前庭上神经；IVN. 前庭下神经；FN. 面神经（图 A 引自 T. Fukushima, A. Friedman, L. Mastronardi, T. Sameshima, Fukushima's Microanatomy and Dissection of the Temporal Bone– Second Edition, 2007, 经 AF–Neurovideo, Inc. 许可）

能性。缝合脑膜，将自体（腹部）脂肪切成条状塞入脑膜间隙防止脑脊液漏[8]，但不要把脂肪填入脑桥小脑角。Liu 等报道 8 例患者采用自体阔筋膜修复乙状窦前脑膜缺损，避免脂肪填塞直接压迫面神经和脑干[15]，他们将阔筋膜缝合在乙状窦前脑膜缺损上支撑乳突腔内填塞的脂肪。

　　将预先制作的肌骨膜瓣紧密缝合、覆盖术腔脂肪，双层缝合耳后切口。

参考文献

[1] Tringali S, Bertholon P, Chelikh L, Jacquet C, Prades JM, Martin C. Hearing preservation after modified translabyrinthine approach performed to remove a vestibular schwannoma. Ann Otol Rhinol Laryngol. 2004;113(2):152–5.

[2] Tringali S, Ferber-Viart C, Gallégo S, Dubreuil C. Hearing preservation after translabyrinthine

approach performed to remove a large vestibular schwannoma. Eur Arch Otorhinolaryngol. 2009;266(1):147–50.

[3] Kiyomizu K, Matsuda K, Nakayama M, Tono T, Matsuura K, Kawano H, et al. Preservation of the auditory nerve function after translabyrinthine removal of vestibular schwannoma. Auris Nasus Larynx. 2006;33(1):7–11.

[4] Springborg JB, Fugleholm K, Poulsgaard L, Cayé-Thomasen P, Thomsen J, Stangerup SE. Outcome after translabyrinthine surgery for vestibular schwannomas: report on 1244 patients. J Neurol Surg B Skull Base. 2012;73(3):168–74.

[5] Lanman TH, Brackmann DE, Hitselberger WE, Subin B. Report of 190 consecutive cases of large acoustic tumors (vestibular schwannoma) removed via the translabyrinthine approach. J Neurosurg. 1999;90(4):617–23.

[6] Zhang Z, Wang Z, Huang Q, Yang J, Wu H. Removal of large or giant sporadic vestibular schwannomas via translabyrinthine approach: a report of 115 cases. ORL J Otorhinolaryngol Relat Spec. 2012;74(5):271–7.

[7] Arriaga MA, Lin J. Translabyrinthine approach: indications, techniques, and results. Otolaryngol Clin North Am. 2012;45(2):399–415, ix.

[8] Sameshima T, Mastronardi L, Friedman AH, Fukushima T. Microanatomy and dissection of temporal bone for surgery of acoustic neuroma and Petroclival meningioma. 2nd ed. Raleigh: AF Neurovideo, Inc.; 2007.

[9] Roche PH, Pellet W, Moriyama T, Thomassin JM. Translabyrinthine approach for vestibular schwannomas: operative technique. Prog Neurol Surg. 2008;21:73–8.

[10] Nickele CM, Akture E, Gubbels SP, Başkaya MK. A stepwise illustration of the translabyrinthine approach to a large cystic vestibular schwannoma. Neurosurg Focus. 2012;33(3):E11.

[11] Bennett M, Haynes DS. Surgical approaches and complications in the removal of vestibular schwannomas. Otolaryngol Clin N Am. 2007;40(3):589–609, ix–x.

[12] Angeli RD, Piccirillo E, Di Trapani G, Sequino G, Taibah A, Sanna M. Enlarged translabyrinthine approach with transapical extension in the management of giant vestibular schwannomas: personal experience and review of literature. Otol Neurotol. 2011;32(1):125–31.

[13] Ben Ammar M, Piccirillo E, Topsakal V, Taibah A, Sanna M. Surgical results and technical refinements in translabyrinthine excision of vestibular schwannomas: the Gruppo Otologico experience. Neurosurgery. 2012;70(6):1481–91; discussion 91.

[14] Jayashankar N, Morwani KP, Sankhla SK, Agrawal R. The enlarged translabyrinthine and transapical extension type I approach for large vestibular schwannomas. Indian J Otolaryngol Head Neck Surg. 2010;62(4):360–4.

[15] Liu JK, Patel SK, Podolski AJ, Jyung RW. Fascial sling technique for dural reconstruction after translabyrinthine resection of acoustic neuroma: technical note. Neurosurg Focus. 2012;33(3):E17.

第 7 章 手术步骤视频剪辑[①]
Video Clips of the Surgical Steps

Luciano Mastronardi, Alberto Campione, Guglielmo Cacciotti, Raffaelino
Roperto, Carlo Giacobbo Scavo, Ali Zomorodi, Takanori Fukushima 著

视频 7-1 锁孔开颅术

本例为右侧听神经瘤，Samii 分级 T_{4a}（MRI 显示）。利用 4mm 粗砂金刚钻在乳突后缘磨出 5mm 宽纵向骨槽，安全暴露乙状窦（屏幕顶端）；从骨槽下极向后磨出骨瓣下缘（屏幕右侧）；从骨槽上极向后磨出骨瓣上缘至横窦与乙状窦连接处（屏幕左上角，使用电钻不停冲吸）。

视频 7-2 切开脑膜

先切透脑膜，再打开延髓外侧池蛛网膜，引流脑脊液（00：10）。脑膜切口呈半圆形覆盖小脑，牵拉小脑时脑膜可充当小脑半球保护层（00：22）。从手套上切下矩形薄片，铺放在小脑皮质表面，避免脑棉

---

① 本章视频可登录以下网址获取：https://doi.org/10.1007/978-3-030-03167-1_7

直接接触小脑（00：36）。脑棉吸收脑脊液，进一步松弛小脑。

视频 7-3　定位面神经

脑板向后牵拉小脑，显露脑桥小脑角，显微剥离子分离肿瘤囊壁与脑干之间的蛛网状粘连带（00：05）。单极探针定位近心端面神经（00：10），根据一般规律，面神经多位于肿瘤前方或前上方。最后，在脑干与肿瘤之间放置脑棉（00：25）。

视频 7-4　铥激光 V 形切口

采用 Fukushima 技术利用铥激光纤维在肿瘤背侧做 V 形切口，再肿瘤减容。V 形切口不宜太深，激光纤维尖端接触组织即可。

视频 7-5　开放内听道

利用手持可弯曲 2μ- 铥激光（美国加州丽莎激光公司 RevoLix jr®）在岩骨背面倒 U 形切开内听道口后方脑膜，以内耳门为基底部。倒 U 形切口向内耳门方向延伸 6~8mm，再将切口两端向内听道上下方各延伸 2mm（00：02）。利用锐性剥离子分离岩骨背面硬脑膜（00：17）。使用超吸刀（迈阿密卡拉马祖史塞克公司）开放内听道；使用骨刀时应持续不断冲洗，避免过热损伤神经（00：26）。打开骨性内听道后利用激光纤维分离硬脑膜粘连，切开内听道内硬膜。

视频 7-6　内听道内显微操作

内听道内手术操作包括逐步地显露、分离及分块切除。利用显微剪（Kamiyama 型）切开粘连带或肿瘤组织以便充分显露（00：08）；利用锐性显微剥离子分离肿瘤（00：14）；利用显微剪（00：18）、Hitzelberger-McElveen 刀（子弹头）（00：22）和 1mm 环形刮匙（00：26）分块切除肿瘤；利用吸引器吸除出血或肿瘤碎块（00：29）；利用超吸刀（迈阿密卡拉马祖史塞克公司）（00：38）进一步扩大显露内听道。不断重复上述步骤。

视频 7-7　软镜检查内听道

左侧管内型听神经瘤，Samii 分级 T_1（MRI 显示）。乙状窦后入路，半圆形切开脑膜（00：09），释放脑脊液，松弛小脑，利用显微剥离子分离肿瘤囊壁与脑干之间的蛛网状连接（00：15）。利用手持可弯曲 2μ- 铥激光（美国加州丽莎激光公司 RevoLix jr®）在岩骨背面倒 U 形切开内听道口后方脑膜，利用锐性剥离子分离岩骨背面硬脑膜（00：20）。利用 4mm 金刚钻和超吸刀（迈阿密卡拉马祖史塞克公司）开放内听道（00：29）。激光纤维切开内听道内硬脑膜（00：40）。利用显微剪、剥离子、刮匙、大鳄鱼钳等分离切除肿瘤（00：52）。利用软镜观察内听道最外端有无肿瘤残留（02：14）。利用 1mm 环形刮匙刮除残余肿瘤（02：30）。再用软镜（02：40）确认肿瘤完全切除。

视频 7-8　最终术野图像

完全切除听神经瘤，解除听神经及脑干受压。

第8章 160例手术效果
Results in a Personal Series of 160 Cases

Luciano Mastronardi, Alberto Campione, Guglielmo Cacciotti, Raffaelino Roperto, Carlo Giacobbo Scavo 著

本章主要介绍 Luciano Mastronardi 教授领导的意大利罗马圣菲利波内里医院神经外科团队 160 例听神经手术效果，分为三个部分，即术前情况、手术效果及术后随访结果。另外，根据术中应用的技术或设备如软镜、0.3% 稀释罂粟碱、2μ- 铥激光、羟基磷灰石骨（hydroxyapatite，HAC）水泥等分别分析对手术效果及术后功能保留情况的影响。

Takanori Fukushima 教授 40 余年治疗 2200 余例患者，其经验不在本文讨论之中。

一、术前资料

2010 年 9 月至 2018 年 4 月共有 160 例患者（女 74 例，男 86 例）在本中心接受手术。平均年龄 49.9 岁，男女无统计学差异（平均年龄：女性 51.5 岁，男性 48.5 岁，$P=0.179$）。

6 例神经纤维瘤 Ⅱ 型（neurofibromatosis type 2，NF2），余为单侧听神经瘤。右 72 例，左 88 例。术前 1 个月内接受 MRI 检查。三维测量肿瘤大小（MRI 水平位及冠状位）、以肿瘤最大直径为准，包括肿瘤突入内听道的部分，肿瘤平均大小 23.3mm。23 例（14.4%）为囊性，平均大小 30.9mm，远大于实性肿瘤（22.1mm），两者差异显著（P=0.0003）（表 8-1）。

表 8-1 所有肿瘤、实性肿瘤、囊性肿瘤平均大小

	例　数	平均大小（mm）	统计学差异
全部患者	160	23.3	—
实性肿瘤	137	22.1	
囊性肿瘤	23	30.9	与实性肿瘤比较 P=0.0003

术前根据 House-Brackmann（HB）分级系统评估面神经功能[1]：135 例（84.4%）术前面神经功能完好，HB Ⅰ 级；14 例轻度面神经功能下降，HB Ⅱ 级；2 例 HB Ⅲ 级；3 例 HB Ⅳ 级（6 例失访）。

术前、术后 1 周及半年分别进行听力测试：包括纯音测听（pure tone audiometry，PTA）、ABR 及单音节言语测听。采用 AAO-HNS 听力分级标准，根据纯音测听及言语识别率（speech discrimination score，SDS）结果进行分级：A 级：PTA ≤ 30dB 且 SDS ≥ 70%；B 级：PTA ≤ 50dB，SDS ≥ 50%。按 Gardner-Robertson 分级，上述标准分别为 Ⅰ 级（听力良好）和 Ⅱ 级（实用听力）[2]，因此，提及"实用"听力（serviceable hearing，SH）意指 AAO-HNS 的 A 级及 B 级。本组病例中 8 例 A 级，48 例 B 级，68 例 C 级，33 例 D 级（6 例失访），换言

之，56 例（35%）术前具有实用听力。文献报道肿瘤大小与术前听力状况密切相关[3]：A 级患者肿瘤尺寸远小于 B 级患者（$P=0.005$），而 B 级患者肿瘤尺寸又远小于 C 级患者（$P=0.0008$）和 D 级患者（$P=0.002$）（表 8-2）。

表 8-2　术前听力与肿瘤平均大小的关系

	例　数	平均大小（mm）	统计学差异
AAO-HNS A 级	8	11.1	
AAO-HNS B 级	48	19.6	与 AAO-HNS A 级比较，$P=0.005$
AAO-HNS C 级	68	25.3	与 AAO-HNS B 级比较，$P=0.0008$
AAO-HNS D 级	33	25.9	与 AAO-HNS B 级比较，$P=0.002$

二、手术资料

1 例经迷路入路，余为乙状窦后入路。肿瘤切除程度通过术中观察结合术后 24～48h 增强 MRI 评估：64 例全切肿瘤，33 例近全切（切除 99%，仅脑干表面残留薄壁），46 例次全切（切除 90%～99%），17 例部分切除（切除＜90%），全切及近全切达到 60.6%。平均手术时间 5h，平均出血＜200ml。

术中注意保留面神经解剖结构，通过双极探针定位面神经 147 例追踪到面神经走行方向：前上型最常见（40.8%），其次是前置型（34.7%）、前下型（23.8%），仅有 1 例位于肿瘤背侧 [4]。此数据与我们团队以前报道的研究结果一致 [5]。Sameshima 等报道前型最常见（52%），其次是前上型（38.5%）及前下型（5.3%）[6]。

150 例（93.7%）术中面神经解剖结构保留且刺激面神经有反应（包括 1 例经迷路入路者）；4 例虽保留面神经解剖结构但刺激面神经无反应；5 例面神经中断；1 例失访。

64 例（40%）术中保留耳蜗神经且对 ABR 刺激有反应；18 例保留耳蜗神经但对 ABR 刺激无反应；56 例术前具有实用听力者，40 例（71.4%）耳蜗神经解剖结构及功能均得到保留（表 8-3）。

14 例患者在手术结束前辅助使用 4mm 可视软镜（德国图特林根卡尔史托斯 105 型 4mm×65cm），在显微镜视野下置入内镜，避免损伤脑桥小脑角结构。内镜头端进入内听道检查内听道底部有无肿瘤残留；如果发现肿瘤残留，则在显微镜下进一步切除；再次置入内镜确认肿

表 8-3　术中脑神经结构及功能保留

	结构及功能保留	仅保留结构	未保留
面神经（1 例不详）	149/160（93.1%）	5/160（3.1%）	5/160（3.1%）
耳蜗神经（全部病例）	64/160（40%）	18/160（11.3%）	79/160（49.8%）
耳蜗神经（术前具有实用听力病例 a）	40/56（71.4%）	8/56（14.3%）	8/56（14.3%）

a. 术前听力分级为 AAO–HNS A 级及 B 级的患者

瘤完全切除 [7, 8]。所有内镜辅助手术均做到肿瘤全切及近全切，术后 MRI 确认内听道无肿瘤残留 [7, 8]。

　　67 例术中使用激光，特别是利用手持激光纤维（丽莎激光 Revolix jr）切开肿瘤包膜及肿瘤减容。功率设定范围为 1～14W。利用 0.9% 生理盐水冲洗冷却纤维。结合双极电凝、显微剪及超吸刀，激光纤维可用于切割、气化及电凝肿瘤包膜及囊内肿瘤。肿瘤减容后利用常规显微器械切除剩余囊壁 [9]。43 例（64.3%）达到全切或近全切，尽管此数据优于无激光辅助手术（58.1%），但两组数据无统计学差异（P=0.435）。

三、术后资料

　　术后 1 周及半年对面神经进行临床及神经电生理评估。159 例乙状窦后入路者：75 例（47.2%）术后 1 周面神经功能 HB Ⅰ 级，74 例轻度面神经麻痹（HB Ⅱ～Ⅲ 级）并在半年后完全恢复正常，即 149 例（93.7%）面神经功能完好或完全恢复，与之前文献报道数据一致 [10-16]。根据面神经走行分析：95% 前上型或前下型患者术后面神经功能为 HB Ⅰ 级，纯粹的面神经前置型则面神经功能预后较差，只有 84% 术后面神经功能为 HB Ⅰ 级（表 8-4）。

　　术后 1 周及半年听力学检测，包括纯音测听、听性脑干反应及单音节言语测听：56 例术前具有实用听力者，术后 35 例仍有实用听力，听力保留率为 62.5%，与之前不同文献报道数据一致 [11-19]。听力保留者术前肿瘤平均直径为 18mm，显著小于未能保留听力者（P=0.0002）。我们认为术后听力保留与术前听力及肿瘤大小均有关系。

表 8-4 面神经走行与面神经功能保留关系

	前上型 （%）	前置型 （%）	前下型 （%）	背侧型 （%）
面神经走行	40.8	34.7	23.8	0.7 [a]
术后 6 个月，面神经功能评级 I 级	95	84	95	0 [a]

a. 1 例患者术后 6 个月，面神经功能得到改善，评级为 III 级

63 例患者使用了罂粟碱，肿瘤减容后局部使用 0.3% 罂粟碱以促进神经功能恢复及保护脑神经滋养血管。这些患者术后面神经功能优于其他患者：30 例（43.5%）术后 1 周面神经功能 HB I 级，61 例（96.8%）术后 6 个月面神经功能 HB I 级。至于听力保留，19 例术前具有实用听力中 10 例（52.6%）术后成功保留听力。尽管听力保留率低于全部患者及未使用罂粟碱者，但经卡方检验无统计学差异（$P=0.47$）。我们无法解释这种现象，需要进一步的研究来阐明罂粟碱在听神经瘤手术的作用。

67 例激光辅助手术中，术后神经功能保留结果与全部患者结果一致。26 例（38.8%）术后 1 周面神经功能 HB I 级，术后一过性面神经功能不良与肿瘤大小有关，与我们之前文献报道一致[9]。实际上，术后 1 周面神经功能 HB I 级者肿瘤平均直径为 18mm，而术后面神经功能 HB II～IV 级者（术后 6 个月恢复）肿瘤平均直径为 28mm（$P=0.0000008$）。术后 6 个月，65 例（97%）保留面神经功能，18 例（26.9%）试图保留听力者只有 12 例（66.6%）保留实用听力（表 8-5）。

偶有术后并发症，脑脊液漏最常见。159 例乙状窦后入路手术中 17 例（10.7%）发生脑脊液漏，其中 10 例为脑脊液鼻漏，与其他报道

表 8-5 全体患者与使用装置 / 药物辅助者神经功能保留效果比较

	全体患者	罂粟碱组	激光组
术后 1 周，面神经功能评级 I 级	75/159（47.2%）	30/63（43.5%）	26/67（38.8%）
术后 6 个月，面神经功能评级 I 级	149/159（93.7%）	61/63（96.8%）	65/67（97%）
AAO–HNS 分级 A 级及 B 级听力保留率	35/56（62.5%）	10/19（52.6%）	12/18（66.6%）

一致[20-22]。8 例（5%）伤口感染，其中 4 例再次手术。罕见并发症包括小脑性缄默（2 例）、长期眩晕（7 例）、外展神经麻痹引起复视（5例）、肺炎（1 例）、脑积水（1 例）。所有神经系统并发症均为暂时性，唯一的 1 例脑积水患者立即实施了脑脊液分流术。

14 例患者在关颅时使用 HAC 骨水泥填补骨瓣之间的空隙，通过钛钉将骨瓣固定。如我们之前报道一样，采用内衬法置入自体骨膜重建硬脑膜[23]。使用骨水泥者术后无伤口感染及脑膜炎，但有 1 例（7.1%）脑脊液漏。

参考文献

[1] House JW, Brackmann DE. Facial nerve grading system. Otolaryngol Head Neck Surg. 1985;93(2):146–7.
[2] Gardner G, Robertson JH. Hearing preservation in unilateral acoustic neuroma surgery. Ann Otol Rhinol Laryngol. 1988;97(1):55–66.
[3] Hoa M, Drazin D, Hanna G, Schwartz MS, Lekovic GP. The approach to the patient with incidentally diagnosed vestibular schwannoma. Neurosurg Focus. 2012;33(3):E2.
[4] Nejo T, Kohno M, Nagata O, Sora S, Sato H. Dorsal displacement of the facial nerve in acoustic neuroma surgery: clinical features and surgical outcomes of 21 consecutive dorsal pattern cases. Neurosurg Rev. 2016;39(2):277–88; discussion 88.
[5] Mastronardi L, Cacciotti G, Roperto R, Di Scipio E, Tonelli MP, Carpineta E. Position

and course of facial nerve and postoperative facial nerve results in vestibular schwannoma microsurgery. World Neurosurg. 2016;94:174–80.

[6] Sameshima T, Morita A, Tanikawa R, Fukushima T, Friedman AH, Zenga F, et al. Evaluation of variation in the course of the facial nerve, nerve adhesion to tumors, and postoperative facial palsy in acoustic neuroma. J Neurol Surg B Skull Base. 2013;74(1):39–43.

[7] Corrivetti F, Cacciotti G, Scavo CG, Roperto R, Mastronardi L. Flexible endoscopic-assisted microsurgical radical resection of intracanalicular vestibular schwannomas by retrosigmoid approach: operative technique. World Neurosurg. 2018;115:229–33.

[8] Mastronardi L, Cacciotti G, Scipio ED, Parziale G, Roperto R, Tonelli MP, et al. Safety and usefulness of flexible hand-held laser fibers in microsurgical removal of acoustic neuromas (vestibular schwannomas). Clin Neurol Neurosurg. 2016;145:35–40.

[9] Mastronardi L, Cacciotti G, Roperto R, Tonelli MP, Carpineta E, How I. Do it: the role of flexible hand-held 2μ-thulium laser fiber in microsurgical removal of acoustic neuromas. J Neurol Surg B Skull Base. 2017;78(4):301–7.

[10] Cardoso AC, Fernandes YB, Ramina R, Borges G. Acoustic neuroma (vestibular schwannoma): surgical results on 240 patients operated on dorsal decubitus position. Arq Neuropsiquiatr. 2007;65(3A):605–9.

[11] Roessler K, Krawagna M, Bischoff B, Rampp S, Ganslandt O, Iro H, et al. Improved postoperative facial nerve and hearing function in retrosigmoid vestibular schwannoma surgery significantly associated with semisitting position. World Neurosurg. 2016;87:290–7.

[12] Samii M, Gerganov V, Samii A. Improved preservation of hearing and facial nerve function in vestibular schwannoma surgery via the retrosigmoid approach in a series of 200 patients. J Neurosurg. 2006;105(4):527–35.

[13] Samii M, Matthies C. Management of 1000 vestibular schwannomas (acoustic neuromas): the facial nerve–preservation and restitution of function. Neurosurgery. 1997;40(4):684–94; discussion 94–5.

[14] Tatagiba MS, Roser F, Hirt B, Ebner FH. The retrosigmoid endoscopic approach for cerebellopontine-angle tumors and microvascular decompression. World Neurosurg. 2014;82(6 Suppl):S171–6.

[15] Tatagiba M, Roser F, Schuhmann MU, Ebner FH. Vestibular schwannoma surgery via the retrosigmoid transmeatal approach. Acta Neurochir. 2014;156(2):421–5; discussion 5.

[16] Yang J, Grayeli AB, Barylyak R, Elgarem H. Functional outcome of retrosigmoid approach in vestibular schwannoma surgery. Acta Otolaryngol. 2008;128(8):881–6.

[17] Ahsan SF, Huq F, Seidman M, Taylor A. Long-term hearing preservation after resection of vestibular schwannoma: a systematic review and meta-analysis. Otol Neurotol. 2017;38(10):1505–11.

[18] Mazzoni A, Zanoletti E, Calabrese V. Hearing preservation surgery in acoustic neuroma: long-term results. Acta Otorhinolaryngol Ital. 2012;32(2):98–102.

[19] Nakamizo A, Mori M, Inoue D, Amano T, Mizoguchi M, Yoshimoto K, et al. Long-term hearing outcome after retrosigmoid removal of vestibular schwannoma. Neurol Med Chir (Tokyo). 2013;53(10):688–94.

[20] Ansari SF, Terry C, Cohen-Gadol AA. Surgery for vestibular schwannomas: a systematic review of complications by approach. Neurosurg Focus. 2012;33(3):E14.

[21] Bennett M, Haynes DS. Surgical approaches and complications in the removal of vestibular schwannomas. Otolaryngol Clin N Am. 2007;40(3):589–609, ix–x.

[22] Nonaka Y, Fukushima T, Watanabe K, Friedman AH, Sampson JH, Mcelveen JT, et al. Contemporary surgical management of vestibular schwannomas: analysis of complications and lessons learned over the past decade. Neurosurgery. 2013;72(2 Suppl Operative):ons103–15; discussion ons15.

[23] Mastronardi L, Cacciotti G, Caputi F, Roperto R, Tonelli MP, Carpineta E, et al. Underlay hourglass-shaped autologous pericranium duraplasty in "key-hole" retrosigmoid approach surgery: technical report. Surg Neurol Int. 2016;7:25.

第三篇
新技术
New Technologies

第9章　术中面神经监测
Intraoperative Identification and Location of Facial Nerve: Type of Facial Nerve Displacement—How to Use Monopolar Stimulator

Luciano Mastronardi, Alberto Campione, Ali Zomorodi, Ettore Di Scipio, Antonio Adornetti, Takanori Fukushima　著

一、术中面神经识别和定位：位置、走行和功能保留

术中面神经监测（intraoperative facial nerve monitoring，IOFNM）是一种神经电生理学方法，主要目的是将术中面神经实际功能状况告知手术团队从而调整手术操作避免损伤神经。术中面神经功能变化对预测术后面神经功能也有一定价值。

因为局部电刺激可引起神经功能性反应，IOFNM 可用于识别面神经并在手术区域追踪神经行程，提示术者减少神经损伤。

最常用的（称为"标准的"）IOFNM 技术是直接电刺激（direct electrical stimulation，DES）和自主肌电图（electromyography，EMG）。

术中面神经监测指南

神经外科医师学会最新循证指南建议在听神经瘤手术中常规使用 IOFNM 以改善术后长期面神经功能[1]，但并未提出最适宜神经生理学技术。目前尚无临床试验直接比较上述三种技术优劣，许多研究显示将它们结合起来似乎是一个明智的选择[2-5]。

就功能预后而言，指南认为 IOFNM 可准确预测长期面神经功能，特别是术中面神经监测结果良好预示着远期面神经功能良好。然而，神经解剖结构完整保留但面神经监测结果不佳时，并不一定能预测远期面神经功能不佳，因此术中面神经监测结果不佳并不能帮助决定尽早进行神经移植。尽管许多研究报道预测长期面神经功能效果相关因素[2-4]，但由于缺乏标准化监测和经验性观察早期面瘫患者面神经功能，IOFNM 结果不佳的预测价值目前无法做出定论。因此，术中肌电图面神经反应不佳不能预测术后长期面神经功能不佳。

二、标准技术：基本技术要点

标准 IOFNM 技术基于相同原理和技术设备：通过探针给予电刺激或面神经自发传导、通过记录电极和（或）动作电位探测器记录反应。

IOFNM 使用的电刺激属于矩形脉冲。提前设定在确定时间间隔内（ms）给予确定强度电流（mA），释放等同于脉冲强度和时程的确定电量（C）。刺激器分为两种类型，主要区别是在刺激过程中保持恒定的是电流还是电压，至于应该选择哪一类型仍然存在争议，尚无定论。

刺激探针直接接触目标引出反应。产生电流需要两个电极，但临床存在两种不同刺激装置。单极刺激器的主动电极作用于靶处，参考电极远离目标；双极刺激器两个电极都是主动电极，同时接触目标，在两个电极之间产生电流。两种不同探针产生的电流各有特点：达到响应所需强度、密度分布和局部扩展/分流等均有差异。单极探针通常需要的电流强度是双极探针的2～3倍。电流强度定义为每单位横截面通过的电流量；其分布代表了当前强度在受刺激区域所达到的不同值。单极探针的特点是电流密度分布更好、更有可预测性，导致刺激强度和反应强度之间存在直接相关性，但主要缺点是刺激电流可越过靶组织激活周围任何可兴奋组织导致假阳性反应。与此相反，双极探针目标只在两个电极之间，电流外周扩展微乎其微，从而导致局部刺激更精确，此为这类探针主要优势。双极刺激器的主要缺点是如果电极间缺少电阻组织可导致电流分流，例如术腔冲洗或短暂出血时电流主要通过液体，可导致假阴性反应。简而言之，单极探针灵敏度高，需要高度特异性时使用双极探针更佳。

脑电图（electroencephalography，EEG）铂针电极是IOFNM中最常用记录电极，它能够检测目标肌肉任何位置的活动。多通道电极组合已成为标准肌电图记录装置，它能提高监测灵敏度，包括一对定位于眼轮匝肌和口轮匝肌、分别监测面神经上、下支的双极记录电极（即记录通道）。眼轮匝肌电极应插在眉毛下方外眦处（距眶缘1.5cm）处，口轮匝肌第一电极插入距离口角2cm，第二电极位于上唇或下唇外1cm处。

肌电图主要缺点是由于电凝可产生大量伪影，影响最终判断面神经热损伤。尽管运动检测装置已用于在面部肌肉收缩的基础上识别电凝时异常神经活动，但达不到充分监测。因此，此步骤仍然可能影响面神经功能保留。

面部肌肉活动是肌电图有效记录的基础，因此，以神经肌肉阻滞药为基础的麻醉方案可能干扰电流传导，最终影响监测效果。但是，在气管插管过程中使用短效药物通常被认为是安全的，因为药物在实施手术入路过程中需要 IOFNM 之前已经被清除。

（一）直接电刺激

DES 是利用探针刺激面神经以获得一个触发的肌电图记录反应[6]，电刺激产生的复合肌肉动作电位（compound muscle action potentials，CMAPs）被眼轮匝肌和口轮匝肌内电极记录下来，参考电极位于前额。面部肌肉反应通过扩音器自动监测，可在监视器上观察其波形参数—潜伏期和振幅。DES 的基本原理为当刺激受损的面神经或脑神经出脑干处（root entry zone，REZ）时需要高强度电流才能获得反应。因此，DES 不仅能够进行面神经定位和追踪，而且还能评估面神经解剖和功能的完整性。

1. DES 的面神经定位

在脑桥小脑角定位面神经并无标准方案，明智的做法是开始时选择 1～3mA 刺激量筛选，预计接近面神经时逐步降低刺激强度。实际上，当面神经显露时，即使 0.1～0.2mA 非常温和的刺激也能精确定位，同时保证避免电/热损伤和电流扩散。后者是单极探针的主要缺点，其危害并非无关紧要。据估算 1mA 单极刺激可穿越 1mm 颞骨段面神经，而 0.5～0.6mA 单极刺激可穿越 2cm 左右距离，可能引起假阳性反应。定位面神经后，术中间歇使用 DES 以便确认神经走行和神经功能活动。

　　尽管缺乏目标特异性，探测肿瘤包膜时单极刺激所致电流传导可以帮助外科医师判断，如果刺激没有响应，可以排除神经位于包膜下或神经纤维散布于包膜表面（此为"面神经探测技术"）。事实上，这种探测可以避免损伤走行异常的面神经，特别是面神经背侧走行者。面神经背侧型罕见，但要引起重视，因为必须在神经旁或后方分离切除肿瘤，面神经功能更容易受到手术影响。Nejo 等[7] 和 Sameshima 等[8]报道，面神经背侧型非常罕见（分别占 3.8% 和 0.3%），多见于大中型听神经瘤（分别为 28mm 和 1.5～3cm）。虽然分析术后远期面神经功能未发现面神经背侧型与其他类型之间存在显著统计学差异，但这组病例听神经瘤手术效果具有显著特征：背侧型（D 组）的全切除或近全切除率显著低于非背侧型（ND 组），分别为 38% 和 85.4%（$P < 0.0001$）；相反，D 组再次手术率明显高于 ND 组：分别为 33.3%和 1.3%（$P < 0.0001$）[7]。Nejo 等进一步分析 D 组，发现面神经形态是影响肿瘤切除程度和再手术率的突出因素，面神经背侧型和神经变形、变宽的病例更难达到完全切除或近完全切除肿瘤，与神经形态完整病例相比，不得不更多再次手术[7]。虽然 Sameshima 等仅观察到一例背侧型（头侧和尾侧走行），但发现面神经与肿瘤包膜显著粘连，最终术后面神经功能严重下降[8]。

　　Sameshima 等报道了多种面神经不同走行方式的完整数据[8]，分为六种类型：腹侧中央型、腹－头侧型、腹－尾侧型、头侧型、尾侧型和背侧型，腹侧中央型最常见（52%），其次是腹－头侧型（38.5%）和腹－尾侧型（5.3%）。尽管按肿瘤直径分类后这种分布规律仍然保持不变，但腹－头侧型在大肿瘤中更常见。根据作者的说法，这是一种由于肿瘤生长导致神经移位加重的迹象。头侧型、尾侧型和背侧型罕见，但这些类型面神经与肿瘤包膜粘连更重。有趣的是六种类型术后长期面神经功能无明显差异。事实上，神经走行类型本身并不能作为面部麻痹的预测指标，只有神经与肿瘤包膜的黏附性是相关因素。

在之前的文章中我们将面神经走行分为四种类型——前上型（anterosuperior，AS）、前侧型（anterior，A）、前下型（anteroinferior，AI）、背侧型（dorsal，D）[5, 9]。100 名患者面神经类型分布：前上型最常见（48%），其次是前侧型（31%）和前下型（21%）模式，无背侧型（图 9-1）。

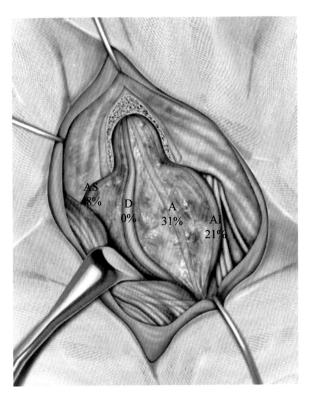

▲ 图 9-1　**面神经与肿瘤位置关系**

AS. 前上型；D. 背侧型；A. 前侧型；AI. 前下型（引自 World Neurosurgery, 94, Luciano Mastronardi, Guglielmo Cacciotti, Raffaelino Roperto, Ettore di Scipio, Maria Pia Tonelli, Ettore Carpineta, Position and Course of Facial Nerve and Postoperative Facial Nerve Results in Vestibular Schwannoma Microsurgery, Pages No. 174–180, 2016, 经 Elsevier 许可）

本研究发现大肿瘤中面神经前型和前下型更常见，推测由于肿瘤增大所致。事实上，由于听神经瘤最常起源于前庭下神经，因此从逻辑上讲，面神经前上移位可以预料。当然，随着肿瘤生长也可能将神经推向其他方向。面神经前型意味着肿瘤增长趋势更强，术后长期面神经功能恢复率明显低于前上型和前下型。

2. DES 的面神经功能保护及预测指标

电刺激面神经可产生复合肌肉动作电位，肌电图记录的波形特征包括自身潜伏期和波幅。复合肌肉动作电位的波幅与刺激的面神经纤维（通路完整、细胞存活）数量成正比，如果波幅降低，意味着面神经功能有下降风险[6]。Amano 等研究了复合肌肉动作电位波幅与术后早期面神经功能的相关性。切除肿瘤后以 μV 为单位记录刺激脑神经出脑干段后最大反应。观察发现最大反应为 1000μV 者术后出现轻度肌肉麻痹，反应超过 1000μV 者无早期面部麻痹，因此作者提出 1000μV 作为切除肿瘤引起面瘫风险的临界点（"警告标准"）。如果最大响应＜800μV 暂停切除肿瘤（"肿瘤切除限制"）[2]。Duarte-Costa 等集中研究了Ⅳ级听神经瘤患者复合肌肉动作电位波幅与长期面神经功能的相关性[3]，发现预后良好组和预后不良组的平均"近端波幅"（刺激脑神经出脑干段区记录复合肌肉动作电位）存在统计学的显著差异，建议以 420μV 为临界点。波幅越大则远期面神经功能越好（House-Brackmann Ⅰ～Ⅱ级，表 9-1），灵敏度为 73%，特异性为 67%；与此相反，波幅越低面神经功能越差，预测准确性为 79%。

刺激不同位置均可获得复合肌肉动作电位，但最重要的是脑神经出脑干段或内听道，术中在脑神经出脑干段诱发的复合肌肉动作电位波幅下降时，在内听道诱发的复合肌肉动作电位波幅几乎保持不变。

表 9-1　**HB 面神经功能分级**

分　级	描　述	大体观	静止状态	运动状态
1	正常	正常	正常	正常
2	轻度功能异常	轻度面肌无力，可有联带运动轻微	正常	口角与额部轻度不对称，稍用力闭眼完全
3	中度功能异常	明显面肌无力，联带运动明显或半面痉挛	正常	口角轻度不对称，用力闭眼可完全闭紧，额部运动减弱
4	中重度功能异常	明显面肌无力和（或）面部变形	正常	口角不对称，闭眼不完全，额部无运动
5	重度功能异常	仅有几乎不能察觉的面部运动	不对称	口角用力后轻微运动，闭眼不完全
6	完全麻痹	无运动	不对称	无运动

引自 House JW, Brackmann DE. Facial nerve grading system. Otolaryngol Head Neck Surg. 1985;93(2):146−7

由于不同个体的绝对幅值不尽相同，解决这个问题的办法是切除肿瘤后计算近心端 / 远心端（如脑神经出脑干段 / 内听道）波幅比，它可以提供一个更标准化的临界值，提醒术者在可能影响面神经功能保留时调整手术策略。Acioly 等报道了不同预测值 [6]，比率 > 30% 预测远期面神经功能良好。但也提出了更复杂的风险分级系统：比率 > 90% 预示着短期和长期面神经功能均为良好，50%～90% 预示着短期功能结果不佳需要长期康复，比率 < 50% 甚至可以预测长期结果不良。上述结论与 Duarte-Costa 等研究结果一致 [3]，预后良好组和预后不良组之间的比率差异显著；提出了预测听神经瘤术后长期面神经功能不良（Ⅳ级）的临界值，比率 85% 预后良好，比率 < 44% 预计长期面神经麻痹，敏感性 73%，特异性 78%。Amano 等计算不同类型比率 [2]，使用球形单极探针在手术前（对照最大振幅）和切除肿瘤后（最终最大振幅）记录最大反应值。波幅保存率定义为最终最大振幅 / 对照最大振幅，与长期面神经麻痹风险相关。比率 > 50% 者长期面神经功能不良者不足 5%，因此，提出此值为面神经功能保留风险临界值（警告标准）。与此相反，比率 < 40% 者长期面神经功能不良的风险显著上升到近 25%，提出此值为停止切除肿瘤的临界值。

　　另一种监测面神经功能保留的方法不是测试术后多少神经纤维仍然完好无损，而是测量剩余神经纤维传递脉冲的能力。确定引起 EMG 可记录反应的最小电流（阈值），这是一种评价神经活动的半定量方法：阈值越低，神经电传导（神经活力）越高。阈值可低至 < 0.05～0.1mA，高达 2～3mA 阈值提示预后差 [6]。也有报道 [10] 严重神经粘连与平均刺激阈值较低有关，因此，肿瘤切除困难也会损害面神经功能，推测可能是因为神经纤维拉伸更易发生神经中断。虽然测量刺激阈值对定性

面神经活动提供了一个有趣的视角，但它还不是一个标准化过程，不同的研究利用不同的刺激方案来确定阈值本身。

3. DES 的缺点

利用 DES 获得触发复合肌肉动作电位只能间歇使用，而且计算近心端 / 远心端波幅比的基础是刺激脑神经出脑干区，但刺激只能在脑干处定位面神经后才能进行。这种操作在大肿瘤尤为困难，因为脑干解剖结构已发生变异，大多数手术中难以定位面神经近心端。由于技术原因、解剖结构变异或手术入路等因素导致 30%～35% 的患者无法定位面神经近心端、记录波幅比 [6]。

（二）不同步 EMG

持续不同步肌电图记录包括手术操作或自发放电引起的面肌活动反应 [6]。肌电图活动也可通过扬声器进行声学监测，以便根据音色识别其特征类型。术中肌电图记录最重要的类型是神经紧张性放电，包括对面神经机械性或代谢性刺激反应的肌肉活动。有趣的是，与触发复合肌肉动作电位相似，受损运动神经不像机械创伤后引发神经紧张性放电。

肌电活动模式分为自发型和诱发型两种。诱发活动与肌电图反应相关，这是外科操作（如 DES、机械创伤和电凝）的直接结果。不同波幅和波形的肌电活动可进一步细分为爆发型、串型和脉冲型 [6]。

DES 后可观察到脉冲型，其特征是脉冲声音与电刺激同步。爆发型是最常见肌电图活动，由短的相对同步的持续 100ms 的运动单元电位组成。爆发型是 DES、电凝或冲洗等操作所致，可能是由于机械感受器的特性或面神经的代谢活化导致去极化和激发动作电位。因此，由于严重受伤的神经纤维无法传导电脉冲，爆发活动是面神经功能仍然正常的间接信号。最后，串型特点是持续时间长达数分钟的不同步运动单位电位串。两种串型：高频串（50~100Hz），典型声学品质类似于飞机引擎；低频串（1~50Hz），声音类似于爆米花，比高频串罕见。串活动主要与术中牵拉面神经相关，特别在脑桥小脑角区域由外向内牵引时。串活动可发生于电凝、中度神经损伤、冲洗等刺激后数秒或数分钟。串反应常见于面神经粘连严重或包膜较硬时，此时分离和牵拉神经更易损伤神经。然而，这种延迟并不能在手术操作和肌电图反应之间建立直接的因果关系，实时改变手术策略难以实现。

Romstöck 等介绍了一种更复杂的自发 EMG 活动模式 [11]，特别关注不同类型串活动。他们定义为，与具有一个高峰（振幅）的两相或三相电位相关的峰电位。爆发型定义为一个孤立的复杂叠加峰电位，几个 5000μV 峰、持续几百毫秒，呈梭形方式排列。A 串是一个独特的正弦波形模式，典型的高频声信号总是突然发生，振幅 ≤ 500μV，频率为 60~200Hz，持续时间为数毫秒到数秒；B 串是一个有规律或无规律的单个脉冲或脉冲组成的序列，逐渐发生，持续 500ms 到数小时；C 串特征是连续的肌电图不规则活动。手术器械直接对面神经机械创伤会立即引起峰电位和爆发，B 串和 C 串临床上并不相关。与此相反，A 串的发生与面神经损伤相关。A 串肌电图高度提示存在重复放电，可见于慢性去神经过程和肌肉病变。因此，神经损伤后相应的肌肉细胞可能变得不稳定，提示它们不再受神经支配。A 串的首次发生往往与特定的手术操作相关，尤其是分离脑干附近肿瘤和内听道减压 [6, 11]。

术中不同步肌电图的主要优点是为外科医师提供几乎实时的任何可能导致神经损伤的手术操作反馈。此外，自发肌电图活动可以提示外科医师定位面神经，甚至在其未显露时。这些考虑是正确的：峰电位（或脉冲）和脉冲爆发与机械创伤同时发生，且没有任何相关延迟。但它们与神经损伤并无直接联系，A 串活动是唯一有关者，却有延误。因此，A 串活动可能不是神经保留的可靠参数，但它仍被作为面神经功能预后因素进行研究，尽管文献中缺乏肌电图模式标准化，不能对其作用做出明确结论。尤其是 Romstöck 等明确几乎所有患者术后面神经麻痹影响 A 串活动 [11]。计算的敏感性为 86%，特异性为 89%，表明 A 串的发生是术后面神经功能预后不良的一个高度准确的预测指标。A 串活动持续时间中断 10s 被认为是术后面神经功能恶化的一个预测指标 [6, 12]；Liu 等调查大型听神经瘤（直径＞ 30mm）平均串时作为预测指标 [4]，发现缺乏 A 串活动者不论是术后短期（3～7 天和 3 个月）还是长期（2 年）面神经功能更佳（HB Ⅰ～Ⅱ），反之亦然。然而，进一步的相关分析表明，平均串时的预测效果仅在短期内显著；虽然作者观察到长串时与长期的面神经损伤之间存在经验相关性，但串时最终并不能作为一个可靠的长期预测指标。

三、面神经运动诱发电位

　　面神经运动诱发电位（facial motor evoked potential，FMEP）技术是近年来发展起来的一种监测面神经功能的新技术，它克服了常规技术的诸多缺点，可能是 IOFNM 技术中最有前途者 [6]。FMEP 的解读并不依赖外科医师定位脑神经出脑干段的能力，更容易识别不同步 EMG 获得的波形记录 [6]。

FMEP 包括代表面神经运动皮质区域的刺激和随后记录到的来自同一电极与 DES 及不同步肌电图相关肌肉组的反应。经颅皮质电刺激（Transcranial electrocortical stimulation，TES）是间歇性的听觉脑干诱发电位和体感诱发电位（somatosensory evoked potential，SEP）：将螺旋状电极插入头皮，定位于 CZ（参考电极）和 C3 或 C4（国际 10-20 脑电图系统），分为左、右侧刺激。双极针型电极定位于眼轮匝肌和口轮匝肌真皮下，记录其反应。利用矩形脉冲刺激健侧，其数量和强度未标准化，随着不同方案而变 [6]。

肌肉运动诱发电位的存在表明运动通路上所有结构均得以保留，包括运动皮质、皮质脊髓束、α 运动神经元、面神经和神经肌肉接头。运动诱发电位波幅降低可解释为病理信号，但一些混杂因素可能导致假阳性反应，或许与运动通路功能障碍或技术问题有关。皮质脊髓束损伤、神经根或外周神经损伤、拉伸、缺血或压力都可能导致运动诱发电位波幅降低。神经肌肉阻滞药、刺激失败、头皮水肿可在技术层面干扰脉冲传导 [6]。另一方面，FMEP 记录来源于面神经轴突亚群，非受刺激纤维轻微损伤也可能导致假阴性结果 [6]。

脑桥小脑角和颅底手术结束时最终 / 基线 FMEP 波幅比降低 50% 被认为是术后面神经功能预后良好的指标 [6, 13]。这一标准随意性太大，不同患者 FMEP 波幅可有较大变异。Liu 等研究 FMEPs 在大型听神经瘤（直径＞ 30mm）中的作用 [4]，分析术后 3～7 天、3 个月、第 2 年随访结果，发现面神经功能良好者明显高于面神经功能差者（HB Ⅲ～Ⅵ）。

Acioly 等推测即使最终 / 基线 FMEP 波幅比高于 50%，术中 FMEP 波幅变化仍与术后面神经功能相关 [14, 15]。为此他们研究了事件 / 基线

FMEP 波幅比，将 FMEP 波形形态的变化作为预测术后近期和远期面神经功能的指标 [14, 15]。相关系数分析显示，口轮匝肌 FMEP 波幅比及波形复杂度与术后即刻及远期面神经功能结果呈显著负相关。因此，在肿瘤切除过程中 FMEP 波幅及复杂度越高，面神经功能越好 [14, 15]。该研究证实了基于 FMEP 波幅比改变手术策略，FMEP 消失等波形下降预示着严重面神经麻痹，且难以恢复 [6, 14, 15]。

参考文献

[1] Vivas EX, Carlson ML, Neff BA, Shepard NT, McCracken DJ, Sweeney AD, et al. Congress of neurological surgeons systematic review and evidence-based guidelines on intraoperative cranial nerve monitoring in vestibular schwannoma surgery. Neurosurgery. 2018;82(2):E44–E6.

[2] Amano M, Kohno M, Nagata O, Taniguchi M, Sora S, Sato H. Intraoperative continuous monitoring of evoked facial nerve electromyograms in acoustic neuroma surgery. Acta Neurochir. 2011;153(5):1059–67; discussion 67.

[3] Duarte-Costa S, Vaz R, Pinto D, Silveira F, Cerejo A. Predictive value of intraoperative neurophysiologic monitoring in assessing long-term facial function in grade IV vestibular schwannoma removal. Acta Neurochir. 2015;157(11):1991–7; discussion 8.

[4] Liu SW, Jiang W, Zhang HQ, Li XP, Wan XY, Emmanuel B, et al. Intraoperative neuromonitoring for removal of large vestibular schwannoma: facial nerve outcome and predictive factors. Clin Neurol Neurosurg. 2015;133:83–9.

[5] Mastronardi L, Cacciotti G, Roperto R. Intracanalicular vestibular schwannomas presenting with facial nerve paralysis. Acta Neurochir. 2018;160(4):689–93.

[6] Acioly MA, Liebsch M, de Aguiar PH, Tatagiba M. Facial nerve monitoring during cerebellopontine angle and skull base tumor surgery: a systematic review from description to current success on function prediction. World Neurosurg. 2013;80(6):e271–300.

[7] Nejo T, Kohno M, Nagata O, Sora S, Sato H. Dorsal displacement of the facial nerve in acoustic neuroma surgery: clinical features and surgical outcomes of 21 consecutive dorsal pattern cases. Neurosurg Rev. 2016;39(2):277–88; discussion 88.

[8] Sameshima T, Morita A, Tanikawa R, Fukushima T, Friedman AH, Zenga F, et al. Evaluation of variation in the course of the facial nerve, nerve adhesion to tumors, and postoperative facial palsy in acoustic neuroma. J Neurol Surg B Skull Base. 2013;74(1):39–43.

[9] Mastronardi L, Cacciotti G, Roperto R, Di Scipio E, Tonelli MP, Carpineta E. Position and course of facial nerve and postoperative facial nerve results in vestibular schwannoma microsurgery. World Neurosurg. 2016;94:174–80.

[10] Bozorg Grayeli A, Kalamarides M, Fraysse B, Deguine O, Favre G, Martin C, et al. Comparison between intraoperative observations and electromyographic monitoring data for facial nerve outcome after vestibular schwannoma surgery. Acta Otolaryngol. 2005;125(10):1069–74.

[11] Romstöck J, Strauss C, Fahlbusch R. Continuous electromyography monitoring of motor cranial nerves during cerebellopontine angle surgery. J Neurosurg. 2000;93(4):586–93.

[12] Prell J, Rampp S, Romstöck J, Fahlbusch R, Strauss C. Train time as a quantitative electromyographic parameter for facial nerve function in patients undergoing surgery for vestibular schwannoma. J Neurosurg. 2007;106(5):826–32.

[13] Matthies C, Raslan F, Schweitzer T, Hagen R, Roosen K, Reiners K. Facial motor evoked potentials in cerebellopontine angle surgery: technique, pitfalls and predictive value. Clin Neurol Neurosurg. 2011;113(10):872–9.

[14] Acioly MA, de Aguiar PH, Tatagiba M. Continuous monitoring of evoked facial nerve electromyograms: a new device for an old concept. Acta Neurochir. 2011;153(11):2271–2; author reply 3–4.

[15] Acioly MA, Gharabaghi A, Liebsch M, Carvalho CH, Aguiar PH, Tatagiba M. Quantitative parameters of facial motor evoked potential during vestibular schwannoma surgery predict postoperative facial nerve function. Acta Neurochir. 2011;153(6):1169–79.

第 10 章　听力保留
Hearing Preservation

Luciano Mastronardi, Alberto Campione, Ali Zomorodi, Ettore Di Scipio,
Antonio Adornetti, Takanori Fukushima　著

听神经瘤的手术已经从一个死亡风险很高的阶段发展到追求切除肿瘤的同时保留听力和面神经功能。听神经瘤常伴听力下降和耳鸣，但随着 MRI 的广泛应用使得早期发现小肿瘤（小于 2cm）成为可能，因此越来越多的患者可以表现为听力接近正常或具有实用听力。小肿瘤的最佳治疗方案仍有争议、值得继续研究，治疗方案包括观察等待（watchful waiting，WW）、SRS 和显微外科切除（microsurgical resection，MS）[1]。

神经外科医师协会（Congress of Neurological Surgeons，CNS）发布的"散发性听神经瘤患者听力保留指南"提出了患者咨询治疗方案时的一些特殊建议[2]，但并未推荐应该选择哪一种方案，突出强调患者自己选择。基于指南的系统性综述比较了上述三种治疗方案随访 2 年、5 年和 10 年后听力保留状况。表 10-1 和表 10-2 分别展示了来源于指南的所有患者听力保留率和 AAO-HNS A 类患者听力保留率的相关数据。AAO-HNS 听力分级基于 PTA 和 SDS 评估[3]：A 级对应 PTA ≤ 30dB，SDS ≥ 70%；B 级对应 PTA ≤ 50dB，SDS ≥ 50%。上述分级分别对应

表 10–1　总体实用听力保留情况（AAO–HNS 分级 B 级、Gardner–Robertson 分级实用级）

	"等待观察"	立体定向放疗	显微外科手术
术后早期	—	—	概率较低 （25%～50%）
术后 2 年	概率高 （75%～100%）	概率较高 （50%～75%）	概率较低 （25%～50%）
术后 5 年	概率较高 （50%～75%）	概率较高 （50%～75%）	概率较低 （25%～50%）
术后 10 年	概率较低 （25%～50%）	概率较低 （25%～50%）	概率较低 （25%～50%）

表 10–2　实用听力保留情况（AAO–HNS 分级 A 级）

	"等待观察"	立体定向放射	显微外科手术
术后早期	—	—	概率较高 （50%～75%）
术后 2 年	概率高 （75%～100%）	概率较高 （75%～100%）	概率较高 （50%～75%）
术后 5 年	概率较高 （50%～75%）	概率较高 （50%～75%）	概率较高 （50%～75%）
术后 10 年	数据缺失	概率较低 （25%～50%）	概率较低 （25%～50%）

Gardner–Robertson 量表定义的 I 级（良好到极好听力）和 II 级（实用听力）[4]。因此，当提到"实用听力"时意指 AAO–HNS 的 A 级和 B 级。

　　上述数据说明术后听力保留效果主要与是否选择符合条件的患者（如神经外科医师协会发布的听神经瘤手术指南所示）有关：利用颅中

窝入路或乙状窦后入路尝试保留听力手术适用于肿瘤直径＜1.5cm、术前听力良好者[5]。

Golfinos 等比较了 399 例中小型听神经瘤（≤2.8cm）接受手术和立体定向放射治疗的结果[6]：SRS 保留听力更好、并发症更少，而面神经功能保留均好。综上所述，尽管 SRS 肿瘤控制率、听功能和面神经功能保留均好（尤其是在小型听神经瘤），但并未根治肿瘤。如果这种保守治疗失败，由于接受过放射治疗导致再次手术时神经功能保留效果不尽人意。

单纯考虑听力保留、观察等待和 SRS 等无创方案表面具有的优势，如果从长远来看也可能存在具体问题。实际上，随访观察中即使肿瘤未增大也会出现听力下降[7, 8]；另一方面，系统综述报道放疗后短期内听力维持不变，但中远期可发生进行性、重度听力下降[1, 2, 7, 9, 10]。这些后遗症的数量并不比听力保留手术少[11]，因此，术前具有实用听力者应积极尝试保留听力手术[1]。

现有听力保留手术相关文献在选择理想患者、具体手术技术和平均随访时间等方面缺乏统一标准。Mazzoni 等报道了 1976—2009 年 322 例听力保留手术资料，但不同时期入组标准各异[11]，作者最后提出的标准是术前 AAO-HNS 分级 A 级、肿瘤≤10mm、ABR 正常。通过回顾分析发现共有 42 例符合这个标准，其中，48% 保留了 A 级听力，83% 保留了实用性听力。作者根据 PTA 和 SDS 对上述 42 例患者的队列进一步分层；发现术前 PTA≤20dB、SDS≥80% 者 76% 术后保持 AAO-HNS A 级听力。由此可见，肿瘤大小和术前听力状态是术后短期听力良好的最重要预测指标。根据影像学观察，肿瘤引致内听道扩大也有判断预后价值。CT 骨窗显示内听道直径越大，说明肿瘤压迫耳蜗神经越重，术后听觉功能丧失可能性越大。

Yang 等研究乙状窦后入路听觉功能保留情况[12]：回顾性分析了肿瘤小于 20mm、听力为 AAO-HNS A～D 级这组患者的资料。36% 术前具有实用性听力者（与 Mazzoni 相比例数和分组更多[11]）其听力得以保留；如果根据肿瘤大小分组后再分析，则听力保留者增加到 48%，听神经瘤 ≤ 10mm 明显好于大肿瘤（$P < 0.05$）。此外，Yang 等认为术前高频听阈阈值预测术后 PTA 比术前低频听阈阈值和 ABR 的价值更大[12]，特别是 ABR 与术后听力无关。2006 年 Samii 等报道 200 例接受乙状窦后入路者全切率达 98%，51% 保留了听力[13]。他们认为小听神经瘤（直径 < 20mm）可以达到全切且一期治愈并可保留神经功能，术前具有实用听力者可以保留听力。

大型听神经瘤手术听力保留效果存在争议，取决于如何定义大型标准。Wanibuchi 等报道 592 例 > 2cm 者听力保留率为 53.7%[14]。Di Maio 等报道 28 例 ≥ 3cm 者听力保留率为 21.4%[15]，术前 AAO-HNS A 类患者听力保留率达到 30.8%。虽然肿瘤大小与最终听力保留结果呈显著负相关，但现有证据强烈提示术前听力与术后听力密切相关，即使那些不严格的队列研究中也是如此。此外，Di Maio 等提出两个独立预后良好指标[15]，术前 MRI 显示内听道底部存在脑脊液；IAC 纵轴前方肿瘤体积 / 肿瘤总体积比值 < 35%。

术后短期听力常用于评估外科医师保留耳蜗神经解剖结构的能力，但即使在耳蜗神经完整保留者也有报道出现术后即刻全聋或听力显著下降。此时必须考虑耳蜗本身对诱发和传递电脉冲的作用。事实上，可能发生毛细胞功能丧失，合理的解释是在手术时暴露和损伤了供应耳蜗和耳蜗神经的内听动脉，而听神经受损时完整保留内听动脉极其困难[16]。也有很多更复杂的病例报道，术后成功保留听力但长期随访发现听力衰退[1, 11, 17, 18]。Strauss 等提出手术操作可能导致神经内膜滋养血管的微循环失调[19]。在神经缺血期间和缺血之后微循环失调可导致释放大量谷氨酸，转而导致钙离子流入受损神经元造成细胞死亡。切除肿瘤所致机械性或微血管损伤最初可能只影响耳蜗神经远端部分（反映为 ABR 的 I 波之外其他波出现延迟），然后随着神经变性的进展 I 波逐渐消失。

最近 Ahsan 等对首选手术者远期听力结果进行 Meta 分析显示[1]，如果术后早期保留了实用听力，5 年内极有可能保住听力。术后即刻保听率为 50%～70%，远期平均听力保留率为 70%，35%～49% 接受保听手术者在术后 5 年内将继续保持实用听力（AAO-HNS A 级或 B 级）。上述数据与接受保守治疗的听神经瘤患者长期听力保留水平一致，后者范围在 41%～57% 之间[1]。同时，据报道立体定向放疗后 3 年和 10 年的听力保留率分别为 74% 和 44.5%[8]。Ahsan 等还报道那些术后早期随访 SDS ≥ 89% 者远期听力保留效果更好[1]，这说明即使听力正常的听神经瘤患者首选手术也是合理的。Meta 分析证实只有术前和术后 PTA 结果与长期听力保留有关，这种关系也经 Nakamizo 等证实[18]。

后来有作者分析经乙状窦后入路治疗单侧听神经瘤患者平均随访 5 年的远期听力结果，7 例患者术后 6 个月内复查 PTA，发现其中 2 例患者与术后即刻 PTA 相比其 PTA 听阈降低 ≥ 5dB，末次随访时 PTA 听阈降低 ≥ 15dB；其余 5 例患者术后 6 个月复查时 PTA 下降 < 5dB，最终随访时 PTA 下降 < 15dB（P=0.04）。因此，术后早期 PTA 听阈降低可能有助于预测听功能的远期预后。

Mazzoni 等甚至进行了 6 年以上时间（6～21 年）的更长随访[17]，

他们发现 87% 术后早期听力正常者在长期随访结束时听力保持不变，这意味着 13% 的患者出现了听力减退，与此前一些作者的研究结果完全一致[11]。从全球范围来看，189 例术前为 AAO-HNS A 级或 B 级的患者中 54 例术后短期保住了听力，47 例术后长期保住了听力，短期和长期保听率分别高达 29% 和 25%。虽然效果良好，但作者认为此结果并不优于立体定向放射治疗的长期效果。但值得注意的是，与后来类似的研究相比，本研究中听力保留手术采用的标准不一致且更不严谨[11]，因此，预期长期随访结果应该更好。

术中耳蜗神经监测

根据 CNS 最新指南[20]，术前具有可测听力、肿瘤直径 < 1.5cm 的听神经瘤患者尝试听力保留手术时应使用术中耳蜗神经监测（intraoperative cochlear nerve monitoring，IOCNM）。至于最佳 IOCNM 技术，目前尚无足够证据表明直接监测听神经优于远场 ABRs[20]。

ABR 是一种需要专用设备的远场诱发电位，全麻后在外耳道内放置一个带 12 英寸塑料管的软耳模并予以密封，表面电极放置在头顶（Cz）和两侧耳垂（A1 和 A2），利用双通道（A1-Cz 和 A2-Cz）引出和收集健侧反应[21, 22]。向患侧发出 31～51Hz、90～100dB 声压的短咔嗒声或音调声，利用 50dB 白噪声掩蔽健耳[21, 22]，术前记录两耳基线反应作为整个手术过程监测的基线。典型 ABR 包括 5～7 个峰，均在给声后 10ms 内产生，临床上前 5 个峰（波 I～V）最重要。IV 波和 V 波产生于上脑桥和中脑下部。波 V 往往最粗大，手术期间需要密切监测。V 波潜伏期延长超过 0.5ms 或任何波形变化消失时应提醒外科医师[23]。ABR 的主要缺点是反应波幅小于 1μV，因此需要叠加和长时间采集数据才能获得足够的信噪比。因此，ABR 技术的瞬时分辨率较差，且易受术中各种因素干扰，包括切开硬膜、盐水冲洗术野、手术显微镜、高速电钻、超声吸引器等[27]。尽管如此，2016 年 Hummel 等报道 ABR 可以作为预测术后耳蜗神经功能的指标[24]，60% 的病例显示肿瘤切除后 ABR 波形质量是预测听力结果的独立指标，ABR 受到影响可能是切除肿瘤过程中对耳蜗神经的进行性损害，也可能是手术最后阶段从耳蜗神经表面剥离肿瘤包膜时损伤神经[24]。

经典 ABR 的最新进展是 CE-Chirp®ABR（图 10-1），这是一种应用于新生儿听力检测的新型声刺激，旨在增强神经同步性、更快地检测出大波幅 V 波。Claus Elberling 开发的 CE-Chirp® 声刺激与常用的方波短声刺激具有相同的频谱和标准，CE-Chirp® 刺激产生的声能几乎同时到达耳蜗的所有区域[25, 26]。它们的区别在于声音刺激的低、

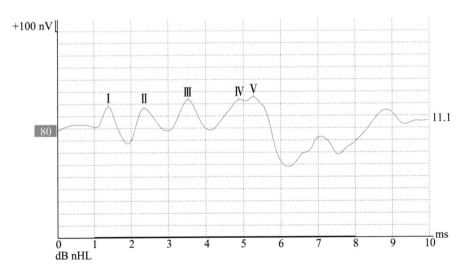

▲ 图 10-1　经典 ABR

（经许可转载，引自 Springer Customer Service Center GmbH: Springer Nature, Neurosurgical Review, CE-Chirp® ABR in cerebellopontine angle surgery neuromonitoring: technical assessment in four cases, Ettore Di Scipio, Luciano Mastronardi, 2015）

中、高频成分的呈现时间不同，这种变化抵消了耳蜗行波力学作用，导致 ABR 波幅增加超过正常听力者相应短声引出的 ABR 波形 [25, 26]（图 10-2）。

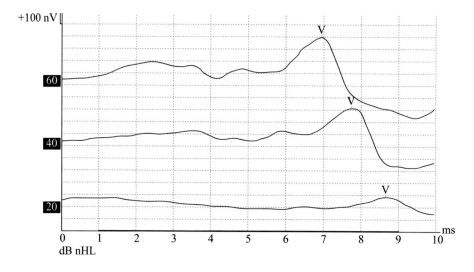

▲ 图 10-2　不同声压 CE-Chirp® ABR

与图 10-1 相比，即使低声压也可引出高强度 V 波（经许可转载，引自 Springer Customer Service Centre GmbH: Springer Nature, Neurosurgical Review, CE-Chirp® ABR in cerebellopontine angle surgery neuromonitoring: technical assessment in four cases, Ettore Di Scipio, Luciano Mastronardi, 2015）

　　Mastronardi 等初步研究发现在所有患者中经典的 ABR 需要大约 1000 个刺激才能引出一个清晰、可监测的 V 波 [22]，而使用 CE-Chirp®ABR 只需要大约 600 个刺激即可，从而减少了成功刺激所需时间。此外，每次扫描的分析时间为 10s，这使得监测小组能够在 V 波变化或消失时及时提醒外科医师。上述作者进一步研究患者术后听力保留效果，以肿瘤大小为参照，术中使用水平特异性（LS）-CE-Chirp®ABR 监测。选取 25 例术前 AAO-HNS 分级为 A、B 级听力的患者，根据肿瘤大小分为 A 组（≤ 2cm）和 B 组（＞ 2cm），总保听率为52%，其中 A 组为 61.5%，B 组为 41.7%（P=0.014），两组之间有显著性差异。

Yamakami 等在乙状窦后入路切除小听神经瘤时使用了一种新设计的颅内电极对耳蜗神经复合动作电位（cochlear nerve compound action potentials，CNAPs）进行连续监测[27]。CNAP 是一种近场诱发电位，颅内电极直接放置于脑池段耳蜗神经上，这种电极将一小簇棉花固定在一根精细、可延展、包裹乌拉坦的导线尖端。根据他们的研究报道，切开硬膜后尽快识别脑池段耳蜗神经[27]，将颅内电极尖端置于脑桥小脑角肿瘤内侧靠近脑桥耳蜗神经根部，然后用小棉片包裹固定，将电极与术野隔开。放好电极后、开始切除肿瘤前记录基线 CNAP，整个硬膜内手术过程中持续监测 CNAPs。

CNAP 是单个耳蜗神经纤维信号的总和。肿瘤压迫耳蜗神经导致单个神经纤维传导阻滞、电信号去同步化，去同步化本身导致振幅下降甚至 CNAPs 消失。耳蜗神经减压可以缓解去同步化导致肿瘤切除后的反应幅度增加[27]，因此，显微外科手术可导致 CNAPs 形态和强度发生动态变化。

Yamakami 等报道 44 例≤ 1.5cm 的听神经瘤患者中 72% 术后具有实用听力[27-29]并得出结论，CNAP 比经典 ABR（方波短声刺激诱发）提供的监测结果更可靠（66% vs. 32%，P ＜ 0.01）[27-29]，保听概率更高[29]。然而，Mastronardi 等在直径≤ 2cm 的听神经瘤手术中只有61.5% 的保听率[22]，似乎差别不大。这可能说明，尽管 CNAP 比传统 ABR 具有诸多优势，但 CE-Chirp®ABR 没有 CNAP 电极移位的风险，有待进一步研究直接比较两种技术。

参考文献

[1] Ahsan SF, Huq F, Seidman M, Taylor A. Long-term hearing preservation after resection of vestibular schwannoma: a systematic review and meta-analysis. Otol Neurotol. 2017;38(10):1505–11.

[2] Carlson ML, Vivas EX, McCracken DJ, Sweeney AD, Neff BA, Shepard NT, et al. Congress of Neurological Surgeons Systematic Review and Evidence-Based Guidelines on Hearing Preservation Outcomes in Patients With Sporadic Vestibular Schwannomas. Neurosurgery. 2018;82(2):E35–E9.

[3] Committee on Hearing and Equilibrium guidelines for the evaluation of hearing preservation in acoustic neuroma (vestibular schwannoma). American Academy of Otolaryngology-Head and Neck Surgery Foundation, INC. Otolaryngol Head Neck Surg. 1995;113(3):179–80.

[4] Gardner G, Robertson JH. Hearing preservation in unilateral acoustic neuroma surgery. Ann Otol Rhinol Laryngol. 1988;97(1):55–66.

[5] Hadjipanayis CG, Carlson ML, Link MJ, Rayan TA, Parish J, Atkins T, et al. Congress of neurological surgeons systematic review and evidence-based guidelines on surgical resection for the treatment of patients with vestibular schwannomas. Neurosurgery. 2018;82(2):E40–E3.

[6] Golfinos JG, Hill TC, Rokosh R, Choudhry O, Shinseki M, Mansouri A, et al. A matched cohort comparison of clinical outcomes following microsurgical resection or stereotactic radiosurgery for patients with small- and medium-sized vestibular schwannomas. J Neurosurg. 2016;125(6):1472–82.

[7] Hoa M, Drazin D, Hanna G, Schwartz MS, Lekovic GP. The approach to the patient with incidentally diagnosed vestibular schwannoma. Neurosurg Focus. 2012;33(3):E2.

[8] Stangerup SE, Thomsen J, Tos M, Cayé-Thomasen P. Long-term hearing preservation in vestibular schwannoma. Otol Neurotol. 2010;31(2):271–5.

[9] Patnaik U, Prasad SC, Tutar H, Giannuzzi AL, Russo A, Sanna M. The long-term outcomes of wait-and-scan and the role of radiotherapy in the management of vestibular schwannomas. Otol Neurotol. 2015;36(4):638–46.

[10] Prasad SC, Patnaik U, Grinblat G, Giannuzzi A, Piccirillo E, Taibah A, et al. Decision making in the wait-and-scan approach for vestibular schwannomas: is there a price to pay in terms of hearing, facial nerve, and overall outcomes? Neurosurgery. 2018;83(5):858–70.

[11] Mazzoni A, Biroli F, Foresti C, Signorelli A, Sortino C, Zanoletti E. Hearing preservation surgery in acoustic neuroma. Slow progress and new strategies. Acta Otorhinolaryngol Ital. 2011;31(2):76–84.

[12] Yang J, Grayeli AB, Barylyak R, Elgarem H. Functional outcome of retrosigmoid approach in vestibular schwannoma surgery. Acta Otolaryngol. 2008;128(8):881–6.

[13] Samii M, Gerganov V, Samii A. Improved preservation of hearing and facial nerve function in vestibular schwannoma surgery via the retrosigmoid approach in a series of 200 patients. J Neurosurg. 2006;105(4):527–35.

[14] Wanibuchi M, Fukushima T, Friedman AH, Watanabe K, Akiyama Y, Mikami T, et al. Hearing preservation surgery for vestibular schwannomas via the retrosigmoid transmeatal approach: surgical tips. Neurosurg Rev. 2014;37(3):431–44; discussion 44.

[15] Di Maio S, Malebranche AD, Westerberg B, Akagami R. Hearing preservation after microsurgical resection of large vestibular schwannomas. Neurosurgery. 2011;68(3):632–40; discussion 40.

[16] Babbage MJ, Feldman MB, O'Beirne GA, Macfarlane MR, Bird PA. Patterns of hearing loss following retrosigmoid excision of unilateral vestibular schwannoma. J Neurol Surg B Skull Base. 2013;74(3):166–75.

[17] Mazzoni A, Zanoletti E, Calabrese V. Hearing preservation surgery in acoustic neuroma: long-term results. Acta Otorhinolaryngol Ital. 2012;32(2):98–102.

[18] Nakamizo A, Mori M, Inoue D, Amano T, Mizoguchi M, Yoshimoto K, et al. Long-term hearing outcome after retrosigmoid removal of vestibular schwannoma. Neurol Med Chir (Tokyo). 2013;53(10):688–94.

[19] Strauss C, Bischoff B, Neu M, Berg M, Fahlbusch R, Romstöck J. Vasoactive treatment for hearing preservation in acoustic neuroma surgery. J Neurosurg. 2001;95(5):771–7.

[20] Vivas EX, Carlson ML, Neff BA, Shepard NT, McCracken DJ, Sweeney AD, et al. Congress of neurological surgeons systematic review and evidence-based guidelines on intraoperative cranial nerve monitoring in vestibular schwannoma surgery. Neurosurgery. 2018;82(2):E44–E6.

[21] Di Scipio E, Mastronardi L. CE-Chirp® ABR in cerebellopontine angle surgery neuromonitoring: technical assessment in four cases. Neurosurg Rev. 2015;38(2):381–4; discussion 4.

[22] Mastronardi L, Di Scipio E, Cacciotti G, Roperto R. Vestibular schwannoma and hearing preservation: usefulness of level specific CE-Chirp ABR monitoring. A retrospective study on 25 cases with preoperative socially useful hearing. Clin Neurol Neurosurg. 2018;165:108–15.

[23] Youssef AS, Downes AE. Intraoperative neurophysiological monitoring in vestibular schwannoma surgery: advances and clinical implications. Neurosurg Focus. 2009;27(4):E9.

[24] Hummel M, Perez J, Hagen R, Gelbrich G, Ernestus RI, Matthies C. Auditory monitoring in vestibular schwannoma surgery: intraoperative development and outcome. World Neurosurg. 2016;96:444–53.

[25] Elberling C, Don M. Auditory brainstem responses to a chirp stimulus designed from derived-band latencies in normal-hearing subjects. J Acoust Soc Am. 2008;124(5):3022–37.

[26] Elberling C, Don M, Cebulla M, Stürzebecher E. Auditory steady-state responses to chirp stimuli based on cochlear traveling wave delay. J Acoust Soc Am. 2007;122(5):2772–85.

[27] Yamakami I, Yoshinori H, Saeki N, Wada M, Oka N. Hearing preservation and intraoperative auditory brainstem response and cochlear nerve compound action potential monitoring in the removal of small acoustic neurinoma via the retrosigmoid approach. J Neurol Neurosurg Psychiatry. 2009;80(2):218–27.

[28] Yamakami I, Oka N, Yamaura A. Intraoperative monitoring of cochlear nerve compound action potential in cerebellopontine angle tumour removal. J Clin Neurosci. 2003;10(5):567–70.

[29] Yamakami I, Ushikubo O, Uchino Y, Kobayashi E, Saeki N, Yamaura A, et al. [Intraoperative monitoring of hearing function in the removal of cerebellopontine angle tumor: auditory brainstem response and cochlear nerve compound action potential]. No Shinkei Geka. 2002;30(3):275–82.

第 11 章　激光和超吸刀
Usefulness of Laser and Ultrasound Aspirator

Luciano Mastronardi, Alberto Campione, Ali Zomorodi, Raffaelino Roperto, Guglielmo Cacciotti, Takanori Fukushima　著

一、激光

激光安全有效的应用于不同外科领域已逾 40 载 [1-3]，激光切除肿瘤的基本原理是"非接触"切割和组织消融伴止血 [4]。总的来说，激光手术具有减少机械创伤、术中出血等诸多优点 [5-7]。目前应用于听神经瘤手术的激光有三种类型，即磷酸氧化钾（KTP-532）、二氧化碳（carbon dioxide，CO_2）、新型 2μ- 铥激光器。

KTP-532 是一种波长为 532nm 脉冲式激光，可被血红蛋白而不是水吸收。2005 年可弯曲光导纤维、连续波 CO_2 激光问世之前，KTP-532 应用非常广泛 [8-10]。Nissen 等报道了 111 例 KTP-532 激光切除听神经瘤，认为激光切割不会导致神经后遗症或激光特异性并发症 [11]。此外，面神经功能保护效果与文献报道的非激光技术无明显差异。根据 HB 分级 [12]，90.2% 小肿瘤、72.2% 中肿瘤、75% 大肿瘤达到了满意的面神经功能保护结果（HB Ⅰ～Ⅱ级）[11]。

108

早在 1970 年，Stellar 等就报道使用 CO_2 激光切除颅内肿瘤[13]。CO_2 激光在手术中具有独特优势。红外波长（10.6μm）透水性极差，限制其仅作用于被切割生物组织的表面，最大限度减少邻近组织损伤[2, 14, 15]。此外，它是一种连续波激光能量，避免了脉冲激光的爆炸效应，可以利用聚焦光束进行精确切割和蒸发，不需要提前处理或收缩组织[2]。2005年之前 CO_2 激光只能通过一个带有镜子和庞大关节臂的外壳来传输能量，既不符合人体力学，也不方便操作。实际上，当时所有的光纤传输材料均不能传输 10.6μm 的红外光，因此无法使用光纤[2]。Eiras 等报道在 12 例巨大听神经瘤手术中应用 CO_2 激光辅助切除肿瘤[16]，尽管面神经保留成功，但激光技术比传统显微外科技术耗时更长（6.1h vs. 5.5h），这可能归因于激光设备本身设计不合理[16]。2005 年后问世的新装置可通过小而灵活的手柄引导 CO_2 激光束应用于手术过程。因此，这种激光业已证明比传统的双极电凝更精确、周围组织损伤更少[15]。

Scheich 等分析了颅中窝径路听神经瘤手术中辅助使用可弯曲 CO_2 激光（Omniguide®，FELS 30A，Omniguide Inc.，Cambridge，MA，USA）的结果[7]，20 例听神经瘤 T_1/T_2 期、AAO-HNS 级听力 A～B 患者术中应用激光[17]，将其结果与对照组对比。两组患者术前面神经功能均正常（HB Ⅰ）；术后 1 周两组患者均有 70% 保留 HB Ⅰ面部功能；术后 3个月试验组和对照组面神经功能完全恢复者（HB Ⅰ）分别为 100% 和95%。根据 Gardner-Robertson 量表"实用听力"的定义，两组患者术前均有实用听力[18]。激光组与对照组保听率分别为 72%、82%，无统计学差异。平均手术时间（从切皮到缝合）无统计学差异。作者由此得出结论，即在听神经瘤手术中使用手持可弯曲 CO_2 激光纤维安全可靠，功能保留效果与常规手术方法一致。激光似乎特别适用于切除"困难"肿瘤（例如血供丰富）[7]。

Schwartz 等回顾分析了 41 例经乙状窦后入路（retrosigmoid，RS）或经迷路入路（translabyrinthine，TL）切除大中型听神经瘤手术中辅助使用可弯曲 CO_2 激光（Omniguide®、FELS-25A、ARC laser GmbH）的效果[4]，手术时间及失血量与对照组相比无统计学差异。术前 97.6% 患者面神经功能正常（HB Ⅰ级），术后第 1 天 70.7% HB Ⅰ级，最后一次随访 92.7% HB Ⅰ级。4 例经乙状窦后入路使用 CO_2 激光尝试听力保留，2 例（50%）保留术前听力（AAO-HNS A 类和 B 类各 1 例）。综上所述，与其他报道相比脑神经功能保留比较乐观[19-21]。至于激光的作用，作者认为它更适宜作切割（比显微剪更有优势）而不是作气化；一只手拿着吸引器吸引肿瘤的同时利用激光切除肿瘤可避免显微剪的典型推压作用，能以更少的步骤切除更大的肿瘤；"非接触"切除邻近内听道的肿瘤有助于避免牵拉脑神经。最重要的是，作者建议术腔持续冲洗盐水，从而保护深部组织[4]。

2μ- 铥激光是波长 2μm 连续波激光，过多的激光辐射可被冲洗液吸收，因此不会影响导光纤维尖端 3mm 以外的组织。组织损伤局限在 0.2～1.0mm，导光纤维极细不妨碍手术视野、可精确控制范围。2μ- 铥激光在颅内脑膜瘤手术也很有应用前景[22]，特别适用于肿瘤及其根部的减容、皱缩和凝固。

Mastronardi 等分析了听神经瘤手术中辅助应用 2μ- 铥激光的两项研究[5, 6]，最近这项研究纳入激光组 37 例（激光组）、对照组 44 例（对照组）[5]。激光组利用手持可弯曲 2μ- 铥激光导光纤维（RevoLix™，丽莎激光产品，Katlenburg-Lindau，德国）切开包膜、肿瘤减容，0.9% 盐水冲洗、冷却。导光纤维结合双极电凝、显微剪和超声吸引器，切割、气化、凝固包膜及包膜内肿瘤。肿瘤减容后利用常规显微器械切除剩余肿瘤包膜[5, 6]。平均手术时间随肿瘤大小而变化，但激光组和对照组之间无显著差异。术前激光组 5 例、对照组 3 例面瘫，其余面神经功能正常（HB Ⅰ级）。术后第 1 天激光组与对照组面神经功能正常率分别为 38.9%、61.4%，激光组保面率较低可能是由于肿瘤平均大小略大于对照组（但无统计学差异）。术后 6 个月 HB Ⅰ级比例两组几乎相同（激光组 91.7%，对照组 93.2%）。术前激光组 14 例、对照组 22 例听力正常（AAO-HNS A～B 级），激光组与对照组的保听率分别为 78.6%、68.2%，无统计学差异。两组神经保留率相似，也与其他报道相似[4, 7, 21, 23]。因此，使用 2μ- 铥手持可弯曲激光光纤于听神经瘤手术安全可靠，有助于切除肿瘤尤其是"困难"条件下（例如血供丰富、坚硬肿瘤）[5]，Scheich 等已提及此点[7]。

二、超吸刀

1947 年超吸刀（ultrasonic aspirator，USA）首次应用于清除牙菌斑。1978 年 Flamm 等在动物大脑上测试该装置并首次应用于脑膜瘤和听神经瘤手术[24]。这一新技术经过 20 世纪 80 年代不断修改和完善，业已成为切除脑肿瘤最常用的复杂辅助工具[25]。1999 年 Sawamura 等制订了首个超吸刀标准，即一种操作灵活、合并冲洗 - 抽吸系统且不需持续冷却的电控装置[25]。

超吸刀基本构成包括手柄和探头，不同类型探头尖端各不相同。最初可用手柄有两种：一种是磁控伸缩系统，由于线圈电阻导致效率较低、容易过热；另一种是电控伸缩系统，通过高效压电陶瓷换能器将电能转换为纵向机械振动。由于电控伸缩系统无须冷却、体积更小、易于操作，遂成为现代超吸刀核心基础[25]。压电换能器产生的振动将高压峰和低压峰作用于靶组织，低压峰导致细胞膨胀，高压峰导致细胞破裂。这个过程具有选择性，因为高含水量软组织更容易形成气蚀，而胶原蛋白和弹力纤维会随着声波振动发生共振。需要专用切割消融技巧克服纤维化或钙化组织的共振现象，这种技巧可打破胶原键导致气蚀。

超吸刀可粉碎组织，首先应用于神经胶质瘤和颅后窝肿瘤包括听神经瘤减容。超吸刀替代了显微取瘤钳和电凝（传统的电凝-吸引技术），两者可能显著牵拉邻近神经血管结构[25]。旧型号空腔超吸刀（cavitron ultrasonic surgical aspirator，CUSA）的主要缺点是颅底手术中存在着间接损伤脑神经[26]、容易撕裂那些被肿瘤压迫拉伸的神经及小动脉的风险。Sawamura 等报道他们新设计的针型探头与其他探头比较无牵拉损伤风险，最终显示针型探头所致神经和蛛网膜穿孔的风险更小[25]。因此，预计现代超吸刀可最大限度不接触手术区域周围的神经血管结构。

Epstein 报道空腔超吸刀粉碎组织时无法止血，需要辅以常规止血技术[27]。2000 年 Kanzaki 等报道一种超声激活手术刀具有良好止血性能，其振动刀导致组织蛋白机械变性，形成一种黏性凝结物密封血管（"被动凝血"机制）。至于神经血管保护，这 15 例患者面神经功能保留率明显高于未使用超声激活手术刀者（$P < 0.01$）[28]。

最近有报道在常规颅底手术中利用超吸刀替代电钻磨除内听道周围骨质。2015 年此项技术开始应用于尸头解剖[29, 30]，2016 年 Modest 等首次报道在 55 例乙状窦后入路听神经瘤手术中利用超吸刀磨除内听道周围骨质[31]。Weber 与 Golub 等尸头解剖显示超吸刀与传统电钻相比[30]，磨骨时间相同，但骨屑迸溅只有 1/25。理论上讲，减少内听道磨骨时骨粉弥散，可能减少术后头痛发生率。事实上已有一些作者推断颅内骨粉播散可能是化学脑膜炎的主要原因，而乙状窦后入路比经迷路入路和颅中窝入路术后头痛发病率高的原因就是，只有乙状窦后入路为了开放内听道需要在硬膜内磨除内听道周围骨质[32, 33]。

Modest 等报道使用超吸刀不会损伤颈静脉球、脑神经、血管及小脑组织，磨除内听道周围骨质时间与常规使用电钻时间相近[29, 31]。但作者认为由于冲洗和脑脊液流动的原因仍然存在骨屑散布的问题，只是与常规电钻相比，超吸刀骨屑颗粒更大，更容易从颅后窝清除[31]。至于面神经功能保留，11% 的患者有暂时性面神经功能减弱（HB Ⅱ～Ⅴ级）（＜6 个月）；9% 患者在最后一次随访时（＞6 个月）有轻度面神经功能减退（HB Ⅱ～Ⅲ级）[31]。这些结果证实了 Ito 等报道的超吸刀的安全性[34]。12 例适合听力保留手术（肿瘤大小＜1.5cm，AAO-HNS A～B 级）效果：50% 成功保留听力，整个研究中未发现使用超吸刀导致听力下降的证据[31]，此举也证实了先前的报道结果[34, 35]。最后随访时（＞6 个月）15% 的患者存在持续头痛需要服用药物[31]。文献报道乙状窦后入路使用电钻者术后头痛发生率为 17%～80%[32, 33]，但 Modest 在研究中未设对照组，故无法证明使用超吸刀能够减少术后头痛的发生。

综上所述，超吸刀符合人体力学、安全可靠，既可磨骨，也可切除肿瘤，无须另外配置电钻；但必须小心控制吸引冲洗，设置合适动力以获得理想效果，避免损伤周围脑膜和软组织。本书作者建议听神经瘤减容时配置：功率 50，吸引 5，冲洗 5，开放内听道时再加大功率。

参考文献

[1] Gardner G, Robertson JH, Clark WC, Bellott AL, Hamm CW. Acoustic tumor management—combined approach surgery with CO_2 laser. Am J Otol. 1983;5(2):87–108.

[2] Ryan RW, Spetzler RF, Preul MC. Aura of technology and the cutting edge: a history of lasers in neurosurgery. Neurosurg Focus. 2009;27(3):E6.

[3] Tew JM, Tobler WD. Present status of lasers in neurosurgery. Adv Tech Stand Neurosurg. 1986;13:3–36.

[4] Schwartz MS, Lekovic GP. Use of a flexible hollow-core carbon dioxide laser for microsurgical resection of vestibular schwannomas. Neurosurg Focus. 2018;44(3):E6.

[5] Mastronardi L, Cacciotti G, Roperto R, Tonelli MP, Carpineta E, How I. Do it: the role of flexible hand-held 2μ-thulium laser fiber in microsurgical removal of acoustic neuromas. J Neurol Surg B Skull Base. 2017;78(4):301–7.

[6] Mastronardi L, Cacciotti G, Scipio ED, Parziale G, Roperto R, Tonelli MP, et al. Safety and usefulness of flexible hand-held laser fibers in microsurgical removal of acoustic neuromas (vestibular schwannomas). Clin Neurol Neurosurg. 2016;145:35–40.

[7] Scheich M, Ginzkey C, Harnisch W, Ehrmann D, Shehata-Dieler W, Hagen R. Use of flexible CO_2 laser fiber in microsurgery for vestibular schwannoma via the middle cranial fossa approach. Eur Arch Otorhinolaryngol. 2012;269(5):1417–23.

[8] Hart SD, Maskaly GR, Temelkuran B, Prideaux PH, Joannopoulos JD, Fink Y. External reflection from omnidirectional dielectric mirror fibers. Science. 2002;296(5567):510–3.

[9] Ibanescu M, Fink Y, Fan S, Thomas EL, Joannopoulos JD. An all-dielectric coaxial waveguide. Science. 2000;289(5478):415–9.

[10] Temelkuran B, Hart SD, Benoit G, Joannopoulos JD, Fink Y. Wavelength-scalable hollow optical fibres with large photonic bandgaps for CO_2 laser transmission. Nature. 2002;420(6916):650–3.

[11] Nissen AJ, Sikand A, Welsh JE, Curto FS. Use of the KTP-532 laser in acoustic neuroma surgery. Laryngoscope. 1997;107(1):118–21.

[12] House JW, Brackmann DE. Facial nerve grading system. Otolaryngol Head Neck Surg. 1985;93(2):146–7.

[13] Stellar S, Polanyi TG, Bredemeier HC. Experimental studies with the carbon dioxide laser as a neurosurgical instrument. Med Biol Eng. 1970;8(6):549–58.

[14] Cerullo LJ, Mkrdichian EH. Acoustic nerve tumor surgery before and since the laser: comparison of results. Lasers Surg Med. 1987;7(3):224–8.

[15] Ryan RW, Wolf T, Spetzler RF, Coons SW, Fink Y, Preul MC. Application of a flexible CO(2) laser fiber for neurosurgery: laser-tissue interactions. J Neurosurg. 2010;112(2):434–43.

[16] Eiras J, Alberdi J, Gomez J. Laser CO_2 in the surgery of acoustic neuroma. Neurochirurgie. 1993;39(1):16–21; discussion 21–3.

[17] Committee on Hearing and Equilibrium guidelines for the evaluation of hearing preservation in acoustic neuroma (vestibular schwannoma). American Academy of Otolaryngology-Head and Neck Surgery Foundation, INC. Otolaryngol Head Neck Surg. 1995;113(3):179–80.

[18] Gardner G, Robertson JH. Hearing preservation in unilateral acoustic neuroma surgery. Ann Otol Rhinol Laryngol. 1988;97(1):55–66.

[19] Ben Ammar M, Piccirillo E, Topsakal V, Taibah A, Sanna M. Surgical results and technical refinements in translabyrinthine excision of vestibular schwannomas: the Gruppo Otologico experience. Neurosurgery. 2012;70(6):1481–91; discussion 91.

[20] Nonaka Y, Fukushima T, Watanabe K, Friedman AH, Sampson JH, Mcelveen JT, et al. Contemporary surgical management of vestibular schwannomas: analysis of complications and lessons learned over the past decade. Neurosurgery. 2013;72(2 Suppl Operative):ons103–15; discussion ons15.

[21] Samii M, Gerganov V, Samii A. Improved preservation of hearing and facial nerve function in vestibular schwannoma surgery via the retrosigmoid approach in a series of 200 patients. J Neurosurg. 2006;105(4):527–35.

[22] Passacantilli E, Antonelli M, D'Amico A, Delfinis CP, Anichini G, Lenzi J, et al. Neurosurgical applications of the 2-μm thulium laser: histological evaluation of meningiomas in comparison to bipolar forceps and an ultrasonic aspirator. Photomed Laser Surg. 2012;30(5):286–92.

[23] Wanibuchi M, Fukushima T, Friedman AH, Watanabe K, Akiyama Y, Mikami T, et al. Hearing preservation surgery for vestibular schwannomas via the retrosigmoid transmeatal approach: surgical tips. Neurosurg Rev. 2014;37(3):431–44; discussion 44.

[24] Flamm ES, Ransohoff J, Wuchinich D, Broadwin A. Preliminary experience with ultrasonic aspiration in neurosurgery. Neurosurgery. 1978;2:240–5.

[25] Sawamura Y, Fukushima T, Terasaka S, Sugai T. Development of a handpiece and probes for a microsurgical ultrasonic aspirator: instrumentation and application. Neurosurgery. 1999;45(5):1192–6; discussion 7.

[26] Ridderheim PA, von Essen C, Zetterlund B. Indirect injury to cranial nerves after surgery with Cavitron ultrasonic surgical aspirator (CUSA). Case report. Acta Neurochir. 1987;89(1–2):84–6.

[27] Epstein F. The Cavitron ultrasonic aspirator in tumor surgery. Clin Neurosurg. 1983;31:497–505.

[28] Kanzaki J, Inoue Y, Kurashima K, Shiobara R. Use of the ultrasonically activated scalpel in acoustic neuroma surgery: preliminary report. Skull Base Surg. 2000;10(2):71–4.

[29] Golub JS, Weber JD, Leach JL, Pottschmidt NR, Zuccarello M, Pensak ML, et al. Feasibility of the ultrasonic bone aspirator in retrosigmoid vestibular schwannoma removal. Otolaryngol Head Neck Surg. 2015;153(3):427–32.

[30] Weber JD, Samy RN, Nahata A, Zuccarello M, Pensak ML, Golub JS. Reduction of bone dust with ultrasonic bone aspiration: implications for retrosigmoid vestibular schwannoma removal. Otolaryngol Head Neck Surg. 2015;152(6):1102–7.

[31] Modest MC, Carlson ML, Link MJ, Driscoll CL. Ultrasonic bone aspirator (Sonopet) for meatal bone removal during retrosigmoid craniotomy for vestibular schwannoma. Laryngoscope. 2017;127(4):805–8.

[32] Ansari SF, Terry C, Cohen-Gadol AA. Surgery for vestibular schwannomas: a systematic review of complications by approach. Neurosurg Focus. 2012;33(3):E14.

[33] Teo MK, Eljamel MS. Role of craniotomy repair in reducing postoperative headaches after a retrosigmoid approach. Neurosurgery. 2010;67(5):1286–91; discussion 91–2.

[34] Ito T, Mochizuki H, Watanabe T, Kubota T, Furukawa T, Koike T, et al. Safety of ultrasonic bone curette in ear surgery by measuring skull bone vibrations. Otol Neurotol. 2014;35(4):e135–9.

[35] Levo H, Pyykkö I, Blomstedt G. Postoperative headache after surgery for vestibular schwannoma. Ann Otol Rhinol Laryngol. 2000;109(9):853–8.

第 12 章 缝合硬膜技术
Techniques of Dural Closure for Zero CSF Leak

Luciano Mastronardi, Guglielmo Cacciotti, Alberto Campione, Ali Zomorodi,
Raffaelino Roperto, Takanori Fukushima　著

复杂颅脑术后发生脑脊液漏无疑是一种挑战，存在潜在风险。颅后窝手术尤其如此，此处难以做到硬膜重建水密缝合，且脑脊液搏动大于其他部位[1-3]。Copeland 等报道采用经迷路入路（translabyrinthine，TL）切除听神经瘤发生术后脑脊液漏的风险与肥胖和手术时间较长密切相关[4]。脑脊液漏入颅底软组织可引起切口破裂和（或）假脑膜膨出，导致患者疼痛、体质虚弱。此外，脑脊液皮漏可增加手术部位感染和脑膜炎的风险[1]。Nonaka 等报道357 例听神经瘤手术[3]，脑脊液漏7.6%，伤口感染2.2%，脑膜炎1.7%。另一方面，Xia 等回顾分析大量文献综述[5]，发现经乙状窦后入路显微血管减压术治疗三叉神经痛者脑脊液漏发生率为1.6%（0.7%～2.5%）。

业已报道各种颅后窝硬膜重建和缝合技术：连续缝合或间断缝合人工合成硬膜补片；联合使用自体组织（颅外膜或阔筋膜）；"肌肉串"缝合小缺损和（或）使用明胶海绵、可吸收止血剂和硬膜黏合剂。腰大池引流或脑室外引流等临时性脑脊液分流术可降低跨硬膜压力梯度，直至切口完全愈合[2]。但即使应用这些技术也不可能保证硬膜水密缝

合，毕竟在缝合过程中手术针线存在间隙。由于此处脑脊液压力较高，应避免使用"嵌套式"合成硬膜移植物[2]。

　　Chauvet 等开发了一种测试硬膜水密缝合的实验装置：研究证实间断缝合与连续缝合缝合效果相同[6]。此外，测试两种黏合剂 / 胶水（BioGlue®，CryoLife，USA 和 DuraSeal®，Covidien，Ireland）和两种止血剂（TachoSil®，Takeda，Japan 和 Tissucol®，Baxter，USA）显示水密性不同[6]：两种黏合剂均能显著提高缝线水密性，但一种黏合剂（DuraSeal®）和一种止血剂（TachoSil®）效果更好。Lam 和 Kasper 研究了非雾化薄层硬膜黏合胶（DuraSeal®）应用于干燥硬膜表面的效果[2]，他们最终是利用显微螺钉将钛网固定在颅骨上修复开颅术后骨质缺损[2]。

　　所谓外科补片（TachoSil®，武田，日本）就是把纤维蛋白原和凝血酶的生物活性与胶原补片的机械支撑作用结合起来。它来自胶原（因此可自然吸收）并被批准用于止血和密封组织。接触血液或其他体液时凝血因子发生反应形成纤维蛋白凝块将手术补片粘在组织表面，几分钟内形成气密和液密封闭，防止术后再次出血和脑脊液漏[6, 7]。

　　虽然目前有多种硬膜替代物可用，但诸多文献推荐优先使用自体材料而不是异体材料[2, 8-10]。Czorny 在枕骨开颅术中利用顶骨骨膜致密修补硬膜缺损[8]，这样可以防止假性脑膜膨出，并能更好地耐受术后可能出现的小脑水肿。Kosnik 提出颅后窝手术中利用项韧带封闭硬膜新技术[9]，利用此技术避免了 200 多例术后脑脊液漏。带血管蒂颅骨膜瓣或自体骨膜配合强力硬膜黏合剂是颅后窝硬脑膜切开术的有效修复方法。

　　多篇文献提及利用自体组织修复颅后窝硬膜缺损[2, 8, 9]。Mastronardi

等报道乙状窦后入路术中将自体颅骨膜内衬插入、缝合封闭硬膜缺损[11]；入组患者27名，颅内病变处理完毕、仔细止血后，将自体颅骨膜经缺损处插入、内衬于硬膜缺损处。此移植物比硬膜缺损略大一点，周边可铺于硬膜缺损边缘。先在手术显微镜下利用图12-1所示的3-0丝线将颅骨膜固定在硬脑膜上（从内到外），然后涂一层可吸收止血药（美国新泽西州，Somerville，J和J，Ethicon，J），再铺放一小块带硬膜黏合剂（DuraSeal，Covidien LLC，Mansfield，Massachusetts或Tisseel，Baxter，Deerfield，USA）的外科补片（Takeda，Takeda，日本）。作者报道采用此封闭硬膜缺损技术未出现术区感染、脑膜炎、脑脊液漏或新发神经症状。1例（4%）2型神经纤维瘤病患者切除大听神经瘤术后48h CT扫描发现无症状小假性脑膜膨出，术后3个月复查MRI脑脊液囊消失。

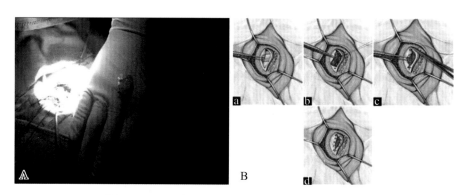

▲ 图 12-1　乙状窦后入路利用自体骨膜内衬法修补硬膜

A. 切取自体骨膜；B. 乙状窦后入路关闭硬膜。具体步骤：a. 自体骨膜；b. 将自体骨膜内衬法塞入颅底平面；c. 采用由内向外方式；d. 缝合（引自 Surgical Neurology International, 7:25, Luciano Mastronardi, Guglielmo Cacciotti, Franco Caputi, Raffaelino Roperto, Maria Pia Tonelli, Ettore Carpineta, Takanori Fukushima, Underlay hourglass-shaped autologous pericranium duraplasty in "key-hole" retrosigmoid approach surgery: Technical report, 2016, from Medknow under Creative Commons BY copyright license）

参考文献

[1] Dubey A, Sung WS, Shaya M, Patwardhan R, Willis B, Smith D, et al. Complications of posterior cranial fossa surgery—an institutional experience of 500 patients. Surg Neurol. 2009;72(4):369–75.

[2] Lam FC, Kasper E. Augmented autologous pericranium duraplasty in 100 posterior fossa surgeries—a retrospective case series. Neurosurgery. 2012;71(2 Suppl Operative):ons302–7.

[3] Nonaka Y, Fukushima T, Watanabe K, Friedman AH, Sampson JH, Mcelveen JT, et al. Contemporary surgical management of vestibular schwannomas: analysis of complications and lessons learned over the past decade. Neurosurgery. 2013;72(2 Suppl Operative):ons103–15; discussion ons15.

[4] Copeland WR, Mallory GW, Neff BA, Driscoll CL, Link MJ. Are there modifiable risk factors to prevent a cerebrospinal fluid leak following vestibular schwannoma surgery? J Neurosurg. 2015;122(2):312–6.

[5] Xia L, Zhong J, Zhu J, Wang YN, Dou NN, Liu MX, et al. Effectiveness and safety of microvascular decompression surgery for treatment of trigeminal neuralgia: a systematic review. J Craniofac Surg. 2014;25(4):1413–7.

[6] Chauvet D, Tran V, Mutlu G, George B, Allain JM. Study of dural suture watertightness: an in vitro comparison of different sealants. Acta Neurochir. 2011;153(12):2465–72.

[7] Colombo GL, Bettoni D, Di Matteo S, Grumi C, Molon C, Spinelli D, et al. Economic and outcomes consequences of TachoSil®: a systematic review. Vasc Health Risk Manag. 2014;10:569–75.

[8] Czorny A. Postoperative dural tightness. Value of suturing of the pericranium in surgery of the posterior cranial fossa. Neurochirurgie. 1992;38(3):188–90; discussion 90–1.

[9] Kosnik EJ. Use of ligamentum nuchae graft for dural closure in posterior fossa surgery. Technical note. J Neurosurg. 1998;89(1):155–6.

[10] Sameshima T, Mastronardi L, Friedman AH, Fukushima T. Microanatomy and dissection of temporal bone for surgery of acoustic neuroma and petroclival meningioma. 2nd ed. Raleigh, NC: AF Neurovideo; 2007.

[11] Mastronardi L, Cacciotti G, Caputi F, Roperto R, Tonelli MP, Carpineta E, et al. Underlay hourglass-shaped autologous pericranium duraplasty in "key-hole" retrosigmoid approach surgery: technical report. Surg Neurol Int. 2016;7:25.

第13章　双人四手技术
Face-to-Face Two-Surgeons Four-Hands Microsurgery

Takanori Fukushima, Ali Zomorodi　著

20世纪60年代末至70年代，Yasargil建立了单人显微神经外科模式，从20世纪80年代至世纪之交这一单人操作模式成为金标准。过去10余年Fukushima利用现代漂浮手术显微镜（面对面目镜设置）将单人操作改为两名外科医师四手显微神经外科模式。传统显微镜除术者外其他人难以观察手术视野。助手站在术者旁边利用二维图像观摩手术，神经外科学员和年轻医师仅仅通过观摩专家手术学习具体显微外科技术非常困难。

过去10余年Fukushima采用了一种新显微镜（目镜设置为面对面），这种设置可保证两个外科医师同样观察到三维视野。这种显微镜适用于各种脑血管、脑肿瘤手术。四手技术特别适用于重建血管旁路手术微血管吻合，辅助医师可同步吸引、固定组织，高效配合主刀医师具体操作，可提高各种颈部、颈动脉或脊柱区域手术的操作效率，缩短手术时间。清洗助手可站在主刀医师旁边或辅助医师右侧，如图13-1所示。图13-2展示Fukushima和Zomorodi面对

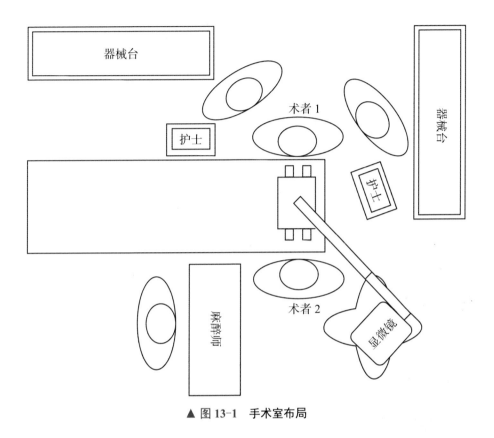

▲ 图 13-1　手术室布局

面操作情形。与标准的单人视野相比，这种双人新策略要求辅助医师转变 90°～180° 视角观察术中结构，使用者必须通过术前训练来适应 90° 或 180° 视角转变。为配合使用这种显微镜，Fukushima 设计了宽动态范围通用夹持系统，提供多个钝钩用于固定软组织、滴灌、可弯曲脑压板和小饼板，该系统对有效增加术中夹持固定人工臂数量非常有用。与 1980 年 Fukushima 发明的简易牵开器支架[1] 或 1978 年问世的 Sugita 开颅术支架[2] 及其他类似系统（如 Greenberg 或 Budde Halo 支架）相比，传统牵开器支架在非常密集的手术领域

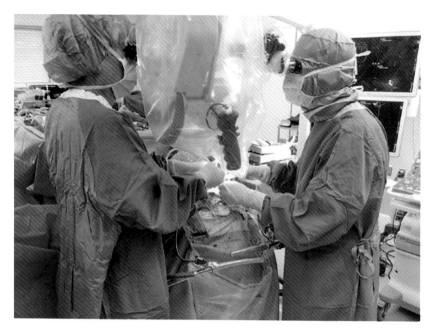

▲ 图 13-2　双人四手

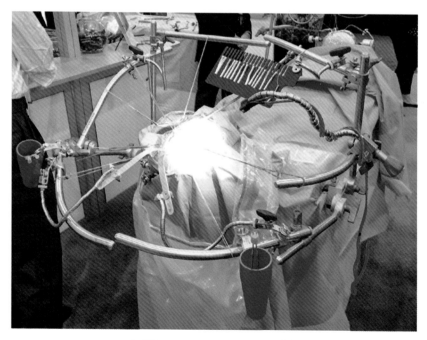

▲ 图 13-3　TSI: Fukushima 头架

（包括短臂、条杆和脑压板）使用价值有限，而大范围通用夹持系统（图 13-3）允许多路径进入密布夹持软组织和大脑表面装置的手术区域而不会干扰外科医师手术视野。诸多美国、日本手术器械公司可提供通用夹持系统。双人四手技术特别适用于处理复杂血管病变、血管旁路手术和血管性颅底肿瘤，可方便设置双吸引器、双分离器、双显微剪和双双极系统。术区由四立柱、六曲杆覆盖，术者手臂可倚靠臂托和手托，侧杆和前杆安装多个软组织钝钩、可弯曲夹、小饼板，并特别配置连续滴灌钝针（Day 和 Fukushima1993 年发明 [3]）。这种双人操作系统非常有利于教学，住院医师或手术助手可直接参与手术，实时操作训练。通过讲解术者解剖结构、演示锐性分离蛛网膜、柔性解剖动静脉和脑神经，年轻医师可快速、准确学习高年医师的显微技术和操作手法。尤其是听神经瘤手术中，由于患者是侧卧位，主刀医师从枕侧手术，助手位于面部，因此，两位医师都必须学习 180° 视角移位观察脑桥小脑角显微解剖结构。近年来多人报道他们不使用脑牵开器和脑压板，强调"无牵开器"手术优于传统使用锥形脑压板方法。本人手术经验表明，2mm 锥形脑压板非常有用，可保持小脑位置，防止脑下垂，以便于利用两只手进行精细显微解剖 [4]。号称无牵开器的手术实际是通过吸盘和器械来牵拉大脑和神经。很显然利用吸盘和微型仪器连续或间歇进行脑牵拉会在不知不觉中造成更多脑损伤，因此，Fukushima 强烈推荐采用双人四手显微外科方式，使用通用夹持系统。

参考文献

[1] Fukushima T, Sano K. Simple retractor holder for the Mayfield skull clamp. Surg Neurol. 1980;13:320.

[2] Sugita K, Hirota T, Mizutani T, et al. A newly designed multipurpose microneurosurgical head frame. J Neurosurg. 1978;48:656–7.

[3] Day JD, Fukushima T. Two simple devices for microneurosurgery: automatic drip irrigating needle and a suction retractor. Neurosurgery. 1993;32:867–8.

[4] Zomorodi A, Fukushima T. Two surgeons 4 hands micro neurosurgery with universal holder system: Technical note. Neurosurg Rev. 2017;40:523–6.

第四篇
新进展
Projects in Progress

Advances in Vestibular Schwannoma Microneurosurgery
Improving Results with New Technologies

听神经瘤外科新技术

第14章 稀释罂粟碱保护脑神经微血管
Diluted Papaverine for Microvascular Protection of Cranial Nerves

Alberto Campione, Carlo Giacobbo Scavo, Guglielmo Cacciotti, Raffaelino Roperto, Luciano Mastronardi 著

一、颅内肿瘤切除后血管痉挛的发病机制

众所周知，各种开颅术后如果发生蛛网膜下腔出血可致脑血管痉挛，颅底肿瘤切除术后也可能发生脑血管痉挛[1]。Bejjani 等报道颅底肿瘤手术 470 例[2]，9 例（脑膜瘤 7 例、脊索瘤 1 例、三叉神经鞘瘤 1 例）术后发生脑血管痉挛（发生率为 1.9%）。总结这些病例，分析发生机制，作者发现这些病例的肿瘤都比较靠近基底池，有些病例有术中出血，因此推测血液流进基底池可能是一个潜在危险因素。血液分解产物是蛛网膜下腔出血导致血管痉挛的最常见诱因。据报道颅底肿瘤切除术后 8 天发生血管痉挛，这个间隔时间与蛛网膜下腔出血后发生血管痉挛的间隔时间相似，这可能预示两者机制相似。直接刺激基底池大血管可能是另外一个危险因素。有无血管痉挛者发生血管包裹和血管狭窄具有显著差异，因此推测直接机械刺激平滑肌细胞或滋养血管可能是血管痉挛的发生机制[2]。

二、听神经瘤切除术后血管痉挛

1960 年 Krayenbühl 首次报道 1 例听神经瘤切除术后颈内动脉痉挛病例 [3, 4]。1985 年 de Almeida 等报道另一例由于严重出血不得不进行二期手术的听神经瘤病例，如血性脑脊液、血管造影显示血管痉挛、CT 发现缺血灶，神经影像检查提示基底池出血导致血管痉挛和脑缺血 [5]。此结论与 Bejjani 等后来确认的颅底手术血管并发症的主要原因一致 [2]。2003 年 Kania 等报道了 6 例听神经瘤术后发生血管并发症者 [6]，脑血管痉挛 1 例，小脑前下动脉梗死 3 例，脑桥小脑角区血肿 1 例和小脑蚓部静脉性梗死 1 例，认为机械性血管损伤和（或）血栓形成是此类并发症主要原因 [6]。

2015 年 Qi 等开展了一项听神经瘤术后脑血管痉挛相关因素的研究 [7]，均为乙状窦后入路；术中尽可能减少出血、保护面神经、三叉神经、后组脑神经和脑干。术前、术后利用经颅多普勒（transcranial Doppler，TCD）超声检测双侧颈内动脉、大脑中动脉和大脑前动脉的血流速度排查脑血管痉挛，80 例患者中 43 例（53.8%）发现脑血管痉挛 [7]。这项研究提示利用 TCD 超声可以发现超过一半的听神经瘤术后患者存在无症状的脑血管痉挛，要重点关注那些术后出现生命体征异常、电解质紊乱、血气分析异常的患者。经单因素和多因素分析，年龄越小、肿瘤越大、质地越硬均为引起术后脑血管痉挛的独立危险因素 [7]。Qi 的这项研究提示听神经瘤术后发生无症状脑血管痉挛比原来估计的更多，这可能意味着大脑血液循环对手术创伤呈现高反应性，不管是弹性动脉、肌性动脉还是小动脉均可发生，尤其是脑桥小脑角区手术。诸多研究报道听力保留失败可能是术中损伤内听动脉（internal auditory artery，IAA）所致，但也不能除外是因术中操作刺激内听动脉导致血管痉挛引起[8]。手术操作导致内听动脉痉挛的机制涉及动脉的神经调节。现有证据表明，耳蜗血流（cochlear blood flow，CBF）至少部分受交感神经调节[9]。研究蛛网膜下腔血管发现，外部机械性压迫动脉壁能通过激活周围蛛网膜链的交感神经纤维引起血管收缩[9]。据此推论听神经瘤手术中预防血管痉挛有助于保护脑神经尤其是听神经，但文献报道中缺乏面神经血供异常相关研究资料。

Morawski 等报道了唯一的内听动脉血管痉挛动物模型[9]：利用生理盐水压迫 6 只家兔内听动脉（对照组），通过机械刺激诱发血管痉挛，利用激光多普勒（laser-Doppler，LD）检测耳蜗血流，利用畸变产物耳声发射（distortion product otoacoustic emissions，DPOAE）检测耳蜗功能；实验组在内听动脉和耳蜗前庭神经复合体区域预先使用罂粟碱，其余同上。比较压迫内听动脉 3min 和 5min 后对照组和实验组耳蜗血流和畸变产物耳声发射检测结果，对照组均表现出不同程度血管痉挛（耳蜗血流减少）和畸变产物耳声发射降低，罂粟碱预处理实验组耳蜗血流和畸变产物耳声发射基本恢复正常。上述结果强烈提示在处理内听道 / 脑桥小脑角区结构之前局部使用罂粟碱可以预防内听动脉血管痉挛，从而防止耳蜗血流减少和耳蜗外毛细胞（outer hair cell，OHC）功能下降。

三、罂粟碱的作用机制和给药途径

罂粟碱是从阿片中提取的苄基异喹啉生物碱，是一种强力血管扩张药，直接作用于血管平滑肌使其松弛。作用机制是通过抑制平滑肌中的环磷腺苷（cyclic adenosine monophosphate，cAMP）和环磷鸟苷（cyclic guanosine monophosphate，cGMP）磷酸二酯酶，导致细胞内 cAMP 和 cGMP 水平升高、非特异性平滑肌松弛。罂粟碱也可能关闭细胞膜上的钙离子通道抑制细胞内钙离子释放[10, 11]。除了解痉外，罂粟碱还能抑制胶原诱导的血小板聚集和血清素释放[12]。

　　动脉灌注罂粟碱已用于治疗动脉瘤性蛛网膜下腔出血所致的动脉血管痉挛[13]。市售罂粟碱注射液通常为酸性（pH 3～4.5），可腐蚀血管内皮细胞。动物实验发现注射罂粟碱可导致血管内皮细胞和平滑肌细胞凋亡[14]。外用罂粟碱可松弛血管平滑肌预防血管痉挛。局部使用罂粟碱业已应用于整形重建外科和神经血管外科，这两个专业特别关注微血管的保护[12, 15-18]和保留[19-21]。神经血管外科术中通过脑池局部给药，这是动脉注射给药途径的有效替代方法（虽然不常用）。

四、外用罂粟碱应用于显微外科和神经血管外科

　　局部使用血管扩张药目前已广泛应用于显微重建外科，预防术中血管痉挛、有利于游离组织移植时微血管吻合。虽然已有报道听神经瘤术后发生血管痉挛[5, 6]以及动物模型血管痉挛研究[9]，但在显微重建外科手术中局部使用罂粟碱可以作为一种间接研究听神经瘤手术血管痉挛的方法。2010 年 Yu 等对英国整形外科医师调查发现[12]，94% 的医师术中常规使用血管扩张药，首选罂粟碱、维拉帕米和利多卡因，但缺乏系统性文献支持，药物使用适应证、药物种类和给药途径差异

很大[12]。2014—2016 年发表了 3 篇关于局部使用血管扩张药的综述[16-18]，这些报道都有缺陷和局限性，有些甚至是 30 年前的过时文献[18]。Vargas 等系统分析了术中药物治疗血管痉挛的相关文献，与生理盐水相比，罂粟碱能明显改善显微吻合动脉的通畅性[22]，能有效缓解血管痉挛（血流量增加了116%），在一定程度上预防发生血管痉挛。此外，罂粟碱对非痉挛血管有扩张作用，明显增加血流量[23]。一些研究报道局部给药后起效时间为 1～5min[15, 23-25]。总的来说，罂粟碱是一种有效的解痉和抗痉挛的药物，起效快、作用时间长[16, 18]。Rinkinen 和 Halvorson[17]系统性综述也证实了先前 Vargas 报道的罂粟碱特点[18]，并将罂粟碱与另外两个局部血管扩张药（局部麻醉药和钙通道阻滞药）进行了比较，发现钙通道阻滞药（尼卡地平、硝苯地平、维拉帕米）在预防显微吻合术后血管痉挛和扩张血管方面优于其他药物。总的来说，与罂粟碱和利多卡因相比，钙通道阻滞药在血管扩张持续时间和不良反应方面更有效和更适用[17]。另一方面，动物模型（大鼠股动脉模型）研究发现，罂粟碱的血管舒张作用优于利多卡因（1%）[15]。有趣的是，过去几年也有研究钙通道阻滞药在听神经瘤术中预防血管痉挛的应用，但显微重建手术和听神经瘤手术相关研究结果未发现直接相关性。实际上，Rinkinen 和 Halvorson 主要研究微血管吻合而不是一般的血管痉挛。此外，根据神经外科医师大会最新循证指南，尼莫地平在听神经瘤治疗过程中不是作为术中局部用药而是作为术前肠内/肠外途径辅助用药。因此，尼莫地平仍然是听神经瘤治疗中一种新兴辅助用药，但仍需进一步研究比较尼莫地平与罂粟碱预防术后血管并发症的效果。

神经血管术中使用罂粟碱主要是为了减轻蛛网膜下腔出血所致血管痉挛，听神经瘤术后蛛网膜下腔持续出血可能导致血管痉挛[6]，在病理生理上类似蛛网膜下腔出血导致的血管痉挛。从这个角度看，研究神经血管相当于构建了一个间接模型，有助于了解听神经瘤手术过程中脑桥小脑角微血管变化情况。Pennings 等研究动脉瘤手术患者微血管对罂粟碱的反应，来验证蛛网膜下腔出血导致小脑血管扩张功能下降的假设[20]。利用正交偏振光谱成像技术观察 14 例动脉瘤手术局部使用罂粟碱后脑皮质微血管直径变化，发现对照组小动脉和小静脉直径均无变化，而蛛网膜下腔出血 48h 内接受手术者罂粟碱可引起小动脉扩张，平均增加（45±41）%（$P < 0.012$）[20]。因此说明脑皮质微血管对局部血管扩张药有反应，罂粟碱具有显著血管扩张作用。虽然是间接证据，此结果也可适用于颅底和听神经瘤手术，术中出血可能导致脑桥小脑角区微血管发生痉挛，在关颅之前局部使用罂粟碱可能减轻血管痉挛，从而在早期控制或减少蛛网膜下腔出血。Dalbasti 等建议脑动脉瘤术中以可生物降解的控释或缓释方式局部使用罂粟碱来预防脑血管痉挛，控释罂粟碱颗粒以可生物降解脂肪族聚酯聚（DL-丙交酯-乙交酯）为载体基质，动脉瘤手术中将控释罂粟碱颗粒放置在池内动脉段上方，未观察到该药的不良反应。控释罂粟碱颗粒可有效预防血管痉挛，根据 Glasgow 评分，治疗组平均得分 4.93±0.05，对照组得分 3.84±1.63[19]。Praeger 等首次报道 1 例蛛网膜下腔出血患者术中修复动脉瘤并局部使用罂粟碱有效减轻了血管痉挛所致严重症状[21]。实际上，血管造影中常用罂粟碱作为治疗性给药，以往也有报道术野滴注罂粟碱预防血管痉挛[19, 26]。作者认为该操作总体上是安全的，对那些因严重血管痉挛不能接受血管内治疗的不稳定动脉瘤患者，建议采用这种治疗[21]。从听神经瘤手术的角度来看，上述结果为关闭硬膜前局部使用罂粟碱预防脑桥小脑角区微血管痉挛提供了病理生理学依据。

五、罂粟碱与脑神经：保护还是伤害

局部使用罂粟碱（或脑池内给药）术后神经并发症包括一过性脑神经麻痹，最常见的是由于药物快速溶解导致动眼神经受累而出现散瞳[27-29]。罂粟碱的毒性来源于其抗肌肉碱作用、蛛网膜下腔出血（或类似事件）导致血液-脑脊液和血脑屏障受到损害以及罂粟碱的直接作用[28]。

听神经瘤术中局部使用罂粟碱最大的不良反应是面神经和耳蜗神经的损伤。Lang 等[26] 报道 1 例未破裂大脑中动脉瘤患者选择性夹闭时脑池内应用罂粟碱后出现一过性散瞳和长期面神经麻痹，面瘫持续2 个月才完全恢复，作者推测脑池内持续滴注罂粟碱可能通过渗透接触面神经使其受累[26]。Liu 等报道 1 例听神经瘤保听手术局部使用罂粟碱后发生一过性面神经麻痹[30]，切除肿瘤时将 3% 罂粟碱溶液浸泡的明胶海绵覆盖耳蜗神经，很快就发现面神经刺激反应明显减弱，电刺激脑干端面神经无反应，但刺激外周端面神经反应良好。患者术后立即出现 V 级（HB 分级）面瘫[31]，几小时后面神经恢复至 I 级，术后 1 个月随访患者面神经和听力均正常。作者认为脑室内滴注罂粟碱可能引起面神经传导阻滞而导致一过性面神经麻痹[30]。

Chadwick 等回顾性分析了 11 例显微血管减压术局部使用罂粟碱治疗血管痉挛[32]，发现局部使用罂粟碱与脑干听觉诱发电位（brainstem evoked auditory potentials，BAEP）下降甚至波形完全消失存在时间相关性。开始使用罂粟碱后平均 5min 开始出现 BAEP 改变，11 例患者中有 10 例使用罂粟碱后 2～25min 出现 BAEP 的 II / III～V 波完全消失，

1 例患者 V 波未恢复，发生迟发性重度感音神经性聋。BAEP 波形恢复正常平均时间为 39min，BAEP 波形完全消失且持续提示耳蜗神经近心端可能受累。作者建议使用罂粟碱时应远离耳蜗神经近心端，以免影响患者听觉功能，使用罂粟碱前以生理盐水稀释。为了控制罂粟碱扩散，作者建议将小块罂粟碱浸泡的明胶海绵贴在痉挛动脉上直到痉挛解除。Zhou 等建议脑池内的罂粟碱浓度控制在 0.3% 以内可以降低神经毒性反应 [28]。

参考文献

[1] Aoki N, Origitano TC, al-Mefty O. Vasospasm after resection of skull base tumors. Acta Neurochir. 1995;132(1–3):53–8.

[2] Bejjani GK, Sekhar LN, Yost AM, Bank WO, Wright DC. Vasospasm after cranial base tumor resection: pathogenesis, diagnosis, and therapy. Surg Neurol. 1999;52(6):577–83; discussion 83–4.

[3] Krayenbuhl H. [Not available]. Schweiz Med Wochenschr 1959;89(8):191–5.

[4] Krayenbühl H. Beitrag zur Frage des cerebralen angiopastischen Insults. Schweiz Med Wochenschr. 1960;90:961–5.

[5] de Almeida GM, Bianco E, Souza AS. Vasospasm after acoustic neuroma removal. Surg Neurol. 1985;23(1):38–40.

[6] Kania R, Lot G, Herman P, Tran Ba Huy P. [Vascular complications after acoustic neurinoma surgery]. Ann Otolaryngol Chir Cervicofac 2003;120(2):94–102.

[7] Qi J, Jia W, Zhang L, Zhang J, Wu Z. Risk factors for postoperative cerebral vasospasm after surgical resection of acoustic neuroma. World Neurosurg. 2015;84(6):1686–90.

[8] Mom T, Montalban A, Khalil T, Gabrillargues J, Chazal J, Gilain L, et al. Vasospasm of labyrinthine artery in cerebellopontine angle surgery: evidence brought by distortion-product otoacoustic emissions. Eur Arch Otorhinolaryngol. 2014;271(10):2627–35.

[9] Morawski K, Telischi FF, Merchant F, Namyslowski G, Lisowska G, Lonsbury-Martin BL. Preventing internal auditory artery vasospasm using topical papaverine: an animal study. Otol Neurotol. 2003;24(6):918–26.

[10] Cooper GJ, Wilkinson GA, Angelini GD. Overcoming perioperative spasm of the internal mammary artery: which is the best vasodilator? J Thorac Cardiovasc Surg. 1992;104(2):465–8.

[11] Newell DW, Elliott JP, Eskridge JM, Winn HR. Endovascular therapy for aneurysmal vasospasm. Crit Care Clin. 1999;15(4):685–99, v.

[12] Yu JT, Patel AJ, Malata CM. The use of topical vasodilators in microvascular surgery. J Plast Reconstr Aesthet Surg. 2011;64(2):226–8.

[13] Kassell NF, Helm G, Simmons N, Phillips CD, Cail WS. Treatment of cerebral vasospasm with intra-arterial papaverine. J Neurosurg. 1992;77(6):848–52.

[14] Gao YJ, Stead S, Lee RM. Papaverine induces apoptosis in vascular endothelial and smooth muscle cells. Life Sci. 2002;70(22):2675–85.

[15] Kerschner JE, Futran ND. The effect of topical vasodilating agents on microvascular vessel diameter in the rat model. Laryngoscope. 1996;106(11):1429–33.

[16] Ricci JA, Koolen PG, Shah J, Tobias AM, Lee BT, Lin SJ. Comparing the outcomes of different agents to treat vasospasm at microsurgical anastomosis during the papaverine shortage. Plast Reconstr Surg. 2016;138(3):401e–8e.

[17] Rinkinen J, Halvorson EG. Topical vasodilators in microsurgery: what is the evidence? J Reconstr Microsurg. 2017;33(1):1–7.

[18] Vargas CR, Iorio ML, Lee BT. A systematic review of topical vasodilators for the treatment of intraoperative vasospasm in reconstructive microsurgery. Plast Reconstr Surg. 2015;136(2):411–22.

[19] Dalbasti T, Karabiyikoglu M, Ozdamar N, Oktar N, Cagli S. Efficacy of controlled-release papaverine pellets in preventing symptomatic cerebral vasospasm. J Neurosurg. 2001;95(1):44–50.

[20] Pennings FA, Albrecht KW, Muizelaar JP, Schuurman PR, Bouma GJ. Abnormal responses of the human cerebral microcirculation to papaverin during aneurysm surgery. Stroke. 2009;40(1):317–20.

[21] Praeger AJ, Lewis PM, Hwang PY. Topical papaverine as rescue therapy for vasospasm complicated by unsecured aneurysm. Ann Acad Med Singap. 2014;43(1):62–3.

[22] Swartz WM, Brink RR, Buncke HJ. Prevention of thrombosis in arterial and venous microanastomoses by using topical agents. Plast Reconstr Surg. 1976;58(4):478–81.

[23] Hou SM, Seaber AV, Urbaniak JR. Relief of blood-induced arterial vasospasm by pharmacologic solutions. J Reconstr Microsurg. 1987;3(2):147–51.

[24] Evans GR, Gherardini G, Gürlek A, Langstein H, Joly GA, Cromeens DM, et al. Drug-induced vasodilation in an in vitro and in vivo study: the effects of nicardipine, papaverine, and lidocaine on the rabbit carotid artery. Plast Reconstr Surg. 1997;100(6):1475–81.

[25] Gherardini G, G,rlek A, Cromeens D, Joly GA, Wang BG, Evans GR. Drug-induced vasodilation: in vitro and in vivo study on the effects of lidocaine and papaverine on rabbit carotid artery. Microsurgery. 1998;18(2):90–6.

[26] Lang EW, Neugebauer M, Ng K, Fung V, Clouston P, Dorsch NW. Facial nerve palsy after intracisternal papaverine application during aneurysm surgery—case report. Neurol Med Chir (Tokyo). 2002;42(12):565–7.

[27] Zhou W, Ma C, Huang C, Yan Z. Intra- and post-operational changes in pupils induced by local application of cisternal papaverine during cerebral aneurysm operations. Turk Neurosurg. 2014;24(5):710–2.

[28] Zhou X, Alambyan V, Ostergard T, Pace J, Kohen M, Manjila S, et al. Prolonged intracisternal papaverine toxicity: index case description and proposed mechanism of action. World Neurosurg. 2018;109:251–7.

[29] Zygourakis CC, Vasudeva V, Lai PM, Kim AH, Wang H, Du R. Transient pupillary dilation following local papaverine application in intracranial aneurysm surgery. J Clin Neurosci. 2015;22(4):676–9.

[30] Liu JK, Sayama CM, Shelton C, MacDonald JD. Transient facial nerve palsy after topical papaverine application during vestibular schwannoma surgery. Case report. J Neurosurg. 2007;107(5):1039–42.

[31] House JW, Brackmann DE. Facial nerve grading system. Otolaryngol Head Neck Surg. 1985;93(2):146–7.

[32] Chadwick GM, Asher AL, Van Der Veer CA, Pollard RJ. Adverse effects of topical papaverine on auditory nerve function. Acta Neurochir. 2008;150(9):901–9; discussion 9.

第 15 章　软镜辅助切除内听道肿瘤
Flexible Endoscope for IAC Control of Tumor Removal

Alberto Campione, Carlo Giacobbo Scavo, Guglielmo Cacciotti, Raffaelino Roperto, Luciano Mastronardi　著

内听道内肿瘤意指局限于内听道未延伸至脑桥小脑角区的听神经瘤[1]。得益于 MRI 的广泛应用，内听道内肿瘤发病率显著增高，约占听神经瘤总数 8%[2]。内听道内肿瘤的最佳治疗方式目前仍有争议，除手术治疗外，最常见的是"随访观察"或放射治疗[3]。但预期单纯内听道内肿瘤患者自然病程，早期表现为轻度听力下降、随后进行性加重[4]，特别是在确诊后第一年[2]。神经外科权威认为[5]，AAO-HNS 听力分级为 A～B 者应首选显微手术治疗[6]。事实上，对于术前听力功能良好者，手术的目标是在保留听力的基础上完全切除肿瘤。

如果手术能达到保留听力、保留面神经、改善前庭功能的目的，似乎是最佳选择[7]。但手术具有挑战性，毕竟大多数患者术前状态良好，需要面临潜在的外科手术风险。保留听力意味着保留内耳解剖结构，而采用乙状窦后入路时为了保护上半规管和后半规管，无法完全打开内听道、显露内听道底。因此，显微镜直视下无法观察 IAC 最外侧，术者只能利用探针或刮匙盲目刮除该部位肿瘤。Mazzoni 等提出了一种可能解决方案，即从迷路后直达 Fallopian 孔（内听道底面神经管

口）从而暴露内听道底结构[8]。Pillai 团队尸头解剖研究证实上述方法可打开内听道，显露听道底 Fallopian 孔[9]。但是，即使广泛磨除内听道后壁，只要保留迷路结构就无法充分显露内听道底的前庭部分。因为听神经瘤常来源于前庭上或前庭下神经，故内听道前庭象限是常见肿瘤残留部位，且与内听道底紧密粘连。

内镜辅助下可以直达内听道底，从而清晰观察肿瘤最外侧部分[10-12]，减少磨除内听道后壁，降低损伤上半规管和后半规管的风险。而且如 Abolfotoh 等最新文章所述[13]，内镜辅助可提高术中辨别肿瘤切除范围的能力（图 15-1）。确实，单独使用显微镜难以评估内听道深部肿瘤切除范围[13]，而术者利用内镜能够清晰看到内听道底残留肿瘤位置，指导显微手术，实现全部切除肿瘤（图 15-1）。

临床应用内镜辅助切除脑桥小脑角肿瘤已数十年，最近文献报道切除管内型肿瘤安全有效[13-16]，但只有一篇文献报道内镜技术应用于内听道内肿瘤手术[17]。Corrivetti 等报道了 3 例乙状窦后径路软镜（4mm×65cm，Karl Storz，Inc.）辅助显微镜切除内听道内肿瘤[18]。

3 例患者最初表现为前庭功能障碍（旋转性眩晕），病程 2～24 个月。所有患者听力学检查按 AAO-HNS 分级为 A～B 级，纯音测听阈值＜50dB 和言语识别率≥50%。所有患者均无面神经功能障碍（HB Ⅰ级）。术前、术后 1 周和 3 个月分别评估听力和面神经功能[18]。

手术结束前使用 4mm 软镜（4mm×65cm，Karl Storz，GmbH，Tuttlingen，Germany），在显微镜监视下导入内镜，避免损伤内听道内肿瘤重要结构，内镜头端进入内听道，检查内听道底有无残留肿瘤。如果发现肿瘤残留，则进行显微手术切除，之后再行内镜检查，直到确认完全切除肿瘤[18]。

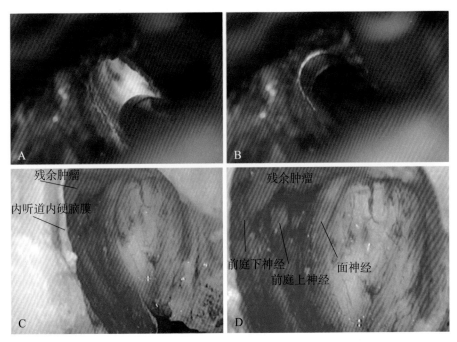

▲ 图 15-1　软镜辅助手术

A 和 B. 软镜头端逐步深入内听道、观察内听道底；C. 如 A 所示将软镜放入内听道视野；
D. 如 B 所示软镜完全进入内听道视野，可以看到面神经、前庭神经和残留肿瘤（引自 World Neurosurgery, 115, Francesco Corrivetti, Guglielmo Cacciotti, Carlo Giacobbo Scavo, Raffaelino Roperto, Luciano Mastronardi, Flexible Endoscopic-Assisted Microsurgical Radical Resection Of Intracanalicular Vestibular Schwannomas By Retrosigmoid Approach: Operative Technique, Pages No. 229–233, 2018, 经 Elsevier 许可）

　　所有病例均完全切除肿瘤，利用内镜检查发现所有病例均有内听道底肿瘤残留，经过反复检查和显微切除最终全切肿瘤，并经术后 MRI 证实。术中持续进行耳蜗神经监测，均未发现 V 波振幅变化，不出所料，术后听力均维持术前听力水平。同样，从解剖结构和功能两方面保护面神经，术后面神经功能均为正常（HB Ⅰ 级）[18, 19]。

　　软镜的主要优点是可以直达内听道清晰显示内听道底结构，还可以调整软镜，以便安全地穿行于颅后窝背侧的神经血管结构之间[18]。

　　软镜的主要缺点是必须双手操作[18]，而硬镜可以由助手帮助持镜，即术中常用的"徒手持镜技术"[20]。软镜必须双手操作：一手操控镜柄，一手将软镜头端放置在合适位置（图 15-2）。当然，如果术者和助手配合熟练，术者也可单手操作。

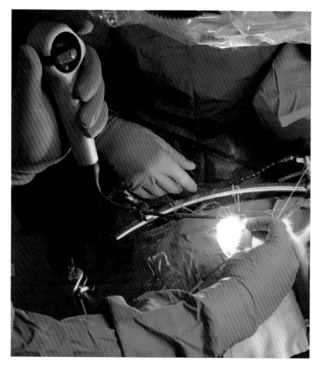

▲ 图 15-2　双手操控软镜

Baidya 等在尸体解剖中首次尝试经乙状窦后径路软镜辅助切除中等大小肿瘤（人造聚合物肿瘤模型，直径 15～20mm）[21]。首先切除肿瘤下极获得一条通道，然后经此通道导入内镜以便尽早看到面听神经束予以保护，尽早发现面神经、前庭耳蜗神经复合体，有助于安全顺利地切除肿瘤[21]。作者利用肿瘤模型模拟真实手术，结果表明内镜辅助切除中等大小听神经瘤是可行的。因此，软镜不应局限于辅助切除内听道内肿瘤，还可以尝试切除大肿瘤。

随着内镜改造升级如最近报道的带冲洗和吸引的超薄软镜，有望进一步改善操作便于术者探查内听道底深部结构 [22]。

参考文献

[1] Samii M, Matthies C. Management of 1000 vestibular schwannomas (acoustic neuromas): the facial nerve—preservation and restitution of function. Neurosurgery. 1997;40(4):684–94; discussion 94–5.

[2] Nonaka Y, Fukushima T, Watanabe K, Friedman AH, Sampson JH, Mcelveen JT, et al. Contemporary surgical management of vestibular schwannomas: analysis of complications and lessons learned over the past decade. Neurosurgery. 2013;72(2 Suppl Operative):ons103–15; discussion ons15.

[3] Myrseth E, Pedersen PH, Møller P, Lund-Johansen M. Treatment of vestibular schwannomas. Why, when and how? Acta Neurochir. 2007;149(7):647–60; discussion 60.

[4] Pennings RJ, Morris DP, Clarke L, Allen S, Walling S, Bance ML. Natural history of hearing deterioration in intracanalicular vestibular schwannoma. Neurosurgery. 2011;68(1):68–77.

[5] Wanibuchi M, Fukushima T, Zomordi AR, Nonaka Y, Friedman AH. Trigeminal schwannomas: skull base approaches and operative results in 105 patients. Neurosurgery. 2012;70(1 Suppl Operative):132–43; discussion 43–4.

[6] Committee on Hearing and Equilibrium guidelines for the evaluation of hearing preservation in acoustic neuroma (vestibular schwannoma). American Academy of Otolaryngology-Head and Neck Surgery Foundation, INC. Otolaryngol Head Neck Surg. 1995;113(3):179–80.

[7] Samii M, Metwali H, Gerganov V. Efficacy of microsurgical tumor removal for treatment of patients with intracanalicular vestibular schwannoma presenting with disabling vestibular symptoms. J Neurosurg. 2017;126(5):1514–9.

[8] Mazzoni A, Zanoletti E, Denaro L, Martini A, Avella D. Retrolabyrinthine meatotomy as part of retrosigmoid approach to expose the whole internal auditory canal: rationale, technique, and outcome in hearing preservation surgery for vestibular schwannoma. Oper Neurosurg (Hagerstown). 2018;14(1):36–44.

[9] Pillai P, Sammet S, Ammirati M. Image-guided, endoscopic-assisted drilling and exposure of the whole length of the internal auditory canal and its fundus with preservation of the integrity of the labyrinth using a retrosigmoid approach: a laboratory investigation. Neurosurgery. 2009;65(6 Suppl):53–9; discussion 9.

[10] Fukushima T. Endoscopy of Meckel's cave, cisterna magna, and cerebellopontine angle. Technical note. J Neurosurg. 1978;48(2):302–6.

[11] Kurucz P, Baksa G, Patonay L, Thaher F, Buchfelder M, Ganslandt O. Endoscopic approach-routes in the posterior fossa cisterns through the retrosigmoid keyhole craniotomy: an anatomical study. Neurosurg Rev. 2017;40(3):427–48.

[12] Takemura Y, Inoue T, Morishita T, Rhoton AL. Comparison of microscopic and endoscopic approaches to the cerebellopontine angle. World Neurosurg. 2014;82(3–4):427–41.

[13] Abolfotoh M, Bi WL, Hong CK, Almefty KK, Boskovitz A, Dunn IF, et al. The combined microscopic-endoscopic technique for radical resection of cerebellopontine angle tumors. J Neurosurg. 2015;123(5):1301–11.

[14] Chovanec M, Zvěřina E, Profant O, Skřivan J, Cakrt O, Lisý J, et al. Impact of video-

endoscopy on the results of retrosigmoid-transmeatal microsurgery of vestibular schwannoma: prospective study. Eur Arch Otorhinolaryngol. 2013;270(4):1277–84.

[15] Göksu N, Bayazit Y, Kemaloğlu Y. Endoscopy of the posterior fossa and dissection of acoustic neuroma. J Neurosurg. 1999;91(5):776–80.

[16] Tatagiba MS, Roser F, Hirt B, Ebner FH. The retrosigmoid endoscopic approach for cerebellopontine-angle tumors and microvascular decompression. World Neurosurg. 2014;82(6 Suppl):S171–6.

[17] Turek G, Cotúa C, Zamora RE, Tatagiba M. Endoscopic assistance in retrosigmoid transmeatal approach to intracanalicular vestibular schwannomas—an alternative for middle fossa approach. Technical note. Neurol Neurochir Pol. 2017;51(2):111–5.

[18] Corrivetti F, Cacciotti G, Scavo CG, Roperto R, Mastronardi L. Flexible endoscopic-assisted microsurgical radical resection of intracanalicular vestibular schwannomas by retrosigmoid approach: operative technique. World Neurosurg. 2018;115:229–33.

[19] House JW, Brackmann DE. Facial nerve grading system. Otolaryngol Head Neck Surg. 1985;93(2):146–7.

[20] de Divitiis O, Cavallo LM, Dal Fabbro M, Elefante A, Cappabianca P. Freehand dynamic endoscopic resection of an epidermoid tumor of the cerebellopontine angle: technical case report. Neurosurgery. 2007;61(5 Suppl 2):E239–40; discussion E40.

[21] Baidya NB, Berhouma M, Ammirati M. Endoscope-assisted retrosigmoid resection of a medium size vestibular schwannoma tumor model: a cadaveric study. Clin Neurol Neurosurg. 2014;119:35–8.

[22] Otani N, Morimoto Y, Fujii K, Toyooka T, Wada K, Mori K. Flexible ultrathin endoscope integrated with irrigation suction apparatus for assisting microneurosurgery. World Neurosurg. 2017;108:589–94.

第 16 章 骨水泥修复颅骨缺损
Fluid Cement for Bone Closure

Alberto Campione, Guglielmo Cacciotti, Raffaelino Roperto, Carlo Giacobbo Scavo, Luciano Mastronardi 著

羟基磷灰石是人体骨骼的主要成分，由磷酸钙矿物化合物 [Ca（PO$_4$）$_2$（OH）$_2$] 组成。早期多孔陶瓷羟基磷灰石制品来源于海洋珊瑚的碳酸钙骨骼，陶瓷制品是通过加热熔化单个晶体，产生一种坚硬、易碎和不可吸收的材料 [1, 2]。目前非陶瓷羟基磷灰石水泥是由羟基磷灰石在生理 pH 状态下常温反应结晶而形成。术中将磷酸四钙和无水磷酸氢钙溶于磷酸钠溶液，形成一种 5～10min 内成形并硬化的材料，4h 后形成羟基磷灰石骨水泥，且不溶于水。羟基磷灰石骨水泥有两种形式：一种是黏稠颗粒糊（BoneSource，Stryker，Kalamazoo，MI，USA），另一种是黏稠注射液（HydroSet，Stryker，Kalamazoo，MI，USA），两种羟基磷灰石骨水泥属性相似，而 HydroSet 抗渗出性能更佳。选择哪一种材料取决于缺损类型和术者喜好。BoneSource 呈黏稠糊状，适用于修补较大骨质缺损；Hydroset 是一种黏稠液体，适用填充狭窄骨缝，对于修复断断续续、深浅不一的骨缺损具有特殊优势 [1, 3]。

羟基磷灰石骨水泥本身并无成骨能力，但它作为支架具有诱导成

骨作用，骨细胞可在其表面和孔隙里生长。数项研究通过活检和影像学检查发现，长期植入羟基磷灰石后可形成新皮质骨和松质骨[2, 4-6]。与植入其他异体材料不同，适当固定羟基磷灰石骨水泥后不会引起持续性炎症、毒性、异物巨细胞反应、纤维组织包裹和钙磷代谢异常[1, 2, 7]。两种类型羟基磷灰石骨水泥都必须应用于干燥术腔，直接填充部分骨缺损或相邻的两个骨断端之间，促进骨传导和骨融合[3]。

羟基磷灰石骨水泥微孔直径为 2～5nm，抗感染能力很强，羟基磷灰石骨水泥相关感染多为血肿后继发感染。术后早期术区渗液导致羟基磷灰石骨水泥颗粒不能凝固，进而颗粒流失，最终形成皮下积液[3]。Kveton 等首先报道这种现象[2]，2 例利用骨水泥修复枕下入路骨瓣缺损者经 X 线检查时发现全部骨水泥被吸收，作者认为关闭术腔时未能彻底止血、术后形成血肿是骨水泥吸收的原因[1, 2]，从而证实这是一种对渗出敏感的材料。同理，凝固延迟、导致羟基磷灰石骨水泥骨折外伤可能引起延迟性水肿和迟发性血肿，继发羟基磷灰石骨水泥降解甚至再感染[3]。

幸运的是，通过合理使用和辅导患者，经验丰富的外科医生使用羟基磷灰石骨水泥的并发症不到 5%。合理应用（包括术腔干燥）是获得良好预后的关键，特别是颅底部位容易形成血肿并受硬脑膜持续搏动影响[2]。羟基磷灰石骨水泥与磷酸钠溶液充分混合后必须立即填充于手术部位，几分钟内完成操作，以便有充分的时间羟基磷灰石骨水泥不受干扰完全凝固[3]。

开颅术后无论是单独使用或配合其他材料使用羟基磷灰石骨水泥目前均有争议，无法定论。羟基磷灰石骨水泥的使用取决于颅骨缺损类型、大小及是否颅骨成形。Tadros 和 Costantino 提出颅骨缺损修复指

导原则为 [3]，切除肿瘤后只有骨质缺损而无软组织缺损时应修补硬膜再用钛网加固；当单个缺损＜ 5cm^2 时可以考虑使用羟基磷灰石骨水泥修复；缺损＞ 5cm^2 时应联合使用钛网和羟基磷灰石骨水泥 [3]。乙状窦后入路切除听神经瘤手术的颅骨缺损面积约为 3cm^2，建议单独使用羟基磷灰石骨水泥进行修复。实际上，多有报道乙状窦后入路时仅使用羟基磷灰石骨水泥对颅骨缺损进行修复。

　　乙状窦后入路使用羟基磷灰石骨水泥报道不多且结论不一。有报道效果良好，也有报道并发症太多 [8-10]。乙状窦后入路切除听神经瘤术后使用羟基磷灰石骨水泥报道更少，Kveton 等报道 7 例中有 5 例重建成功 [2]，另外 2 例羟基磷灰石骨水泥完全吸收，可能是关闭术腔时止血不彻底所致；无脑脊液漏，1 例无菌性脑膜炎。有趣的是，与未接受颅骨修补者相比，接受颅骨修补者术后头痛发生率较低（20% *vs* 60%）。

　　最新报道乙状窦后入路颅骨修复多为显微血管减压术（microvascular decompressions，MVD）或脑神经功能障碍手术，只有少数为听神经瘤手术。Eseonu 等报道了乙状窦后入路 MVD 采用不同方法修补颅骨缺损术后脑脊液漏和伤口感染的发生率 [9]。一种是使用磷酸钙骨水泥的"完全"颅骨成形术，利用骨瓣结合模拟骨或单独使用模拟骨完全修复颅骨缺损；另一种是使用聚乙烯钛网的"不完全"颅骨成形术，仅使用骨瓣或钛网来部分重建颅骨缺损或什么材料都不用。"完全"颅骨成形术 105 例（R 组），使用聚乙烯钛网"不完全"颅骨成形术 116 例（NR 组），脑脊液发生率 R 组为 0%，NR 组高达 4.5%，两组有显著差异（*P*=0.03）；伤口感染率 R 组为 2%，NR 组为 2.7%，两组无统计学差异。

Aldahak 等评估乙状窦后入路（脑神经功能障碍）使用羟基磷灰石骨水泥修复颅骨缺损的安全性和有效性[11]。93 例患者均采用羟基磷灰石骨水泥修复颅骨缺损；术后无深部感染，但 3 例（3.2%）出现浅表伤口感染需要重新清创；无脑脊液漏，但有 1 例（1%）术后 15 天发生假性脑膜膨出，腰椎引流失败后进行二次修正性手术，钛网更换羟基磷灰石骨水泥修复缺损；1 例（1%）术后长期伤口疼痛，持续服用止疼药，术后 6 个月疼痛减轻但仍持续了 1 年；1 例（1%）抱怨术后切口感染清创缝合后形成瘢痕影响美观，余无抱怨影响美观，无皮下可触及肿块或外观畸形[11]。

Luryi 等报道乙状窦入路利用羟基磷灰石骨水泥修复颅骨缺损脑脊液漏、伤口感染及其他并发症[10]。20 例患者，其中 5 例为听神经瘤；无脑脊液漏、术后感染，只有 1 例（5%）在术后 4 个月耳后切口周围出现囊肿，随访数月囊肿逐渐增大并破裂、继发感染，影像学检查发现邻近小脑病变再次手术切除并修复；5 例听神经瘤术后 1 例（20%）出现中耳积液，另外 1 例术后 7 天跌倒发现小脑少量出血，经密切监护、保守治疗后自行好转[10]。

Benson 和 Djalilian 报道了 2 例乙状窦后入路术后发生骨水泥吸收、随后皮下积液[8]。两者均有类似脑脊液漏表现，清除骨水泥碎块后无进一步并发症。作者认为羟基磷灰石骨水泥不应用于乙状窦后 / 枕下入路颅骨缺损重建，并发症太高令人难以接受[8]。

本中心采用先复位骨瓣、钛钉固定后再使用羟基磷灰石骨水泥方法修复颅底缺损（图 16-1）。羟基磷灰石骨水泥黏合剂为 HadSet（Stryker，Kalamazoo，MI，USA） 和 OsteoVation（Osteomed，Addison，TX，USA），两者均为可注射材料，必须即刻混合，共享基

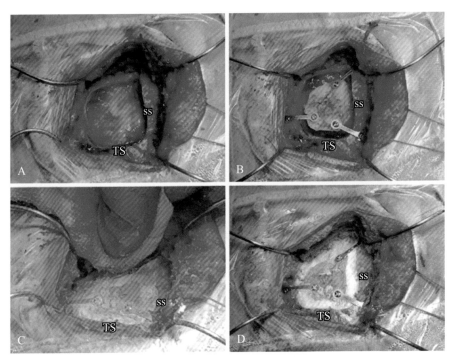

▲ 图 16-1　使用羟基磷灰石骨水泥

每张图片均标注乙状窦和横窦。ss. 乙状窦；TS. 横窦。A. 左侧乙状窦入路切除听神经瘤后，缝合硬脑膜并使用纤维蛋白黏合剂；B. 复位骨瓣、钛钉固定；C. 使用羟基磷灰石骨水泥进行填充固定；D. 羟基磷灰石骨水泥固定后所有缝隙均已填充

本生物力学特性。OsteoVation 是一种可以在潮湿环境下使用的化学材料，不苛求术腔完全干燥，其化学成分为 α- 磷酸三钙和硅酸钠化合物，与 HadSet 略有不同。我们最近研究在乙状窦后入路中利用自体颅骨膜内衬法修补硬脑膜结合骨水泥修复颅骨缺损，术后无伤口感染、脑膜炎、脑脊液[12]。

下一步需要多中心研究确认乙状窦后入路听神经瘤术后使用羟基磷灰石骨水泥修复颅骨缺损的优势和并发症[10]。但是从防止脑脊液漏发生的角度看，今后的研究不仅要关注修复颅骨缺损，而且要考虑硬脑膜成形和颅骨成形相结合，我们的经验后者更佳。

参考文献

[1] Kveton JF, Coelho DH. Hydroxyapatite cement in temporal bone surgery: a 10 year experience. Laryngoscope. 2004;114(1):33–7.

[2] Kveton JF, Friedman CD, Piepmeier JM, Costantino PD. Reconstruction of suboccipital craniectomy defects with hydroxyapatite cement: a preliminary report. Laryngoscope. 1995;105(2):156–9.

[3] Tadros M, Costantino PD. Advances in cranioplasty: a simplified algorithm to guide cranial reconstruction of acquired defects. Facial Plast Surg. 2008;24(1):135–45.

[4] Costantino PD, Friedman CD, Jones K, Chow LC, Pelzer HJ, Sisson GA. Hydroxyapatite cement. I. Basic chemistry and histologic properties. Arch Otolaryngol Head Neck Surg. 1991;117(4):379–84.

[5] Friedman CD, Costantino PD, Jones K, Chow LC, Pelzer HJ, Sisson GA. Hydroxyapatite cement. II. Obliteration and reconstruction of the cat frontal sinus. Arch Otolaryngol Head Neck Surg. 1991;117(4):385–9.

[6] Kveton JF, Friedman CD, Costantino PD. Indications for hydroxyapatite cement reconstruction in lateral skull base surgery. Am J Otol. 1995;16(4):465–9.

[7] Kamerer DB, Hirsch BE, Snyderman CH, Costantino P, Friedman CD. Hydroxyapatite cement: a new method for achieving watertight closure in transtemporal surgery. Am J Otol. 1994;15(1):47–9.

[8] Benson AG, Djalilian HR. Complications of hydroxyapatite bone cement reconstruction of retrosigmoid craniotomy: two cases. Ear Nose Throat J. 2009;88(11):E1–4.

[9] Eseonu CI, Goodwin CR, Zhou X, Theodros D, Bender MT, Mathios D, et al. Reduced CSF leak in complete calvarial reconstructions of microvascular decompression craniectomies using calcium phosphate cement. J Neurosurg. 2015;123(6):1476–9.

[10] Luryi AL, Bulsara KR, Michaelides EM. Hydroxyapatite bone cement for suboccipital retrosigmoid cranioplasty: a single institution case series. Am J Otolaryngol. 2017;38(4):390–3.

[11] Aldahak N, Dupre D, Ragaee M, Froelich S, Wilberger J, Aziz KM. Hydroxyapatite bone cement application for the reconstruction of retrosigmoid craniectomy in the treatment of cranial nerves disorders. Surg Neurol Int. 2017;8:115.

[12] Mastronardi L, Cacciotti G, Caputi F, Roperto R, Tonelli MP, Carpineta E, et al. Underlay hourglass-shaped autologous pericranium duraplasty in "key-hole" retrosigmoid approach surgery: technical report. Surg Neurol Int. 2016;7:25.

第 17 章　阿司匹林抑制微小残留肿瘤
Aspirin Administration for Control of Tumor Millimetric Residual

Alberto Campione, Guglielmo Cacciotti, Raffaelino Roperto, Carlo Giacobbo Scavo, Luciano Mastronardi　著

最近几年大量转化医学研究催生了听神经瘤外科新兴疗法。CNS发布的最新指南主要涉及 3 个领域，即药物治疗、预康复和前沿手术护理[1]。药物治疗方面，关于炎性信号通路在听神经瘤发病机制中的作用等新发现，激励研究人员尝试利用阿司匹林或非甾体抗炎药（nonsteroidal anti-inflammatory drugs，NASIDs）治疗听神经瘤。CNS发布的新兴疗法循证指南建议，对"随访观察"的听神经瘤患者可以考虑使用阿司匹林预防肿瘤生长[1]，但也有文献报道不同意见。有关水杨酸盐和 NASIDs 影响听神经瘤生长速度的研究，体内试验、体外实验均有报道。

一、体外实验

2011 年 Hong 等应用免疫组化技术检测 30 例听神经瘤患者（其中 15 例为散发病例）的环氧合酶 -2（cyclooxygenase 2，COX-2）表

达、微血管密度和增殖速率[2]。COX 能催化前列腺素（prostaglandins，PGs）的生物合成，而前列腺素是一种可以激发炎症反应的类激素脂质化合物。研究发现，29 例检测到 COX-2 表达，且 COX-2 高表达者 Ki-67 增殖指数显著高于 COX-2 低表达者。因此，他们认为 COX-2 在听神经瘤增殖中发挥了至关重要的作用，COX-2 表达与听神经瘤生长速度相关[2]。

2015 年 Dilwali 等研究 COX-2 在听神经瘤中的作用，探讨 COX-2 抑制剂水杨酸盐对听神经瘤的抑制作用[3]，选择了三种水杨酸盐：阿司匹林、水杨酸钠（NaSal）和 5- 氨基水杨酸（5-aminosalicylic acid，5-ASA）。与对照组的人体神经组织和原代 Schwann 细胞（Schwann cells，SCs）相比，COX-2 在人听神经瘤标本和听神经瘤原代细胞中均异常表达，而且 COX-2 下游产物前列腺素 E_2（PGE_2）的表达水平与原代培养的听神经瘤细胞增殖率相关。这种密切相关性也进一步证实了之前的发现，COX-2 表达与听神经瘤生长率相关[2]。相反，在培养基中加入水杨酸盐后前列腺素 E_2 的表达明显降低，证明水杨酸盐能够抑制 COX-2 表达。此外，阿司匹林和水杨酸钠也可以通过阻断 IκK 激酶直接抑制活化的 B 细胞核因子 κ 轻链增强子，有趣的是，COX-2 基因启动子正好有一个 κB 结合位点。因此，Dilwali 等推测水杨酸盐通过抑制 NF-κB 诱导的细胞增殖，从而减少 COX-2 表达[3]。

这些药物既不增加听神经瘤细胞死亡，也不影响正常 Schwann 细胞。阿司匹林体外实验细胞抑制结果与之前 Kandathil 等临床发现一致[4]，服用阿司匹林的听神经瘤患者肿瘤生长较慢[3]。水杨酸盐的细胞抑制作用似乎只针对听神经瘤细胞，相同浓度药物对并不影响正常 Schwann 细胞增殖。

二、临床研究

Kandathil 等临床研究结果令人鼓舞[4, 5]，成为 CNS 制定指南的核心基础。但一些最新研究对此提出异议[6, 7]，这恰恰证明随机、双盲、对照实验的重要性和价值[4-7]。

2014 年 Kandathil 等临床研究探讨阿司匹林能否抑制听神经瘤生长（至少间隔 4 个月连续 MRI 扫描观察肿瘤大小变化，> 0mm/ 年）[4]，347 例患者中 81 例服用阿司匹林，33 例（40.7%）肿瘤增大，48 例（59.3%）无变化；266 例未服用阿司匹林者，154 例（57.9%）肿瘤增大，112 例（42.1%）无变化。不考虑年龄和性别因素，两组之间有显著统计学差异（P=0.0076，OR 0.5，95% CI 0.29～0.85），作者首次证实服用阿司匹林与肿瘤生长呈负相关[4]。

2016 年同一团队利用更精确的体积测量方法观测肿瘤生长（体积比初次 MRI 增大 > 20% 定为增长）[5]。86 例患者利用 MRI 扫描（3D 重建计算体积）随访 11 年（平均 53 个月），25 例服用阿司匹林者 8 例（32%）肿瘤增大，17 例（68%）无变化；61 例未服用阿司匹林者 36 例（59%）肿瘤增大。不考虑年龄和性别的因素，服用阿司匹林与听神经瘤生长呈显著负相关（P=0.03；OR 0.32；95% CI 0.11～0.91）。据此作者认为阿司匹林可能是一种听神经瘤细胞抑制剂，他们推测在合适情况下可考虑服用阿司匹林避免手术或放射治疗，至少服用阿司匹林可以给患者和临床医生提供更多时间来决定是否接受干预[5]。

Hunter 等首次明确报道与上述研究不一致结果[6]，564 例听神经瘤患者在临床干预前至少接受两次 MRI 检查，158 例服用阿司匹林，96

例服用 NSAID，20 例同时服用阿司匹林和 NSAID，服用剂量不尽相同。不管是否服用阿司匹林还是服用不同剂量，均与肿瘤生长无关（两次 MRI 检查肿瘤最大直径增加 $\geq$ 2mm 定义为增长）。进一步分析，不管是否服用 NSAID 还是 COX-2 选择程度，均与肿瘤生长无关 [6]。作者认为，可能是不同的实验设计、随访时间长短以及确定肿瘤增长的标准等差异，导致其结果与 Kandathil 的结果不同 [4, 5]。

MacKeith 等利用邮件问卷调查和电话随访来了解听神经瘤患者服用阿司匹林情况 [7]。利用倾向评分匹配控制年龄、性别和肿瘤大小差异，连续 MRI 检查发现肿瘤增大者为实验组（220 例），肿瘤大小稳定者对照组（217 例）。结果发现对照组服用阿司匹林者多于实验组（22.1% vs. 17.3%），但调整配对协变量后未发现阿司匹林与肿瘤稳定相关（P=0.475）。逻辑回归分析（方差分析）发现初诊时肿瘤大小是唯一与肿瘤生长密切相关因素（以 Hunter 等定义 [6]）（$P < 0.0001$）。作者将其研究结果与 Kandathil 研究进行了比较 [4, 5]，认为肿瘤生长的定义和服用阿司匹林的不同可能是结果差异的原因。更重要的是，作者发现在对肿瘤大小进行分层之前，其结果与 Kandathil 的研究结果相同即服用阿司匹林与肿瘤生长呈负相关，但以倾向评分匹配控制肿瘤大小差异后发现使用阿司匹林与肿瘤生长无相关性，这可能是结果矛盾的主要原因 [7]。

三、展望和个人经验

下一步研究需要采用随机、双盲、对照试验来明确阿司匹林在听神经瘤治疗中的作用。阿司匹林具有诸多优点，这是一种药物代谢动力学和药效动力学已被深入研究的常用药物，其疗效、不良反应和毒性已然明确。

　　首先需要解决的问题是阿司匹林抑制听神经瘤生长的效果，如果有效，下一步研究则需精确制定药物使用剂量。实际上，阿司匹林及NSAID 体内治疗听神经瘤有效浓度尚未确定。Dilwali 等基于水杨酸盐体外细胞实验结果推测口服剂量阿司匹林 800mg 应该有效[3]。但这种推测未考虑药物在脑脊液（cerebrospinal fluid，CSF）中分布情况。实际上，水杨酸盐很容易通过血 - 脑屏障，可以达到血液浓度的 50%[8]，此结果意味着水杨酸盐治疗听神经瘤更令人期望。无论如何，肿瘤组织中的水杨酸盐浓度可能与血清浓度相似，毕竟血 - 脑屏障已被颅内肿瘤破坏[9]。

　　第二个要解决的问题甚至是更大的目标是，将阿司匹林作为抑制肿瘤生长的二级预防药物，换言之，如果术中残留微小肿瘤者使用阿司匹林，作为肿瘤抑制剂有望降低复发风险。本书作者之一（L. M.）经验：2014 年 6 月开始，9 例听神经瘤次全切除者术后口服阿司匹林预防复发，迄今随访时间最长 47 个月，只有第一例复发并再次手术，余未复发继续随访（尚未发表）。

参考文献

[1] Van Gompel JJ, Agazzi S, Carlson ML, Adewumi DA, Hadjipanayis CG, Uhm JH, et al. Congress of Neurological Surgeons systematic review and evidence-based guidelines on emerging therapies for the treatment of patients with vestibular schwannomas. Neurosurgery. 2018;82(2):E52–E4.
[2] Hong B, Krusche CA, Schwabe K, Friedrich S, Klein R, Krauss JK, et al. Cyclooxygenase-2

supports tumor proliferation in vestibular schwannomas. Neurosurgery. 2011;68(4):1112–7.

[3] Dilwali S, Kao SY, Fujita T, Landegger LD, Stankovic KM. Nonsteroidal anti-inflammatory medications are cytostatic against human vestibular schwannomas. Transl Res. 2015;166(1): 1–11.

[4] Kandathil CK, Dilwali S, Wu CC, Ibrahimov M, McKenna MJ, Lee H, et al. Aspirin intake correlates with halted growth of sporadic vestibular schwannoma in vivo. Otol Neurotol. 2014;35(2):353–7.

[5] Kandathil CK, Cunnane ME, McKenna MJ, Curtin HD, Stankovic KM. Correlation between aspirin intake and reduced growth of human vestibular schwannoma: volumetric analysis. Otol Neurotol. 2016;37(9):1428–34.

[6] Hunter JB, O'Connell BP, Wanna GB, Bennett ML, Rivas A, Thompson RC, et al. Vestibular schwannoma growth with aspirin and other nonsteroidal anti-inflammatory drugs. Otol Neurotol. 2017;38(8):1158–64.

[7] MacKeith S, Wasson J, Baker C, Guilfoyle M, John D, Donnelly N, et al. Aspirin does not prevent growth of vestibular schwannomas: a case-control study. Laryngoscope. 2018; 128(9): 2139–44.

[8] Bannwarth B, Netter P, Pourel J, Royer RJ, Gaucher A. Clinical pharmacokinetics of nonsteroidal anti-inflammatory drugs in the cerebrospinal fluid. Biomed Pharmacother. 1989; 43 (2): 121–6.

[9] Bart J, Groen HJ, Hendrikse NH, van der Graaf WT, Vaalburg W, de Vries EG. The blood-brain barrier and oncology: new insights into function and modulation. Cancer Treat Rev. 2000; 26(6):449–62.

第 18 章　弥散张量成像术前定位面神经
DTI for Facial Nerve Preoperative Prediction of Position and Course

Alberto Campione, Guglielmo Cacciotti, Raffaelino Roperto, Carlo Giacobbo Scavo, Luciano Mastronardi　著

现代听神经瘤手术的目标是在保留神经功能和生活质量的基础上全切肿瘤。术后面瘫是听神经瘤手术的主要并发症之一，5% 病例术中面神经受损。因此，术前定位面神经走行十分重要，尤其大听神经瘤（＞3cm）的面神经通常变得扁平或散开、在脑桥小脑角区走行方向难以预判，术者难以识别，保护面神经的难度增大[1]。目前术中尽早识别面神经的策略是根据面神经解剖标志以及电刺激和肌电监测[1]。任何术前帮助定位面神经的影像学研究理论上都能提高手术的安全性，帮助术中避免意外损伤面神经[2]。

Sartoretti-Schefer 等证实利用 MR 脑池造影等常规 MRI 技术难以显示大肿瘤（＞2.5cm）的面神经走行，此时内听道和脑桥小脑角面神经受压变细、解剖标志消失[3]。有鉴于此，利用弥散张量成像 - 纤维束追踪（diffusion tensor imaging-fiber tracking，DTI-FT）或称为弥散张量纤维束成像（diffusion tensor tractography，DTT）技术追踪面神经已成为一种可靠的技术。

DTT 是一种通过弥散加权扫描整合多梯度方向测量水分子弥散方

向的 MRI 成像新技术[4]。一般认为白质束内水分子弥散方向各异，大多沿纤维束方向弥散。DTT 可以三维重建正常人脑神经。一个 3D 向量场（张量）指定一个像素，重建上述信息、代表特定感兴趣区（region of interest，ROI）白质束，以高度可重复方式获得纤维束重建模型[5]。如果能追踪到一条沿着肿瘤包膜表面从内听道到脑干的连续纤维束，则认为 DTT 成功重建听神经瘤患者面神经[6]。

一、基于弥散张量成像纤维追踪

2006 年 Taoka 等首次利用 DTT 术前定位听神经瘤患者面神经行程并与术中所见进行验证[6]。8 例患者中有 7 例（87.5%）在内听道与脑干之间追踪到面神经纤维束，其中 5 例（71.4%）与术中所见一致[2]。

Gerganov 等对 22 例大听神经瘤患者进行 DTI 扫描，并利用导航软件后处理显示面神经纤维束[1]。22 例（100%）均追踪到内听道至脑干的面神经的位置和走行，手术符合率（surgical concordance rate，SCR）（影像预测与手术所见符合率）为 90.9%。两种神经形态（紧凑或松散）的 DTT 无差异。除了显示纤维束图像外，DTT 还可以提供包括各向异性分数（fractional anisotropy，FA）等特定参数信息，FA 是轴突等结构水分子弥散限制程度[7]。FA 可以反映神经微观结构和轴突性质等信息，包括脱髓鞘、炎症和轴突直径。此外，定量测量 FA 可用于研究纤维束的轴突完整性。在此基础上，Zhang 等推测面神经 FA 最大值在一定程度上反映了神经的形态学特征等特性[8]。对 30 例患者进行前瞻性研究发现面神经 FA 最大值在区分面神经紧凑或松散状态方面具有中等诊断

价值 [曲线下面积（area under curve，AUC）0.84；95% CI 0.69～0.98；*P*=0.002]，此结论与上述 Gerganov 发现相反。另外，Zhang 等报道基于 DTT 基础上的术前面神经定位的手术符合率高达 96.7%[8]。

Choi 等前瞻性地搜集了 11 例听神经瘤患者术前利用 DTT 技术进行面神经定位的资料[6]，影像分析与术中所见进行验证。所有患者术前追踪面神经均与术中所见相符（手术符合率为 100%），作者还首次在术后 3 个月利用 DTT 技术确认面神经是否完整，所有患者面神经均保存完整[6]。

Wei 等选择 23 例 Hannover 分级 T_{3b}～T_{4b} 的听神经瘤患者[9]，利用 DTT 技术术前识别面神经和耳蜗神经，DTT 识别面神经比较容易，识别率为 100%，手术符合率高达 91.3%；耳蜗神经识别比较麻烦，4 例具有听力者根据解剖标志推断功能不清的纤维属于耳蜗神经[9]。

最近文献报道的 DTT 面神经检出率及手术符合率与之前报道结果一致。Song 等报道 15 例患者术前面神经检出率 93.3%，手术符合率为 92.9%[10]。Hilly 等利用 DTI 技术检测了 113 例正常人和 21 例中等及大肿瘤患者[11]，术前面神经检出率分别为 97% 和 95%，手术符合率为 90%（经迷路入路）[11]。

业已发表大量综述试图总结利用 DTT 术前检测面神经的优势[5, 12]。最新综述为 Savardekar 等发表[5]，分析 14 项利用 DTI-FT 技术术前定位面神经的研究，要求基于术中镜下所见和电生理监测确认手术符合率，前述相关文献均在此综述中。作者汇总分析 234 例听神经瘤患者，226 例（96.6%）术前完整追踪到面神经走行，205 例（90.7%）术前 DTI-FT 发现与术中所见一致。作者认为大听神经瘤（＞2.5cm）术前 DTT 定位面神经对设计手术有一定辅助作用[5]。

神经外科医师协会发布的有关影像对听神经瘤患者诊治价值的指南认为[13]，增强 T_2 加权 MRI 扫描序列（如 CISS/FIESTA 或 DTI）术前定位面神经可以作为术前评估方法，但 DTT 在保留面神经功能上的直接价值还有待大量研究。

二、从面 - 听神经束到面神经

利用 DTT 技术重建听神经瘤患者的面神经，可以追踪到一条连续的从内听道到脑干、沿肿瘤被膜走行的纤维束[6]，推测此为面 - 听神经束而不是独立的面神经。应用成像追踪技术详细分析脑神经是一项新技术，因此具有一定的局限性，包括难以辨别面神经和听神经。虽然可以根据纤维束的位置获得一些信息，但难以准确区分单个纤维，主要原因是此处面神经和听神经解剖相邻、形态相似，受体素大小所限导致 DTT 扫描难以从影像上区分面神经和听神经[4]。

Roundy 等首次开发了一种新的高密度弥散张量（high-density diffusion tensor，HD-DT）成像技术[14]，旨在术前追踪和定位大肿瘤（> 2.5cm）的面神经。前瞻性地研究了 5 例患者，术前分别采用传统 DTI 及 HD-DT 成像定位面神经，再与术中所见验证。采用 HD-DT 成像时所有患者均可定位面神经（手术符合率为 100%），而采用传统成像时 5 例患者中 4 例未能定位面神经[14]。

Yoshino 等采用了类似的高分辨技术[15]，利用高纬度弥散磁共振成像和基于图谱纤维追踪技术达到实质性地改善图像质量来追踪脑神经走行轨迹。利用弥散光谱成像技术扫描 5 例正常人和 3 例脑肿瘤患者获得高纬度分辨率纤维束追踪效果，另外，从人脑连接项目（Human Connectome Project，HCP）数据库下载 488 例 MRI 弥散成像模板绘制图谱追踪神经纤维走行，发现可以从面神经出脑干处至邻近外展神经核追踪到脑干段面神经。上述结果意味着高纬度分辨率纤维追踪技术能够区分面神经和前庭耳蜗神经，追踪成像技术能清晰显示被脑瘤压迫移位的脑神经，且得到术中证实。需要大宗病例进一步研究该技术的临床应用价值[15]。

三、技术联合、突破限制

因为三维纤维束叠加在二维肿瘤扫描图像上，故 DTT 技术无法三维显示脑神经 / 肿瘤复合体。Chen 等评估结合脑神经 DTT 与肿瘤 MRI 成像能否提供更清晰的三维视角[4]，利用 DTI 和 MRI 扫描分析 3 例听神经瘤，根据 MRI 图像重建肿瘤三维模型，通过线性匹配叠加两组图像。两种技术结合能够重建脑神经 / 肿瘤复合体空间关系，比二维图像具有更好可视性。这种技术可能有助于设计放疗和神经导航。实际上放射外科治疗时，两种技术的结合可以控制放疗范围及照射脑神经的剂量[6]。至于目前商业化的神经导航软件尚未细化到对小感兴趣区如脑桥小脑角脑神经进行建模。但采用追踪成像整合神经导航系统后可以实现术前 DTT 预测面神经走行与术中所见实时对比[16]。

Yoshino 等探讨联合应用 DTT 和对比增强快速平衡稳态采集序列（contrast-enhanced fast imaging employing steady-state acquisition，CE-FIESTA）能否提高术前定位面神经甚至耳蜗神经的预测精确度[17]，以

往很少报道单独使用 DTT 定位耳蜗神经[9]。22 例听神经瘤术中识别面神经和耳蜗神经，联合应用 DTT 和 CE-FIESTA 定位耳蜗神经的准确率是 63.6%（14/22），但定位面神经的准确率也只有 63.6%（14/22），远低于 Savardekar 综述所报道数据[5]。

Zolal 等未采用联合 DTT 的方式[18]，而是提出概率法非张量基础纤维追踪技术可能具有提取纤维方向信息更多的优势：此处多个纤维占据同一像素，脑神经处于亚像素状态。此外，概率法考虑到了数据的不确定性，每一步都对下一步的可能方向进行建模。与确定性追踪相比，概率法对每一个追踪的像素连接成图像。研究 21 例大听神经瘤，术前进行概率追踪，术后预测面神经和耳蜗神经可能位置，术中确认神经真实位置。面神经准确率 81%，耳蜗神经准确率 33%[18]。需要大宗病例进一步研究概率法的潜在优势。

参考文献

[1] Gerganov VM, Giordano M, Samii M, Samii A. Diffusion tensor imaging-based fiber tracking for prediction of the position of the facial nerve in relation to large vestibular schwannomas. J Neurosurg. 2011;115(6):1087–93.

[2] Taoka T, Hirabayashi H, Nakagawa H, Sakamoto M, Myochin K, Hirohashi S, et al. Displacement of the facial nerve course by vestibular schwannoma: preoperative visualization using diffusion tensor tractography. J Magn Reson Imaging. 2006;24(5):1005–10.

[3] Sartoretti-Schefer S, Kollias S, Valavanis A. Spatial relationship between vestibular schwannoma and facial nerve on three-dimensional T2-weighted fast spin-echo MR images. AJNR Am J Neuroradiol. 2000;21(5):810–6.

[4] Chen DQ, Quan J, Guha A, Tymianski M, Mikulis D, Hodaie M. Three-dimensional in vivo modeling of vestibular schwannomas and surrounding cranial nerves with diffusion imaging tractography. Neurosurgery. 2011;68(4):1077–83.

[5] Savardekar AR, Patra DP, Thakur JD, Narayan V, Mohammed N, Bollam P, et al. Preoperative diffusion tensor imaging-fiber tracking for facial nerve identification in vestibular schwannoma: a systematic review on its evolution and current status with a pooled data analysis of surgical concordance rates. Neurosurg Focus. 2018;44(3):E5.

[6] Choi KS, Kim MS, Kwon HG, Jang SH, Kim OL. Preoperative identification of facial nerve in vestibular schwannomas surgery using diffusion tensor tractography. J Korean Neurosurg Soc. 2014;56(1):11–5.

[7] Hodaie M, Quan J, Chen DQ. In vivo visualization of cranial nerve pathways in humans using diffusion-based tractography. Neurosurgery. 2010;66(4):788–95; discussion 95–6.

[8] Zhang Y, Mao Z, Wei P, Jin Y, Ma L, Zhang J, et al. Preoperative prediction of location and shape of facial nerve in patients with large vestibular schwannomas using diffusion tensor imaging-based fiber tracking. World Neurosurg. 2017;99:70–8.

[9] Wei PH, Qi ZG, Chen G, Hu P, Li MC, Liang JT, et al. Identification of cranial nerves near large vestibular schwannomas using superselective diffusion tensor tractography: experience with 23 cases. Acta Neurochir (Wien). 2015;157(7):1239–49.

[10] Song F, Hou Y, Sun G, Chen X, Xu B, Huang JH, et al. In vivo visualization of the facial nerve in patients with acoustic neuroma using diffusion tensor imaging-based fiber tracking. J Neurosurg. 2016;125(4):787–94.

[11] Hilly O, Chen JM, Birch J, Hwang E, Lin VY, Aviv RI, et al. Diffusion tensor imaging tractography of the facial nerve in patients with cerebellopontine angle tumors. Otol Neurotol. 2016;37(4):388–93. https://www.ncbi.nlm.nih.gov/pubmed/26905823.

[12] Ung N, Mathur M, Chung LK, Cremer N, Pelargos P, Frew A, et al. A systematic analysis of the reliability of diffusion tensor imaging tractography for facial nerve imaging in patients with vestibular schwannoma. J Neurol Surg B Skull Base. 2016;77(4):314–8.

[13] Dunn IF, Bi WL, Mukundan S, Delman BN, Parish J, Atkins T, et al. Congress of Neurological Surgeons systematic review and evidence-based guidelines on the role of imaging in the diagnosis and management of patients with vestibular schwannomas. Neurosurgery. 2018;82(2):E32–E4.

[14] Roundy N, Delashaw JB, Cetas JS. Preoperative identification of the facial nerve in patients with large cerebellopontine angle tumors using high-density diffusion tensor imaging. J Neurosurg. 2012;116(4):697–702.

[15] Yoshino M, Abhinav K, Yeh FC, Panesar S, Fernandes D, Pathak S, et al. Visualization of cranial nerves using high-definition fiber tractography. Neurosurgery. 2016;79(1):146–65.

[16] Li H, Wang L, Hao S, Li D, Wu Z, Zhang L, et al. Identification of the facial nerve in relation to vestibular schwannoma using preoperative diffusion tensor tractography and intraoperative tractography-integrated neuronavigation system. World Neurosurg. 2017;107:669–77.

[17] Yoshino M, Kin T, Ito A, Saito T, Nakagawa D, Ino K, et al. Combined use of diffusion tensor tractography and multifused contrast-enhanced FIESTA for predicting facial and cochlear nerve positions in relation to vestibular schwannoma. J Neurosurg. 2015;123(6):1480–8.

[18] Zolal A, Juratli TA, Podlesek D, Rieger B, Kitzler HH, Linn J, et al. Probabilistic tractography of the cranial nerves in vestibular schwannoma. World Neurosurg. 2017;107:47–53.

第 19 章　前庭测试预判听神经瘤起源
Vestibular Testing to Predict the Nerve of Origin of Vestibular Schwannomas

Alberto Campione, Guglielmo Cacciotti, Raffaelino Roperto, Carlo Giacobbo Scavo, Luciano Mastronardi　著

听神经瘤主要起源于前庭上神经（superior vestibular nerve，SVN）或前庭下神经（inferior vestibular nerve，IVN）。前庭上神经来源于外半规管（lateral semicircular canal，LSC）、上半规管、椭圆囊和部分球囊，前庭下神经来源于后半规管（posterior semicircular canal，PSC）和大部分球囊。因此，术前检查听神经瘤患者前庭功能有助于判断肿瘤起源神经，进而预判术后听力保留状况[1-5]。前庭上神经起源肿瘤听力保存率61%～80%，而前庭下神经起源肿瘤听力保存率仅为16%～43%[1,4,5]。

不同文献报道研究不对称或病理前庭功能检查结果与听神经瘤起源神经的相关性，但结果存在争议。涉及的前庭功能检查包括姿势描记法、前庭诱发肌源性电位（vestibular evoked myogenic potentials，VEMPs）、冷热试验（常结合 VEMPs）和视频头脉冲试验（video head impulse test，vHIT）。

一、姿势描记法

电脑动态平台姿势描记仪（computerized dynamic platform posturography，CDPP）是一种感觉整合能力测试：在 6 种条件下（难度逐渐增加）进行，每一项检查 20s，记录平衡分，分数在 0%（最差）到 100%（最好）之间。检查 5 和检查 6 分别通过参照物摇摆消除视觉和本体觉信息来评估平衡系统中的前庭功能部分。检查 5 中患者闭眼站在可移动、参照物摇摆的平台，检查 6 中患者睁眼站在可移动、参照物摇摆的平台，周围环境也是参照物摇摆。每项检查重复三次，分别记录检查 5（C5S）和检查 6（C6S）的平均值（%），与经过年龄匹配的正常人数据进行对比，低于 5 个百分点可判定为病理性异常[1]。

Gouveris 等进行了一项回顾性研究[6]，了解 CDPP 检查结果能否术前预测听神经瘤起源神经。分析 75 例听神经瘤患者的 C5S、C6S、前庭比率（vestibular ratio，VER）和综合平衡分数（mean overall balance score，MOBS），术中辨认听神经瘤起源神经。虽然前庭上神经起源肿瘤患者 C5S 和 C6S 中位数低于前庭下神经起源肿瘤，但两组之间四项评分并无统计学差异[6]。

Borgmann 等联合应用姿势描记和双温眼震电图（electronystag-mography，ENG）[1]。双温实验采用标准双温灌洗前庭器官，即利用 30℃和 44℃水刺激水平半规管反映前庭上神经功能状态，眼震电图记录眼球运动，最大慢相眼球运动速度计算半规管轻瘫，左右差值 ≥ 25% 定义为病理性异常。前庭下神经肿瘤 89 例，前庭上神经肿瘤 22 例。前庭上神经肿瘤患者眼震电图（$P < 0.0001$）和 CDPP（$P=0.025$）

异常结果显著高于前庭下神经来源肿瘤患者，此外，前庭上神经肿瘤患者听力保存率显著高于前庭下神经肿瘤患者（P=0.011）[1]。

二、前庭诱发肌源性电位和双温实验

VEMPs 电极布置可根据采用方案不同而异，但表面电极总是放置于刺激耳同侧胸锁乳突肌上半部分，参考电极置于胸骨上部，接地电极置于鼻根部[4, 7]，然后，将患者头部转向非刺激耳。测试期间，通过显示器监测肌电图活动，保持肌肉张力处于稳定水平。通过耳机给出恒定刺激率的强短声或连续声刺激（根据所选方案选择不同时程和强度），刺激反应平稳后，分析第一个正负峰的波幅（即 p13-n23），以百分比计算两边差值。患侧 VEMPs 无反应或与健侧相比反应减弱判为异常反应[4, 7]。

VEMPs 和双温试验是互相补充的前庭功能检查，事实上，两者均可单独用来检测前庭下神经和前庭上神经功能。VEMPs 就是通过刺激上半规管和后半规管引出前庭丘脑反射，后半规管信息经前庭下神经传导。另外，外耳道注入冷水[4, 7]或热水[1]刺激外半规管，经前庭上神经传导引出前庭 - 眼反射（vestibulo-ocular reflex，VOR），通过眼震电图记录下来。

Tsutsumi 等进行了一项回顾性研究[8]，确定单独利用 VEMPs 能否预测听神经瘤的起源神经。28 例患者，前庭下神经起源听神经瘤患者 VEMPs 完全消失。作者推论，只有在一些特定病例 VEMPs 检查能够预测听神经瘤的起源神经[8]。

Ushio 等分析 109 例单侧听神经瘤患者资料[9]，每人术前均做 VEMPs 检查和双温试验，63 例可以确定肿瘤起源神经，37 例前庭上神经起源肿瘤、26 例前庭下神经起源肿瘤两组之间的两项检查异常结果无差异；双温试验异常率前庭上神经起源组 86.5%（32/37），前庭下神经起源组 80.8%（21/26），无统计学差异（P=0.54）；VEMPs 异常率前庭上神经起源组 77.4%（24/31），前庭下神经组 66.7%（12/18），无统计学差异（P=0.41）[9]。

Suzuki 等报道结果与 Ushio 类似[7]。130 例患者双温试验和 VEMPs 异常在前庭上神经组与前庭下神经组无统计学差异（前庭上神经组 vs 前庭下神经组：双温试验 χ^2=0.618，VEMPs χ^2=0.715）[7]。

Chen 等进行了一项前瞻性研究[10]，8 例脑桥小脑角肿瘤患者接受双温试验和 VEMPs 检查，4 例接受手术，其中 3 例听神经瘤，1 例表皮样囊肿。术后随访 1 年。术中发现，1 例双温试验和 VEMPs 无反应者肿瘤累及前庭上神经和前庭下神经，与此相反，而 1 例双温试验正常、VEMPs 异常者肿瘤起源前庭下神经。随访复查双温试验和 VEMPs 检查，只有表皮样囊肿者两项检查均完全恢复，其余 3 例 VEMPs 异常者无变化。尽管病例有限，但作者认为术前 VEMPs 检查可用于预测肿瘤神经起源和制定最佳手术入路，术后 VEMPs 检查可用来确定肿瘤性质（压迫或浸润神经）及显示前庭下神经残余功能[10]。

He 等也进行了一项前瞻性研究[4]，106 例听神经瘤患者术前和随访期间均接受双温试验和 VEMPs 检查，术中由手术医生辨认神经起源。68 例肿瘤确认神经起源：前庭上神经 26 例，前庭下神经 42 例；两组病例双温试验和 VEMPs 检查结果明显不同：VEMPs 异常、双温试验正常预测前庭下神经阳性率 21.4%；VEMPs 正常、双温试验异常预测前庭上神经阳性率 50%。作者总结，双温试验和 VEMPs 检查有助于确定听神经瘤的神经起源，并可评估术后神经残余功能 [4]。

三、视频头脉冲试验

vHIT 是一种无创检查，用来定量评估前庭-眼反射增益以及隐性扫视波（出现于头动过程中）和显性扫视波（出现于头动结束后），即三个半规管引起的眼球跳动。检查过程包括通过特定感受器检测、量化、分析记录头部运动时眼球运动（利用视频眼电图相机）。要求患者凝视 1m 外靶点，检查者在水平面随机旋转患者头部 15°～20°，评估双侧水平半规管功能；检测垂直半规管：向右（左上半规管和右后半规管）和向左（右上半规管和左后半规管）转头 45°，然后向前、再向后脉冲刺激，每个半规管刺激 20 次以便获得持续稳定反应。评价参数为每个半规管前庭-眼反射增益（头动和眼动速度比值）（以百分比表示患耳功能缺陷程度）以及是否存在显性或隐性眼跳。根据年龄相关标准值将前庭-眼反射增益分为正常或异常，再固定眼跳（显性和隐性）是前庭中枢通路补偿前庭-眼反射增益值降低的一种生理现象，这是前庭-眼反射增益值降低的信号 [11]。当 vHIT 单独分析每个半规管异常时，检查结果的变化可解释为间接反映相应前庭神经受到病理性压迫或浸润。

Rahne 等基于 vHIT 和 cVEMP/oVEMP 提出了一种确定听神经瘤起源神经的新评分法 [12]，需要尽可能完整地收集关于前庭上神经和前庭下神经功能状态的两项检查的数据。实际上 vHIT 反映的是半规管而不是椭圆囊和球囊的功能，cVEMP 反映的是球囊功能和前庭下神经活动，oVEMP 反映的是椭圆囊功能和前庭上神经活动。该评分系统需要搜集的数据包括每个半规管前庭 – 眼反射异常增益和眼跳、cVEMP 异常及 oVEMP 异常。将术前检查数据输入评分系统，术中最终确定肿瘤起源神经。利用该评分系统分析 5 例听神经瘤，1 例肿瘤太大（Koos 4 级）术中无法确定肿瘤起源神经，另外 4 例术前预测与术中所见相一致，评分系统准确性 100%[12]。

Costanzo 等利用 vHIT（记录每个半规管前庭 – 眼反射增益、显性和隐性眼跳）分析 31 例听神经瘤患者[11]，术中确认肿瘤神经起源。29 例术中确定神经起源，其余 2 例均为 Hannover–T4b。19 例经术中证实为前庭上神经来源者，17 例 vHIT 提示前庭上神经功能异常，2 例显示正常，术前诊断准确率为 89.5%；10 例经术中证实为 IVN 来源者 9 例 vHIT 提示前庭下神经功能障碍，1 例报告正常，术前诊断准确率为 81.8%。总体而言，vHIT 结果异常提示肿瘤神经起源的准确率为 100%，而在 29 例经术中确认神经起源者预测准确率为 89.5%（26/29）。因此，作者认为 vHIT 检查判断半规管功能对预测听神经瘤的神经起源有一定的价值[11]。

参考文献

[1] Borgmann H, Lenarz T, Lenarz M. Preoperative prediction of vestibular schwannoma's nerve of origin with posturography and electronystagmography. Acta Otolaryngol. 2011;131(5):498–503.

[2] Brackmann DE, Owens RM, Friedman RA, Hitselberger WE, De la Cruz A, House JW, et al. Prognostic factors for hearing preservation in vestibular schwannoma surgery. Am J Otol. 2000;21(3):417–24.

[3] Cohen NL, Lewis WS, Ransohoff J. Hearing preservation in cerebellopontine angle tumor

surgery: the NYU experience 1974-1991. Am J Otol. 1993;14(5):423–33.

[4] He YB, Yu CJ, Ji HM, Qu YM, Chen N. Significance of vestibular testing on distinguishing the nerve of origin for vestibular schwannoma and predicting the preservation of hearing. Chin Med J (Engl). 2016;129(7):799–803.

[5] Jacob A, Robinson LL, Bortman JS, Yu L, Dodson EE, Welling DB. Nerve of origin, tumor size, hearing preservation, and facial nerve outcomes in 359 vestibular schwannoma resections at a tertiary care academic center. Laryngoscope. 2007;117(12):2087–92.

[6] Gouveris H, Akkafa S, Lippold R, Mann W. Influence of nerve of origin and tumor size of vestibular schwannoma on dynamic posturography findings. Acta Otolaryngol. 2006;126(12):1281–5.

[7] Suzuki M, Yamada C, Inoue R, Kashio A, Saito Y, Nakanishi W. Analysis of vestibular testing in patients with vestibular schwannoma based on the nerve of origin, the localization, and the size of the tumor. Otol Neurotol. 2008;29(7):1029–33.

[8] Tsutsumi T, Tsunoda A, Noguchi Y, Komatsuzaki A. Prediction of the nerves of origin of vestibular schwannomas with vestibular evoked myogenic potentials. Am J Otol. 2000;21(5):712–5.

[9] Ushio M, Iwasaki S, Chihara Y, Kawahara N, Morita A, Saito N, et al. Is the nerve origin of the vestibular schwannoma correlated with vestibular evoked myogenic potential, caloric test, and auditory brainstem response? Acta Otolaryngol. 2009;129(10):1095–100.

[10] Chen CW, Young YH, Tseng HM. Preoperative versus postoperative role of vestibular-evoked myogenic potentials in cerebellopontine angle tumor. Laryngoscope. 2002;112(2):267–71.

[11] Constanzo F, Sens P, Teixeira BC de A, Ramina R. Video head impulse test to preoperatively identify the nerve of origin of vestibular schwannomas. Oper Neurosurg. 2018. https://doi.org/10.1093/ons/opy103.

[12] Rahne T, Plößl S, Plontke SK, Strauss C. Preoperative determination of nerve of origin in patients with vestibular schwannoma. German version. HNO. 2017;65(12):966–72.

第 20 章　放疗失败再手术

Microsurgery for Vestibular Schwannomas After Failed Radiation Treatment

Yoichi Nonaka, Takanori Fukushima　著

目前中小型听神经瘤治疗策略主要有 3 种，包括随访观察、手术和放射治疗。过去 20 年接受立体定向治疗（stereotactic radiation therapy, SRT）者逐渐增加，接受手术者逐渐减少。20 世纪 90 年代初以来几种聚焦束 SRT 包括伽马刀（Gamma knife，GK）、赛博刀（CyberKnife, CK），诺力刀和质子刀已应用于控制听神经瘤生长。随着计算机技术进步和更精确靶向定位，SRT 已被广泛应用于治疗听神经瘤。尽管具有上述优势，仍有少数听神经瘤患者放疗后再增长，如何治疗这些患者目前仍有争议。尽管再次放疗可能增加不良风险且再次失败，仍有些患者接受两次或多次放射治疗。另一方面，随着显微外科技术的发展，听神经瘤手术结果逐步改善。2016 年我们报道对放疗失败者进行手术干预[1]，74 例 SRT 失败者予以挽救性手术，发现术后并发症风险显著增加。

一、资料和方法

1995 年 1 月至 2016 年 12 月单侧听神经瘤手术 2115 例，排除 *NF2*。74 例（3.5%）术前曾在外院接受过一次或多次 SRT，48 例为接受过放疗听神经瘤（radiated vestibular schwannoma，R-VS），26 例接受过手术和放疗联合治疗听神经瘤（vestibular schwannoma previously treated with microsurgery and radiotherapy，MR-VS）；男 24 例，女 50 例，年龄 14—73 岁，平均 51.8 岁；GK 55 例（74.3%），分次立体定向治疗 6 例（8.1%），CK 4 例（5.4%），质子刀 1 例（1.4%），放疗方法不详 7 例（9.5%）；4 例接受过两次以上 SRT，1 例 GK 失败后又接受 CK。所有患者初次放疗均在各神经外科中心进行。

患者临床特征详见表 20-1。记录 R-VS 患者 SRT 后加重或新发神经功能异常表现：①评价面神经功能采用 HB 分级 [2]；②肿瘤大小根据 Kanzaki 等 [3] 提出的听神经瘤国际标准测量增强 MRI 轴位上脑桥小脑角最大直径；③如果肿瘤有囊性变，囊性变大小也包括在内。由于缺乏既往治疗方式及适应证的详细信息，无法讨论这些内容。复习手术记录和术中影像获取肿瘤特点、纤维粘连程度、有无异常表现以及肿瘤被膜与神经血管关系等信息。

将 R-VSs 患者术后结果与之前报道的 2000—2009 年 379 例未放疗听神经瘤手术进行对比 [4]，手术适应证包括 SRT 3 年后确认肿瘤增大者，但肿瘤增长太快或神经症状加重者可在 SRT 3 年内接受手术。

肿瘤切除程度分为三类：①肿瘤全部切除（gloss total resection，GTR），即手术中确认肿瘤全部切除，术后增强 MRI 证实无肿瘤残留；

表 20-1　74 例放疗后听神经瘤患者临床特征

特　征	值（%）
年龄（岁）	
• 范围	14—73
• 平均值	51.8
性别	
• 男	24（32.4）
• 女	50（67.6）
既往治疗	
• 只接受过放疗	48（64.9）
• 接受过手术	26（35.1）
挽救手术时肿瘤大小（mm）	
• 管内型	0（0）
• 小（1～10）	5（6.8）
• 中（11～20）	12（16.2）
• 中至大（21～30）	32（43.2）
• 大（31～40）	19（25.7）
• 巨大（≥41）	6（8.1）
放疗方式	
• 伽马刀	55（74.3）
• 分次立体定向放射治疗	6（8.1）
• 赛博刀（CK）	4（5.4）
• 质子刀	1（1.4）
• 赛博刀（CK）+ 伽马刀（GK）	1
• 不详	7（9.5）
• 放疗至手术间隔（个月）	45.1（8～240）
手术入路	
• 乙状窦后入路	52（70.3）
• 经迷路入路	22（29.7）

（续表）

特　征	值（%）
肿瘤切除程度 [a]	
· 全切除	25（37.8）
· 近全切	14（31.1）
· 次全切	14（31.1）

a. 译者注：原文数据似乎有误，未查到原始文献

②肿瘤近全切除（near-total resection，NTR），即少量肿瘤（＜0.5mm）包膜残留于受压变薄或拉伸的面神经/听神经或脑干，术后 MRI 显示一条细线强化影（小于原肿瘤的 1%～2%）；③次全切除（subtotal resection，STR），即数毫米厚肿瘤残留于面神经/听神经或脑干，术后 MRI 显示肿瘤残留，为原肿瘤的 5%～10%。

二、结果

59 例（79.7%）SRT 后肿瘤持续生长，15 例（20.3%）SRT 后头几年稳定然后迅速生长。7 例（9.5%）肿瘤虽无生长但因无法忍受的面部疼痛、心理困扰或患者要求而进行手术切除。实施挽救性手术时肿瘤大小如表 20-1 所示。SRT 与手术间隔时间为 8～240 个月（平均 45.1 个月）。GTR、NTR 和 STR 分别为 25 例（37.8%）、14 例（31.1%）和 14 例（31.1%）。STR 后症状加重或新发症状包括头晕（35.9%）、共济失调或平衡障碍（33.3%）和耳鸣（20.5%）；STR 后听力下降 15.4%、全聋 41%、面部三叉神经痛加重 7.7%、面部麻木 25.6%、面瘫 7.7%，

严重共济失调 1 例，后组脑神经损伤 5.1%，上述症状均为 STR 后即刻新发或明显加重。比较 R-VS 与我们之前的未放疗听神经瘤（non-radiated vestibular schwannoma，N-VS）视频发现确实存在差异，推断可能是辐射效应所致。

　　肿瘤周围蛛网膜变厚且不透明，46.2% 的肿瘤放疗后出现异常纤维性变、肿瘤质地变韧，23.1% 出现新囊变，15.4% 肿瘤包膜变棕色 / 紫色。此外，69.2% 肿瘤被膜与神经、血管或脑干之间严重粘连。大肿瘤中 17.9% 发现面神经和脑干表面组织变软、变脆，提示放疗引起神经软化。面神经监测进一步证实轻柔操作也会增加潜在损伤面神经的风险。

　　本组病例无死亡和严重并发症：74 例患者中 5 例（6.8%）术前已有面神经麻痹或减弱，术后面瘫无加重；其余 69 例中 14 例（20.3%）术后出现面瘫，HB 分级Ⅲ级 8 例，Ⅳ级 5 例，Ⅴ级 1 例。

三、典型病例

　　患者，女，58 岁，右耳听力下降、耳鸣、头晕 3 年，最初 MRI 显示右侧管内型肿瘤略微突入 CPA（图 20-1A）。患者接受边缘剂量 12.3Gy GK 治疗，每年复查一次 MRI。放疗 2 年后发现脑桥小脑角肿瘤轻度增大（图 20-1B）。随后患者出现全聋、头晕加重和共济失调。SRT 后第三年 MRI 显示肿瘤显著增大、压迫脑干（图 20-1C）。放疗专家观察 3 年后转入我科接受手术。

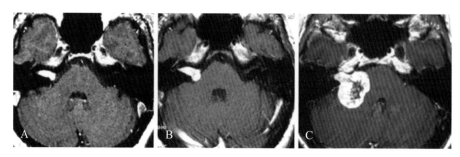

▲ 图 20-1　图示典型病例：一例 58 岁女性患者

A. 轴位增强 MRI 显示右侧内听道内肿瘤，均匀强化（GK 治疗前）；B. 轴位增强 MRI 显示肿瘤向脑桥小脑角生长（GK 治疗 2 年后）；C. 轴位增强 MRI 显示肿瘤进一步生长压迫脑干和小脑（GK 治疗 3 年后），肿瘤中心未强化

四、讨论

过去 20 年越来越多的听神经瘤患者接受 SRT 治疗[5-19]。根据系列报道，SRT 后肿瘤复发并不严重[6, 9, 12, 16, 19, 20]。最新文献报道中 - 小型听神经瘤 GKS 后随访 10 年，92%～97% 肿瘤生长得到控制[8, 12]。但听神经瘤 SRT 后除个别肿瘤轻度缩小外，余者长期带瘤生存，需要密切随访、尽早发现肿瘤复发及神经症状加重。另一方面，大多数接受手术者因肿瘤全切或近全切除而获得真正治愈。与之前的 SRT 报道相比，我们的研究显示很多病例 SRT 后立刻出现新发症状或原有症状加重，如耳聋、面部麻木或感觉减退、面瘫及面部疼痛等[17, 21-23]。推荐患者接受 SRT 治疗时，告知上述风险很重要。另外一个虽然罕见但必须提及的事实是 38 例患者在 SRT 后出现肿瘤恶变[24-33]。

众所周知，2%～45% 听神经瘤患者在 SRT 后 6～12 个月内会出现暂时性肿瘤增大[23, 34]。Pollock 等报道 SRT 后肿瘤增大的平均时间是 9

个月、平均增大体积 75%[23]。他们认为在此期间出现新的神经系统症状多为暂时性、无须治疗即可自行好转。因此，我们的做法是 SRT 后至少观察随访 3 年，除非出现严重症状才进行提前手术干预。结果发现，既往报道 SRT 和挽救性手术的平均间隔时间为 32.1 个月（19.2～46 个月），我们报道为 45.1 个月（8～240 个月）[34-48]。

据报道放疗失败、肿瘤增大者不足 10%。放疗后再手术适应证：出现小脑性共济失调、颅内压升高、伴随肿瘤生长症状逐渐加重（即使在暂时性肿瘤增长阶段）。分析我们之前报道的 39 例听神经瘤接受过一次或多次 SRT 后再次手术资料发现，放疗后因不同原因要求再手术者比例越来越高：1995—1999 年只有 2 例（0.8%），2000—2005 年达 8 例（2.7%），2006—2013 年达到 64 例（8.9%）。这种趋势可能是由于放疗应用越来越广甚至滥用所致，也可能是随着随访年限增加导致放疗失败病例越积越多。虽然部分病例 SRT 后肿瘤以稳定速度持续增长，但大约 10% 病例 SRT 后肿瘤静息多年后快速生长。已有文献强调有限随访时间可能存在一定风险，像听神经瘤这样的良性肿瘤至少需要随访 15～20 年才能最终确定治疗效果。现有长期随访研究似乎提示 SRT 可能是一项有前途、有价值的技术 [8, 11, 16, 49]，但对这种生长缓慢的肿瘤目前设定的随访时间仍嫌太短故难以确定其疗效。

多数学者认为听神经瘤放疗后再手术比直接手术难度更大 [34-38, 40-48]：由于神经与肿瘤粘连导致面神经更难分离、肿瘤界面难以定位，再次放疗增加了脑神经损伤、脑积水、脑水肿或脑坏死的风险，此外初次放疗失败后肿瘤可能对放射线具有更强的抵抗力、对再次放疗不敏感。综合考虑这些情况，作者建议对大多数放疗失败者实施挽救性手术 [1]。

2012 年 Gerganov 等也发现放疗失败再手术者术后面神经功能障碍比例更高 [38]。Wise 等回顾分析了 37 例 SRS 失败者 [48]，他们进行了一项大型多中心病例对照研究，比较放疗和非放疗听神经瘤患者，大约 77% 术前面神经功能正常者挽救手术后保留了面神经功能，全部切除和近全切除分别为 49% 和 27%。随着放疗后手术经验增加，手术策略也变得更加保守以便保留功能。

我们还发现放疗后出现各种变化如图 20-2 所示，肿瘤包膜与脑神经、脑干和血管之间粘连最常见；虽然 N-VS 患者也能看到粘连，但 R-VS 粘连更厚、更紧密、更难分离（图 20-2A、B）；有时难以建立肿瘤 - 神经分离界面（图 20-2C）。此外，R-VS 肿瘤周围蛛网膜比 N-VS 更厚、更不透明、更粘连（图 20-2D）。脑神经软化非常棘手，无法安全地从肿瘤分离出来神经。小脑水肿、表面组织变脆。肿瘤本身变化也导致手术更复杂，肿瘤表面变黄变硬，包膜下出血导致肿瘤变成紫色（图 20-2E），肿瘤组织也变硬变韧。肿瘤中心纤维化，导致增强 MRI 时该区域不强化（图 20-2F）。并非所有病例均有上述变化，但放疗至手术间隔时间越长，这些变化越常见。除了脑水肿和囊性变之外其他变化在 MRI 上无法显示，只有术中才能确认。根据作者 1800 余例听神经瘤手术经验，上述变化在 N-VS 非常罕见。与此类似，上述变化其他文献也有报道（表 20-2）[5, 34, 36-38, 40-45, 47, 50]。其他文献也报道了放疗后肿瘤周围神经血管变化情况 [2, 6, 8, 11, 12, 25, 27, 34, 44, 51-53]。目前尚不清楚这些变化是否只发生在听神经瘤接受 SRT 治疗者，但即使采用低剂量照射（< 10Gy），预计也会发生类似组织变化。与未放疗相比，放疗后脑神经尤其是面神经损伤后功能很难恢复 [8, 53]。

正如之前报道所述，我们在术中特别重视如何分离放疗后的面神

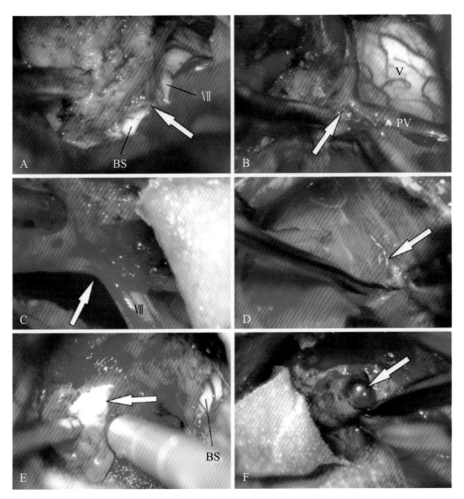

▲ 图 20-2　手术录像显示放疗后听神经瘤特点

A.（R-RS）肿瘤包膜与脑干表面严重粘连（箭）；B.（L-RS）肿瘤包膜与岩静脉粘连（箭）；C.（L-RS）面神经与肿瘤融合（箭）；D.（L-RS）肿瘤与岩骨间蛛网膜增厚（箭）；E.（R-RS）肿瘤中心非增强区域黏性变、纤维变性（箭）；F.（R-RS）肿瘤表面变紫（箭）。BS. 脑干；Ⅶ. 面神经；PV. 岩静脉；V. 三叉神经；R-RS. 右乙状窦后入路；L-RS. 左乙状窦后入路

经，故 R-VSs 组与 N-VSs 组术后面神经功能变化无显著差异性[1]，采用近全切除或全切除遗留部分肿瘤于受压变细、粘连紧密的面神经或脑干上，以期获得更好的面神经功能，很显然，残留肿瘤越多、面神

表 20-2　文献报道放疗失败后听神经瘤手术效果

作者 / 年份	患者数量	术前平均间隔时间（个月）	面瘫 [a]（%）	肿瘤全切率（%）	技术困难或肿瘤特征（主观）
Slattery 和 Brackmann, 1995	5	46	80	100	肿瘤与面神经之间形成严重瘢痕
Pollock 等, 1998	13	27	61.5	53.8	肿瘤纤维化 / 肿瘤 – 周围蛛网膜界面消失
Battista 和 Wiet, 2000	12	35	N/A	N/A	79% 肿瘤 – 面神经界面消失
Lee 等, 2003	4	19.2（1.6 年）	25	N/A	沿脑神经走行致密粘连和纤维化
Friedman 等, 2005	38	39.6	57	78.9	肿瘤与面神经中度至重度粘连
Limb 等, 2005	8	N/A	62.5	N/A	肿瘤与周围结构均纤维化、瘢痕和粘连
Iwai 等, 2007	6	28	33.3	0	蛛网膜增厚 / 瘤内出血
Shuto 等, 2008	12	29	25	0	面神经变色 / 与肿瘤严重粘连

（续表）

作者/年份	患者数量	术前平均间隔时间（个月）	面瘫[a]（%）	肿瘤全切率（%）	技术困难或肿瘤特征（主观）
Slattery, 2009	62	37.2	N/A	79	难以定位面神经－肿瘤界面
Lee 等, 2010	7	26	N/A	0	肿瘤放疗后手术无异常
Friedman 等, 2011	73	43.2（3.6年）	50^b, 14.3^c	79.5	83.6%肿瘤与面神经中度或重度粘连
Gerganov 等, 2012	28	30.7	20^d, 23.1^e	100^d, 100^e	广泛蛛网膜瘢痕增加手术难度
Hong 等, 2013	5^f	N/A	33.3	60	蛛网膜瘢痕、纤维化，手术更困难
Wise 等, 2016	37	36	27	49	继发性粘连、难以确定肿瘤界面导致手术困难
Iwai 等, 2016	18	26	22	0	难以辨认面神经，可能是放疗效应/蛛网膜增厚所致

（续表）

作者/年份	患者数量	术前平均间隔时间（个月）	面瘫 [a]（%）	肿瘤全切率（%）	技术困难或肿瘤特征（主观）
Breshears 等，2017	10	36	20	70	肿瘤与脑干或面神经有明显或致密粘连
本组数据	74	45.6	17.3	37.8	面神经粘连，与脑干严重粘连，神经软化，蛛网膜界面消失

a. 按 HB 面神经功能分级系统Ⅳ、Ⅴ和Ⅵ级认为是手术相关面瘫；b. 病例中全部切除百分数；c. 病例中部分切除百分数；d. A 组（术前放疗）；e. B 组（放疗后肿瘤部分切除）；f. 以前接受过放疗的患者数量

经损伤风险越低。我们发现放疗后的面神经变软、变脆、与肿瘤粘连更紧。另外，面神经监测也提示即使轻柔操作，放疗后的面神经也比 N-VSs 的面神经更容易损伤，因此当术中面神经反应出现下降后术者应即可停止解剖面神经，这也许可以解释为什么 R-VSs 组术后面瘫发生率高于期望值。

诸多文献报道很难实现肿瘤全切，因为肿瘤与脑干、面神经粘连紧密难以分离 [34, 36, 38-40, 46, 48]。为减少并发症，我们建议采用肿瘤近全切除或次全切除残留部分肿瘤包膜。虽然近全切除或全切除术后长期结果并不清楚，但至少可以最大限度减少 R-VS 术后并发症。

五、总结

与 N-VS 患者相比，R-VS 患者因肿瘤纤维粘连、包膜纤维化、面神经软化等导致手术难度增大。术前影像学无法分辨上述变化，如果分离困难可考虑次全切除以便更好地保护面神经功能。SRT 失败再次手术（近全切除或全切除）者需要随访更长时间观察肿瘤残留变化。目前给患者推荐 SRT 方案前须详细告知放疗后可能出现肿瘤再生长、临床症状进行性加重、手术难度增加、全切率下降及面瘫风险增加等，我们必须做好准备迎接这些挑战，接受放疗的患者应进行长期随访。

参考文献

[1] Nonaka Y, Fukushima T, Watanabe K, Friedman AH, Cunningham CD III, Zomorodi AR. Surgical management of vestibular schwannomas after failed radiation treatment. Neurosurg Rev. 2016;39:303–12.

[2] House JW, Brackmann DE. Facial nerve grading system. Otolaryngol Head Neck Surg. 1985;93:146–7.

[3] Kanzaki J, Tos M, Sanna M, Moffat DA, Monsell EM, Berliner KI. New and modified reporting systems from the consensus meeting on systems for reporting results in vestibular schwannoma. Otol Neurotol. 2003;24:642–8.

[4] Nonaka Y, Fukushima T, Watanabe K, Friedman A, Sampson J, McElveen J, Cunningham C, Zomorodi A. Contemporary surgical management of vestibular schwannomas: analysis of complications and lessons learned over the past decade. Neurosurgery. 2013;72:ons103–15.

[5] Battista RA, Wiet RJ. Stereotactic radiosurgery for acoustic neuromas: a survey of the American Neurotology Society. Am J Otol. 2000;21:371–81.

[6] Chan AW, Black PM, Ojemann RG, et al. Stereotactic radiotherapy for vestibular schwannomas: favorable outcome with minimal toxicity. Neurosurgery. 2005;57:60–70.

[7] Flickinger JC, Kondziolka D, Niranjan A, Maitz A, Voynov G, Lunsford LD. Acoustic neuroma radiosurgery with marginal tumor doses of 12 to 13Gy. Int J Radiat Oncol Biol Phys. 2004;60:225–30.

[8] Hasegawa T, Kida Y, Kobayashi T, Yoshimoto M, Mori Y, Yoshida J. Long-term outcomes in patients with vestibular schwannomas treated using gamma knife surgery: 10-year follow up. J Neurosurg. 2005;102:10–6.

[9] Hudgins WR, Antes KJ, Herbert MA, et al. Control of growth of vestibular schwannomas with low-dose gamma knife surgery. J Neurosurg. 2006;105:154–60.

[10] Iwai Y, Yamanaka K, Shiotani M, Uyama T. Radiosurgery for acoustic neuromas: results of low-dose treatment. Neurosurgery. 2003;53:282–7.

[11] Liu D, Xu D, Zhang Z, Zhang Y, Zheng L. Long-term outcomes after gamma knife surgery for vestibular schwannomas: a 10-year experience. J Neurosurg. 2006;105:149–53.

[12] Lunsford LD, Niranjan A, Flickinger JC, Maitz A, Kondziolka D. Radiosurgery of vestibular schwannomas: summary of experience in 829 cases. J Neurosurg. 2005;102:195–9.

[13] McEvoy AW, Kitchen ND. Rapid enlargement of a vestibular schwannoma following gamma knife treatment. Minim Invasive Neurosurg. 2003;46:254–6.

[14] Mendenhall WM, Friedman WA, Buatti JM, Bova FJ. Preliminary results of linear accelerator radiosurgery for acoustic schwannomas. J Neurosurg. 1996;85:1013–9.

[15] Miller RC, Foote RL, Coffey RL, et al. Decrease in cranial nerve complications after radiosurgery for acoustic neuromas: a prospective study of dose and volume. Int J Radiat Oncol Biol Phys. 1999;43:305–11.

[16] Murphy ES, Barnett GH, Vogelbaum MA, et al. Long-term outcomes of gamma knife radiosurgery in patients with vestibular schwannomas. J Neurosurg. 2011;114:432–40.

[17] Niranjan A, Mathieu D, Flickinger JC, Kondziolka D, Lunsford LD. Hearing preservation after intracanalicular vestibular schwannoma radiosurgery. Neurosurgery. 2008;63:1054–62.

[18] Okunaga T, Matsuo T, Hayashi N, et al. Linear accelerator radiosurgery for vestibular schwannoma: measuring tumor volume changes on serial three-dimensional spoiled gradient-echo magnetic resonance images. J Neurosurg. 2005;103:53–8.

[19] Sughrue ME, Yang I, Han SJ, et al. Non-audiofacial morbidity after gamma knife surgery for vestibular schwannoma. Neurosurg Focus. 2009;27:E4.

[20] Yang I, Aranda D, Han SJ, et al. Hearing preservation after stereotactic radiosurgery for vestibular schwannoma: a systematic review. J Clin Neurosci. 2009;16:742–7.

[21] Neuhaus O, Saleh A, van Oosterhout A, Siebler M. Cerebellar infarction after gamma knife

radiosurgery of a vestibular schwannoma. Neurology. 2007;68:590.

[22] Pollack AG, Marymont MH, Kalapurakal JA, Kepka A, Sathiaseelan V, Chandler JP. Acute neurological complications following gamma knife surgery for vestibular schwannoma. J Neurosurg. 2005;103:546–51.

[23] Pollock BE. Management of vestibular schwannomas that enlarge after stereotactic radiosurgery: treatment recommendations based on a 15-year experience. Neurosurgery. 2006;58:241–8.

[24] Demetriades AK, Saunders N, Rose P, et al. Malignant transformation of acoustic neuroma/vestibular schwannoma 10 years after gamma knife stereotactic radiosurgery. Skull Base. 2010;20:381–7.

[25] Hanabusa K, Morikawa A, Murata T, Taki W. Acoustic neuroma with malignant transformation. J Neurosurg. 2001;95:518–21.

[26] Husseini ST, Piccirillo E, Sanna M. On "malignant transformation of acoustic neuroma/vestibular schwannoma 10 years after gamma knife stereotactic radiosurgery" (skull base 2010;20:381–388). Skull Base. 2011;21:135–8.

[27] Markou K, Eimer S, Perret C, et al. Unique case of malignant transformation of a vestibular schwannoma after fractionated radiotherapy. Am J Otolaryngol. 2012;33:168–73.

[28] Rowe J, Grainger A, Walton L, Silcocks P, Radatz M, Kemeny A. Risk of malignancy after gamma knife stereotactic radiosurgery. Neurosurgery. 2007;60:60–6.

[29] Schmitt WR, Carlson ML, Giannini C, Driscoll CL, Link MJ. Radiation-induced sarcoma in a large vestibular schwannoma following stereotactic radiosurgery: case report. Neurosurgery. 2011;68:E840–6.

[30] Shin M, Ueki K, Kurita H, Kirino T. Malignant transformation of a vestibular schwannoma after gamma knife radiosurgery. Lancet. 2002;360:309–10.

[31] Tanbouzi Husseini S, Piccirillo E, Taibah A, Paties CT, Rizzoli R, Sanna M. Malignancy in vestibular schwannoma after stereotactic radiotherapy: a case report and review of the literature. Laryngoscope. 2011;121:923–8.

[32] Wilkinson JS, Reid H, Armstrong GR. Malignant transformation of a recurrent vestibular schwannoma. J Clin Pathol. 2004;57:109–10.

[33] Yanamadala V, Williamson R, Fusco DJ, Eschbacher J, Weisskopf P, Porter R. Malignant transformation of a vestibular schwannoma after gamma knife radiosurgery: case report and review of the literature. World Neurosurg. 2013;79(593):e1–8. https://doi.org/10.1016/j.wneu.2012.03.016.

[34] Slattery WH III. Microsurgery after radiosurgery or radiotherapy for vestibular schwannomas. Otolaryngol Clin N Am. 2009;42:707–15.

[35] Breshears JD, Osorio JA, Cheung SW, Barani IJ, Theodosopoulos PV. Surgery after primary radiation treatment for sporadic vestibular schwannomas: case series. Oper Neurosurg (Hagerstown). 2017;13:441–7.

[36] Friedman RA, Berliner KI, Bassim M, Ursick J, Slattery WH 3rd, Schwartz MS. A paradigm shift in salvage surgery for radiated vestibular schwannoma. Otol Neurotol. 2011;32:1322–8.

[37] Friedman RA, Brackmann DE, Hitselberger WE, Schwartz MS, Iqbal Z, Berliner KI. Surgical salvage after failed irradiation for vestibular schwannoma. Laryngoscope. 2005;115:1827–32.

[38] Gerganov VM, Giordano M, Samii A, Samii M. Surgical treatment of patients with vestibular schwannomas after failed previous radiosurgery. J Neurosurg. 2012;116:713–20. https://doi.org/10.3171/2011.12.JNS111682.

[39] Iwai Y, Ishibashi K, Nakanishi Y, Onishi Y, Nishijima S, Yamanaka K. Functional outcome of salvage surgery for vestibular schwannomas after failed gamma knife radiosurgery. World Neurosurg. 2016;90:385–90.

[40] Iwai Y, Yamanaka K, Yamagata K, Yasui T. Surgery after radiosurgery for acoustic neuromas: surgical strategy and histological findings. Neurosurgery. 2007;60:ONS75–82.

[41] Lee CC, Yen YS, Pan DH, et al. Delayed microsurgery for vestibular schwannoma after gamma knife radiosurgery. J Neurooncol. 2010;98:203–12.

[42] Lee DJ, Westra WH, Staecker H, Long D, Niparko JK, Slattery WH III. Clinical and

histopathologic features of recurrent vestibular schwannoma (acoustic neuroma) after stereotactic radiosurgery. Otol Neurotol. 2003;24:650–60.

[43] Lee F, Linthicum F Jr, Hung G. Proliferation potential in recurrent acoustic schwannoma following gamma knife radiosurgery versus microsurgery. Laryngoscope. 2002;112:948–50.

[44] Limb CJ, Long DM, Niparko JK. Acoustic neuromas after failed radiation therapy: challenges of surgical salvage. Laryngoscope. 2005;115:93–8.

[45] Pollock BE, Lunsford LD, Kondziolka D, et al. Vestibular schwannoma management. Part II failed radiosurgery and the role of delayed microsurgery. J Neurosurg. 1998;89:949–55.

[46] Shuto T, Inomori S, Matsunaga S, Fujino H. Microsurgery for vestibular schwannoma after gamma knife radiosurgery. Acta Neurochir. 2008;150:229–34.

[47] Slattery WH III, Brackmann DE. Results of surgery following stereotactic irradiation for acoustic neuromas. Am J Otol. 1995;16:315–9.

[48] Wise SC, Carlson ML, Tveiten QV, Driscoll CL, Myrseth E, Lund-Johansen M, Link MJ. Surgical salvage of recurrent vestibular schwannoma following prior stereotactic radiosurgery. Laryngoscope. 2016;126:2580–6.

[49] Nagao O, Serizawa T, Higuchi Y, et al. Tumor shrinkage of vestibular schwannomas after gamma knife surgery: results after more than 5 years of follow-up. J Neurosurg. 2010;113:122–7.

[50] Hong B, Krauss JK, Bremer M, Karstens JH, Heissler HE, Nakamura M. Vestibular schwannoma micrsurgery for recurrent tumors after radiation therapy or previous surgical resection. Otol Neurotol. 2013;35:171–81.

[51] Kliesch S, Vogelgesang S, Benecke R, Horstmann GA, Schroeder HW. Malignant brain oedema after radiosurgery of a medium-sized vestibular schwannoma. Cent Eur Neurosurg. 2010;71:88–91.

[52] Weber DC, Chan AW, Bussiere MR, et al. Proton beam radiosurgery for vestibular schwannoma: tumor control and cranial nerve toxicity. Neurosurgery. 2003;53:577–86.

[53] Wiet RJ, Micco AG, Bauer GP. Complications of the gamma knife. Arch Otolaryngol Head Neck Surg. 1996;122:414–6.

结　语
Conclusions

结 论
Conclusions

Luciano Mastronardi, Alberto Campione, Takanori Fukushima   著

听神经瘤是脑桥小脑角区最常见肿瘤，占颅内肿瘤的 6%～8%。高达 75% 的患者在初诊后 5 年内接受治疗。据报道听神经瘤年增长在 0.3～4.8mm，自发缩小者不足 4%。

业已证实脑桥小脑角区最大直径＜ 20mm 的肿瘤适合采取"等待观察"策略，但众所周知许多患者观察期间可能丧失听力。

一些作者认为立体定向放射治疗似乎是一种安全有效的替代治疗，但此方案并不能彻底治愈肿瘤。我们认为术后复发或进展者考虑立体定向放射治疗似乎合乎情理，这些患者可能无法再次手术或不想再次手术。

95% 听神经瘤患者可出现感音神经性聋，但致聋机制并不完全清楚。此外，眩晕虽然影响生活质量，但并不影响治疗策略抉择。

现代听神经瘤手术的目标是全切或近全切肿瘤，同时保留神经功能和生活质量，肿瘤次全切除者术后复发率 3 倍于肿瘤完全切除者。

如果术前具有实用听力且肿瘤体积较小（＜ 2cm），术后听力保留率高于 50%。无论如何，如果发生单侧聋患者尚可接受，但术后出现面神经麻痹则是一场灾难，目前超过 90% 的手术能够保留面神经。更

进一步，通过DTI弥散张量成像术前成功预测面神经走行方向、帮助制订更精确的术前计划，将来可望获得更佳保留面神经效果。

听神经瘤起源一直存在争论，听神经瘤绝大多数起源于前庭下神经，其受累率与肿瘤大小成正比。前庭下神经作为肿瘤的起源神经被认为是导致耳蜗神经保留欠佳的因素之一，也可能是一些采用乙状窦后入路病例术后听力较好的原因。因此，术前确定听神经瘤起源既可能判断预后（听力保留概率），也有助于设计手术计划。最新文献报告可以准确预测听神经瘤起源，期待进一步的研究可以证实这些辅助数据有助于选择手术入路。

医疗团队经验、多学科合作、医患关系是否和谐、现代技术的应用及对随访观察和干预长期效果的了解等都会影响听神经瘤患者的治疗质量。

术中神经生理监测已成为听神经瘤手术的有机组成部分。我们介绍了几种术中神经生理监测技术，确定了一些特定病理模式预判面神经功能和听力保护效果的临床意义，特别强调已有系列报道术后用药可改善迟发性脑神经功能障碍。最新电生理技术进展极大地提高了听神经瘤手术听力保留和面神经功能保留的效果。围术期静脉注射尼莫地平和术中使用稀释罂粟碱可能对手术有辅助价值。

生活质量主要与肿瘤本身有关，其次才是医疗干预。治疗之初就应着眼于保证患者的生活质量，治疗效果应优于疾病自然发展的结果。

复习文献并结合我们的实践均显示术后并发症率和死亡率较低。显微神经外科技术有助于全切听神经瘤及面神经、耳蜗神经的结构保留，但是，尽管完全切除是手术的主要目标，对肿瘤与面神经和（或）脑干严重粘连的病例采用次全或近全切除策略是可以接受的，此举可改善术后效果、缩短手术时间、降低手术风险。

神经外科经典专著

中国科学技术出版社

原著　Narayanan Janakiram
主译　刘丕楠
定价　128.00 元

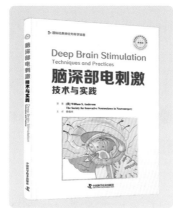

原著　Willian S. Anderson 等
主译　张建国
定价　128.00 元

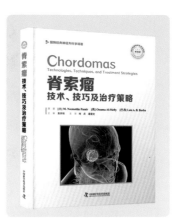

原著　M. Necmettin Pamir 等
主译　刘庆　潘亚文
定价　168.00 元

原著　Nishit Shah 等
主译　张洪钿　吴日乐
定价　128.00 元

原著　Luciano Mastronardi 等
主译　夏寅
定价　128.00 元

原著　Ricardo Ramina 等
主译　夏寅
定价　128.00 元

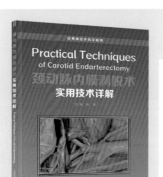

主编　钱海
定价　80.00 元

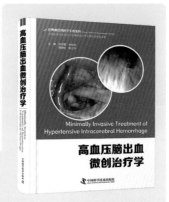

主编　张洪钿　孙树杰
　　　骆锦标　陈立华
定价　248.00 元